KB051435

Q&A 지식백과

지리의 모든 것

Q&A 지식백과

지리의 모든 것

초판 1쇄 발행 2015년 8월 6일

지은이 폴 A. 투치 · 매슈 토드 로젠버그
옮긴이 이동민

펴낸이 김선기
펴낸곳 (주)푸른길
출판등록 1996년 4월 12일 제16-1292호
주소 (152-847) 서울특별시 구로구 디지털로 33길 48 대륭포스트타워 7차 1008호
전화 02-523-2907, 6942-9570~2
팩스 02-523-2951
이메일 purungilbook@naver.com
홈페이지 www.purungil.co.kr

ISBN 978-89-6291-294-4 03980

*이 도서의 국립중앙도서관 출판시도서목록(CIP)은 서지정보유통지원시스템
홈페이지(http://seoji.nl.go.kr)와 국가자료공동목록시스템(http://www.nl.go.kr/kolisnet)에서
이용하실 수 있습니다.(CIP제어번호 : CIP2015019919)

Q&A 지식백과

지리의 모든 것

THE HANDY GEOGRAPHY ANSWER BOOK

폴 A. 투치 · 매슈 토드 로젠버그

이동민 옮김

푸른길

지은이 서문 · Introduction

나는 집에 있던 『내셔널지오그래픽』 잡지를 마음껏 읽으며 자란 어린 시절부터 지리학에 대한 흥미를 길러 왔다. 『내셔널지오그래픽』에 나와 있는 먼 나라와 고대 및 현대의 문명, 당시로서는 상상하기 어려웠던 형형색색의 음식들, 긴 천과 비단을 몸에 두른 사람들, 수많은 눈과 미소의 실제 모습을 담은 사진과 이야기들은 지금도 잊혀지지 않는다. 이 나이가 되어 돌이켜 보면, 나는 세계의 한 부분이 되어 전 세계를 이해하려고 했던 아이였나 보다.

나의 지리학 스승이면서 저명한 지리학자이자 지도학자인 미시간대학교의 조지 키시(George Kish) 명예 교수님은 매주 월요일과 수요일에 있던 강의에서 여러 이야기를 들려주며 내게 영감을 불어넣어 주었다. 키시 교수님이 시베리아에 서 있으면 땅의 온도와 허리 부근의 온도가 확연히 다를 것이라고 이야기해 준 기억이 아직도 생생하다. 나는 지리학이란 그저 지구의를 바라보고 지명을 명명하는 수준을 넘어서는 학문이라고 배웠다. 지리학은 기술이나 상업의 발달로도 부정되지 않는, 땅과 그 위에서 살아가는 사람들, 오묘한 자연의 조화, 인간과 자연의 상호 의존성에 대해 배우는 학문이다. 또한 우리가 가 본 적이 없는 장소에 대한 자연의 영향력, 그리고 인간의 생존과 재건, 혁신을 다루는 학문이기도 하다.

인간은 태곳적부터 지리적 궁금증을 채워 나가려는 강한 열망을 지니고 있었다. 프랑스의 라스코(Lascaux) 동굴 벽화는 16,000년 전에 살았던 우리의 고대 조상들이 주변 세계를 알아 가려는 열망에 얼마나 매혹되어 있었는지를 생생히 보여 준다. 라스코 동굴 벽화는 그들이 자연과 상호 작용한 양상, 자신들이 살아가던 장소에 대한 숭배, 그리고 오늘날 우리가 살고 있는 이 세계에 적응한 방식을 보여 주고 있다.

장소에 대해 궁금증을 갖고 우리가 지구라고 부르는 이 거대한 퍼즐의 조각을 어떻

게 맞추어 갈 것인가를 이해하고자 하는 열망은 인간의 천성이라고 해야 할 것이다. 이러한 것들은 결코 우리에게 낯선 모습이 아니다. 세계를 돌아다니다 보면, 미국에 대해 잘 알고 있는 외국인들이 굉장히 많다는 사실에 놀라곤 한다. 그들은 마치 버번 스트리트(Bourbon Street)를 거닐어 본 것마냥 뉴올리언스에 대해 이야기하곤 한다. 로퍼 폴(Roper Poll: 미국의 대표적인 여론 조사 기관-역주)에 따르면, 미국 아이들의 세계 지리 이해도는 세계에서 꼴지 수준이라고 한다. 세계에 살고 있는 수많은 사람들과 장소, 그리고 세계의 역사를 이해하고 있다면 다른 나라, 다른 지역과의 평화 또한 좀 더 쉽게 정착될 것이다. 우리는 유사성뿐만 아니라 다양성에 대해서도 눈을 떠야 한다. 분명 여러분은 어떤 장소에서든 본받을 만한 부분을 찾을 수 있을 것이며, 자신이 살고 있는 나라와 지역을 다른 장소와 지역에 비교해 봄으로써 공동의 문제와 불평등 문제를 해결할 수 있다.

우리가 가진 지리적 호기심은 세상을 변화시킨다. 나는 이 책이 독자 여러분의 지리적 호기심과 지식을 한층 자극하고, 세계의 여러 장소에 더욱더 깊이 다가가 그곳에 사는 사람들과 손을 맞잡을 수 있는 계기가 되기를 고대해 본다.

폴 A. 투치 *Paul A. Tucci*

옮긴이 서문

지리 교육학을 전공한 지리학자의 한 사람으로 관련 서적을 번역하고자 할 때 늘 직면하는 어려움 또는 아쉬움이라면, 지리학의 기본적인 내용을 다룬 쉽고 간단한 문헌을 찾기가 생각만큼 쉽지 않다는 것이다. 요즘처럼 네트워크 사회에서는 고차원적인 담론이나 복잡한 이론적 모형에 관한 논문과 서적들도 인터넷에 연결된 학술 정보 서비스 등을 통해 큰 어려움 없이 찾아볼 수 있다. 하지만 지리학이란 무엇인가, 지도의 역사는 어떠한가 등과 같은 지리학의 기본을 이루는 질문에 대해 신뢰성 있으면서 일목요연하게 안내해 놓은 책이나 자료를 찾기란 그리 쉬운 일이 아니다.

강의를 준비할 때나 논문을 작성할 때 기초에 대한 이해와 사례 제시가 갖는 중요성은 절대 간과할 수 없지만, 이러한 부분을 속 시원히 해결해 줄 만한 자료에는 언제나 목말라 왔다. 그런 점에서 『지리의 모든 것』의 출간은 지리학자로서 반갑기 그지없는 소식이며, 이 책을 번역하여 국내 독자에게 소개할 수 있는 기회를 얻게 된 점 또한 감사히 생각한다.

이 책의 장점은 제목에 걸맞게 인문지리, 자연지리, 지역지리 전 분야에 걸쳐 기본적이면서도 핵심적인 내용을 일목요연하게 정리한 것이다. 그러한 지리학적 내용들을 단순히 백과사전식으로 나열한 수준을 넘어 주제별로 관련성을 갖도록 구성해 놓은 점은 이 책의 더욱 돋보이는 장점이다. 예를 들어 아시아, 오세아니아 등 대륙별로 정리한 지역지리 관련 부분을 보면, 각 지역의 주요 지리적 사실을 지형, 기후, 종교, 풍습 등 지리학적인 주요 주제와 관련지어 전개함으로써 지역의 지리적 특성을 보다 체계적으로 제시하고 있다. 이러한 장점은 이 책을 지리 입문자로부터 전문 연구자에 이르기까지 다양한 독자층의 지리에 대한 호기심을 충족시키고 필요한 정보를 제공할 수 있는 한층 가치 있는 문헌으로 자리매김하게 할 것이다.

이번에 역자가 번역한 *Handy Geography Answer Book*의 원전은 2009년 발간된 두 번째 판본으로, 첫 번째 판본은 두 번째 판본의 공저자인 로젠버그 교수가 이미 발간한 바 있다. 이 책을 대폭적으로 수정하여 새로운 판본으로 재탄생시킨 인물은 전문 지리학자라기보다는 평소 지리학에 관심이 많았던 사업가 투치 박사이다. 지은이 서문에도 언급되었듯이, 투치 박사는 사업가이면서도 어린 시절부터 가졌던 지리에 대한 꿈과 열정을 버리지 않고 이를 실현하기 위해 부단히 노력한 인물이며, 그 노력의 결과물이 바로 이 책이다.

역자는 투치 박사의 지리학에 대한 뜨거운 열정과 무한한 호기심이 로젠버그 교수를 감동시켜, 초판으로 끝났을지도 모를 이 책이 두 번째 판본으로 거듭나 우리 독자들까지 만날 수 있는 기회가 되지 않았나 생각한다. 『지리의 모든 것』, 그리고 여기에 담긴 투치 박사의 열정이 독자들에게도 전해져 우리나라 지리 연구 및 교육 발전에 도움을 주었으면 하는 바람이다.

모쪼록 이 책이 독자들에게 지리의 즐거움과 신비함을 느낄 수 있는 기회가 되기를, 그리고 역자처럼 지리를 업으로 삼는 사람들에게는 생각 밖으로 찾기 힘든 지리학의 기본적인 지식을 제공해 주는 소중한 자료가 될 수 있기를 고대해 본다.

2015년 7월

이 동 민

차 례 • Contents

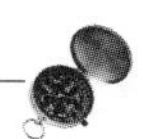

세계를 정의 내리기

학문적 정의와 지리학이 걸어온 발자취

'지리'라는 단어는 무엇을 의미하는가?

지리(geography)는 그리스 어에 기원을 두며, '지구'를 뜻하는 geo와 '쓰다, 기록하다'라는 뜻의 graphy 두 부분으로 구분된다. 즉 지리라는 단어를 개괄적으로 풀이하면 '지구에 대해 쓰기' 정도로도 이해될 수 있다. 고대의 지리는 보통 멀리 떨어진 장소에 대한 기술을 다루었던 데 비해, 현대의 지리는 지구에 관한 내용을 훨씬 많이 다루게 되었다. 오늘날 '지리학'이라고 하면 정확히 어떤 분야의 학문을 의미하는지 정의 내리기 어려운 경우가 많다. 이와 관련하여 필자는 지리를 '인문 과학과 사회 과학을 잇는 다리', '모든 학문의 어머니', '지도화할 수 있는 모든 것' 등으로 정의하고자 한다.

지리학의 **창시자**는?

고대 그리스 철학자 탈레스(Thales)는 기원전 6세기 무렵 세계의 형상에 대해 논의를 펼친 최초의 인물이었다. 그리고 기원전 5세기 때의 중국 고대 문서는 중국의 각 지역을 매우 상세히 묘사하고 있다. 하지만 '지리'라는 용어를 최초로 사용한 인물은 기원전 3세기에 활동한 그리스 철학자 에라토스테네스(Eratosthenes)로 인정받고 있다. 자구의

지리학은 언제부터 시작되었을까?

"언덕 너머로는 무엇이 있을까?"라는 질문은 인간이 태곳적부터 해 온 질문이라고 해도 과언이 아니다. 인류는 문명의 여명기부터 오늘날에 이르는 수천 년 동안, 모래나 돌 위에 새겨 놓은 지도에서 머나먼 장소로의 탐험에 이르기까지 다양한 방식으로 지리적 사고를 표출해 왔다. 지리적 지식은 인류의 여명기로부터 오늘날에 이르기까지 축적되어 왔다.

둘레 계산을 비롯한 다양한 지리학적 업적과 저술을 남긴 그는 '지리학의 아버지'로 불리고 있다.

지질 연대란?

지질 연대(geologic time)는 지구의 탄생부터 오늘날에 이르는 기간을 대(代, era), 기(期, period), 세(世, epoch) 등으로 구분해 놓은 시간 단위이다. 46억~5억 7,000년 전까지 지속된 선캄브리아대는 지질 연대상 가장 오래된 대이다. 이어서 고생대가 5억 7,000만~2억 4,500만 년 전까지 지속되었다. 다음으로는 중생대가 2억 4,500만~6,600만 년 전까지 이어졌다. 우리가 살고 있는 신생대는 6,600만 년 전부터 시작되었다. 고생대, 중생대, 신생대는 각각 여러 개의 기로 구분된다. 덧붙여 신생대의 여러 기들은 '세'라는 또 다른 단위로 구분된다. 지난 1만 년간(최후의 대빙하기 이후 지금까지)의 시기는 홀로세(Holocene Epoch)라고 부른다.

미국지리학회(AAG)란?

미국지리학회(Association of the American Geographers, AAG)는 지리학자 및 지리학 전공자로 구성된 미국의 학술 단체이다. 1904년에 창립되었으며, *Annals of the Association of American Geographers*와 *Professional Geographer*라는 두 권의 학술지를 간행한다. 미국지리학회는 매년 연례 학술 대회를 개최하며, 지역별 및 특수 분과 학회를 지원하기도 한다.

미국지리교육학회(NCGE)란?

미국지리교육학회(National Council for Geographic Education, NCGE)는 지리 교육 발전을 목적으로 하는 단체이다. 미국지리교육학회는 학술지 *Journal of Geography*를 간행하며, 매년 연례 학술 대회를 개최하고 있다.

내셔널지오그래픽 협회란?

1888년에 설립된 내셔널지오그래픽 협회(National Geographic Society)는 탐사, 지도학, 지리학적 발견 등을 지원하는 단체로, 미국에서 다섯 번째로 인기 있는 간행물이자 세계적인 명성을 얻고 있는 『내셔널지오그래픽(National Geographic)』의 간행처이기도 하다.

오늘날 지리학자들이 하는 일은?

'지리학자'라는 이름이 붙은 직업을 흔히 보기 어려운 것이 현실이지만, 수많은 지리학 전공자들은 그들이 가진 분석 능력과 세계에 대한 지식을 다양한 분야에서 활용하고 있다. 그들은 주로 도시 계획, 지도학, 마케팅, 부동산, 환경, 교육 등의 분야에서 활동하고 있다.

지구

지구의 나이는 얼마인가?

지구는 약 46억 년 정도 되었다.

지구는 어떻게 **형성**되었나?

과학자들은 지구가 태양계의 다른 천체들과 마찬가지로 거대한 가스 구름으로부터 형성된 것으로 보고 있다. 가스 구름이 고체로 굳어지면서, 지구를 비롯한 다양한 행성이 형성되었다.

지구의 **둘레**는 얼마나 되는가?

지구의 적도 둘레는 40,066.59km이다. 지구는 완벽한 구체가 아닌 이지러진 형태를 하고 있기 때문에, 남극점과 북극점을 잇는 둘레는 40,000km이다. 즉 지구는 높이에 비해 너비가 약간 더 큰 셈이다. 지구의 지름은 12,753.59km이다.

지구는 **완전한 구체**인가?

아니다. 지구는 높이에 비해 너비가 더 큰 형상을 하고 있다. 이러한 형상은 지오이드(geoid: '지구와 같은'이라는 뜻) 또는 타원체로 일컬어진다. 지구는 자전하며, 이로 인해 적도 주변에는 미세하게나마 돌출된 부분이 형성된다. 적도의 둘레는 40,066.59km로, 남극과 북극을 잇는 둘레(약 40,000km)보다 약 66km 길다. 하지만 달에 서서 지구를 관찰한다면 적도 상의 돌출부를 인식하기는 어려울 것이며, 지구는 사실상 완벽한 구체로 인식될 것이다.

지구는 완전한 구체라기보다는 타원체로 분류해야 할 것이다. 지구가 자전하면서 발생한 원심력 때문에 중앙 부분이 미묘하게 튀어나온 형상이 되었다.

반구란?

반구(半球, hemisphere)는 지구를 반으로 나눈 절반 부분을 말한다. 지구는 적도와 본초자오선(영국 그리니치 천문대를 기점으로 한)이라는 두 개의 기준에 의해 정확히 절반으로 양분될 수 있다. 본초자오선은 동경과 서경이라는 각각 0~180°의 범위를 가진 경도의 기준이며, 서태평양의 날짜변경선 인근에는 동경 180°와 서경 180°가 만나는 지점이 위치해 있다. 적도는 지구를 북반구와 남반구로 나눈다. 남반구와 북반구 간의 계절은 역으로 나타나지만, 서반구와 동반구 사이에는 이러한 차이가 존재하지 않는다. 0~180°의 범위를 가진 경도는 지구를 동반구(유럽, 아프리카, 오스트레일리아, 아시아 대부분)와 서반구(아메리카 대륙)로 나눈다.

남극권과 **북극권**이란?

남극권과 북극권은 각각 남극과 북극을 중심으로 남위/북위 66.5°에 그어 놓은 가상의 선을 말한다. 북극권은 북위 66.5°, 남극권은 남위 66.5°를 지난다. 북극권 이북 지역에서는 매년 12월 21일경이 되면 24시간 내내 어두컴컴하고, 남극권 이남 지역에서는 매년 6월 21일 무렵에 이와 같은 현상이 일어난다. 남극 대륙의 거의 대부분은 남극권 이남에 위치한다.

지구가 그토록 거대한데도, **콜럼버스는 왜 인도가** 유럽에서 뱃길로 쉽사리 닿을 수 있을 만큼 **가깝다고** 믿었을까?

고대 그리스의 지리학자 포시도니우스(Posidonius)는 그보다 앞서 에라토스테네스가 시도했던 지구 규모 측량을 신뢰하지 않았다. 그는 자신만의 독자적인 방법을 활용하여 지구의 둘레를 28,962km로 계산하였다. 콜럼버스는 에스파냐 왕실 앞에서 포시도니우스가 추산한 지구 둘레를 토대로 자신의 항해 계획을 주장하였다. 포시도니우스의 추산은 실제 지구 둘레와 11,263km나 차이가 났고, 따라서 콜럼버스는 유럽에서 인도까지의 항해가 실제로 걸리는 시간보다 짧을 것이라고 판단하였다.

지구는 얼마나 **빨리 회전**하나?

이는 여러분이 지구의 어느 위치에 있는가에 따라 달라진다. 만일 북극 또는 북극 인근에 서 있다면 여러분은 시속 0km에 가까운 매우 느린 속도로 움직일 것이다. 반대로 적도에 위치한 사람(이는 해당 지점이 하루 24시간 동안 40,000km를 회전함을 의미한다)의 몸이 회전하는 속도는 시속 1,670km에 달할 것이다. 미국의 중위도에 위치한 지점이라면 그 속도는 시속 1,126~1,448km일 것이다.

우리는 **왜** 지구가 돌고 있다는 사실을 **감지하지 못하는가?**

끊임없이 매우 빠른 속도로 회전하는 지구 상에 서 있다고 하지만, 우리는 이를 잘 감지하지 못한다. 이는 날아가는 비행기나 주행 중인 자동차 안에서 그 실제 속도를 느끼지 못하는 것과 같다. 비행기나 자동차가 갑자기 속도를 크게 바꾸었을 때에나 알아차릴

지구의 둘레는 어떻게 측정할까?

그리스의 철학자이자 알렉산드리아 대도서관의 사서였던 에라토스테네스(B.C.273~192)는 이집트의 한 우물에 1년 중 초여름의 하루만 태양이 지나가는 것에 주목하였다. 아스완(Aswan) 인근에 있는 이 우물의 위치는 북회귀선(하지에 태양이 수직으로 위치하는 지점) 근처이기도 하다. 에라토스테네스는 낙타 대상(隊商)의 이동에 소요되는 시간을 토대로, 알렉산드리아와 이 우물 간의 거리를 계산해 냈다. 그는 동일 시점에서 알렉산드리아와 우물에 비치는 그림자의 각도를 측정하여 이를 바탕로 지구의 둘레가 약 40,000km라고 결론지었다. 이는 실제 지구 둘레에 근접한 놀라울 정도로 사실적인 수치이다!

수 있는 것처럼, 지구가 돌아가는 속도에 급작스런 변화가 올 때에나 우리는 그 속도를 느낄 수 있을 것이다.

지구는 **균일한 속도로 자전**하나?

지구의 자전 속도에는 실제로 미묘한 변화의 폭이 있다. 파랑(波浪)에 따른 마찰 등 지구 내부에 존재하는 여러 종류의 운동과 힘은 지구의 자전 속도를 미세하게 변화시킨다. 이러한 변화는 연간 수 밀리초(millisecond, 1,000분의 1초)에 불과하지만, 이 때문에 정확한 시간을 산출하려면 몇 년에 한 번씩은 시간의 기준을 조정해야 한다.

지구의 **축**이란?

지구의 축은 북극점에서 남극점을 관통하며 지구 자전의 축으로 작용한다고 여겨지는 가상의 선을 말한다.

지구 내부는 어떻게 구성되나?

지구의 중심에는 철을 비롯한 광물질로 구성된 견고한 내핵이 있다. 내핵의 너비는 2,896km 정도이며, 그 주변은 용해된 액체 상태의 외핵이 둘러싸고 있다. 외핵의 주변은 지구 내부의 대부분을 차지하는 맨틀(mantle)이 에워싸고 있다. 맨틀은 외부에 고체 상태로 존재하는 상부 맨틀과 전이대, 그리고 그보다 내부에 액체 상태로 존재하는 하

부 맨틀(연약권)의 세 층으로 구성되어 있다.

미국에서 **땅을 계속 파고 들어가면** 중국에 도달하게 될까?

북아메리카에서 지구를 관통하여 파고 들어갈 수 있다고 가정(어디까지나 가정으로, 실제로는 지구 내부의 압력, 용융 상태인 외핵과 단단한 내핵의 존재 때문에 불가능하다)한다면, 여러분은 대륙에서 멀리 떨어진 인도양으로 나올 것이다. 굉장한 운이 따라 준다면 대서양의 작은 섬에 도달할지는 모르겠지만, 중국에는 결코 다다를 수 없다. 이와 같은 지구의 정반대 위치를 대척점(對蹠點, antipode)이라고 한다. 유럽 지역의 대척점은 대부분 태평양상에 존재한다.

대서양 중앙해령이란?

이 장대한 산맥은 대서양의 해저에 가라앉아 있기 때문에(예외적으로 아이슬란드는 대서양 중앙해령의 일부가 물위로 솟아오른 섬이다) 그 아름다움을 감상할 기회가 없다. 대서양 중앙해령은 대륙판들 사이에 발생한 균열에 의해 생겨나며, 이곳에서는 지구 내부의 마그마가 지각 외부로 분출되면서 새로운 해양판이 형성된다. 새로운 지각이 형성되면 될수록 오래된 지각은 외측으로 밀려 나간다. 대륙판들 사이의 균열에 새로운 지각이 포개지면서 산맥이 형성되고, 이렇게 이루어진 산맥은 해저를 가로지르며 이동한다. 새로운 지각이 무한대로 형성될 만큼 지구가 거대하지는 않기 때문에, 형성된 지각은 언젠가는 다시 지구 내부로 돌아간다. 이로 인해 섭입이 일어난다.

섭입이란?

두 개의 지질 구조판이 서로 만나 충돌하면, 히말라야 산맥처럼 융기하거나 아니면 지구 내부로 되돌아간다. 한 판의 지각이 다른 판의 지각 밑으로 내려가는 현상을 섭입(攝入, subduction)이라고 하며, 섭입이 일어나는 일대의 지역을 섭입대(subduction zone)라고 한다.

자북극이란?

자북극(磁北極, North Magnetic Pole)은 나침반의 바늘이 가리키는 북극이다. 자북극은 북위 71°, 서경 96°의 캐나다 북서부에 위치한 지점으로, 북극점으로부터 1,450km 떨어져 있다. 자북극의 위치는 지속적으로 변동하기 때문에 진북을 정확하게 찾으려면 최신 지형도를 구해야 한다. 자북극의 존재로 인해 지도 상에서 진북을 찾기 위해 지도를 동쪽 또는 서쪽으로 회전시켜야 하는 각도인 '방위각'이 존재함을 유념할 필요가 있다.

대륙과 섬

대륙이란?

대륙은 지구 상에 존재하는 6개 또는 7개의 거대한 육괴(陸塊)이다. 대륙을 7개로 분류할 경우에는 유럽, 아시아, 아프리카, 오스트레일리아, 남극, 북아메리카, 남아메리카를 포함한다. 일부 지리학자들은 유럽과 아시아가 하나의 큰 대륙판 위에 존재하기 때문에 두 대륙을 묶어 '유라시아'로 분류하여, 지구 상의 대륙을 6개로 간주하기도 한다. 즉 유럽과 아시아를 하나의 대륙으로 간주하느냐, 두 개의 대륙(러시아 서부의 우랄 산맥을 기준으로)으로 분류하느냐는 개인의 선택에 달린 문제이다. 오스트레일리아는 대륙 안에 한 나라만 존재하는 유일한 대륙이다.

지구 상에서 **가장 큰 대륙**은?

면적 5,464만 9,000km^{2}의 유라시아 대륙이다. 유럽과 아시아를 각각 분리된 대륙으로 간주하더라도, 면적 4,480만 7,000km^{2}의 아시아는 세계 최대의 대륙에 해당한다.

아대륙이란?

아대륙(亞大陸, subcontinent)은 고유한 대륙판과 대륙붕을 가진 육괴를 의미한다. 오늘날 지구 상의 아대륙은 인도 아대륙뿐이지만, 수백만 년 뒤에는 아프리카 동부 지역이 아프리카 대륙에서 떨어져 나와 또 다른 아대륙을 형성할 것이다.

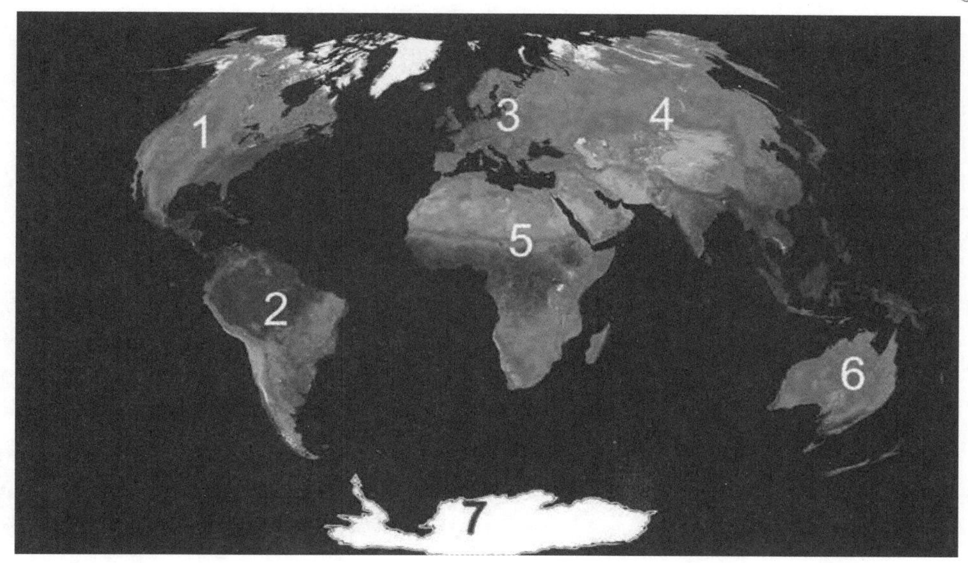

이 위성 사진에는 북아메리카(1번), 남아메리카(2번), 유럽(3번), 아시아(4번), 아프리카(5번), 오스트레일리아(6번), 남극(7)의 7개 대륙이 나타나 있다. [사진: Alfredo Huete(MODIS Land Group/Vegetation Indices 수석연구원), Kamel Didan(University of Arizona)]

판게아란?

약 2억 5,000만 년 전에는 지구 상의 모든 땅덩이가 '판게아(Pangea)'라는 하나의 거대한 대륙으로 뭉쳐져 있었다. 이 대륙에 균열과 틈이 발생하면서 땅덩어리들이 여러 방향으로 떨어져 나갔다. 이렇게 분리된 대륙들이 서서히 현재의 위치로 이동해 갔으며, 지금도 각 대륙은 쉼 없이 계속 이동하고 있다. 인도 아대륙(인도 및 인접 지역으로 구성)은 지속적으로 아시아 대륙판으로 밀고 들어오면서 히말라야 산맥을 형성하였다.

세계 최대의 섬은?

칼라아릿 누나트(Kalaallit Nunaat)라는 원주민 언어 지명으로도 알려진 그린란드(Greenland)이다. 그린란드는 캐나다 인근의 북대서양에 위치하고 있으며, 덴마크령이기는 하지만 1979년 이래 자치 정부가 들어서 있다. 면적은 약 217만 5,600km²이다. 오스트레일리아는 그린란드와 마찬가지로 사면이 바다로 둘러싸여 있지만, 면적이 훨씬 큰 데다 대륙의 일반적인 기준을 충족하고 있기 때문에 섬이 아닌 대륙으로 분류된다.

로빈슨 크루소는 배가 난파되어 어느 섬에 표착했을까?

대니얼 디포(Daniel Defoe)의 소설 『로빈슨 크루소』는 알렉산더 셀커크(Alexander Selkirk)의 실화를 토대로 집필되었다. 영국 선원이었던 셀커크는 선장과의 불화 끝에 칠레에서 서쪽으로 644km 떨어진 마스아티에라(Mas a Tierra, 로빈슨크루소 섬으로도 알려져 있음) 섬에 버려졌다. 1704년에 좌초된 셀커크는 1709년 다른 영국 선박에 의해 구조될 때까지 쭉 이 섬에 갇혀 있었다.

그린란드는 **섬**으로, **오스트레일리아**는 **대륙**으로 분류되는 까닭은?

오스트레일리아는 그린란드보다 면적이 3.5배 넓으며, 대부분의 영역이 인도-오스트레일리아 판(Indo-Australian plate) 위에 존재한다. 반면에 그린란드는 북아메리카 판(North American plate) 위에 존재한다.

군도란?

군도(群島, archipelago)는 일련으로 또는 무리 지어 인접해 있는 섬들을 뜻한다. 알래스카의 알류샨 열도와 하와이 제도는 군도에 해당한다. 이러한 군도는 일반적으로 화산 활동에 의한 판의 압력에 의해 형성된다.

해협이란?

해협(strait)은 섬이나 대륙 사이에 형성된 두 개의 해역 또는 수역을 연결 짓는 좁은 공간을 말한다. 대표적인 해협으로는 지중해와 대서양을 연결하는 지브롤터(Gibraltar) 해협, 그리고 페르시아 만과 오만 만을 연결하는 호르무즈(Hormuz) 해협을 들 수 있다.

최고, 최저, 최대, 최소 그리고 특기할 만한 지형지물

세계에서 **가장 낮은 지상의 지점**은?

이스라엘과 요르단 접경지에 위치한 사해(Dead Sea)는 세계에서 해발 고도가 가장 낮은 지점이다. 사해의 해발 고도는 −400m이다.

건조 지역 가운데 **가장 낮은 지점**은?

이 역시 사해 연안에 위치하며, 해발 고도는 약 −420m이다.

대륙별로 **가장 낮은 지점**은?

아프리카에서 가장 낮은 지점은 지부티의 아살(Assal) 호로 해발 고도가 −156m이다. 북아메리카에서 가장 낮은 지점은 캘리포니아의 데스밸리(Death Valley)로 해발 고도 −86m이다. 아르헨티나의 바이아블랑카(Bahía Blanca)는 −42m로, 남아메리카 대륙의 최저점이다. 유럽에서는 해발 고도 −28m의 카스피 해가, 오스트레일리아는 −16m의 에어(Eyre) 호가 가장 낮은 지점이다.

해발 8,850m의 에베레스트 산은 지구 상에서 해발 고도가 가장 높은 산이다.

세계에서 **가장 높은 지점**은?

해발 고도 8,550m의 에베레스트 산은 세계 최고(最高) 지점이며, 중국과 네팔의 접경 지대에 위치한다.

에베레스트 산의 **고도**는 **점점 높아지**고 있나?

대륙판이 지각 아래로 파고드는 판운동으로 인해 에베레스트 산의 높이는 매년 6.1cm씩 증가하고 있다.

대륙별 해발 고도가 **가장 높은 지점**은?

아르헨티나의 아콩카과(Aconcagua) 산은 해발 고도 6,960m로 남아메리카 최고봉이다. 알래스카의 매킨리(McKinley) 봉[데날리(Denali)라는 고유의 이름으로도 불림]은 해발 고도 6,194m로 북아메리카 최고봉이다. 우리에게도 널리 알려진 탄자니아의 킬리만자로(Kilimanjaro) 산은 해발 고도 5,895m로 아프리카 최고봉이다. 얼음으로 뒤덮인 남극의 최고봉은 해발 고도 5,140m의 빈손 산괴(Vinson Massif)로 알려져 있다. 유럽 최고봉은 프랑스와 이탈리아 접경 지대에 위치한 해발 고도 4,807m의 몽블랑(Mont Blanc) 산이다. 오스트레일리아의 최고봉은 해발 고도 2,228m의 코지어스코(Kosciusko) 산으로, 대륙별 최고봉 중에서는 해발 고도가 가장 낮다.

지구 상에서 **가장 높은 산**은?

하와이의 마우나케아(Mauna Kea) 산은 해저면에서 정상까지의 높이가 10,203m에 달하는, 해발 고도 4,170m의 화산이다.

해양에서 **가장 깊은 지점**은?

태평양의 괌 섬 남쪽 322km 지점에 있는 마리아나 해구(Mariana Trench)는 길이가 2,550km, 폭이 71km에 달한다. 마리아나 해구에서 가장 깊은 지점은 해저 11,033km에 달한다. 대서양의 푸에르토리코 해구(Puerto Rico Trench)는 깊이가 8,648m이다. 북극해의 유라시아 해역 분지(Eurasian Basin)에서 가장 깊은 지점은 깊이 5,450m이다. 인도양의 자바 해구(Java Trench)는 깊이 7,125m이다. 캘리포니아 북부 해안에 위치한 수심 3,600m의 몬테레이 협곡(Monterey Canyon) 또한 태평양에서 특히 수심이 깊은 지점이다. 이곳에서 생성되는 한류는 이 일대의 생물 다양성이 유지될 수 있는 풍부한 영양을 제공하는 환경이기도 하다.

앞에서 살펴본 바닷속의 계곡들과 비교해 보면, 지상에서 가장 유명한 협곡인 그랜드캐니언(Grand Canyon)은 길이가 446km, 깊이는 1,829m에 지나지 않는다. 해저 계곡은 지상의 계곡들보다 훨씬 장대하지만, 대부분의 사람들은 이를 볼 길이 없다.

육지에서 가장 멀리 떨어진 지점은?

남태평양 한가운데 위치한 지점으로, 육지와의 거리는 2,574km에 달한다. 남위 43° 30′, 서경 120°에 위치한 이 지점은 남극, 오스트레일리아, 핏케언(Pitcairn) 섬과 같은 거리에 위치한다.

바다에서 가장 멀리 떨어진 지점은?

중국 북부에는 바다로부터 2,574km 이상 떨어진 지점이 있다. 북위 46°17′, 동경 86° 40′에 위치한 이 지점은 북극해, 인도양, 태평양과 등거리에 위치한다.

미국 애리조나 주의 그랜드캐니언은 자연계의 세계 7대 불가사의에 포함된다.

고대 세계의 7대 불가사의는?

어떤 예술품이나 유적을 불가사의로 분류해야 하는가에 대해서는 고대 문명이나 고대사 등을 연구하는 학자들 사이에 이견이 있기도 하다. 하지만 일반적으로는 이집트의 피라미드(현존하는 유일한 7대 불가사의), 로도스 섬의 콜로서스[그리스 로도스 섬에 있는 거상(巨像)], 에페수스의 아르테미스 신전(터키에 소재한 대리석 신전), 할리카르나소스의 마우솔레움(터키 보드룸 소재), 올림피아의 제우스상(남서부 그리스에 소재했다고 알려진 상아와 금으로 만들어진 동상), 바빌론의 공중정원(오늘날 이라크 알힐라 근처에 소재했다고 알려진, 세상의 모든 식물종을 망라했다는 거대한 정원 건축물), 알렉산드리아의 등대(이집트 알렉산드리아 인근의 파로스 섬에 소재했다고 알려짐)가 고대 세계의 7대 불가사의로 알려져 있다.

현대 세계의 7대 불가사의는?

미국토목학회(American Society of Civil Engineers)는 영불 해저터널, 캐나다 토론토의 CN 타워, 미국 뉴욕의 엠파이어 스테이트 빌딩, 미국 샌프란시스코의 골든게이트교

(금문교), 브라질과 파라과이 접경 지대의 이타이푸 댐, 네덜란드의 북해보호공사(North Sea Protection Works), 파나마 운하를 현대 세계의 7대 불가사의로 선정하였다.

자연계의 세계 7대 불가사의는?
여기에는 북극광(Aurora Borealis), 에베레스트 산(중국과 네팔 접경 지역), 빅토리아 폭포(동아프리카), 그랜드캐니언(Grand Canyon, 미국), 대보초(Great Barrier Reef, 오스트레일리아), 파리쿠틴(Paricutin) 화산(멕시코), 리우데자네이루 항구(브라질)가 포함된다,

인류 문명

농업은 **언제부터** 시작되었나?
농업은 약 1만~1만 2,000년 전부터 시작되었으며, 이를 제1차 농업 혁명이라고 부른다. 이때부터 인간은 식물과 동물을 식량 자원으로 기르기 시작하였다. 농업 혁명 이전의 인류는 사냥과 채집을 통해 삶을 영위해 왔다. 농업 혁명은 세계 각지에 존재하는 인류의 터전에서 거의 동시다발적으로 시작되다시피 하였다.

농업은 **어디에서** 시작되었나?
인류 최초의 농업이 시작된 장소로는 중동(비옥한 초승달 지대), 중국 남부의 양쯔 강 유역, 아프리카의 사하라 사막 이남 지역, 그리고 오늘날 페루와 볼리비아, 칠레 등을 포괄하는 안데스 중남부 지역과 멕시코 중부, 미국 동부에 이르는 지역 등을 꼽을 수 있다.

경작과 **육종**의 **차이**는?
경작은 근본적으로 야생 식물과 종자를 파종하고 가꾸는 일을 말한다. 육종이란 사람들이 실험이나 의식적인 선택 등을 통해 다양한 조건에 적합한 종자를 선별하고 길러내는 행위를 의미한다.

제2차 농업 혁명이란?

제2차 농업 혁명은 17세기에 일어났다. 이 시기에는 기계, 교통수단, 농기구를 통한 농업 산출과 분배의 획기적인 발전이 이루어졌다. 이로 인해 이전보다 많은 사람들이 농촌을 떠나 도시로 유입될 수 있었다. 이와 같은 대규모의 이촌향도(移村向都) 현상은 산업 혁명을 촉발하는 요인으로 작용하였다.

산업 혁명이란?

18세기 영국에서 시작된 산업 혁명은 농업 기반 경제를 산업 기반 경제로 전환시켰다. 이 시기에 일어난 산업 및 기계의 발전은 공업과 농업 생산력을 증대시켰고, 그 결과 보다 많은 사람들이 도시로 유입될 수 있었다. 증기 기관과 철도의 발전 또한 산업 혁명기에 이루어졌다.

녹색 혁명이란?

1960년대에 국제기구(특히 국제연합) 주도로 이루어진, 저개발국의 농업 생산을 증진시키는 데 목적을 둔 운동이다. 녹색 혁명의 영향으로 이 시기 이래 곡물생산량은 사상 최대치를 갱신할 정도로 증대되었다.

전 세계적으로 **농업에 종사하는** 인구는 얼마나 되나?

아시아나 아프리카 등지의 저개발국에서는 인구의 대다수가 농업 활동에 종사한다. 서유럽이나 북아메리카 등지의 선진국에서는 10%를 밑도는 인구가 생계를 농업에 의존하고 있다.

인간은 어떻게 **동물을 사육하기 시작했을까?**

개는 인류가 최초로 사육한 동물의 하나로 여겨진다. 사람들은 먹이를 찾아 촌락 근처로 내려온 들개들을 반려동물이나 집 지키는 번견 등으로 빠르게 길들였을 것이다. 시간이 흘러 농업이 초기 단계로 접어들면서, 인류는 개 이외의 다른 동물을 사육할 필요성과 가치를 인식하고 이를 실천에 옮겼다. 세계 도처에서 여러 종류의 동물들이 길들

여지고 사육되었다.

사람과 나라들

세계에서 가장 큰 나라는?

국토 면적 약 1,700만km²의 러시아는 단연 세계에서 가장 큰 나라이다. 러시아의 뒤를 잇는 나라로는 캐나다, 중국, 미국, 브라질, 오스트레일리아, 인도, 아르헨티나, 카자흐스탄, 수단이 있다.

지구 상에는 얼마나 많은 **사람들이 살고 있나?**

2008년 기준으로 약 67억 명의 사람들이 살아가고 있다. 지구의 인구는 연평균 약 1%의 비율로 증가하고 있다.

세계 10대 인구 대국은?

국가	2008년 기준 인구
중국	13억
인도	11억
미국	3억 300만
인도네시아	2억 3,400만
브라질	1억 9,000만
파키스탄	1억 6,400만
방글라데시	1억 5,000만
러시아	1억 4,100만
나이지리아	1억 3,500만
일본	1억 2,700만

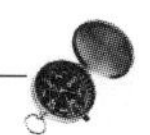

인접국이 가장 많은 나라는 어디일까?

중국은 몽골, 러시아, 북한, 베트남, 라오스, 미얀마, 인도, 부탄, 네팔, 아프가니스탄, 타지키스탄, 키르기스스탄, 카자흐스탄의 13개국과 인접해 있다. 12개국과 인접한 러시아가 그 뒤를 잇는다. 3위인 브라질은 9개국과 인접해 있다.

2040년에는 얼마나 많은 **사람들**이 지구 상에 살아갈까?

출산율의 감소에도 불구하고 2040년 지구 상의 총인구는 약 92억 5,000만 명에 이를 것으로 예상된다.

2050년 예상되는 5대 인구 대국은?

국가	2050년 추정 인구
인도	18억
중국	14억
미국	4억 2,000만
나이지리아	3억 2,500만
인도네시아	3억 1,300만

출산율은 왜 **감소**하나?

출산율이 서서히 감소하는 주요 원인은 결혼 연령이 늦어지고 있기 때문이다. 피임의 확산 또한 원치 않는 출산이 감소되는 데 기여하고 있다.

해안선이 **가장 긴** 나라는?

캐나다 본토 및 부속 도서들의 해안선은 24만 3,603km로 세계에서 가장 길다. 세계에서 면적이 가장 넓은 나라인 러시아의 해안선은 37,651km로 캐나다에 이어 2위이다.

에스파냐의 바르셀로나는 1992년에 올림픽을 개최하였다. 올림픽 개최는 국가의 자부심이 걸린 문제이며, 올림픽 경기장 건설을 위한 일자리 창출 등 경제적인 이익도 가져온다.

인접국이 **가장 적은** 나라들에는 어떤 나라가 있나?

모든 섬나라(오스트레일리아, 뉴질랜드, 마다가스카르 등)는 인접국이 없다. 아이티, 도미니카 공화국, 파푸아뉴기니, 아일랜드, 영국 등 그 외 많은 섬나라들은 한 개의 섬을 공유하고 있다.

섬나라가 아닌 나라들 중 인접국이 가장 적은 나라는?

캐나다(미국과 인접), 모나코(프랑스와 인접), 산마리노(이탈리아와 인접), 바티칸(이탈리아와 인접), 카타르(사우디아라비아와 인접), 포르투갈(에스파냐와 인접), 감비아(세네갈과 인접), 덴마크(독일과 인접), 레소토(남아프리카 공화국과 인접), 대한민국(북한과 인접)의 10개국은 단 1개의 나라와 인접해 있다.

올림픽 개최 도시는 어떻게 선정되나?

국제올림픽위원회(International Olympic Committee, IOC)는 복잡한 절차를 거쳐 올림픽

개최 도시를 선정한다. 개최 후보 도시(및 해당 도시가 속한 국가)는 환경 보호, 기후, 치안, 의료 서비스, 이민, 주택 공급 등 다양한 특성을 고려한 심사를 받는다. 후보 도시들은 도시의 미래에 대한 투자 차원에서, 개최 도시로 선정되기 위한 인프라 구축 및 준비에 수백만 달러를 소비한다.

국회의사당(capitol)과 **수도(capital)**는 어떻게 다른가?

수도는 도시이고, 국회의사당은 건물이다. 국회의사당은 수도에 위치한다. 두 단어의 차이를 제대로 이해하려면, capitol의 'o'는 건물을 나타내는 단어 dome(돔)과 연결된다고 생각하면 된다. 대개 수도는 한 나라 또는 한 지방에서 가장 큰 도시이다.

중세 유럽 인들은 세계에 대해 어떻게 이해하였을까?

대부분의 중세 유럽 인들은 세계를 아주 제한적으로밖에 알지 못했다. 그리스와 로마인(지구가 둥글다는 사실을 인지한)들에 의해 발달된 지리적 지식은 중세 유럽에서 거의 소실되었다. 이 시기의 유럽 인들은 세계는 평평하며, 유럽과 아시아, 아프리카로만 구성되어 있다고 인식하였다.

제3세계란?

제3세계는 본래 냉전 시대에 미국(제1세계)과 소련(제2세계)의 어느 진영에도 가담하지 않은 나라들을 일컫던 말이었다. 시간이 흘러 냉전 체제가 종식되자 이 용어는 저개발국 또는 개발 도상국들을 보다 호의적으로 일컫는 다른 의미로 바뀌었다.

내륙국 가운데 가장 큰 나라는?

세계에서 9번째로 큰 나라인 카자흐스탄은 바다와 접해 있지 않으며, 면적은 259만km^2가 넘는다. 카자흐스탄이 카스피 해와 인접해 있기는 하지만, 카스피 해 역시 해양과 연결되지 않고 내륙에 갇혀 있다.

사이버 공간과 인터넷은 무엇일까?

사이버 공간은 기존의 세계관으로는 전혀 공간이 되지 못한다. 인터넷은 전 세계 수백만 대의 컴퓨터를 연결 지은 것으로, 경계나 산맥, 대양 등이 존재하지 않는 사이버 공간을 가로질러 흐르는 정보를 제공하기 위한 목적을 가진다. 여러분이 친구들이나 지구 상의 다른 지역에 살고 있는 누군가에게 보낸 이메일은 인터넷 서비스 제공자를 통해 컴퓨터에서 컴퓨터로 순식간에 전달된다. 이와 마찬가지로 월드 와이드 웹상의 웹 페이지에 접속하면 여러분의 컴퓨터는 원하는 바를 다른 컴퓨터에 전달하여 수 초 내에 응답을 받아 낸다. 몇몇 지리학자들은 인터넷 트래픽 흐름(Internet's traffic flows)과 그 방향을 조사함으로써 사이버 공간을 분석하고 지도화한다.

인터넷 사용량이 많은 **나라**는?

국가	인터넷 사용자 수
미국	2억 1,100만
중국	1억 6,200만
일본	8,600만
독일	5,000만
인도	4,200만
브라질	3,900만

정부의 의도에 반하는 **인터넷 접속을 제한하는 나라**는?

아제르바이잔, 바레인, 미얀마, 중국, 에티오피아, 인도, 이란, 요르단, 리비아, 모로코, 오만, 파키스탄, 사우디아라비아, 싱가포르, 대한민국, 수단, 시리아, 타지키스탄, 태국, 튀니지, 투르크메니스탄, 아랍에미리트 연방, 우즈베키스탄, 베트남, 예멘은 인터넷 접속을 검열 또는 제한한다.

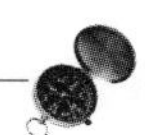

지리적 문맹이란?

1989년 미국지리학협회는 세계 여러 나라에 대해 알고 있는 미국인 또는 미국 거주자들이 얼마나 되는지에 대한 조사를 실시하였다. 안타깝게도 미국 청년 인구는 최하위를 기록하였다. 이어서 대중 매체들은 미국인의 '지리적 문맹'에 대한 조사 결과를 발표하였다. 이러한 문제가 주목을 받으면서, 지리 교육의 교육적 중요성도 더한층 부각되었다.

내셔널지오그래픽-로퍼퍼블릭어페어 지리적 문맹 연구(National Geographic-Roper Public Affairs Geographic Literacy Study)란?

이 연구는 18~24세에 해당하는 미국 청년 인구의 지리 지식을 평가하는 데 목적을 두고 있다. 조사 항목은 오늘날 세계에 대한 지리적·기술적·문화적 지식에 대한 중요성 인식은 물론, 그들이 지리 및 관련 분야에 대해 어떻게 생각하는지에 관한 내용도 포함하였다.

2006년 내셔널지오그래픽-로퍼퍼블릭어페어 지리적 문맹 연구의 결과는?

미국지리학협회의 주도로 이루어진 일련의 연구 가운데 가장 최근에 실시된 연구는 2006년에 이루어졌으며, 바로 그전에 실시된 연구는 2002년에 실시되었다. 가장 높은 점수를 기록한 나라로는 스웨덴, 이탈리아, 프랑스가 있다. 미국과 멕시코는 가장 낮은 점수를 기록하였다.

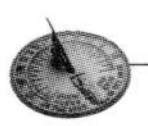

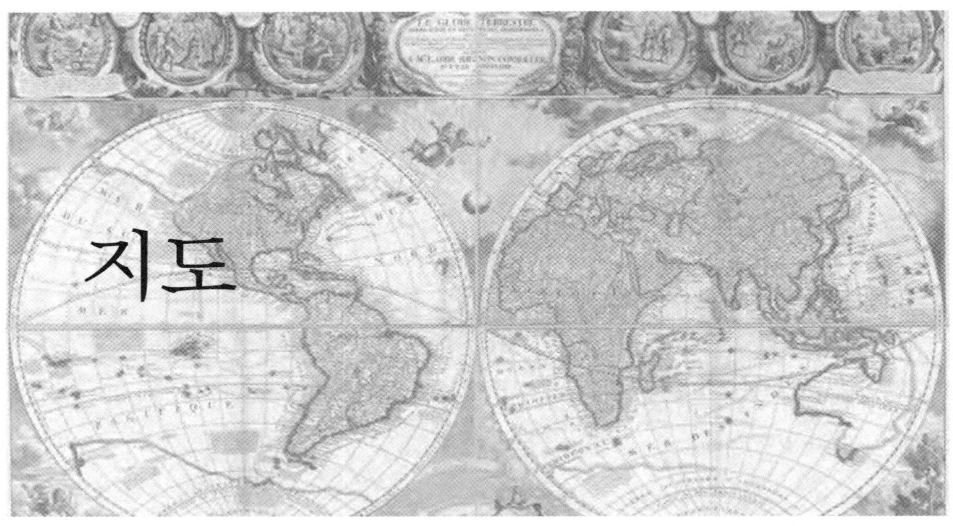

지도

지도의 역사와 기법

최초의 **지도**는?

기록된 역사가 시작된 이래로 인류가 주위 환경에 관심을 가져왔다는 사실을 보여 주는 많은 실례들이 있다. 실제로 프랑스의 라스코 동굴 벽화에는 기원전 14000년경으로 추산되는, 하늘에서 가장 밝은 별을 의미하는 3개의 점이 찍혀 있다. 터키 차탈회위크(Çatalhöyük) 신석기 유적지의 기원전 7500년 무렵에 그려진 벽화에는 원시적인 도시계획이 나타나 있다.

한 장의 종이가 무엇에 의해 **지도**가 되는가?

지도란 지표면이나 천체 또는 우주의 구역을 표상한 것으로, 그 소재에 구애받지는 않는다. 종이 지도가 일반적이기는 하지만, 모래 위에 그린 지도에서부터 컴퓨터 화면에 이르기까지 다양한 형태로 존재할 수 있다. 지도는 범례(지도 상의 기호를 설명하는 안내 지침), 방위, 축척을 포함해야 한다. 모든 지도는 저마다의 특성을 가지며, 완벽한 지도는 세상에 존재하지 않는다.

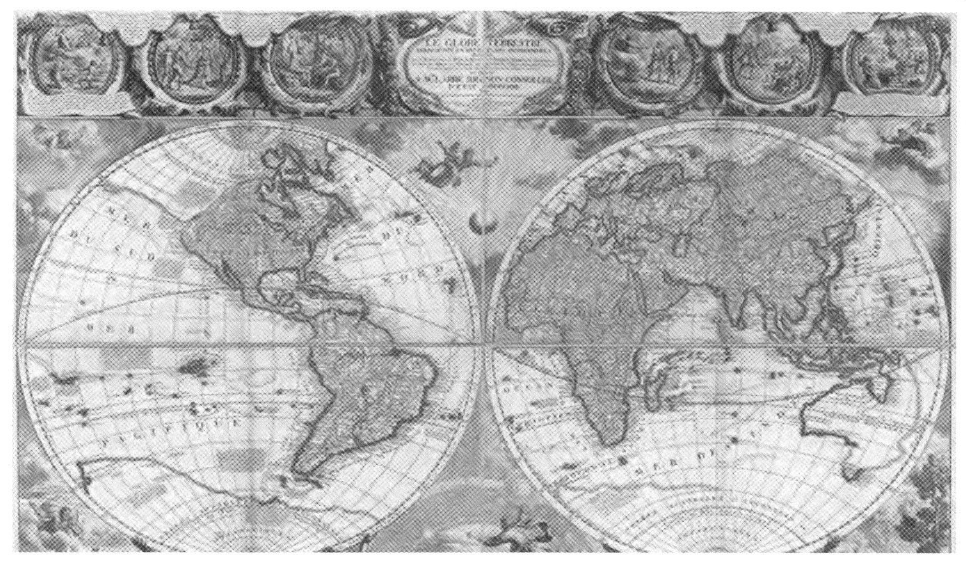

고지도들은 오늘날의 지도보다 훨씬 화려하지만 그 이상으로 부정확하기도 하다.

장소들이 **어디에 위치하는지**를 **알아볼** 수 있는 효과적인 방법은?

여러분이 들은 적 있는 장소에 대해 알아볼 수 있는 가장 좋은 방법은 지도책을 보는 것이다. 지도책은 여러 편의 지도들을 한 권의 책으로 묶은 것이다. 지도책에는 지도뿐만 아니라 그림, 통계표, 지형 등 장소에 대한 중요한 정보를 담은 부가적 자료가 추가되어 있는 경우도 많다. 인터넷 사용에 익숙하다면, 검색 엔진의 검색창에 알고자 하는 장소를 입력하고 클릭하여 그 결과를 활용할 수도 있다. 아마도 놀랄 만큼 어마어마한 정보들을 검색할 수 있을 것이다!

지도책을 **아틀라스(Atlas)**라고 부르는 까닭은?

'아틀라스'라는 용어는 그리스 신화에 등장하는 거인 아틀라스(Atlas)에서 유래되었다. 아틀라스는 거인들과 힘을 합쳐 신들에 맞서 싸운 죄로, 지구와 하늘을 어깨로 떠받쳐야 하는 벌을 받았다. 고지도책에 흔히 아틀라스가 묘사되었기 때문에 지도책을 아틀라스로 부르게 되었다.

어두컴컴한 곳에서 냉장고를 찾는 방법은?

지도라고 해서 전부 종이에 그려져 있지는 않다. 밤중에 냉장고를 찾으려면 음식 냄새를 맡는 방법이 아니라 방 구조에 관한 기억 속의 지도를 활용해야 한다. 냉장고를 찾다가 발을 헛디디거나 한다면, 그것은 우리가 생각지 못한 엉뚱한 곳에 놓인 장난감이나 신발에 걸려 서일 것이다. 사람들은 누구나 마음속에 지도를 갖고 있다. 이러한 심상 지도(mental maps)는 한밤중에 냉장고의 위치를 찾을 때뿐만 아니라 식품점이나 직장에 갈 때에도 활용된다. 사람들은 여행지는 물론 자신이 살고 있는 도시, 국가, 심지어는 세계의 심상 지도까지 갖고 있다. 저마다 나름대로의 심상 지도를 가지며, 이는 그들이 가진 세계에 대한 지식 및 여행과 경험을 통해 얻은 장소에 관한 지식의 범위를 토대로 형성된다.

지도 제작자들은 어떻게 지표를 그려 내는가?

지도 제작자는 지도를 만드는 사람이며, 지도를 만드는 기법을 지도학이라고 한다. 지도 제작자들은 사람들이 살아가는 고장, 도시, 지역, 국가, 세계, 나아가 지구의 형상을 표현한다. 그들은 다양한 기법을 활용하여 지도를 만들어 낸다.

누가 고의로 **부정확한 지도**를 만드는가?

구소련에서는 으레 부정확한 지도를 만들어 냈다. 소련 지도는 도시와 하천, 도로의 위치를 의도적으로 부정확하게 나타내었다. 같은 지도임에도 불구하고 어떤 판본에서는 이전 판본에서 표시했던 도시를 삭제하는 경우도 있었다. 모스크바의 도로 지도는 특히 부정확하고 균형이 잡혀 있지 않았다. 소비에트 연방의 지리적 왜곡은 외국인은 물론 자국민에게도 자국의 지리를 비밀로 하려는 의도에서 출발하였다. 정부 관계자들조차도 정확한 지도를 입수할 수 없었다.

지도 상에 있는 **지명**은 누구에 의해 결정되나?

미국에서는 미국지명위원회(U.S. Board on Geographic Names, BGN)에 의해 도시, 하천, 호수, 외국 등의 공식 지명과 표기법이 결정된다. 어떤 도시가 도시명을 변경하려면 반드시 미국지명위원회의 승인을 거쳐야 한다. 승인이 이루어지면 해당 지명은 공식적으

로 변경되며, 이는 미국 연방 정부의 지명 사전과 기록물에도 반영된다. 이에 따라 민간 지도 제작자들 또한 새로 갱신된 지명을 그들의 지도에 표기하게 된다.

지도가 어떻게 **전쟁을 일으킬** 수 있나?

이라크는 1990년 쿠웨이트를 침공하기 전에 쿠웨이트를 자국의 19번째 주로 표기한 관영 지도를 발행하였다. 이라크는 이 지도를 1990년의 쿠웨이트 침공을 정당화하는 명분으로 삼아 쿠웨이트를 병합하였다(실제로 이라크의 석유 매장량은 쿠웨이트 다음이다). 지금까지도 그래 왔지만 오늘날에도 지도는 여러 국가 및 지방, 도시들이 특정 장소나 지점의 영유권을 주장하기 위한 근거로 사용되었다.

이라크 외에도 **지도** 상의 영역선에 대한 **분쟁**을 벌이는 **나라**가 있나?

일본, 중국, 타이완은 태평양에 위치한 댜오위다오(釣魚島) 열도 혹은 센카쿠(尖閣) 열도의 영유권에 대한 분쟁 당사국이다. 인도와 파키스탄은 인도 최북단 지역인 카슈미르(Kashmir)의 영유권 분쟁을 계속하고 있다. 대한민국과 북한은 한미연합사에 의해 설정된 남북한의 경계선에 대해 지금까지도 논박을 이어 오고 있다.

육분의는 어떻게 항해사에 도움이 되었나?

육분의(六分儀, sextant)는 1730년 존 해들리(John Hadley)와 토머스 고드프리(Thomas Godfrey)에 의해 개별적으로 고안되었다. 망원경, 두 개의 거울, 수평선, 태양(또는 다른 천체)을 이용하는 육분의는 수평선과 천체 사이의 각도를 측정하는 장치이다. 이를 통해 항해사들은 바다에서 자신의 위도를 측정할 수 있었다.

나침반은 언제 발명되었나?

11세기 초반 중국인들은 자침을 이용하여 방향을 탐지하였다. 거의 같은 시기에 바이킹들 또한 비슷한 기기를 고안한 것으로 알려져 있다. 나침반은 자북극(磁北極)을 가리키는 바늘 모양의 자석이다.

방위표시판(compass rose)은 나침반의 4개의 기본 방위 및 세분화된 방위 주위를 장식하는 역할도 한다.

나침반은 언제나 **북쪽**을 가리키나?

아니다. 나침반이 가리키는 자북은 반드시 정확한 북쪽이라고 할 수 없다. 자북은 30만 년에서 100만 년에 한 번씩 남쪽에서 북쪽으로, 아니면 북쪽에서 남쪽으로 이동한다. 이렇게 자북이 이동하면 나침반의 바늘은 실제 북쪽보다 남쪽을 가리키게 된다.

방위표시판이란?

옛 지도들에는 방위표시판(compass rose)이라고 하는, 나침반을 정교하게 표현한 기호가 표기되어 있다. 다수의 고지도 방위표시판들은 32개의 방위를 나타내며, 여기에는 4개의 기본 방위(동서남북)뿐만 아니라 28개의 세부적인 방위(남서, 남동 등) 또한 표시되어 있다. 이 방위표시판은 장미꽃 모양을 닮아 'compass rose(나침반 장미)'라는 이름을 얻었다. 오늘날의 나침반은 대개 4개의 기본 방위만을 표시하고 꽃 모양으로 만들어지는 경우도 찾아보기 어렵지만, 지도의 방위표시판은 여전히 'compass rose'라 불리고 있다.

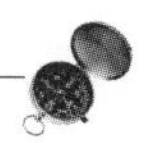

방위각이란?

나침반의 방위를 정하는 또 다른 방법이다. 방위각은 나침반이 360°이고 이 중 북쪽이 0°, 동쪽이 90°, 남쪽이 180°, 서쪽이 270°라는 사실을 토대로 한 기법이다. 여러분은 '동쪽을 향하라' 대신 '90°를 향하라'라고도 말할 수 있다.

자북극은 어떻게, 왜, 그리고 얼마나 많이 **움직였나**?

자북극이 움직인다는 사실은 확인되었으나, 그 이유는 여전히 밝혀지지 않고 있다. 자북극의 이동 정도는 불규칙적이기는 하지만 그 범위는 매년 수km 이내이다.

자북극은 **얼마나 이동**했나?

1831년 제임스 로스(James Ross)가 자북극은 북극점에서 북위 70° 정도로 약간 벌어져 있다는 기록을 남긴 이래, 자북극은 매년 40km의 속도로 이동하여 북위 80°에 위치하게 되었다.

지금까지 **알려진 가장 오래된 지도**는?

기원전 2700년 무렵 수메르 인들은 자신이 살고 있는 도시의 모습을 점토판에 표현하였다. 이것이 가장 오래된 지도로 알려져 있다.

아메리카란 단어가 쓰인 **가장 오래된 지도**는?

미국의회도서관에 소장된, 1507년에 발행되었다고 기록된 이 지도에는 이탈리아 탐험가 아메리고 베스푸치(Amerigo Vespucci)가 발견한 다수의 발견물들이 표기되어 있다. 이 지도는 독일 볼페크(Wolfegg) 성에 350년 이상 보관되어 왔으며, 분실되었다고 알려졌다가 1901년에 재발견되었다.

축척에 따라 **그려진** 가장 오래된 **지도**는?

기원전 6세기의 그리스 지리학자 아낙시만드로스는 최초로 축척 지도를 작성한 인물로 전해진다. 이 지도는 그리스를 한가운데에 놓고 당시 그리스 인에게 알려져 있던 유

지구 이외의 행성에도 경위선이 존재할까?

그렇다. 과학자들은 지구 이외의 행성 및 이 행성들의 위성 또한 지구와 같은 방식으로 경도와 위도로 구분하였다. 그들은 이들 행성과 위성의 지표 상 위치를 정확히 산출하기 위해 지구와 동일하게 경위선을 활용한다.

럽과 아시아 대륙의 지역들을 표기한 원형 지도이다.

적도란?

적도는 남극과 북극 사이의 정중앙에 위치한 선이다. 위도 0°에 설정된 선인 적도는 지구를 북반구와 남반구로 나눈다.

위도와 경도

위선과 **경선**이란?

위선과 경선은 지구 상의 위치를 보다 효과적으로 확인할 수 있게 고안된 좌표 체계로, 지구 상의 남북과 동서를 가로지르는 선이다. 위선(지구의 동서로 뻗어 있는)은 위도 0°인 적도를 기준으로 하는데, 각각 북위 90°인 북극점과 남위 90°인 남극점까지 남북으로 90°씩 뻗어 있다. 경선(지구의 남북으로 뻗어 있는)은 영국 그리니치 천문대를 중심으로 한 가상의 선인 본초자오선을 기점으로 한다. 경선은 본초자오선의 동서로 각각 180°까지 설정되어 있다.

위선과 경선들은 모두 **동일한 거리**의 선인가?

아니다. 경선들의 거리만 동일하다. 각 경선은 남극에서 북극으로 뻗어 있기 때문에 지구 반지름에 해당한다. 위선들은 동일한 거리의 선이 아니다. 각 위선은 등거리로 설정된 완전한 원이기 때문에 위선들의 거리는 서로 다르다. 위도 0°가 가장 긴 선이며, 위

도가 높아질수록 위선의 거리는 줄어들어 남극점과 북극점에서는 하나의 점으로 수렴된다.

경도의 **폭**은 어느 정도인가?

지구의나 세계 지도 상에는 대개 각각 12개씩 총 24개의 경선만 표시되어 있지만, 실제로 지구는 총 360개의 경선으로 구분된다. 경선 간의 거리를 '도(degree, °로 표시)'라고 한다. 경선의 길이가 가장 긴 0°에서부터 남극점과 북극점까지를 포괄하는 경도의 폭은 위치에 따라 0에서 111km까지 제각기 다양하게 나타난다.

위도의 **폭**은 어느 정도인가?

대부분의 세계 지도나 지구의 상에는 12개의 위선만 표시되어 있지만, 실제로 지구는 총 180개의 위선으로 구분된다. 위선 간의 거리를 '도(degree, °로 표시)'라고 한다. 각각의 위도들은 111km씩 떨어져 있다.

위선은 지구를 동서로, 경선은 지구를 남북으로 가로지른다.

경도와 위도에서 **분과 초**는 무엇을 의미하나?

경도와 위도는 각각 60분으로 구분되며, 각 분은 또 다시 60초로 구분된다. 절대 위치는 경도 및 위도의 도(°), 분(′), 초(″)로 표기된다. 이에 따라 자유의 여신상의 위치는 북위 40°41′22″, 서경 74°2′40″가 된다.

위도와 **경도** 중에서 어느 것이 먼저 고안되었나?

위도가 경도보다 먼저 사용된 기록이 있다. 위도는 적도를 기준으로 북쪽 아니면 남쪽에 위치했는지에 따라 남과 북을 번호로 매기는 방식으로 기록된다. 경도는 본초자오선을 기준으로 동쪽 아니면 서쪽에 위치했는지에 따라 동과 서를 번호로 매기는 방식으로 기록된다.

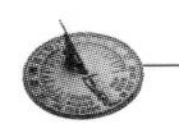

경도 계산이 어려운 까닭은?

16세기까지 시계는 지상이나 해상에서 모두 사용될 수 있을 만큼 정확하지 못했다. 동서의 위치를 측정할 수 있는 유일한 방법은 두 지점에서 별의 위치를 측정하고 측정시간을 기록한 다음 방위를 위치시키는 방식이었다. 시계가 보다 정확해지면서 속도와 거리의 측정도 가능해졌다.

위도와 경도가 뻗어 있는 방식을 어떻게 **이해할** 수 있을까?

위선(line of latitude)은 사다리('ladder-tude')의 가로대(단)처럼 동서로 뻗어 있다고 이해하면 쉽다. 경선(line of longitude)은 길다는 뜻의 영어 'long'을 떠올리면 남극에서 북극으로 뻗어 있는 경선의 개념을 한층 쉽게 이해할 수 있다.

지명 사전은 어떤 점에서 경위도를 확인하는 데 도움이 되나?

지명 사전은 특정 지역 또는 전 세계 여러 장소들의 경위도 목록이기도 하다. 다수의 지도책들은 지명 사전을 수록하거나 별책으로 출간하고 있다.

특정 장소에서 어떻게 경도와 위도를 파악할 수 있나?

특정 지점의 경도와 위도를 확인하기 위해서는 경위도 데이터를 담고 있는 지명 사전이나 컴퓨터 데이터베이스가 필요하다. 지명 사전은 바로 펴볼 수 있다는 장점이 있지만, 온라인 데이터베이스에 비해 수록하고 있는 장소나 정보가 적다. 인터넷상에는 심지어 특정 장소나 공공건물의 경위도까지 포함한 대규모 데이터베이스를 다루는 수많은 웹사이트들이 있다.

본초자오선은 왜 **그리니치 천문대**를 기점으로 하나?

영국의 왕립 그리니치 천문대는 1675년 경도 측정에 관한 연구를 목적으로 설립되었다. 1884년 개최된 국제 학술 대회에서 그리니치 천문대를 기점으로 하는 경선으로 본초자오선을 결정하였다. 영국과 미국에서는 이보다 수십 년 전부터 그리니치 천문대를 본초자오선의 기점으로 삼고 있었다.

지도를 읽고 활용하기

지형도와 **행정 구역도**의 차이는?

지형도(physical map)는 산, 하천, 호수, 시내, 사막 등 자연 지형을 나타낸 지도이다. 행정 구역도(political map)는 도시, 고속도로, 국가 등 인위적 지형지물 및 경계를 표시한 지도이다. 지도책에 수록되었거나 교실 벽에 걸려 있는 지도들은 보통 이 두 가지를 결합한 것이다.

지형도란?

지형도(topographic map)는 지구 상에 존재하는 인문지리적·자연지리적 지형지물을 나타낸 지도로, 고도의 세밀함과 등고선이 특징이다. 지형도는 지구 상의 매우 좁은 지역을 상세히 알아보는 데 매우 효과적인 자료이다. 미국지질조사소(United States Geological Survey, USGS)는 1:24,000 축척(실제 거리 240km를 1cm로 표기) 지도를 발간한다. 이 지형도는 온라인으로 구매할 수도 있고, 미국지질조사소를 통해 직접 구매할 수도 있다.

도로 지도는 왜 **접기 어렵게** 만들까?

문제는 지도를 한 번 접어 버리면 원래의 모습대로 되돌리기 어렵다는 것이다. 도로 지도를 제대로 접으려면 지도를 접을 때 발생하는 주름에 대해 이해하고 이에 맞게 접는 방법을 숙지해야 한다. 실수로 지도를 잘못 접으면 그 부분의 정보가 왜곡되거나 소실될 위험이 있기 때문이다. 도로 지도는 접혔을 때 '앞'과 '뒤' 부분이 위로 가도록 아코디언 형태로 접는 편이 좋다. 아코디언 형태로 접은 지도를 펼치면 접힌 부분은 가늘고 길게 남으며, 지도는 크게 세 부분으로 나누어진다. 자, 이렇게 도로 지도를 제대로 접을 수 있다!

입체 지도에서 **색**이 중요한 까닭은?

입체 지도는 다양한 고도를 서로 다른 색으로 나타낸다. 하지만 색깔 때문에 문제가 발생하기도 한다. 입체 지도에서 대개 산악 지형은 빨간색이나 갈색으로, 저지대는 녹색

계통으로 표시한다. 이러한 경우에 녹색 지역은 비옥한 지대로, 갈색 지역은 사막으로 잘못 이해하는 혼란이 일어날 소지가 있다. 예를 들면 캘리포니아의 데스밸리는 해수면보다 고도가 낮아 녹색으로 표시하는 경우가 많은데, 그러다 보니 실제로는 생물이 살아가기 어려운 사막 지대인 이 지역을 비옥한 지대로 잘못 이해할 수 있다.

지도의 축척이 의미하는 것은?

축척이란 지도의 세밀한 정도를 나타내는 지표로, 지도 상에서의 거리가 실제로 얼마인지를 알려 준다. 지도에서 축척은 분수식 축척이나 막대식 축척을 사용하며, 도표 대신 글로 표기하는 경우도 있다.

분수식 축척은 비율을 활용한 축척으로, 지도 상에 나타난 거리의 단위가 1이라면 실제 거리는 100,000이라는 의미로 1/100,000이나 1:100,000과 같은 형식으로 표기한다. 이를테면 지도 상의 2.5cm는 실제로는 250,000cm인 셈이다.

글로 표기하는 경우는, '이 지도의 2.5cm는 실제로는 250,000cm임'과 같은 형태로 축척을 표시하는 방식이다. 이를 통해 지도 상의 거리와 실제 거리를 변환해 볼 수 있다. 막대식 축척은 지도 상의 거리와 실제 지형의 거리 간 관련성을 나타내는 축척이다. 막대식 축척은 축척의 왜곡 없이 지도 상의 확대나 축소를 표현할 수 있는 유일한 방법이다. 지도의 크기를 확대하면 막대식 축척의 막대 또한 동일한 비율로 확대되기 때문이다. 예를 들면, 분수식 축척이나 글로 표기하는 축척의 경우에는 해당 지도의 축척 비율(예로 1:1,000)에서만 정확성을 보장받을 수 있다. 지도를 확대하면 지도의 면적은 그 배로 확대되는데 숫자상의 비율은 그에 맞게 변하지 않기 때문이다.

축척을 활용하여 **두 장소 간의 거리**를 어떻게 측정할 수 있나?

우선 자를 이용하여 지도 상의 두 지점 간 거리를 측정한다. 그리고 축척에 나타난 비율을 곱하여 실제 거리를 계산한다. 예를 들면, 1:100,000 지도 상에서 12.7cm 떨어진 두 지점 간의 실제 거리는 1,270,000cm, 즉 12.7km가 된다.

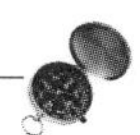

지구의 표면은 오렌지 껍질과 어떻게 닮았을까?

지구와 같은 구체를 평평한 형태로 표현하려면 어쩔 수 없이 왜곡이 따른다. 지구의 표면은 오렌지 껍질과도 같다. 오렌지 껍질을 한 장이 되도록 벗겨서 펼치면 군데군데 찢어진 균열이 발생한다. 지표면을 오렌지 껍질처럼 벗겨서 펼쳐 보면 똑같은 형상이 된다. 지도 제작자들은 구체의 지구를 왜곡을 최소화하면서 표현하려고 노력한다. 이를 실현하기 위한 다양한 방법과 시도를 투영법이라고 한다.

소축척 지도와 **대축척** 지도의 차이점은?

소축척 지도는 세계 지도와 같이 넓은 구역을 덜 상세하게 나타낸 지도이다. 대축척 지도는 마을이나 도시 등 좁은 구역을 높은 정밀도로 표현한 지도이다.

지도에 **왜곡**이 일어나는 이유는?

곡면인 지구를 평면인 지면에 완벽하게 재현해 낼 수는 없기 때문에 절대적으로 완벽한 지도는 존재하지 않는다. 규모가 작은 지역의 경우에는 굴곡도도 작기 때문에 왜곡 또한 비교적 덜한 편이다. 지역의 규모가 커질수록 굴곡도 커지기 때문에 대륙 지도나 세계 지도 등 대규모 지역의 지도는 왜곡도 커진다.

대부분의 지도에서 **그린란드**가 실제보다 **커 보이는** 까닭은?

모든 지도에는 왜곡이 일어날 수밖에 없는 데다, 특히 남반구와 북반구의 고위도 지역은 지도에서 왜곡되게 표시되는 지역이다. 지도의 투영법으로 널리 쓰이는 메르카토르 도법(Mercator projection)에서는, 실제로는 남아메리카 면적이 그린란드보다 8배나 더 넓은데도 두 지역의 면적이 비슷하게 나타난다. 메르카토르 도법은 경선과 위선이 직각을 이루기 때문에 항해에 특히 유용하게 사용된다.

지도의 **범례**는 지도 읽기에 어떤 도움을 줄까?

지도 상에 흔히 상자 형태로 표기되는 범례는 지도 상의 기호를 설명하는 정보를 담고

있다. 철도와 같은 몇몇 기호들은 표준화된 것처럼 보이지만, 이조차도 지도에 따라서는 서로 다른 기호로 표시된다. 실제로 완전히 표준화된 기호는 없기 때문에 지도를 볼 때에는 범례를 참조해야 한다.

지도의 동쪽 방향 옆에 **십자가**가 표시된 경우가 있는데, 그 까닭은?

서양의 고지도를 보면 방위표시판의 바로 동쪽 옆에 십자 표시가 된 경우가 많다. 이 십자가는 천국과 성지를 가리키는 상징이다.

지도는 어디에서 **구입**할 수 있나?

지도는 여러 경로를 통해 구할 수 있다. 대부분의 대형 서점에는 국내 또는 해외 여행용 지도, 벽걸이 지도, 지도책 등을 판매하는 코너가 갖추어져 있다. 다양한 종류의 대축척 지도와 특정 지역을 보다 정밀하게 나타낸 소축척 지도를 구비하고 있는 지도 상점이나 여행 안내소도 여러 도시들에서 찾아볼 수 있다. 인터넷상에는 지도를 제공하는 웹사이트들도 많다. 여러분이 살펴보고자 하는 장소나 지역, 도시, 나라 등의 이름을 입력하면 지도를 무료로 검색할 수 있고, 유료 지도를 구매할 수도 있다. 여러 판매처들을 살펴보고 그중에서 가장 최신 업데이트가 되어 있는 지도를 구매해 보자.

내가 찾는 지도를 **구할 수 없다면** 어떻게 해야 할까?

서점이나 심지어 전문 지도 상점에 가더라도 모든 종류의 지도가 다 구비되어 있지는 않다. 만일 대단히 특수하거나 비교적 흔치 않은 지도가 필요하다면 지도를 소장하고 있는 그 지역 대학 도서관에 가 보는 편이 좋다. 대학 소장품은 보통 어떤 지도 상점의 지도들보다 규모가 더 크고 폭넓다. 지도를 찾는 데 도움이 필요하다면 지도 담당 업무를 맡은 도서관 사서에게 요청하면 된다. 인터넷 검색을 활용해도 좋다. 고급 검색 기능과 필터링을 이용하여 보다 정확하고 상세한 지도를 찾을 수 있다.

절대 위치와 **상대** 위치의 차이는?

위치는 절대 위치와 상대 위치라는 두 가지 다른 방식으로 묘사될 수 있다. 상대 위치

란 위치를 다른 위치나 장소와의 관련성을 통해 설명하는 위치이다. 예를 들면, 한 지역 비디오 가게의 위치를 설명하기 위해 고등학교 너머 대로변에 있다고 설명하는 방식이다. 절대 위치란 주로 위도와 경도로 구성된 좌표 체계로 설명되는 위치이다. 예를 들면, 비디오 가게는 북위 23°23′57초, 서경 118°55′2″에 위치한다는 식으로 설명할 수 있다.

오늘날의 지도

위성 사진이란?

인공위성은 지구의 기후 패턴, 도시의 성장, 식생, 개개의 건물 및 도로 등의 사진을 촬영한다. 인공위성은 궤도(지표에서 위성 궤도까지의 거리는 모두 동일하다)를 돌면서 사진 데이터를 전파로 지구에 송신한다.

인공위성은 **지도 제작**에 어떤 **변화**를 가져왔나?

인공위성이 촬영한 지표의 사진인 위성 이미지는 지도 제작자들로 하여금 지구 상의 도로, 도시, 하천 등 지형지물의 위치를 보다 정확하게 표시할 수 있도록 한다. 위성 이미지 덕택에 지도 제작자들은 인공위성이 등장하기 전보다 더욱 정확한 지도를 제작할 수 있다. 지표 공간은 지속적으로 변화해 가는 공간인 만큼, 위성 이미지를 통해 이러한 지표 공간의 지리 정보를 손쉽게 업데이트할 수 있다.

우주에는 얼마나 많은 **쓰레기**가 있나?

지구 바깥의 궤도에는 작동 중인 인공위성뿐만 아니라, 수명을 다한 인공위성의 작은 부품에서 추진 로켓에 이르기까지 약 8,800조각의 우주 쓰레기들이 떠 있다. 앞으로 우주선이나 인공위성이 우주 쓰레기에 부딪혀 입는 심각한 손상을 막기 위해 우주 쓰레기의 위치를 추적하는 레이더 시스템을 구축할 계획을 진행하고 있다.

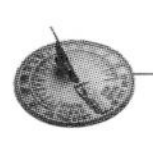

인공위성은 지구 궤도를 공전하면서 극도로 정밀한 지도의 제작을 가능하게 해 주는 위성 사진을 촬영한다.

GIS는 어떻게 지도학의 혁명을 일으켰나?

지리정보시스템(Geographic Information System, GIS)은 1960년대 컴퓨터의 보급과 더불어 시작되었다. 초창기에는 매우 단순했지만, GIS의 기능은 신기술과 발전에 힘입어 한층 확대되고 발전해 갔다. GIS는 컴퓨터의 지리 데이터 저장, 분석, 검색 기능을 통해 무한할 정도로 다양한 정보의 비교를 짧은 시간 내에 가능하게 해 줌에 따라 지도학의 혁명을 가져왔다. GIS 프로그램은 송전선, 하수도, 경계선, 거리 등의 위치 관련 정보를 다양한 '레이어(layer)'로 구분하여 처리한다. 이러한 레이어를 포개고 합쳐서 개개의 목적과 용도에 적합한 다양하면서도 개별적인 지도들을 생성할 수 있다. 변환 가능성이 풍부한 GIS는 지방 정부와 공공 기관에서도 없어서는 안 되는 프로그램으로 활용되고 있다.

GIS는 어떻게 **우리 고장**에 **도움**을 줄까?

여러분이 살고 있는 고장에서는 일상생활은 물론 긴급 상황에서도 GIS를 활용할 수 있다. 관공서와 지역 개발 부서, 공원 관리 사무소 등에서는 고장의 공익 시설, 도로, 재산

지도가 어떻게 콜레라의 전염을 막을 수 있었을까?

1850년대에 콜레라가 발생하여 런던도 위기에 직면했다. 영국의 내과 의사 존 스노(John Snow) 박사는 콜레라로 인한 사망자의 정보를 지도에 기록하여, 사망자 대다수가 한 우물 펌프 인근에서 나왔음을 파악했다. 그곳 펌프의 손잡이를 제거하니 전염의 확산이 멈추었다. 그 이전까지는 콜레라의 전염 경로가 밝혀지지 않았다. 오늘날 의료지리학자와 전염병학자(epidemiologist)들은 질병이나 전염병의 발생지와 확산 경로를 밝히기 위해 지도를 널리 활용한다.

등의 상태를 점검하는 데 GIS를 활용하도록 허용하고 있다. 비상 시에는 긴급 구조반이나 경찰 등에게 GIS 정보를 제공하여 긴급 상황이 발생한 지역에서 대피 등 위기에 보다 효과적인 대처를 할 수 있다.

GPS 장비는 어떻게 내가 어디에 있는지를 알려 주나?

GPS(Global Positioning System)는 지구 상의 궤도를 공전하는 24기의 미국 군사 위성으로부터 정보를 수신하여 정확한 위치 및 시간 정보를 제공한다. GPS 장비는 3기 이상의 인공위성으로부터 지표 상의 절대 위치를 삼각 측량으로 측량한 정보를 제공한다. 여러분이 GPS 장비를 소지하고 있다면, 이 장비에 표시되는 위치 정보는 여러분의 현재 절대 위치를 알려 줄 것이다.

GPS는 어떻게 **길을 잃는 것**을 **막아 주나**?

GPS 장비는 해당 장비가 위치해 있는 위도와 경도 정보를 정확하게 제공한다. 휴대용 GPS 장비와 지도(지형도)를 소지하고 있다면 자신이 지구 상의 어디에 위치해 있는지를 정확히 확인할 수 있다. 따라서 GPS는 오지 여행이나 항해에 매우 유용하다. 오늘날에는 차량 장착용, 주머니에 들어갈 수 있는 크기의 휴대용, 휴대 전화에 내장된 GPS는 물론, 심지어 택배 박스에도 붙어 있을 정도로 다양한 종류의 GPS가 널리 쓰이고 있다. 한마디로 GPS는 우리 생활 구석구석에서 찾아볼 수 있다.

자연환경

지구의 구성물 및 내부적 과정

지각의 두께는 어느 정도인가?

지각의 두께는 지점에 따라 상이하다. 대륙 지각의 두께는 24km에 달하지만, 해양 지각은 8km에 불과하다.

대륙 이동이란?

지구는 거대한 지각의 덩어리인 지각판으로 나누어져 있다. 지각판들은 퍼즐처럼 서로 맞물려 있다. 이 지각판들이 느린 속도로 움직이다가 부딪히면서 산맥을 형성하고, 이 과정에서 화산 활동과 지진이 일어나기도 한다. 지각판이 물 위의 뗏목처럼 이동하는 현상을 대륙 이동이라고 부른다.

지질 구조판은 모두 몇 개인가?

지구의 주요 지질 구조판은 12개이다. 이 중에서도 규모가 큰 판으로는 유라시아 판, 북아메리카 판, 남아메리카 판, 아프리카 판, 인도-오스트레일리아 판, 태평양 판, 남극판이 있다. 이들 대규모 판 사이에는 소규모 판들이 자리잡고 있다. 소규모 판으로는

지구의 지질 구조판은 끊임없이 움직이면서 사진과 같은 단층을 야기하였다. 이 단층은 화산재가 쌓여 형성된 지층이 단층에 의해 엇갈린 것으로, 도로 공사 때문에 지표로 노출되었다.

아라비아 판(아라비아 반도 포함), 나스카 판(남아메리카 서쪽에 위치), 필리핀 판(일본 남동쪽에 위치, 북부 필리핀 제도 포함), 코코스 판(중앙아메리카 남서부에 위치), 환드퓨카 판(미국 오리건 주, 워싱턴 주, 캘리포니아 북부 해안에 연하여 위치)이 있다.

판게아란?

2억 5,000만 년 전에 존재했던 판게아(Pangea)는 오늘날의 7개 대륙이 합쳐진 거대한 단일 대륙이다. 지금의 남극 대륙 인근에 위치했던 이 대륙이 서서히 이동하고 갈라지면서 오늘날의 대륙들을 형성하였다. 대륙과 대륙판은 계속 이동하고 있으며, 먼 미래의 대륙들은 오늘날과는 다른 형상으로 배치될 것이다.

산은 어떻게 형성되나?

조산(造山) 운동은 대륙 이동과 관련된다. 두 대륙판의 충돌은 산이 만들어지는 주된 원인이다. 히말라야 산맥은 인도-오스트레일리아 판과 유라시아 판의 충돌로 생겨난 결과물이다. 대륙판의 충돌이 일어나는 지역에서는 대개 화산 활동과 지진이 잦다.

히말라야 산맥은 어떻게 형성되었나?

3,000만~5,000만 년 전 인도 대륙판이 아시아 대륙판을 밀어 올리는 과정에서 히말라야 산맥이 형성되었다. 오늘날에도 인도 아대륙은 아시아 방향으로 밀고 들어오고 있으며, 이에 따라 히말라야 산맥은 계속 높이가 증가하고 변화해 가고 있다.

용암에 의해 형성된 암석은?

화성암은 지구 내부의 마그마 또는 지표로 흘러나온 용암이 식고 굳어서 형성된 암석이다.

토양 입자가 굳어 **형성된** 암석은?

퇴적암은 퇴적물이 강, 호수, 바다 혹은 육지 바닥에 있는 침전물(암석의 조각이나 쇄설물 또는 동식물의 유해)의 층에 압착되어 형성된 암석이다. 퇴적이 지속적으로 일어나 퇴적층이 누적되면서 아랫부분에 위치한 퇴적층은 높은 압력을 받게 되고, 이렇게 오랜 시간이 흐르면 퇴적암이 형성된다.

'recycled rock'이란 어떤 암석을 가리키나?

변성암(metamorphic rock)을 영어로 'recycled rock'이라고 표기하기도 한다. 변성암은 이전에 퇴적암 또는 화성암이었던 암석이며, 때로는 또다시 다른 종류의 변성암이 되기도 한다. 지하의 열과 압력이 기존의 암석을 다른 종류의 암석으로 변화시키면서 'recycled rock'이라고도 불리는 변성암이 생성된다.

화산 근처에 있는 **해변**에서 흔히 볼 수 있는 모래는?

화산 근처의 토양은 까만색을 띤 화성암을 포함하고 있기 때문에, 하와이나 인도네시아 등지의 화산 활동으로 인해 형성된 해변의 모래는 암갈색이나 검은색을 띤다.

모래와 진흙 가운데 어느 것이 더 **큰가**?

모래알은 진흙 알갱이보다 1,500배 더 크다.

맥암이란?

맥암(dike rock)은 기존 암석의 틈 사이를 뚫고 들어간 마그마에 의해 형성된 암석이다. 암석 틈으로 들어간 마그마가 굳어지면 아주 단단한 암석이 된다. 이 암석을 둘러싸고 있던 다른 암석들이 풍화되면서 맥암은 지표 상에 거대한 돌기둥 같은 모습을 드러낸다.

온천이란?

온천은 가열된 지하수가 지표로 스며 나오면서 생성된다. 온천에서는 온천욕을 할 수

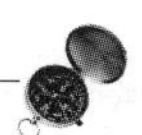

있으며, 온천에서 나온 증기는 발전용 터빈을 작동시킬 수 있다. 이렇게 생산된 에너지를 지열 에너지라고 한다.

사람들이 찾는 온천은 세계 어디에 있나?

고대부터 온천은 전 세계 다양한 문화권에서 온천욕장으로 활용되어 왔다. 일본, 타이완, 오스트레일리아, 미국, 아이슬란드, 시칠리아 등지는 온천으로 유명한 지역이다.

지반 침하는 왜 일어나나?

단단해 보이는 땅이 광대한 석유 매장지나 대수층(帶水層, 지하수를 품고 있는 지층) 위에 떠 있는 경우는 세계 여러 지역에서 존재하는 현상이다. 이처럼 땅을 지탱해 주는 액체가 없어지면, 그 위에 있는 땅은 빈 공간으로 내려앉아 버린다. 캘리포니아의 임피리얼 밸리(Imperial Valley)에서는 지하수의 고갈로 지반이 7.6m나 내려앉은 적이 있다. 지하수나 석유의 채취가 중단되지 않으면 지반 침하는 계속 일어날 것이다.

집이 **싱크홀**로 내려앉는 까닭은?

석회암 지대 위에 세워진 집은 싱크홀(sinkhole)로 내려앉을 우려가 있다. 지하수가 석회암을 침식함에 따라 지하 공동(空洞)이 형성된다. 지하수가 석회암을 일정 수준 이상 침식하면 지하 공동이 붕괴하면서 석회암 위에 있던 사물이 그 아래로 내려앉게 된다. 싱크홀은 지질학자들이 누군가의 집을 주시하게 만드는 원인이 된다.

천연자원

재생 가능한 자원이란?

한 세대 안에 보충될 수 있는 자원을 말한다. 삼림은 나무 심기가 계속해서 이루어질 수 있다면 재생 가능한 자원이 된다. 석유, 석탄, 천연가스 등의 자원은 생성되는 데 수백만 년의 시간이 걸리기 때문에 재생 가능한 자원에 해당하지 않는다. 즉 석유가 고갈된

다면 사실상 보충되기를 기대할 수 없는 셈이다.

영구적 자원이란?

태양 에너지, 풍력, 조력(潮力) 등 고갈될 일이 없는 천연자원을 말한다. 영구적 자원은 발전(發電)과 전기 에너지 전환에 사용될 수 있다.

화석 연료란?

천연가스, 석유, 석탄 등의 지하 연료는 마치 화석처럼 암석층 사이에 끼어 있는 양상으로 존재하기에 화석 연료라고 불린다. 죽은 동식물의 사체가 지하에서 수백만 년에 걸친 압력을 받아 이와 같은 화석 연료로 변환된다.

원유 등 화석 연료의 매장량이 감소하면서, 먼바다에서의 유정 탐색 및 시추가 이루어질 필요성이 증가하고 있다. 이 사진에서 볼 수 있는 해양 유전은 허리케인이나 석유 누출 등의 사고에 취약하다.

화석이란?

암석에 동식물 사체의 윤곽이 박혀 있는 것을 화석이라고 한다. 화석은 동식물의 사체가 퇴적물에 덮이면서 형성된다. 오랜 시간이 흐르면서 지층이 동식물의 유해에 압력을 가하면서 유해가 암석에 박히게 된다.

경관과 생태계

분지와 산맥이란?

분지와 산맥은 서로 인접해 있는 산과 계곡들이 조합을 이룬 것이다. 미국 네바다 주 대부분과 유타 주의 서부는 분지와 산맥들로 형성되어 있다.

영구 동토층이란?

1년 내내(또는 연중 대부분의 기간 동안) 얼어 있는 토양이다. 영구 동토층은 한대 기후의 고위도 지역에서 나타난다.

영구 동토층 해빙이란?

문자 그대로 영구 동토층이 녹는 현상이다. 알래스카 등 영구 동토층이 넓게 분포하는 지역의 토양 온도는 지난 1만 년 이래 최고 수준까지 올라갔다. 지난 50년간 북극 지방의 기온은 최고 기록을 갱신하였다. 이 시기에 알래스카의 평균 기온은 3.3℃나 상승하였다.

영구 동토층이 **중요한** 이유는?

영구 동토층은 지구의 온도를 조절하는 기능뿐만 아니라, 북극 지방의 원주민들을 포함한 전체 생태계가 유지될 자양분을 공급해 주는 야생 동식물의 서식지이기도 하다.

지표면 가운데 **동토층**이 차지하는 비율은 어느 정도인가?

지표의 5분의 1 정도는 1년 내내 얼어붙어 있는 영구 동토층이다.

사막과 **극지방**의 **공통점**은?

사막과 극지방은 모두 연 강수량이 100mm에 못 미치는, 지구 상에서 가장 건조한 지역에 해당한다.

정글이란?

정글은 매우 조밀한 식생으로 구성된 삼림을 일컫는다. 열대 우림이라는 용어는 보통 정글과 혼용되어 쓰이기도 한다. 정글은 주로 아마존 분지나 콩고 분지 등 열대 지방에서 형성된다.

푸에르토리코의 울창한 열대 우림

우림이란?

우림은 연 강수량 1,000mm 이상의 지역에 형성되는 조밀한 식생을 일컫는다.

열대 우림이란?

적도 북쪽으로는 북회귀선까지, 적도 남쪽으로는 남회귀선까지의 범위(이른바 '열대'로 불리는) 내에 존재하는 우림이다. 열대 우림은 매우 다양한 동물종과 식물종이 서식하는 지역으로 알려져 있다. 열대 우림은 중앙아메리카, 브라질 북부, 콩고 분지, 인도네시아 등지에 분포한다.

지구 상의 **최북단**에 있는 **우림**은?

알래스카 주의 주도인 주노(Juneau)는 세계 최북단에 위치함과 동시에 세계적으로 가장 큰 축에 드는 우림 중앙에 자리하고 있다. 이 우림은 추가치(Chugach) 국유림과 추가치 주립공원 사이에 있다. 일본 북부 지방과 러시아의 시베리아에 있는 우림들도 북위의 고위도 지방에 위치한다.

해수면보다 고도가 낮은 지역은 어떻게 존재할 수 있을까?

바다와 멀리 떨어져 있어 바닷물이 범람할 가능성이 없는 내륙 지방에는 해수면보다 고도가 낮은 지역이 있다. 판 운동으로 인해 이스라엘의 사해(Dead Sea)나 캘리포니아의 데스밸리(Death Valley) 같은 지역이 밀려 내려가면서 해수면보다 낮은 지점에 위치하게 되었다.

사막이란?

사막은 강수량이 극히 적은 지역이다. 건조한 기후 때문에 사막에 서식하는 동식물의 수와 종은 매우 적다. 흔히 알려진 이미지와는 달리 사하라 사막처럼 모래에 뒤덮인 온난한 지역만을 사막이라고 일컫는 것은 아니며, 지구 상에서 가장 건조한 지역에 속하는 남극 대륙처럼 냉랑한 지역도 사막이 될 수 있다.

기상 관측 이래 **가장 높은 온도**는 몇 도였나?

1922년 리비아의 사막 기온은 57.2℃까지 올라갔는데, 이는 기상 관측이 시작된 이래 세계에서 가장 높은 수치였다. 미국 캘리포니아의 데스밸리에서는 1913년 56.7℃를 기록한 바 있는데, 이는 미국 최고 기록이다.

오아시스는 실제로 존재하나?

오아시스는 실제로 존재하며, 아프리카 사하라 사막 동부에 아주 넓게 분포해 있다. 오아시스는 주로 우물 형태의 수원지이기 때문에 식생이 형성될 수 있다. 사막의 오아시스 주변에는 취락이 형성되기도 한다. 예로부터 오아시스는 사막을 가로지르는 대상(隊商)들이 거쳐 가는 장소이기도 했다.

사구(모래 언덕)는 어떻게 **움직이나**?

사구는 바람에 의해 형성되고 이동한다. 바람에 의해 모래가 사구의 바람받이 사면에서 반대 방향으로 날아오면서 사구는 서서히 이동해 간다.

침식의 원인은?

바람, 얼음, 물이 침식을 일으키는 대표적인 요인이다. 이들은 토양과 암석의 조각들을 떼어내고 멀리 운반해 간다. 화재나 벌채로 토양을 지지하고 있던 나무들이 파괴되면 침식은 가속화된다. 나무가 적은 지역은 침식이 더 빨리 일어나므로 토양층이 모두 씻겨 내려가 더 이상 식물이 자랄 수 없게 되는 경우도 있다.

빙하가 흘러간 자리에는 무엇이 **남는가**?

지표면을 흘러가는 빙하는 마치 거대한 불도저처럼 움직이며 암석과 진흙, 쇄설물을 밀어내고 한데 모은다. 빙퇴석(moraine)은 빙하에 의해 운반되어 쌓인 암석과 토양 입자가 빙하가 녹은 다음 지표면에 노출되면서 형성된 지형이다.

수목한계선이란?

수목한계선(tree line)은 나무가 자랄 수 있는 한계 고도를 의미한다. 수목한계선은 낮은 기온과 얼어붙은 토양(영구 동토층)에 의해 형성된다.

수목한계선의 **고도**는 어느 정도인가?

어떤 장소가 지구 상의 어디에 있으며, 극점과의 거리가 얼마나 되는지에 따라 수목한계선의 고도는 다양하게 나타난다. 해발 고도 800m가 넘는 스웨덴의 산악 지역에서는 나무가 자라지 않는가 하면, 안데스 산맥에 위치한 볼리비아의 수목한계선은 5,200m 지점에서 형성되기도 한다.

산불이 삼림에 도움이 되는 경우는?

가끔씩 일어나는 산불은 삼림에 필요한 경우도 있다. 산불은 관목림을 태워 없애 나무들이 자랄 수 있는 공간을 확보해 주어 숲을 재생시킨다. 보통 산불이 나면 소방관들이 최대한 빨리 진압하기 때문에 삼림에 있는 관목의 양은 증가하게 된다. 이렇게 늘어난 관목은 불이 매우 잘 붙는 성질이 있어 결과적으로 산불의 위험성을 증가시킨다. 자연적으로 발생한 산불은 그냥 두되 건축물이나 구조물 등만 보호하도록 하는 정책은 자

연에 더욱 가까운 환경을 만드는 데 기여한다.

툰드라란?

툰드라(tundra)는 동토층 및 영구 동토층이 널리 분포하는 건조하고 황량한 지역이다. 북아메리카 대륙, 그린란드, 유럽과 아시아의 북부 지역은 공히 툰드라에 해당한다. 툰드라는 식물이 살기에 적합하다고 보기는 어려운 환경이지만, 그럼에도 불구하고 식물이 살아가고 있다. 툰드라의 식생은 관목이나 초본 식물 등 키가 작고 조밀한 식물들로 구성된다. 심지어 가혹한 툰드라의 환경 속에서 살아남을 수 있는 곤충류와 새들도 있다.

소행성과 지구 근접 물체

소행성이 공룡을 멸종시켰나?

약 6,500만 년 전에 폭 10km 정도의 소행성이 지구에 충돌하였다. 이에 따른 충격은 공룡을 비롯하여 지구 상에 서식하던 동식물 종의 3분의 2가 멸종하는 일련의 사태를 야기하였다. 거대한 소행성의 충돌로 먼지 구름의 층이 지구를 둘러싸면서 기온이 낮아졌고, 이로 인해 치명적인 강산성의 비가 내리기 시작하였다.

또 다른 소행성 **충돌**의 가능성은 없나?

있다. 과거 지구는 소행성과 충돌한 적이 있으며, 앞으로도 그럴 가능성은 있다. 소규모의 소행성은 1,000년에서 20만 년에 한 번씩 지구에 충돌한다. 대규모 소행성이 지구에 충돌할 확률은 100만 년에 한 번 정도로, 소규모 소행성보다 충돌 위험이 훨씬 낮다. 공룡을 멸종시킬 정도의 초거대 소행성과 지구가 충돌할 확률은 이보다도 낮다.

소행성이 지구와 **충돌한 증거**는 지구 상에 몇이나 남아 있나?

소행성의 지구 충돌 사례를 보여 주는 증거가 되는 장소는 약 160개소가 있다. 소행성

미국 애리조나 주의 플래그스태프(Flagstaff)에 있는 운석공은 과거 지구에 실제로 운석이 충돌했음을 보여 주는 물리적 증거이다.

은 크기에 따라 지구에 다양하면서도 중대한 영향을 주었다. 바다에 떨어진 소행성은 거대하면서도 파괴적인 쓰나미를 일으켰다. 지표면에 충돌한 소행성은 거대한 크레이터(crater, 구덩이)를 형성하면서 지진을 일으켰고, 대기에 잔해를 흩뿌리면서 기후 변화를 초래하였다.

잠재적 위험 소행성이란?

잠재적 위험 소행성(Potentially Hazardous Asteroid, PHA)은 지구 상에서 천문학자들이 관측할 수 있을 정도로 큰 소행성을 말한다. 이 소행성들은 지구와 근접할 수도 있는 궤도를 따라 공전한다.

나사(NASA)가 21세기에 지구와 충돌할 위험이 있다고 간주하여 **추적**하고 있는 **잠재적 위험 소행성**은 몇 개인가?

나사에 의해 향후 100~200년 이내에 지구와 근접할 가능성을 가진 궤도를 공전한다고 분류된 소행성은 210개가 넘는다. 소행성의 정확한 진로를 파악하기 위해서는 다양한 천체들의 중력에 의한 효과도 고려해야 하기 때문에, 과학자들은 그 진로와 궤도를 완

스페이스가드 조사란 무엇일까?

스페이스가드 조사(Space Guard Survey)는 나사(NASA)가 작성한 지름 1km 이상의 지구 근접 물체 목록을 토대로 한 프로그램이다. 이 조사는 지구 근접 물체들이 지구의 궤도와 맞닥뜨릴 가능성을 파악하는 데 목적을 둔다.

벽히 계산해 내지는 못하고 있다.

지구 근접 물체란?

지구 근접 물체(Near Earth Object, NEO)는 크기에 관계없이 우주 공간에서 지구와 비교적 근접해 있는 물체를 일컫는다. 잠재적 위험 소행성은 지름 150m 이상으로, 지구와 748만km 이내로 근접하는 궤도를 가진 소행성을 의미한다는 점에서 지구 근접 물체와는 구분된다. 잠재적 위험 소행성은 지구 근접 물체에 포함되지만, 모든 지구 근접 물체가 잠재적 위험 소행성에 해당하지는 않는다.

나사는 **몇 개**의 **지구 근접 물체**를 **추적**하고 있나?

나사는 약 1,100개의 지구 근접 물체를 추적하고 있다.

가장 **최근**에 이루어진 **지구 근접 물체**의 **지구 충돌**은 언제, 어디에서 일어났나?

가장 최근에 일어난 대규모 충돌은 1908년 러시아 시베리아의 퉁구스카(Tunguska)에서 일어났다. 과학자들은 지구에 충돌한 물체가 정확히 무엇인지—혜성이나 유성일 가능성이 높다—는 밝혀내지 못했지만, 충돌 시의 폭발 에너지는 약 15메가톤(Mt)에 육박할 정도였다.

물과 얼음

지구 상에서 **물에 덮인 공간**의 비율은?

지표의 약 70%가 물에 덮여 있다. 나머지 30%는 육지로, 이 중 대부분이 북반구에 위치한다. 지구의를 살펴보면 남반구의 대부분이 바다라는 사실을 확인할 수 있을 것이다.

해수면은 얼마만큼 **상승**했나?

최근의 통계 자료에 따르면, 20세기에 해수면은 20~30cm 상승하였다.

해수면 상승으로 21세기에는 **사라질 위험성**을 안고 있는 나라는?

태평양과 인도양에 위치한 해발 고도가 낮은 섬나라들이 가장 위험하며, 대표적으로는 투발루(Tuvalu)와 몰디브(Maldives)가 있다. 수억 명의 사람들이 살고 있는 방글라데시, 인도, 태국, 베트남, 인도네시아, 중국의 해안 저지대 또한 심각한 홍수와 해안 간척지 침수가 우려된다.

해수면 상승으로 얼마나 많은 **육지**가 **사라질까**?

과학자들은 해수면이 1mm 상승할 때마다 1.5m의 해안이 사라질 것으로 내다보고 있다. 즉 해수면이 1m 상승하면 해안에서 1.6km까지의 육지가 사라지는 셈이다.

물의 순환은 어떻게 이루어지나?

대기 중의 물이 지표면, 하천, 바다, 식물로 옮겨 갔다가 다시 대기로 돌아가는 과정을 물의 순환이라고 한다. 우리 주변 어디서든 물의 순환이 시작되는 지점을 선택할 수 있다. 대기 속에 존재하는 물은 구름이나 안개를 형성하며, 이후 강수를 통해 지면에 떨어진다. 지면에 떨어진 물은 식물에 영양분을 공급하거나 하천 또는 바다로 흘러 들어가며, 때로는 지하수(지하 수원)로 스며들기도 한다. 시간이 흐르면 웅덩이나 하천, 바다에 있는 물이 증발하여 다시 대기로 돌아간다. 식물 속에 있는 물 또한 증산 작용을 통해 대기로 방출된다. 이와 같이 물이 대기로 돌아가는 과정을 통틀어 '증발산'이라고 한다.

지구 상의 모든 **물**은 **어디**에 있나?

지구 상에 존재하는 물의 97%는 바다에 있으며, 바닷물은 너무 짜서 음용수나 농업용수로 쓰기에는 부적합(드물기는 하지만 담수화 시설에서 염분을 제거하고 담수화하면 이러한 용도로 사용할 수는 있음)하다. 민물의 비율은 약 2.8%이며, 이 중에서도 2%는 얼음층이나 빙하이다. 이를 제외하고 대수층(지하수가 있는 지층)이나 시내, 호수, 대기 등에 존재하는, 인간이 활용할 수 있는 물의 비율은 전체의 0.8%에 불과하다. 우리가 쓸 수 있는 물은 거의 이 0.8%의 물로부터 나온다.

증발산이란?

증발산은 지표 상에 존재하는 물(호수, 하천, 웅덩이 등)의 증발, 그리고 식물 내부의 물이 대기 중으로 발산되는 것을 총칭하는 용어이다.

대수층이란?

대수층(帶水層)은 다량의 지하수가 암석에 둘러싸여 형성된 지형을 말한다. 대수층은 물이 토양과 암반층에 스며들어 형성되는데, 대수층이 형성되는 과정은 매우 느린 속도로 진행된다. 대수층은 물을 가둘 수 있고 그보다 더 아래 층으로 스며 들어가지 않는 지하층에 형성된다.

오글랄라 대수층이란?

오글랄라 대수층(Oglala Aquifer)은 미국 텍사스 주와 콜로라도 주, 네브래스카 주에 걸쳐 있는 거대한 대수층이다. 오글랄라 대수층의 가장 오래된 지하수층은 100만 년도 더 전에 형성되었고, 매년 아주 적은 양의 물이 대수층에 추가된다. 오글랄라 대수층은 지역 농가에서 급속도로 지하수를 퍼올리면서 대수층에 있는 물의 양이 감소 일로에 있다. 그 결과 물을 퍼올리기 위한 취수공의 깊이도 계속해서 깊이 설치되어야 하는 상황이다.

지하수가 고갈되는 까닭은?

대수층의 지하수는 세계 여러 지역에서 관개, 산업, 생활용수 등의 목적으로 퍼올려지고 있다. 대수층은 퍼올려진 물을 제때에 채워 넣을 정도로 빨리 물을 재공급하지 못하기 때문에, 여러 지역에서는 심지어 대수층이 사라질 위험을 안고 있다.

빙하기란?

지구의 기후는 오랜 시간을 지나오면서 뜨거워지기도 하고 냉각되기도 하였다. 지구의 기후가 차가워진 시기에는 빙하기가 도래하였다. 빙하기에는 거대한 얼음층이 지표를 덮었다. 가장 최근에 일어난 빙하기는 약 1만 년 전에 끝났으며, 이 시기에는 북유럽과 북아메리카 대륙의 상당 부분이 얼음에 덮여 있었다.

코리올리 효과(Coriolis effect)란?

지구가 자전함에 따라 지표 상 또는 지표 근처에 있는 물체는 북반구에서는 오른쪽으로, 남반구에서는 왼쪽으로 회전한다. 이는 특히 해류나 풍향 등의 현상에 영향을 준다. 뉴욕에서 로스앤젤레스로 미사일을 발사했다고 가정해 보자. 미사일이 미국을 동쪽에서 서쪽으로 횡단하며 비행하는 동안에도 지구는 자전하며, 이로 인해 미사일은 로스앤젤레스 대신 뉴저지에 떨어지게 된다. 미사일이 제대로 된 위치에 명중하도록 하려면, 미사일 발사대의 조작 요원이나 전폭기의 파일럿은 지구의 자전이라는 요소가 미사일의 궤도에 어떤 영향을 주는지를 고려해야 한다. 적도 북쪽 지역에서는 해류나 바

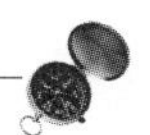

미래에 또 다른 빙하기가 도래할 수 있을까?

그렇다. 특히 고위도 또는 해발 고도가 높은 지역이 또다시 두꺼운 얼음층으로 덮일 가능성이 있다. 물론 그렇게 되기까지는 수백 년 또는 수천 년 이상이 소요될 수도 있지만, 지구의 기후는 늘 천천히 계속 변화하기 때문에 그럴 가능성을 전혀 부정할 수는 없다.

람이 시계 방향으로, 남쪽 지역에서는 그 반대 방향으로 흐르거나 불어간다.

코리올리 효과로 인해 **수세식 변기**나 **싱크대**, **욕조**의 물이 **시계 방향으**로 빠져나갈까?
아니다, 코리올리 효과는 이처럼 작은 양의 물에 영향을 미치지는 않는다. 이런 경우에 관찰되는 물이 내려가는 방향은 주로 용기의 형태에 따라 결정된다.

직선을 따라 계속 걸어가면 **코리올리 효과**로 인해 몸이 **흔들릴까**?
여러분의 몸이 완벽히 대칭을 이루고(물론 그럴 일은 없다) 팔다리의 길이도 완전히 동일한 상태에서 완벽하게 평평한 지면을 걸어간다면, 코리올리 효과 때문에 몸이 흔들릴 수도 있다.

'만'을 의미하는 영어 **bay**와 **gulf**의 차이점은?
두 용어는 모두 육지에 의해 바닷물이 부분적으로 갇혀 있는 지형을 말하며, bay가 gulf보다 작은 개념이다. bay의 대표적인 사례로는 미국 캘리포니아 주의 샌프란시스코 만(San Francisco Bay), 쿠바의 피그스 만(Bay of Pigs), 미국 메릴랜드 주와 버지니아 주 일대의 체서피크 만(Chesapeake Bay), 캐나다의 허드슨 만(Hudson Bay), 인도와 남아시아 일대의 거대한 만인 벵골 만(Bey of Bengal), 프랑스의 비스케이 만(Bay of Biscay) 등이 있다. 대표적인 gulf로는 미국 남부의 멕시코 만(Gulf of Mexico), 사우디아라비아와 이란 사이에 있는 페르시아 만(Persian Gulf), 홍해와 아라비아 해 사이의 아덴 만(Gulf of Aden) 등이 있다.

네스 호 괴물은 어디에 사나?

이 전설적인 괴물은 네스 호(Loch Ness)에 살고 있다고 전해진다. 여기서 'loch'는 호수나 좁은 내해를 의미하는 게일 어(Gaelic, 스코틀랜드 켈트 어)이다. 네스 호는 사방이 육지에 완전히 둘러싸여 있으므로 호수로 분류된다.

물결과 파도는 어떻게 일어나나?

바람이 수면을 가로지르며 불 때 일어난다. 물결과 파도는 수면을 따라 일어나는데, 단순한 물의 움직임(진동) 형태로 나타나기도 하고, 공기의 마찰로 인해 물이 아래위로 출렁이는 형태로 일어나기도 한다. 파도가 해안 근처에서 일어나면 가파른 형태가 되다가 결국 '부서진'다.

올드페이스풀에서는 어떻게 물이 하늘로 치솟나?

미국 옐로스톤 국립공원의 명소인 올드페이스풀(Old Faithful)과 같은 간헐천은 대수층이 지하의 마그마에 의해 암반이 가열됨으로써 형성된다. 대수층 위의 지표면에 생긴 작은 균열로 인해 온천의 증기가 방출되고, 가열된 지하수는 지표면으로 솟구친다(올드페이스풀에서는 시간당 1회의 주기로 물이 솟는다).

옐로스톤 국립공원의 올드페이스풀은 북아메리카에서 가장 유명한 간헐천이다. 올드페이스풀 간헐천의 온천수 분출 주기는 매우 규칙적이어서 이를 기준으로 시계를 맞출 수 있을 정도이다.

물이 어떻게 **토양**을 **씻겨 내리는가**?

빗방울이 대지와 암석 위를 때리면서 토양의 형태를 바꾸어 놓는다. 물이 지표면을 따라 흐르면서 암석이나 토양을 지표로부터 분리하고 이동시킨다. 하루, 몇 주, 몇 달, 수년, 수백 년, 수천 년의 시간이 흐르면서 물의 침식력은 아주 단단한 암석까지도 부술 정도가 된다. 물에 떠내려가던 물질은

미국에서 가장 높은 폭포의 높이는?

캘리포니아 주의 요세미티(Yosemite) 폭포는 높이가 739m에 달한다.

하천의 유속이 느려짐에 따라 하천 바닥에 가라앉으며, 이로 인해 퇴적이 일어난다.

물 1갤런의 **무게**는 얼마나 되나?

물은 상당히 무거운 물질이다. 상온에서 물 1갤런의 무게는 약 3.78kg이다.

가정에서 **물**은 어떻게 **활용**되나?

가정에서 사용되는 물의 약 41%는 수세식 변기에 사용된다. 37%는 세면 및 목욕용으로, 나머지 22%는 설거지(6%), 음용 및 조리(5%), 세탁(4%), 청소(3%), 잔디밭이나 정원(2%), 이외에 기타 용도로 활용된다.

세계에서 가장 많은 양의 물이 흐르는 **폭포**는?

미국과 캐나다 접경 지대의 온타리오(Ontario) 호와 이리(Erie) 호 사이에 위치한 나이아가라(Niagara) 폭포는 높이 52.7m와 55.5m의 두 개의 폭포로 이루어져 있으며, 이곳에는 6,000m^3의 물이 흐른다.

세계에서 높이가 **가장 높은 폭포**는?

베네수엘라 남부의 앙헬(Angel) 폭포이다. 이 폭포의 높이는 984m이다.

물의 끓는점은 고도를 측정하는 데 어떤 도움을 주나?

해수면에서 물의 끓는점은 섭씨 100°이다. 끓는점은 높이가 152m 상승할 때마다 0.56°씩 감소한다. 즉 해발 1,609m에 위치한 미국의 덴버 시[Denver City, 덴버 시의 해발 고도는 마일로 환산하면 약 1마일에 해당하기 때문에, '마일하이 시티(Mile high city)'라는 별명으로도 불린다]에서 물의 끓는점은 섭씨 94° 정도가 된다. 물의 끓는점이 고도에 따라 달라지므로

고도에 따라 요리 방법도 달리할 필요가 있는 것이다.

대양과 바다

대양과 **바다**의 **차이**는?

바다(sea)는 일반적으로 민물이 아닌 짠물을 의미하기도 하지만, 육지에 부분적으로 또는 완전히 둘러싸인 바다만을 지칭하는 데 쓰이는 말이기도 하다. 대양(ocean)이라는 용어 역시 '바다'와 혼용되어 쓰일 수도 있지만, 일반적으로는 대륙에 둘러싸이지 않은 큰 바다를 가리키는 용어로 사용된다.

세계에는 **몇 개**의 **대양**이 있나?

전 세계의 대양과 바다는 서로 연결되어 있기 때문에 사실상 하나의 커다란 '세계 대양'이다. 세계 대양은 오래전부터 태평양, 인도양, 대서양, 북극해의 4개로 구분되어 왔다. 이 중에서도 태평양은 가장 규모가 크며, 대서양 면적의 두 배가 넘는다. 세 번째로 큰 대양은 인도양이고, 가장 작은 대양은 북극해이다.

바닷물은 얼마나 짠가?

바닷물 무게의 3.5%는 소금(이는 염화나트륨이나 식염만을 의미하는 것이 아니라 염화칼륨, 염화칼슘, 기타 다양한 형태의 소금을 포함하는 개념이다)이다. 즉 물 1갤런에는 소금 3컵과 3분의 1컵이 조금 넘는 양의 소금이 녹아 있는 셈이다.

해류란?

바다는 정지해 있지 않다. 바닷물은 끊임없이 거대한 원을 그리며 이동하는데, 이를 해류라고 한다. 해류는 북반구에서는 시계 방향으로, 남반구에서는 시계 반대 방향으로 흐른다. 해류는 영국 제도(British Isles)와 같은 곳이 위도에 비해 온난한 기후가 나타나도록 만드는 원인을 제공하기도 한다. 영국 제도는 미국과 캐나다 접경 지대보다 위도

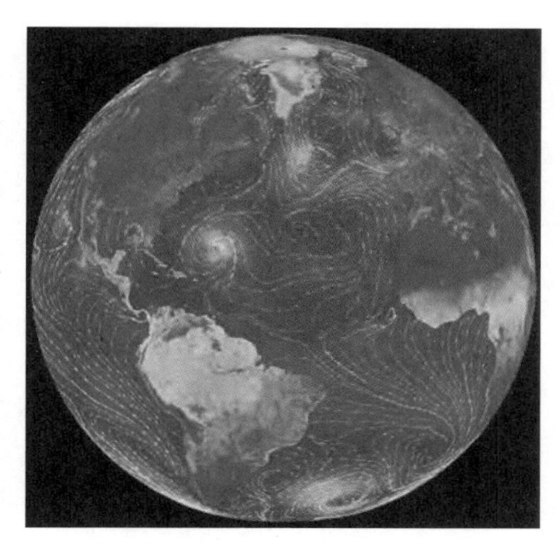

지구의 온도 측정을 위해 촬영된 나사(NASA)의 위성 사진은 해류가 흐르는 패턴을 보여 준다. (사진: NASA, Visible Earth Project)

가 더 높지만, 카리브 해의 난류가 해류를 따라 대서양 북동쪽에 있는 북유럽으로 이동함으로써 높은 위도에도 불구하고 온난한 기후 특성이 나타나는 것이다. 남극순환류라고 불리는 해류는 남극 대륙을 순환한다. 북대서양과 북태평양에서는 시계 방향으로 해류가 흐르지만, 남태평양과 남대서양에서는 시계 반대 방향으로 흐르는 거대한 해류가 관찰된다.

대양을 제외하고 세계적으로 **큰 바다**에는 어떤 바다들이 있나?

이러한 바다는 섬들로 둘러싸인 대양의 일부, 또는 일부분이 막혀 있는 바다를 뜻한다. 영어로 'ocean'에 대응하는 개념으로서의 'sea'는 이러한 바다를 말한다. 남중국해, 카리브 해, 지중해, 베링 해, 멕시코 만은 이러한 바다들 가운데 세계에서 가장 큰 5개의 바다에 해당한다.

지중해의 바닷물이 **유난히 짠** 까닭은?

지중해 지역의 높은 기온 때문에 지중해에서는 다른 바다에 비해 증발이 빠른 속도로 일어난다. 이로 인해 지중해의 바닷물은 상대적으로 많은 소금을 포함한다. 지브롤터 해협에서는 따뜻하고 밀도가 높으며 염분이 많은 지중해의 바닷물이 염분과 밀도가 낮은 대서양의 바닷물과 만난다. 대서양의 바닷물이 지중해로 흘러 들어오면 일반적으로 80~100년이 지나서야 다시 대서양으로 되돌아간다.

칠대양이란?

'칠대양(seven seas)'은 먼 옛날부터 선원들이 대양의 일부 또는 특정 지역의 바다를 일컬었던 지명이다. 대서양과 태평양은 매우 광대하기 때문에 각각 두 개의 바다(남태평양과 북태평양, 남대서양과 북대서양-역주)로 나누어 불렀다. 여기에 남극해, 인도양, 북극해를

더하여 총 7개의 바다가 있다고 간주하였다. 칠대양을 모두 항해한 선원은 세계 일주를 한 셈이 되는 것이다. 실제로 지구 상에는 칠대양뿐만 아니라 여러 개의 바다가 있다.

흑색, 황색, 적색, 백색의 4가지 **색깔을 띤 바다**는 어디에 있나?

이 4가지 색깔의 바다는 지리적으로 서로 연관되어 있지는 않다. 흑해(Black Sea)는 발칸 반도 인근에 위치하며 터키, 러시아, 우크라이나(항구 도시인 오데사가 속한 나라이기도 하다)의 영토에 둘러싸여 있다. 흑해 남부의 아라비아 반도(사우디아라비아)와 아프리카 사이에 위치한 홍해(Red Sea)는 수백 년 동안 세계적인 교역로로 활용되어 왔으며, 수에즈 운하의 개통 이후 그 지리적 유용성은 한층 높아졌다. 북유럽에 위치한 백해(White Sea)는 북극해의 일부로 러시아 영해(핀란드 동해안에까지 뻗어 있다)이다. 황해(Yellow Sea)는 동아시아의 중국과 한반도 사이에 위치한다.

흑해는 **실제로 검은빛**을 띠는가?

아니다, 그렇지 않다. 터키 북쪽에 위치한 흑해는 대단히 깊기 때문에 다른 바다나 하천, 호수 등에 비해 물빛이 짙어 보이기는 하지만, '흑해'라는 이름은 항해하기 어려운 바다라는 이유 때문에 붙여졌다.

담수화 시설이란?

담수화 시설은 바닷물을 퍼올려 민물로 바꾸어 주는 시설로, 이 과정에는 많은 비용이 소요된다. 담수화 과정은 미국 텍사스 주, 카리브 해, 중동 등지에서 어느 정도의 성과를 거두고 있다. 하지만 바닷물을 담수화하는 공정보다도 폐수(목욕, 조리, 청소 등 용도로 쓰고 버린 물)를 정화하는 공정이 비용 대 효율이라는 측면에서 훨씬 효율적이다.

전 세계에 **담수화 시설**은 **얼마나** 되는가?

세계적으로 약 13,000개소의 담수화 시설이 있다. 사우디아라비아는 담수화한 민물 세계 총생산량의 24%를 생산하고 있다.

카리브 해의 물을 음용에 적합한 민물로 바꾸어 주는 담수화 시설

미국 최대의 **담수화 시설**은 어디에 있나?

미국 최대의 담수화 시설은 플로리다 주의 탬파(Tampa)에 있다. 이곳에서는 하루에 9,460만*l*의 물을 담수화한다. 거대한 산업 시설의 일부이기도 한 아랍에미리트의 제벨 알리플랜트(Jebel Ali Plant)에서는 일일 7억 5,700만*l* 이상의 민물을 생산한다.

하천과 호수

세계에서 **가장 긴 강**은?

우리에게도 잘 알려진 이집트의 나일(Nile) 강은 세계에서 가장 긴 강이다. 이집트 고원(청나일 강의 발원지)과 빅토리아 호(백나일 강의 발원지)에서 나일 강 하구까지의 길이는 6,597km가 넘는다. 나일 협곡은 현대와 고대 이집트 문명의 중심지이다. 브라질의 아마존(Amazon) 강, 미국의 미주리-미시시피(Missouri-Mississippi) 강, 중국의 양쯔

(Yangzi) 강과 황허(Huanghe) 강, 러시아의 오브(Ob) 강은 나일 강의 뒤를 잇는 긴 하천들이다.

미국에서 **가장 긴 강**은?

길이 약 6,211km의 미주리-미시시피 강은 미국에서 가장 긴 강이다.

세계에서 **고도가 가장 높은 강**은?

티베트의 아팅(Ating) 강과 브라마푸트라(Brahmaputra) 강은 각각 해발 6,100m와 6,020m를 흐르는, 세계적으로 유례 없이 높은 고도에 위치한 강이다.

미주리-미시시피 강은 왜 하나의 강으로 분류하나?

엄밀히 말해서 미주리 강이라는 이름은 올바른 명칭이 아니다. 미주리 강은 사실 미시시피 강의 본류이다. 일반적으로 하천의 본류는 전체 하천의 이름과 동일한 이름을 가진다. 따라서 미주리 강을 포함한 미시시피 강 전체는 '미주리-미시시피 강'이라고 불리는 것이다.

세계에서 **가장 유량이 많은** 하천은?

브라질의 아마존 강은 세계에서 그 어떤 하천보다 많은 물이 흐르는 강이다. 아마존 강 하구에서 바다로 흘러가는 물의 양은 초당 17만m^{3}로, 이는 세계 2위 규모인 아프리카 콩고 강의 4배에 달하는 규모이다. 아마존 강은 28일 만에 미국 오대호의 하나인 이리(Erie) 호를 가득 채울 수 있다. 이외에도 양쯔 강, 브라마푸트라 강, 갠지스(Ganges) 강, 예니시(Yenisy) 강, 미시시피 강 등이 세계적으로 유량이 많은 하천에 해당한다.

삼각주란?

삼각주(delta)는 하천이 바다와 만나는 지점에 형성된 저지대이다. 하천은 대개 여러 개의 지류로 나누어지며, 이러한 지류들이 삼각형 모양의 지형을 형성한다. 하천 하구에는 대량의 퇴적물이 쌓이며, 이러한 하천의 움직임에 따라 농경에 매우 적합한 토양이

생성된다. 지중해와 만나는 나일 강 하구에 형성된 삼각주는 세계적으로 유명한 삼각주의 하나이다. 미국 루이지애나 주의 미시시피 강 삼각주, 인도 갠지스 강 삼각주, 중국 양쯔 강 삼각주 또한 주요 삼각주에 해당한다. '삼각주(delta)'라는 명칭은 삼각형 모양의 그리스 문자인 '델타(delta)'에 어원을 둔다.

유역이란?

하천의 지류들은 각각 해당 지류의 유역(流域)을 갖고 있다. 예를 들면, 미국 세인트로렌스 강의 유역은 오대호 일대를 포함한다. 플래트 강(the Platte, 자기 고유의 유역을 가진 지류 하천)은 미주리 강으로 흘러들고, 미주리 강은 다시 미시시피 강에 합류한다. 플래트 강과 미주리 강 유역, 그리고 미시시피 강 지류들의 모든 유역을 합한 면적은 세계 3위의 유역 면적을 기록한다. 아마존 강은 유역 면적 세계 1위, 2위는 콩고 강 유역이다.

지류란?

다른 하천으로 합류하는 하천을 지류라고 한다. 대부분의 주요 하천들은 지도 상에서 마치 나뭇가지 같은 형상으로 나타나는 수백 개의 지류들을 거느리고 있다. 하천망 분류 방법 중에는 하천의 지류 개수를 기준으로 하는 방법도 있다.

분수령이란?

분수령은 유역을 나누는 경계이다. 분수령은 대개 물이 반대 사면으로 흘러가는 산마루에 위치한다.

와디란?

와디(wadi)는 연중 대부분의 기간 동안 건조한 상태인 개천이나 도랑을 뜻하는 아랍 어이다. 와디는 짧은 우기에만 물이 흐르는 하천이다. 와디의 하도(河道)는 과거 사막 지역이 지금보다 강수량이 많았을 때 형성되었으리라고 추정된다.

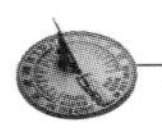

하천은 반드시 북쪽에서 남쪽으로 흐를까?

아니다. 하천은 고도가 높은 지점에서 낮은 지점으로 흐른다. 미국의 미시시피 강처럼 북쪽에서 남쪽으로 흐르는 하천이 미국인들에게는 익숙할지 모르겠지만, 하천의 흐름은 남북이 아닌 중력의 법칙을 따른다. 유럽, 아시아, 북아메리카의 주요 하천 중에는 러시아의 오브 강, 캐나다의 매켄지 강 등 남쪽에서 북쪽으로 흐르는 하천도 많다.

사행이란?

평야 지대를 흐르는 하천은 보통 '사행(蛇行)'이라고 불리는 곡류를 따라 흐른다. 사행천이 형성하는 S자 형태의 곡류는 하천의 규모와 흐름에 따라 다양한 양상으로 나타난다. 사행천의 바깥 부분이 안쪽보다 유속이 빠르기 때문에 침식이 지속될수록 곡류 또한 커진다.

우각호란?

우각호(牛角湖)는 사행천의 S자 형태로 곡류하는 부분이 범람에 의해 떨어져 나가거나, 곡류하는 부분의 굽은 정도가 커지면서 새로운 방향으로 흘러가는 과정에서 형성된 초승달 모양의 호수이다. 곡류천에서 떨어져 나간 우각호는 하나의 독립된 호수가 된다. 미시시피 강의 하천망에서는 우각호가 발달해 있다.

세계 **최대의 호수**는?

카스피 해(실제로는 호수이다)는 세계에서 가장 큰 호수이다. 러시아, 카자흐스탄, 투르크메니스탄, 이란, 아제르바이잔에 둘러싸인 이 호수의 면적은 37만 888km^{2}가 넘는다. 세계에서 두 번째로 큰 호수인 북아메리카의 슈피리어(Superior) 호는 면적이 약 82,103km^{2}이다.

세계에서 **가장 고지대**에 위치한 **호수**는?

아르헨티나와 칠레 접경 지대의 화산인 오호스델살라도(Ojos del Salado) 산의 정상에 위

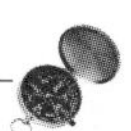

캐나다의 앨버타 주를 흐르는 이 하천은 사행천의 전형을 보여 준다.

치한, 아직 공식적으로 명명되지 않은 화산호의 높이는 해발 6,390m에 달한다. 페루와 볼리비아 사이에 있는 티티카카(Titicaca) 호는 세계에서 가장 높은 곳에 위치한 항해 가능한 호수이다.

강수

강우량은 어떻게 **측정**하나?

미국 국립기상청(National Weather Service) 등의 기구에서는 정밀도가 100분의 1인치에 가까운 아주 정밀한 강우량 측정 장비를 사용한다. 우량계(rain gauge) 또는 전도 버킷형 우량계(tipping-bucket rain gauge)라고 불리는 이 장비는 빗물을 모아서 강우량을 측정하며, 주로 빌딩이나 나무 등 빗물을 모으는 데 방해가 되는 물체를 피해서 설치된다.

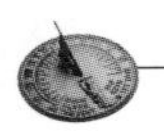

우리 고장의 강우량은 어떻게 **측정**할 수 있을까?

바닥과 측면이 평평한 용기가 있다면 강우량을 측정할 수 있다. 용기의 입구는 용기의 바닥과 너비가 동일해야 하지만, 지름까지 같을 필요는 없다. 커피 캔과 같은 간단한 도구로도 강우량을 측정할 수 있다.

세계에서 **비가 가장 많이 내리는** 지역은?

하와이 카우아이(Kauai) 섬에 위치한 와이알레알레(Waialeale) 산의 연평균 강수량은 12,000mm로, 무려 12m가 넘는다!

세계에서 **비가 가장 적게 내리는** 지역은?

북부 수단에 위치한 와디할파(Wadi Halfa)의 연평균 강수량은 2.5mm에 불과하다. 1년을 통틀어 양동이 바닥에 겨우 깔릴 정도의 비가 내리는 셈이다.

눈에는 얼마나 많은 **물이 포함되어** 있나?

25cm 높이로 쌓인 눈이 녹은 물의 높이는 2.5cm이다. 지면에 내린 눈송이 속에는 공기 주머니가 형성되기 때문에, 눈에 포함된 물의 부피보다 10배나 커지게 된다.

세계 **최대의 강설량**을 기록한 곳은?

워싱턴 주의 베이커(Baker) 산에서는 한 절기에 2,896cm의 강설량이 기록된 바 있다.

눈과 우박의 차이는?

눈은 구름 속의 얼어붙은 수증기가 지면에 내리는 것이다. 우박은 물방울(빗방울)이 구름 속에서 얼어붙은 것이다.

우박은 어떻게 **형성**되나?

우박은 거대한 뇌운(雷雲) 안에서 형성된다. 물방울—일반적인 경우라면 빗방울이 되어 내릴—이 고도로 상승하며 얼어붙으면서 만들어지기 시작한다. 구름의 고도가 낮

바다에서는 육지보다 많은 비가 내릴까?

바다의 강수량은 전 세계 강수량의 77%를 차지한다. 나머지 23%가 대륙 지역의 강수량이다. 어떤 지역의 강수량은 다른 지역보다 훨씬 많다. 남아메리카, 아프리카, 동남아시아 대륙의 적도 부근 및 적도 인근 도서 지역 중에는 연 강수량이 5,000mm를 상회하는 곳도 있는 반면, 사막 지역에서는 연 강수량이 10~20mm에 불과한 경우도 있다.

아지면서 얼어붙은 물방울은 더 많은 물을 함유하게 되고, 고도가 올라가면서 또다시 얼어붙는다. 수분 함량이 많아질수록 우박의 입자도 커지고, 결국에는 지면으로 떨어지게 된다.

기록상 **최대의 우박**은 얼마나 큰가?

2003년 미국 네브래스카 주의 오로라(Aurora)에 내린 우박은 지름 47.63cm를 기록하였다. 그 이전의 최고 기록은 1970년 미국 캔자스 주에서 발견된 지름 44.45cm의 우박이었다.

빙하와 피오르

빙하란?

빙하는 장기간 얼어 있으면서 아래쪽을 향해 흘러가는 얼음덩어리이다. 빙하의 무게와 느리면서도 지속적인 이동은 거대한 암석을 깎아 낼 수 있다. 요세미티 국립공원(Yosemite National Park)의 수려한 풍광은 빙하로 빚어진 작품이다. 지면을 뒤덮는 거대한 빙하는 빙상(氷床)이라고도 불린다.

미국에는 **지금도 빙하**가 있나?

그렇다. 알래스카 전역과 워싱턴 주 캐스케이드 산맥, 로키 산맥, 캘리포니아 주의 시에

라네바다 산맥에는 소규모의 빙하가 분포한다.

빙하는 얼마나 **오래되었나**?

오늘날 존재하는 빙하는 160만 년 전부터 1만 년 전까지 지속된 마지막 빙하기인 플라이스토세(Pleistocene)에 형성되었다.

빙하가 **오대호**를 만들었나?

그렇다. 세계 최대의 호수인 오대호(Great Lake)는 빙하에 의해 형성되었다. 플라이스토세에 오늘날 오대호 일대를 뒤덮었던 빙하는 연약한 암석들을 밀어내고 거대한 협곡을 만들어 냈다. 빙하가 녹고 협곡에 물이 차면서 만들어진 호수가 오대호이다.

캐나다 앨버타 주의 에드먼턴(Edmonton) 교외에 위치한 재스퍼 국립공원(Jasper National Park)을 지나는 로키 산맥에는 애서배스카 빙하(Athabasca Glacier)가 있다. 지구 온난화로 인해 이 빙하는 연간 2~3m씩 후퇴하고 있다. (사진: Paul A. Tucci)

빙하는 **위도가 높고 추운 지역**에서만 존재하나?

아니다. 빙하는 여섯 대륙에서 모두 관찰된다.

열대 빙하란?

열대 빙하는 열대 지역의 고산 지대에서 나타나는 빙하이다. 남아메리카의 안데스 산맥에는 전 세계 열대 빙하의 70%에 해당하는 빙하가 있다.

지구 온난화는 세계적으로 일어나고 있는 **빙하 소멸**의 원인인가?

많은 과학자들은 인간의 활동으로 인해 발생하는 온실가스가 전 세계적으로 일어나고 있는 전례 없는 수준의 빙하 소멸 및 후퇴의 직접적인 원인으로 보고 있다. 2030년에는 미국 몬태나 주의 글레이셔 국립공원(Glacier National Park)에 있는 빙하가 소멸될 것으로 예측된다. 동아프리카 케냐에 있는 케냐 산의 루이스 빙하(Lewis Glacier)는 지난 25년간 빙하의 40%가 소멸되었다.

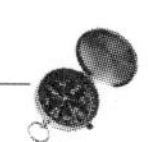

빙하가 **녹으면서** 어떤 **현상**이 발생하나?

세계에서 고도가 가장 높은 산맥인 히말라야 산맥의 빙하가 녹으면 그 녹은 물이 인접한 빙하호 및 이와 연결된 하천의 수위를 상승시켜 광범위한 범람을 일으킴으로써 대규모의 인명과 재산상의 피해를 야기한다. 빙하 지대 인근에는 이와 유사한 문제가 발생할 것으로 우려된다.

피오르란?

고위도 지역 및 고지대에 널리 분포했던 빙하기의 빙하는 규모가 매우 컸기 때문에 중력으로 인해 바다와 접하는 저지대까지 밀려 내려갔다. 이 과정에서 빙하는 지표면에 깊은 계곡을 형성하기도 하였다. 빙하기가 끝나면서 빙하가 녹고 해수면이 상승함에 따라, 이러한 빙하에 의해 형성된 협곡에는 바닷물이 차올랐다. 좁은 만 사이로 깎아지른 듯한 절벽이 솟아오른 장관을 형성하는 계곡을 피오르(fjord)라고 한다. 노르웨이와 알래스카에는 수많은 피오르들이 있다.

노르웨이는 사진에 나타난 게이랑게르피오르(Geiranger Fjord)와 같은 경치가 아름다운 피오르로 유명하다.

'피오르'의 **어원**은?

피오르라는 단어는 '여행하며 지나가는 곳'이라는 뜻의 노르웨이 어에서 유래한다. 아직 다리가 존재하지 않았던 옛 시절의 노르웨이 인들에게 피오르는 바다로 나아가기 위한 중요한 장소였다.

노르웨이에서 **고도가 가장 높은 피오르**는?

송네 피오르(Sogne Fjord, 송네 협만)는 해저 1,308m에서 출발하여 해발 1,000m까지 솟아 있다.

피오르는 **노르웨이**에만 있나?

아니다. 사실 피오르는 빙하가 후퇴한 다음 빙하에

의해 깎여 나간 거대한 협곡에 바닷물이 들어찬 지형인 만큼 세계 곳곳에 존재한다. 알래스카와 뉴질랜드 남섬의 피오르도 유명하다.

세계에서 **가장 긴 피오르**는 어디에 있나?
세계에서 가장 긴 피오르는 그린란드의 스코어즈비던드(Scoresby Dund)에 있으며, 길이는 350km가 넘는다.

치수

댐은 어떤 역할을 하나?
하천의 흐름을 막는 구조물인 댐은 물을 가두는 역할을 한다. 댐은 홍수 피해의 최소화, 농업용수 공급, 관광지 조성 등의 목적으로 건설된다.

세계에서 **가장 높은 댐**은?
타지키스탄에 있는 로군(Rogun) 댐과 누렉(Nurek) 댐은 세계에서 가장 높은 댐이다. 로군 댐의 높이는 약 335m(100층 건물의 높이에 해당한다!), 누렉 댐의 높이는 약 300m이다. 미국에서 가장 높은 댐은 북부 캘리포니아의 오로빌(Oroville) 댐으로, 높이가 230m에 이르며 세계 6위이다.

농부들은 어떻게 **작물**에 **물을 공급**하나?
작물에 인공적으로 물을 공급하는 과정을 '관개'라고 한다. 세계의 일부 지역에서는 모든 용수를 빗물에만 의존하는 경우도 있다. 건조 지역(연 강수량이 510mm 미만인 지역)에서는 관개가 필수적이다. 대수층에서 퍼올리거나 수로를 통해 운반한 물을 이용하며, 때로는 스프링클러를 이용하여 작물에 물을 공급하기도 한다. 이스라엘과 같이 물 보존 지역에서는 과학적인 방법으로 작물에 물을 공급하며, 따라서 작물에 정확히 필요한 양만큼의 물이 공급된다.

로마 인들은 기원전 22년 이스라엘의 텔아비브와 하이파 사이에 위치한 도시인 카이사레아(Caesarea)에 사진에 보이는 수로교를 건설하였다. (사진: Paul A. Tucci)

고대 **로마 인**들은 어떻게 도시에 물을 공급했을까?

고대 로마 인과 메소포타미아 인들은 수원지로부터 농경 또는 문명이 이루어지고 있는 지역에 필요한 물을 공급하기 위한 수로를 건설하였다. 로마의 광대한 수로 체계는 제국령 전역에 걸쳐 설치되었다. 이러한 고대 수로들 가운데 일부는 지금도 사용되고 있다. 오늘날에는 현대식 콘크리트 수로가 수백km에 걸쳐 물을 운송하고 있다. 동쪽의 콜로라도 강과 북쪽의 새크라멘토 강에서 남부 캘리포니아로 물을 보내는 수로 체계는 오늘날 세계 최대의 규모이다.

로마 인들은 **발달된 방식**으로 **수자원을 개발한 유일한 문명**인가?

아니다. 중국 허난 성에서는 최근 동주(東周) 시대(B.C. 1122~256)에 건설된 점토 송수관으로 만든 수도망 유적이 발굴되었다. 수도관은 도시 인근의 수원지들과 연결되었다. 이러한 기술력은 로마 시대보다 앞선 것이다.

세계 **최대의 댐**이 **위치**할 장소는?

중국 후베이 성 양쯔 강에 건설될 싼샤(三峽) 댐은 완공되면 세계 최대의 댐이 될 것이다. 삼협댐의 발전량은 22,500MW(메가와트)에 달한다. 싼샤 댐 건설로 말미암아 150만 명 이상의 사람들이 고향을 잃어버릴 것이다. 이러한 문제는 댐으로 인해 수몰될 수천 곳의 고고학적 유적지와 더불어, 1990년대부터 계획된 이 댐의 건설을 둘러싼 논쟁을 야기해 왔다(싼샤 댐은 2008년 10월 완공되었다-역주).

정의 내리기

기후와 날씨의 차이는?

기후란 특정 장소의 장기간(통상 30년간)에 걸쳐 나타나는 평균적인 날씨이다. 날씨는 대기의 현재 상황이다. 즉 알래스카 배로(Barrow)의 지금 날씨는 21℃로 따뜻하다는 식으로 표현하는 반면, 배로의 기후는 춥고 극기후와도 유사한 툰드라 기후라고 표현한다.

다양한 유형의 **기후**를 어떻게 **분류**하나?

독일의 기후학자 블라디미르 쾨펜(Wladimir Köppen)은 오늘날에도 약간의 수정을 거쳐 쓰이고 있는 기후 분류 체계를 개발하였다. 그는 전체 기후를 열대 습윤, 건조, 온화한 중위도, 한랭한 중위도, 극, 고산의 6개 범주로 분류하였다. 그는 이 중 5개 범주를 또다시 하위 범주로 세분화하였다. 그의 기후 지도는 지리학 전공 서적이나 지도책 등에서 어렵지 않게 찾아볼 수 있다.

지구 온난화란?

지구 온난화는 지구의 평균 기온이 점진적으로 상승하는 현상을 일컫는 것으로, 이는 산업 혁명 이후부터 시작되었다. 일부 과학자들은 기온이 계속해서 상승한다면 극지방의 얼음이 녹으면서 해수면이 상승하는 등 중대한 기후 변화가 일어날 것으로 예측하고 있다. 많은 과학자들은 지구 온난화의 핵심 원인이 온실효과에 있다고 설명한다.

지구 온난화와 기후 변화는 지구에 어떤 **영향**을 가져다줄까?

2100년의 지구 평균 기온은 1990년대의 평균 기온보다 1.1° 상승하여 6.4℃를 기록하고, 해수면은 180mm에서 590mm로 상승할 것으로 예상된다.

잉카 문명에서는 어떻게 **기후**에 관한 **실험**을 진행했을까?

페루의 우루밤바(Urubamba) 계곡에 자리잡은 도시인 모레이(Moray)는 거대한 원형 극장 모양의 계단식 연구 시설 유적에 자리잡고 있다. 고고학자와 과학자들은 이 유적이 서로 다른 기후가 나타나는 계단의 각 층들에서 농업 관련 연구를 하던 시설이었다고 예상하였다. 잉카 인들은 이 시설에서 다양한 기후와 관련된 실험을 행함으로써 경작 기술을 발전시킬 수 있었다.

대기 오염의 측면에서 보았을 때 세계에서 **가장 심하게 오염된 도시**들은?

이집트의 카이로, 인도의 델리·콜카타·칸푸르·러크나우, 중국의 톈진·충칭·선양, 인도네시아의 자카르타는 세계적으로 대기 오염이 극심한 도시에 해당한다.

대기 오염의 **원인**은?

대기 오염의 주요 원인으로는 인위적 원인과 자연적 원인이 있다. 인간은 공장, 자동차, 오토바이, 선박, 소각로, 땔감, 정유, 화학, 에어로졸 스프레이나 휘발성 페인트 등의 제품, 쓰레기 매립지에서 발생하는 메탄, 핵무기나 생물학 무기 제조 및 실험 등 다양한 종류의 대기 오염원을 만들어 낸다. 먼지, 인간이나 동물의 배설물에서 발생하는 메탄, 라돈 가스, 자연적으로 발생한 화재에서 나오는 연기 및 화산 활동 등은 자연적 원인에 해당한다.

대기

우리가 받고 있는 대기의 **압력**은 어느 정도인가?
해수면을 기준으로 m^2당 평균 기압은 10,335.6kg이다.

하늘은 왜 **파란가**?
이 질문은 세상에서 가장 근본적이면서도 빈번히 이루어지는 질문이기도 하다. 몇몇 사람들의 잘못된 믿음과는 달리, 물빛의 반사 때문에 하늘이 파란빛을 띠지는 않는다. 햇빛이 지구의 대기에 진입할 때 대기 중 입자로 가장 쉽게 흩어지는 빛의 구성 요소는 자외선과 빛의 청색 파장이다. 즉 빛의 다른 색들이 지표까지 도달하는 동안 청색과 자외선은 하늘에 남아 있는 셈이다. 자외선은 눈으로 볼 수 없기에, 하늘에는 우리가 볼 수 있는 파란색만 남아 있는 것처럼 보인다.

대기에는 몇 개의 **층**이 있나?
지구의 대기는 5개의 층으로 나누어진다. 대기권은 지표 바로 위로부터 우주와 이어지는 부분까지를 포괄한다. 대기의 5개 층 가운데 우리가 숨 쉬고 살아가는 층을 대류권이라고 하며, 지표에서 16km까지의 권역이 여기에 해당한다. 해발 16~48km까지는 성층권에 해당한다. 48~80km의 권역은 중간권이다. 5개의 층 가운데 가장 두꺼운 층인 열권은 고도 80~200km에 걸쳐 있다. 고도 200km 이상의 권역은 외기권으로 분류되고, 이보다 더 바깥은 우주 공간이다.

밤중에는 수백km 떨어진 방송국에서 발신하는 **AM 라디오**를 청취할 수 있지만, **낮**에는 그러지 못하는 까닭은?
AM 라디오파는 밤중에 전리층의 'F'층을 통해 수천km까지는 아니더라도 수백km 정도까지는 전파될 수 있다. 낮 시간에는 전리층에 라디오파를 흡수하는 'D'층이 형성되기 때문에, 라디오파의 파장이 밤 시간처럼 먼 거리까지 도달할 수 없다.

공기는 무엇으로 만들어질까?

지표 근처의 공기를 구성하는 주성분은 질소(공기의 78% 차지)와 산소(공기의 21% 차지)이다. 나머지 1%의 대부분은 아르곤(0.9%)이며, 이외에 미량의 이산화탄소(0.035%)와 기타 원소(0.06%)들로 구성된다.

FM 라디오파는 왜 아주 멀리까지 **송신**되지 못하는가?

FM 라디오파는 전파의 세기와 라디오 안테나의 높이가 허용하는 거리 내에만 도달할 수 있기 때문에, '고저선[line of site, 대포나 총기의 포구(총구) 또는 탄도의 원점과 표적을 잇는 직선-역주]'이라고 불리기도 한다. 안테나와 수평선이 이루는 각도만큼 전파가 도달할 수 있으므로(이 범위 내에서 전파가 유효한 강도를 가진다) 안테나가 높을수록 도달 범위는 넓어진다.

고도에 따라 **기압**이 **변화**하는가?

그렇다. 고도가 높은 지역일수록 기압(대기압)은 감소한다. 기압은 기후 체계와도 관계가 있다. 저기압일 때에는 비가 오거나 날씨가 궂은 반면에, 고기압일 때에는 대체로 맑고 건조하다. 해발 4,572m 지점의 기압은 해수면 기압의 절반에 불과하다.

구름은 어떤 **유형**으로 분류되나?

구름에는 여러 종류가 있지만 크게 권운형(卷雲形), 층운형(層雲形), 적운형(積雲形)의 세 가지 유형으로 범주화할 수 있다. 권운형 구름은 깃털처럼 성긴 모양으로 얼음 알갱이로 이루어지며, 높은 고도에서 형성된다. 층운형 구름은 담요처럼 생겼으며, 하늘에 펼쳐져 있는 형상을 하고 있다. 적운형 구름은 흔히 볼 수 있는 뭉게뭉게 피어오른 덩어리 형태의 구름으로, 사람들에게 별다른 피해를 주지 않지만 미친 듯이 퍼붓는 폭풍우나 토네이도의 원인이 되는 경우도 있다.

알베도란?

알베도(albedo)는 지표에서 우주 공간으로 반사된 태양 에너지이다. 지구에 도착한 전체 태양 에너지의 약 33%가 지표에서 반사되어 대기를 통해 우주로 방출된다. 알베도는 일반적으로 백분율로 표기된다.

지구의 얼마나 많은 부분이 **구름으로 덮여** 있나?

지구의 약 절반 정도는 언제나 구름으로 덮여 있다.

비행기는 어떻게 **구름**을 **만드나**?

대기 중 습도가 충분히 갖추어지는 등 기상 조건이 맞아떨어지면 비행기에서 분사한 물질이 비행기구름(비행운)을 형성하는 경우도 많다. 비행기구름은 가느다란 구름의 띠 형상으로, 일반적인 구름보다 빨리 소멸한다. 공기가 수증기로 포화되다시피 할 정도의 조건이 갖추어지면 비행기구름이 권운으로 변화할 수 있다.

온실효과란?

온실효과는 대기가 태양으로부터 나온 열의 일부를 가두는 자연적인 과정이다. 그런데 문제는 온실효과가 자연적인 수준을 넘어 확대되면서 지구가 정상치 이상으로 태양의 열에너지를 가둠으로써 기온이 상승하는 일이 발생하는 데 있다. 온실효과를 유발하는 기체는 자동차의 배기가스 등 대기로 방출된 인간 활동의 부산물이다.

제트 기류란?

제트 기류(jet stream)는 고고도(高高度)에서 빠른 속도로 이동하는 공기의 띠를 의미한다. 제트 기류는 대류권과 성층권 상공을 가로질러 이동하면서 지표면에 인접한 기단과 태풍의 경로에 영향을 미친다.

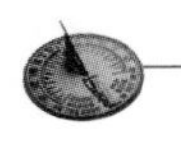

오존

오존층이란?

오존층은 고도 16~48km 사이에 형성된 대기층인 성층권의 일부이다. 오존은 태양에서 지구로 전달되는 유해한 자외선을 대부분 흡수하기 때문에 생물의 생존에 매우 중요하다.

오존층은 **감소하고** 있나?

과학자들은 1979년 이후 오존층에 구멍이 생겼음을 감지하였다. 남극 상공에 형성된 이 구멍은 남극, 오스트레일리아, 뉴질랜드의 자외선 복사의 정도가 증가한 것이 원인이다. 오존홀이 커지면 지구에 직접 도달하는 유해한 자외선의 양도 많아지기 때문에 암이나 눈병의 증가, 해양의 미생물과 농작물의 폐사와 같은 피해가 발생한다.

오존층의 **감소**는 **어느 정도**로 이루어지고 있나?

과학자들은 1975년 이후 33% 이상의 오존층이 감소했다고 보고 있다. 오존층 감소에는 계절적 요인도 영향을 준다. 여러 경우에 따라 오존층은 자연적으로 증가하기도 하고 감소하기도 한다. 하지만 과학자들은 에어컨, 에어로졸 스프레이, 소화기의 할론 가스(halon gas) 등에 쓰이는 염화불화탄소(chlorofluorocarbon, CFC), 그리고 이외에도 인간의 활동으로 만들어진 질소 화합물 등이 오존층 감소에 직접적인 영향을 미친다는 사실을 확인하였다. 인위적인 문제는 인간의 노력을 통한 해결책의 마련이 요구된다.

염화불화탄소(CFC)가 어떻게 **오존층**을 파괴하나?

대기 속으로 방출된 CFC가 오존층까지 상승하면 오존층에 의해 브로민(bromine), 그리고 오존 분자를 파괴하는 물질인 염소(Cl)로 분해되기 때문이다.

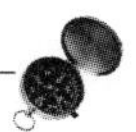

기후 경향

산맥의 한쪽 면만 **유달리 습한** 까닭은?

산악성 강우로 인해 산의 한쪽 면은 반대쪽 면보다 훨씬 습하다. 산악성 강우는 공기를 산의 한쪽 면 방향으로 상승하도록 한 다음 냉각시켜 폭풍우를 유발한다. 폭풍우는 해당 면에 많은 비를 내리게 하며, 반대쪽 면에는 비그늘 효과를 야기한다. 서부 지역에는 많은 비가 내리는(캘리포니아의 센트럴밸리보다도 훨씬 많은) 반면, 동부는 매우 건조한 기후 특성을 보이는 시에라네바다(Sierras of Nevada) 산맥은 산악성 강우를 보여 주는 대표적인 사례이다.

비그늘이란?

대기 중의 습기가 산악성 강우로 인해 비로 변하면 산의 반대쪽 면의 습기는 그만큼 줄어든다. 산의 건조한 면이 이처럼 '비의 그늘'에 드는 듯한 효과를 비그늘(rain shadow) 효과라고 한다.

엘니뇨란?

엘니뇨(El Niño)는 엘니뇨 난방 진동(El Niño Southern Oscillation, ENSO)이라고도 불리는데, 적도 부근의 태평양 동부와 서부 사이를 흐르는 거대한 난류의 흐름을 일컫는다. 엘니뇨의 난류(정상치보다 약 1℃ 높음)가 남아메리카 인근에 접근하면, 이로 인해 미국 남서부의 강수량이 증가할 뿐만 아니라 전 세계적인 기후 변화에도 영향을 준다. 엘니뇨는 태평양 동부에서 4년가량 지속되다가 인도네시아 인근의 서태평양으로 이동하여 이 일대에서도 4년 정도 머무른다. 난류가 서태평양에 위치할 때에는 엘니뇨와 반대되는 뜻인 라니냐(La Niña)라고 불린다. 라니냐가 활성화되면 기후는 '정상적'인 상태로 돌아간다.

엘니뇨의 **어원**은?

엘니뇨 현상은 난류의 흐름을 따라 외래종 물고기들이 갑자기 증식하는 데 주목한 페

사람은 열대에서 살 수 있을까?

고대 그리스 인들은 몹시 추운 지대, 온화한 지대, 몹시 더운 지대라는, 명확하지 않은 기후 지대로 세계를 구분하였다. 그들은 이 중에서 오직 온화한 지대(물론 이는 그리스를 중심으로 하는 유럽을 의미한다)에서만 문명이 이루어질 수 있다고 믿었다. 유럽의 북부 지방 이북은 몹시 추운 지대, 아프리카의 대부분은 몹시 더운 지대로 분류되었다. 안타깝게도 이 세 가지 분류법은 유럽 인들의 사고에 뿌리 깊게 자리 잡았고, 남반구의 발견 이후에는 범주가 5개로 늘었다. 사람들은 북극권(러시아 북부 인근)과 남극권(남극 대륙 해안 인근)을 추운 지대로, 열대와 남북극 사이를 온화한 지대로, 북회귀선과 남회귀선 사이를 더운 지대로 규정하였다.

루의 어부들에 의해 발견되었다. 이 현상은 주로 크리스마스를 전후하여 관찰되었기 때문에 에스파냐 어로 '남자 아기'를 뜻하고 아기 예수를 찬양하는 어휘로도 쓰이는 '엘니뇨'로 명명되었다. 엘니뇨와는 반대되는 패턴을 이루는 해류의 움직임은 '여자 아기'라는 뜻의 라니냐(La Niña)라고 불린다.

빙하 코어 샘플은 무엇이며, 왜 중요한가?

빙하 코어(ice core) 샘플은 경우에 따라서는 두께가 수십에서 수백m에 이르는 두꺼운 얼음 기둥으로, 얼음층에 파이프 형태의 장비를 박았다 빼내는 방식으로 채취된다. 그린란드나 남극 대륙 등지에서 채취한 빙하 코어 샘플은 과거 기후를 규명할 중요한 단서를 제공한다. 빙하 코어 속에 담긴 공기는 수천 년 전의 상태 그대로인 공기이기 때문에, 이를 분석함으로써 빙하 코어 형성 당시의 대기 성분을 알아볼 수 있다. 빙하 코어에서는 작은 벌레나 토양 구성물도 발견되는데, 이는 빙하 코어 형성 당시의 자연환경을 알려 줄 중요한 단서로 작용한다.

대륙도란?

바다와 멀리 떨어진 대륙 지방(미국 중부 등)은 해양과 인접한 지역에 비해 극단적인 기온 현상이 나타나는 경우가 많다. 이러한 내륙 지역에서 일어나는 기후 현상을 일컬어 대륙도(大陸度, continentality)라고 한다. 대륙도가 높은 지역에서는 대개 여름에는 매우

기후 변화는 에티오피아와 같은 지역을 살아가기 힘든 장소로 만드는 요인으로 작용한다. 지구 온난화는 사막의 확대, 수자원의 희소화 등으로 이어지기 때문이다.

무덥고, 겨울에는 대단히 추운 기후 특성이 관찰된다. 바다와 인접한 지역에서는 바다의 조절 효과 덕택에 연교차가 줄어든다.

아열대 무풍대(horse latitude)란?

보다 전문적인 영어 표기로 'subtropic highs'라고도 표기하는 이 지역은 고기압 지대로 기온이 온난하고 바람이 약하다. 전설에 따르면 이곳을 항해하던 16~17세기의 선원들은 선박의 식수를 아끼기 위해 배에 싣고 있던 말[馬]을 바다로 던졌다고 한다. 이 전설은 남북위 30° 일대에 분포하는 이 지역 이름이 'horse latitude'라고 붙여진 계기가 되었다.

어떻게 대지가 **사막으로 변할까**?

사막화라고 알려진 과정은 과방목, 비효율적인 관개 시스템, 삼림 벌채 등의 결과에 따

른 복잡한 현상이다. 사막화는 아프리카의 사하라 사막 최남단 일대에 걸쳐 있는 사헬(Sahel) 지대에서 특히 심각하다. 사하라 사막은 사막화로 인해 면적이 더 넓어지고 있다. 사막화는 삼림 복원이나 농업 방식의 전환 등을 통해 대처할 수 있다.

날씨

화씨와 **섭씨**, **켈빈**을 어떻게 **환산**할 수 있나?

화씨(Fahrenheit)와 섭씨(Celsius)는 세계적으로 통용되는 양대 온도 단위이다. 화씨 온도에서 32를 뺀 값에 5를 곱한 다음, 이 값을 9로 나누면 섭씨 온도가 된다. 이와 반대로 섭씨 온도에 32를 더한 값에 9를 곱한 다음, 이를 5로 나누면 화씨 온도가 된다. 주로 학술적 목적으로 사용되는 켈빈(Kelvin, 절대 온도의 단위)은 섭씨를 토대로 한 온도 단위이다. 섭씨 온도에 273을 더하면 절대 온도 값이 된다. 절대 온도 0°는 섭씨 영하 273°이다.

'평년 기온보다 **높은 기온**'과 '평년 기온보다 **낮은 기온**'은 각각 무엇을 의미하나?

기상학자들이 매일의 기온을 측정하면 그날의 최저 기온 및 최고 기온이 산출된다. 그날의 최고 기온이 해당 날이나 달의 최저 기온인 경우에는 '평년 기온보다 낮은 기온'으로 표현한다. 반면, 그날의 최저 기온이 해당 날이나 달의 최저 기온인 경우는 '평년 기온보다 높은 기온'으로 표현한다.

세계의 주요 **기후 기록**에는 어떠한 것들이 있나?

주요 기록들은 다음과 같다. 세계에서 가장 습한 지역은 인도의 체라푼지(Cherra-punji)로, 연 강수량 12,700mm를 기록하였다. 세계에서 가장 추운 지역은 −89.4℃까지 기록한 바 있는 남극 대륙이다. 세계에서 가장 건조한 지역은 연 강수량 0.1mm를 기록한 칠레의 아리카(Arica)이다. 세계에서 가장 더운 지역은 최고 기온이 57.7℃까지 올라간 리비아의 엘아지지아(El Azizia)이다.

세계적인 기후 기록에는 왜 앞뒤가 잘 맞지 않은 부분이 많을까?

이러한 차이는 기상 현상을 기록한 기간에 기인하는 바가 크다. 어떤 기록은 수십 년간에 걸쳐 이루어진 반면, 어떤 기록은 몇 년이나 몇 달, 심지어는 몇 시간이나 몇 분에 걸쳐 관찰된 내용을 토대로 하는 경우도 있기 때문이다.

미국의 **주요 기후 기록**으로는 어떠한 것들이 있나?

미국은 세계 최고의 지상풍(뉴햄프셔 주에서 기록된 시속 372km), 세계 최대의 연평균 강수량(하와이의 12,000mm), 세계 최대의 42분간 강수량(미주리 주의 310mm) 등을 보유하고 있다.

도시에서는 왜 주말보다 주중에 **비**가 올 가능성이 더 큰가?

도시 지역에서는 일하는 주중에 비가 내릴 가능성이 더 높은데, 이는 공장이나 자동차 등에서 방출되는 입자들이 대기 중의 습기를 빗방울로 만드는 요인으로 작용하기 때문이다. 이러한 과정은 따뜻한 공기를 상승시키는 원인으로도 작용하여, 마찬가지로 강수 확률을 높이기도 한다. 프랑스 파리를 대상으로 한 연구에 따르면, 주중에는 파리 시내의 강수 확률이 증가했다가 토요일과 일요일에는 급격히 감소하였다.

'강수 확률 40%'가 실제로 의미하는 것은?

아침 뉴스의 일기 예보에서 '오늘의 강수 확률은 40%'라고 보도했다면, 이는 해당 지역(주로 도시 지역)에는 해당일 하루 중 언제라도 최소 0.025mm 이상의 비가 내릴 가능성이 10분의 4임을 의미한다.

도심지가 교외보다 기온이 **높은** 까닭은?

도시는 열섬 현상(heat island)으로 기온이 높다. 도심지의 도로 포장, 빌딩, 기계, 자동차 공해, 기타 요인들 때문에 이처럼 도시 지역이 온난해진다. 로스앤젤레스와 같은 도시들은 열섬으로 인해 인근 지역들보다 기온이 최대 3~4℃가량 높다. 열섬 현상이라는

용어는 기온 지도에서 기온이 높은 도심지의 기온 분포가 마치 섬 모양을 이루는 데서 기원한다.

뇌우란?

뇌우(thunderstorm)는 폭우와 천둥, 번개, 때로는 우박까지 동반하는 국지적인 대기 현상이다. 뇌우는 지상 수km에서 수십km 상공에 형성된 적운(크고 둥근)에 의해 일어난다. 대부분의 미국 남동부 지역에서는 연간 40일 이상, 미국 전역에서는 연간 10만 회 이상의 뇌우가 일어난다. 뇌우는 번개와 천둥, 그리고 우박까지 동반한다는 점에서 일반적인 폭풍우와는 구분된다.

대기 오염이란?

대기 오염은 여러 원인에 의해 일어난다. 먼지, 연기, 화산재, 꽃가루 등 대기 오염의 자연적 원인은 지구를 둘러싸고 남을 만큼 많다. 인간은 연소나 산업 활동 등으로부터 유발되는 화학 물질과 입자 등으로 환경 오염을 심화시킨다.

바람

바람은 **어디서** 불어오나?

지구의 기압은 장소와 시간에 따라 달라진다. 바람은 공기가 기압이 높은 지역에서 낮은 지역으로 이동함에 따라 일어나는 현상이다. 기압차가 클수록 풍속은 빨라진다. 상세한 기후도 중에는 기압의 정도를 나타내는 선인 등압선(기압이 동일한 지점들을 연결한 선)에 풍속을 병기해 놓은 경우도 있다.

'**서풍**'에서 '서'가 가리키는 **방향**은?

서풍은 서쪽에서 동쪽으로 불어간다. 바람의 명칭은 불어오는 쪽의 방향을 따서 붙여진다.

편서풍이란?

중위도(남위 및 북위 30~60°) 지역에서 관찰되는, 서쪽에서 동쪽으로 부는 바람을 편서풍이라고 한다. 제트 기류라는 이름으로 알려진 고위도에서 부는 바람 또한 편서풍에 해당한다.

계절풍이란?

남아시아에서 관찰되는 계절풍(monsoon)은 여름에는 해양에서 대륙으로, 겨울에는 대륙에서 해양으로 부는 바람이다. 계절풍은 4~10월까지는 남서풍, 10~4월에는 북서풍의 형태이다. 여름 계절풍은 대륙에 많은 양의 습기를 가져온다. 계절풍은 저지대 범람원 일대에 심각한 홍수를 유발하지만, 남아시아의 농업을 위해 필요한 물을 공급하는 역할도 한다.

일리노이 주의 시카고는 사실 미국에서 가장 바람이 강한 도시는 아니다. (사진: Paul A. Tucci)

'계절풍(monsoon)'이라는 단어의 어원은?

'monsoon'은 계절을 의미하는 아랍 어 'mausin'에서 유래한 말이다.

먼지 회오리란?

높이가 수m 이상에 달하는 갈색의 먼지 가득한 공기 기둥인 먼지 회오리(dust devil)는 영어 명칭에 붙은 'devil'처럼 가공할 존재는 아니다. 먼지 회오리는 건조하고 청명한 날에 따뜻한 공기가 상승하면서 일어난다. 최대 시속 96.5km까지 가속될 수 있으며, 때때로 사람들에게 피해를 주기도 하지만, 토네이도처럼 파괴적인 바람은 아니며 보통 매우 빨리 소멸된다.

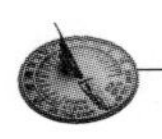

지구 상에서 **가장 바람이 거센 곳**은?

미국 뉴햄프셔 주의 워싱턴 산은 지구 상에서 가장 바람이 거센 곳이다. 1934년 이곳의 평균 풍속은 시속 372km를 기록하였다.

시카고는 정말로 **'바람의 도시(windy city)'**인가?

시카고는 미국에서 가장 바람이 거센 도시가 아니다. 시카고의 평균 풍속은 시속 16.7km로, 이 수치는 보스턴(20.1km), 호놀룰루(18.2km), 댈러스 및 캔자스시티(17.2km)에 뒤지며, 실제로 바람이 매우 거센 뉴햄프셔 주 워싱턴 산(56.8km)에는 크게 뒤처진다.

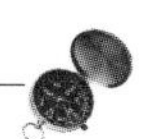

재난이란?

인명 피해나 재산 손실을 가져올 수 있는 위험의 원천을 일컫는 단어이다. 재난은 항공 사고로부터 쓰나미, 소행성 충돌 등 다양한 범위를 포괄한다.

재해 발생 시 **다른 지역과의 접촉**이 중요한 까닭은?

재해가 발생했을 때에는 재해 지역 내부보다는 외부로의 연락이 더 쉬워진다. 재해가 발생하면 해당 지역 밖에 살고 있는 여러분의 친척이나 친구들을 통해 효과적인 구조나 원조 요청을 할 수 있다.

주의보와 경보의 차이는?

미국 국립기상청은 다양한 종류의 재해가 예측되거나 임박했을 때 그에 따라 주의보 또는 경보를 발령한다. 주의보(돌풍주의, 홍수주의보 등)는 어떠한 재해가 예상되거나 일어날 가능성이 높음을 의미한다. 경보는 주의보보다 심각한 경우에 발령한다. 이는 재해가 이미 일어났거나 임박해 있음을 의미한다. 경보는 보통 비상경보시스템[Emergency Alert System, 과거 미국에서는 비상방송시스템(Emergency Broadcast System)]에 의해 텔레비전 또는 라디오로 전파된다.

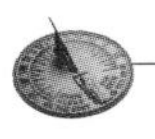

미국의 현행 비상경보시스템과 구 비상방송시스템의 차이는?

1964년 핵공격 등의 국가적 비상사태에 대한 경보 발령을 위해 설립된 미국 비상방송시스템(EBS)은 1997년 현행 비상경보시스템(EAS)으로 전환되었다. 구 비상방송시스템은 미국 각지에 분포한 라디오 방송국에서 재난 및 재해 정보를 취합하여 방송이나 매체로 이를 전파하는 식으로 운용되었다. 케이블 TV 서비스를 포함하는 현 시스템은 컴퓨터로 운용되므로 즉각적·자동적으로 재난 및 재해 관련 안내를 전국으로 방송할 수 있다. 새로운 시스템은 지방 자치체로 하여금 긴급 재난 메시지를 발송하게 하는 기능도 갖추고 있다. 향후 EAS는 경보 발령 시 TV와 라디오의 전원이 자동적으로 켜지는 기능도 추가할 계획이다.

재해 대비는 어떻게 할 수 있을까?

재해는 어디에서나 일어날 수 있다. 여러분은 가정에 재난 대비 물품을 준비해 둘 수 있으며, 자동차 안에도 소규모의 재난 대비 물품을 비치할 수 있다. 재난 대비 물품으로는 비상식량, 물, 구급상자, 튼튼한 신발, AM/FM 라디오(배터리는 분리해 둘 것), 손전등(배터리는 분리해 둘 것), 필수적인 약품(특히 처방을 받은 약), 담요, 현금(컴퓨터가 다운되어 신용 카드나 ATM 기기를 사용하지 못하는 상황에 대비), 아이들을 위한 오락 용구나 장난감, 기타 필요한 물품을 준비할 수 있다. 재해 대비에 관한 보다 상세한 안내는 적십자 지부에 연락하면 얻을 수 있다.

재해나 정전 뒤에는 **촛불**을 켜 두는 편이 좋을까?

재해 후 사용하는 촛불 때문에 발생한 화재는 막대한 인명 및 재산 피해를 야기한 원인이다. 사람들은 조명을 위해 촛불을 계속 켜 두지만, 만일 초가 쓰러지면 화재가 일어나는 것이다. 정전이 되었을 때 절대로 촛불을 켜서는 안 된다. 손전등이나 배터리로 작동하는 전등은 시중에서 얼마든지 구할 수 있으며, 이는 재난 대비 물품 목록에 반드시 포함되어야 할 물품이기도 하다.

미국에서 일어나는 **재난 관련 사망 사고**의 가장 주된 원인은?

낙뢰는 미국에서 일어나는 재난 관련 사망 사고 가운데 가장 높은 비중을 차지하는 사

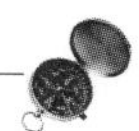

의료지리학자는 무슨 일을 할까?

의료지리학자와 전염병학자(질병과 보건 분야를 연구하는 학자)들은 질병과 사망률을 통제하기 위해 지도와 공간 정보를 활용한다. 지도를 통해 특정한 좁은 지역에서 암 발생률이 유난히 높게 나타나는 문제를 규명할 수 있으며, 에이즈 전염 과정을 이해하는 데도 중요한 역할을 해 왔다. 의료지리학자들은 단지 질병의 분포만을 연구하는 것이 아니라, 사람들의 보건 관련 서비스에 대한 접근성의 문제도 다룬다.

고의 원인이다. 1940~1981년까지 낙뢰로 인한 사망자 수는 7,700여 명에 달한다. 같은 기간 동안 토네이도로 인한 사망자 수는 5,300여 명, 홍수로 인한 사망자 수는 4,500여 명, 허리케인으로 인한 사망자 수는 약 2,000명이다. 따라서 벼락이 칠 때는 공터나 높은 지대, 물, 큰 금속 물체, 금속제 울타리 등은 피하는 것이 좋다.

우리 마을에 일어난 재난에 관한 정보는 어떻게 입수할 수 있을까?

지방 자치 단체들은 과거에 일어난 재난 기록을 바탕(과거의 재난은 미래에도 발생할 가능성이 높으므로)으로 한 재난 대처 계획을 갖추고 있어야 한다. 여러분은 지방 자치 단체의 담당자들에게 재난 대처 계획이나 유사시 사용할 탈출 경로 또는 피난처 등에 관해 문의할 수 있다. 다수의 지방 자치 단체들은 주요 재난 대처 정보를 쉽게 참조할 수 있도록 전화번호부에 기재해 두고 있다.

재해가 **발생**했을 때 **도울 수 있는** 최선의 방법은?

적십자와 같은 재난 구호 기구들은 재해 발생 시 희생자들을 위한 구호 물품 구입이나 재정 지원에 드는 자금을 절실히 필요로 한다. 여러분이 살고 있는 곳의 적십자사 지부에 연락하여 상세한 지원 방안을 상담해 보라. 식료품이나 의류를 직접 기증하는 방식은 물품의 종류 및 분배에 관한 문제, 위생 관리의 문제 등을 수반하기 때문에 오히려 기구들에 부담을 떠안길 소지도 있다.

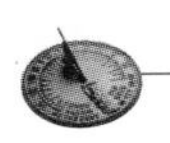

지도가 어떻게 **콜레라**의 확산을 **막을** 수 있었나?

1854년 런던에 콜레라가 창궐했을 때, 존 쇼(John Show)라는 의사는 콜레라 사망자의 분포를 지도화하였다. 그의 지도는 특정한 우물(당시에는 우물물을 손으로 길어 물동이로 운반했다)을 중심으로 콜레라 사망자가 집중 분포하는 패턴을 나타내었다. 우물의 손잡이를 분리해 내자 콜레라 사망자 수는 급감하였다. 콜레라가 수인성 전염병임이 밝혀지면서, 콜레라의 창궐은 감소하였다. 이는 의료지리학의 시초가 되는 사건이었다.

응급 상황 지도란?

미국 질병통제예방센터(Centers for Disease Control and Prevention, CDC)는 질병의 전파 정도를 지리적으로 파악하기 위해 사람들이 독감, 에볼라 바이러스, 웨스트나일 바이러스, 에이즈 바이러스 등 잠재적 위해성을 가진 바이러스에 감염되었거나 노출된 정보를 표기한 응급 상황 지도(incidence maps)를 활용한다. 응급 상황 지도는 질병의 발원지나 전파 속도 등을 파악하는 데 유용하다. 세계 응급 상황 지도는 유해한 생물학적 재난의 예방과 치료라는 측면에서 그 중요성이 높아지고 있다.

남부 캘리포니아에서는 일어나지 않는 자연재해는?

남부 캘리포니아의 도시 지역에서는 지진, 산불, 홍수, 산사태, 토네이도가 빈번히 일어나지만(그렇다, 토네이도까지 분명 일어난다), 눈보라나 허리케인은 거의 일어나지 않는다.

화산

화산이란?

화산은 지각 내부의 마그마가 지표로 분출되거나 흘러나온 결과물이다. 지표 아래에 위치한 뜨거운 액체 상태의 마그마가 지표의 균열이나 암석의 연약한 부분을 뚫고 나오면서 분화가 일어난다. 화산은 용암(마그마가 지표로 분출되어 흐르는 상태)이 식어 굳어지면서 형성되며, 이러한 과정을 통해 화산의 규모가 확장된다.

화산에서 용암이 분출하고 있다. 이러한 액체 상태의 암석이 지각 아래에 존재할 때에는 마그마라고 불린다.

환태평양화산대란?

세계 지도에서 세계의 주요 지진과 화산 활동이 일어나는 지역을 살펴보면, 태평양을 둘러싼 고리 형태의 패턴을 이루고 있음을 발견할 수 있을 것이다. 이처럼 지진과 화산이 빈발하는 고리 모양의 지역을 환태평양화산대(Ring of Fire)라고 한다. 환태평양화산대가 고리 모양을 하고 있는 까닭은 태평양 판과 인접 대륙판들의 판운동 및 이에 따라 미국 북동부 태평양 연안의 캐스케이드(Cascade) 산맥이나 남아메리카의 안데스 산맥 등의 화산성 산맥에서 일어나는 단층 및 지진 활동(특히 알래스카, 일본, 오세아니아, 남북아메리카의 서해안 일대에서 빈발하는) 때문이다.

세계에는 얼마나 많은 **활화산**이 있을까?

세계에는 약 1,500개의 활화산이 있다. 이 중 대부분은 태평양을 둘러싼 환태평양화산대에 위치한다. 전 세계 활화산의 10분의 1 정도는 미국에 소재한다. 지난 1만 년 이내에 분화한 기록이 있는 화산을 활화산으로 분류한다.

활동 기간 면에서 **세계**에서 **가장 활발한 화산**으로 어떤 화산들이 있나?

이탈리아의 에트나(Etna, 3,500년) 산과 스트롬볼리(Stromboly, 2,000년) 산, 바누아투의 야수르(Yasur, 800년) 산은 가장 오랜 기간 동안 활동한 화산이다.

미국의 **활화산**은 어디에 있나?

워싱턴 주, 오리건 주, 캘리포니아 주에는 다수의 잠재적 활화산들이 분포한다. 미국에서 가장 최근에 활동한 활화산은 1980년 분화한 워싱턴 주 남부의 세인트헬렌스(St. Helens) 산이다. 워싱턴 주의 섀스타(Shasta) 산, 라센(Lassen) 산, 레이니어(Rainier) 산, 후

서기 79년 베수비오 산의 분화로 파괴된 폼페이의 유적은 이탈리아 나폴리 인근에 위치하며, 오늘날에도 관광객들의 발길이 이어지고 있다. (사진: Paul A. Tucci)

드(Hood) 산 등도 분화할 가능성이 있는 화산들이다.

마그마와 용암의 차이점은?

마그마는 지각 아래에 액체 상태로 녹아 있는 고온의 암석이다. 마그마가 분출하거나 지표로 흘러내리면 용암이 된다. 마그마와 용암은 물질 자체로는 차이가 없으며, 단지 이름만 바뀌어 불릴 뿐이다.

폼페이는 어떻게 파괴되었나?

서기 79년 베수비오(Vesuvio) 화산의 폭발로 고대 로마의 도시 폼페이(Pompeii)는 6m의 용암과 화산재 아래에 묻혔다. 폼페이는 1748년부터 오늘날까지 이어지고 있는 고고학적 발굴로 유명한 도시이며, 폼페이 발굴은 기원후 로마 제국 사람들의 일상생활 모습을 이해하는 데 귀중한 정보를 제공하고 있다. 폼페이를 뒤덮은 쇄설물은 폼페이 최후의 모습뿐만 아니라 당시의 회화, 예술, 기타 다양한 유물들도 훌륭하게 보존하는 역할을 해냈다. 인근 도시인 헤르쿨라네움(Herculaneum) 또한 완벽하게 보존되어 있다. 폼

페이에서 20분 거리에 있는 이 도시는 비록 폼페이보다 규모는 작지만, 당시의 우수한 예술 작품과 건축물을 비롯하여 당시 로마인들의 생활상이 잘 보존되어 있다.

지진

지진의 원인은?

지구의 대륙판들은 지속적으로 움직이고 있다. 인접해 있는 판들은 쉽사리 움직이지 않으며, 서로 '붙어' 있지만 때로는 엇갈리기도 한다. 이처럼 대륙판들이 엇갈리면서(수 cm에서 수m 범위) 지진이 발생하며, 이는 인간의 생활과 구조물에 심한 파괴를 유발하기도 한다.

진앙이란?

진앙(震央, epicenter)은 진원지, 즉 지진이 일어난 부분 바로 위에 위치한 지표 상의 지점이다. 지진은 일반적으로 지표가 아닌 지각 아래의 깊숙한 부분에서 일어난다.

단층이란?

단층(斷層, fault)은 지각의 운동으로 발생한 지각의 어긋남이나 균열을 지칭한다. 대부분의 단층은 비활성 상태이지만, 미국 캘리포니아 주의 산안드레아스(San Andreas) 단층 등은 대단히 활동적이다. 지질학자들은 아직 지구의 모든 단층을 찾아내지는 못했으며, 1994년 캘리포니아 주 노스리지(Northridge)에서 일어난 지진처럼 때로는 아무 예고도 없이 갑자기 지진이 일어나기도 한다. 알려지지 않은 단층에서 지진이 일어나는 경우를 은닉 단층(Blind fault)이라고 한다.

지진이 일어나면 **어떤 느낌**이 들까?

경미한 지진이 일어나면 방향 감각을 상실한 느낌부터 든다. 마치 어지러운 것처럼 방안이 빙글빙글 도는 느낌이 들 것이다. 비교적 작은 지진파가 지표에 도달하면 유리가

캘리포니아는 언젠가 바다로 떨어져 나갈까?

아니다, 그럴 일은 없다. 샌프란시스코 만에서 캘리포니아 남부에 이르는 지역을 따라 위치한 유명한 산안드레아스 단층은 횡단 단층으로 알려져 있다. 이는 몬터레이(Monterey), 샌타바버라, 로스앤젤레스 등지를 포함하는 단층 서측 지역은 이외의 캘리포니아 주 지역의 북쪽 방향으로 밀려 올라감을 의미한다. 수백만 년 뒤에는 캘리포니아 주의 양대 도시인 샌프란시스코와 로스앤젤레스가 완전히 인접하게 될 것이다. 산안드레아스 단층은 매년 약 2cm 만큼씩 이동하고 있다.

서로 부딪히고 유리창이 진동하는 것 같은, 전에는 들어본 적이 없는 사물이 달그닥거리는 소리가 들릴 것이다. 지표에 균열을 만들 정도로 큰 지진이 일어나면 기차 소리와도 같은 굉음이 들릴 것이다.

산안드레아스 단층은 어떠한 중요성을 갖나?

악명 높은 산안드레아스 단층은 북아메리카 판과 태평양 판의 경계선이다. 이 단층은 캘리포니아에 걸쳐 있으며, 이 일대에서 일어나는 대규모 지진의 원인으로 작용하기도 한다. 로스앤젤레스는 태평양 판에 위치하는 반면, 샌프란시스코는 북아메리카 판에 위치한다. 태평양 판은 북아메리카 판 북쪽으로 서서히 이동하고 있으며, 이로 인해 로스앤젤레스는 매년 약 1.27cm의 속도로 샌프란시스코에 근접하고 있다. 수백만 년 뒤에는 두 도시가 인접하게 될 것이다.

1906년에 **샌프란시스코**가 파괴된 원인은 **지진**인가, 아니면 화재인가?

1906년 대단히 강력한 지진이 캘리포니아 주 샌프란시스코를 덮쳤고, 이로 인해 발생한 화재로 이 도시의 많은 부분이 파괴되었다. 시민과 방문객들이 가진 샌프란시스코의 이미지를 지켜 나가기 위한 노력의 일환으로, 공식적으로 샌프란시스코를 파괴한 원인은 지진이 아닌 화재라고 언급하기 시작하였다. 지진 발생 후 발간된 공식적인 서적과 간행물에서는 1906년의 재난을 일으킨 원인은 지진과 화재 두 가지 모두라고 언

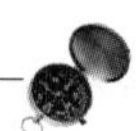

급하고 있다. 사실 지진은 샌프란시스코에 상당한 피해를 주었고, 수백 명의 사망자를 발생시켰다.

지진이 일어나지 않는 미국의 주는?

20년이라는 기간은 지진으로부터 안전성을 규정하는 기준이 되기에는 충분치 못하지만, 1975~1995년 사이 플로리다 주, 아이오와 주, 노스다코타 주, 위스콘신 주에서는 지진이 1건도 발생하지 않았다.

미국 중서부 지방은 **지진 발생**의 위험이 높은가?

1811년과 1812년에는 미주리 주의 뉴마드리드(New Madrid) 일대에 대규모 지진이 일어났다. 이때 발생한 지진은 상당한 피해를 유발했으며[메르칼리 진도(Mercalli scale) 6에 달하는 강진이 발생한 지역도 있었다], 이 충격파는 미국 동해안 지역에서도 감지될 정도였다. 과거 지진이 발생한 지역인 만큼 이 지역은 향후에도 또다시 일어날 가능성이 있다. 미주리 주, 아칸소 주, 일리노이 주, 켄터키 주, 테네시 주, 미시시피 주의 연대를 중심으로 이 지역의 지진 발생에 대한 대안과 대책 마련이 지속적으로 이루어지고 있다.

지진이 일어나면 어떻게 해야 할까?

엎드리고, 가리고, 붙잡아라! 테이블이나 카운터, 기타 떨어지는 물체로부터 자신을 보호해 줄 수 있는 사물 밑에 엎드려라. 낙하하는 잔해들로부터 머리를 보호할 수 있도록 손으로 뒷머리를 가려라. 진동으로부터 몸을 지킬 수 있도록 식탁 다리 등 튼튼한 물체를 붙잡아라.

지진이 일어났을 때 **출입문에 서 있으면** 안전할까?

출입문은 지진에 대체로 잘 견디는 구조물이기는 하지만, 공식 집계에 따르면 지진이 일어났을 때 문이 흔들리면서 출입문에 있던 많은 사람들이 부상을 입었다. 그런 만큼 문에 끼어 손가락이 부러질 수 있는 출입문 근처는 피하는 편이 좋다.

리히터 스케일이란?

리히터 스케일(Richter Scale)은 지진으로 발생한 에너지를 측정하는 척도로, 1935년 캘리포니아의 지진학자 찰스 리히터(Charles F. Richter)에 의해 개발되었다. 리히터 규모(Richter magnitude)가 1 상승함은 지진으로 발생한 에너지가 30배 증가함을 의미한다. 예를 들면, 리히터 스케일 7.0의 지진은 6.0의 지진보다 30배 강하며, 리히터 스케일 8.0의 지진은 6.0의 지진보다 900배 강하다. 개개의 지진은 각각 한 개의 리히터 규모로만 표기된다. 리히터 스케일에서는 진도 8.0대가 가장 강하다. 리히터 스케일 8.6의 1964년 알래스카 지진이나 8.0의 1976년 중국 탕산(唐山) 지진이 이에 해당한다.

메르칼리 진도계급이란?

메르칼리 진도계급(Mercalli Scale)은 인간과 구조물이 감지하는 지진의 정도를 측정하는 척도이다. 이는 1902년 이탈리아의 지질학자 주세페 메르칼리(Giuseppe Mercalli)에 의해 개발되었다. 메르칼리 진도계급은 로마 숫자로 표기하며 I(거의 느껴지지 않음)에서 XII(대단히 파괴적임)까지의 범위를 가진다. 메르칼리 진도계급은 진앙을 중심으로 지도화하여 표기할 수 있으며, 지진 발생 지역의 지질학적 특성에 따라 다양하게 나타날 수 있다.

메르칼리 진도계급

I	거의 느껴지지 않음.
II	소수의 사람들이 느낄 수 있는 정도이며, 매달려 있는 사물이 흔들리기도 함.
III	마치 대형 트럭이 지나갔을 때처럼 실내에서 미묘하게 느낄 수 있음.
IV	실내에서 대부분의 사람들이 느낄 수 있는 정도로, 매달려 있는 사물은 대부분 흔들리며 창문과 접시가 달그락거림. 실외에서는 감지하지 못함.
V	거의 모든 사람들이 감지하며, 잠든 사람이 깨어나고 유리창과 접시는 깨짐.
VI	모든 사람이 감지하며, 일부는 공포에 질리거나 바깥으로 뛰쳐나감. 굴뚝이 붕괴되거나 가구가 움직이는 경우도 있으며, 적은 손상을 유발함.
VII	취약한 구조물에는 심한 손상이 가해지고, 사람들이 동요하여 대부분 공포에 질리거나 피난함.

Ⅷ	견고한 구조물에 경미한 손상이 가해지고, 취약한 구조물은 중대한 손상을 입음. 벽이나 굴뚝, 기념비 등은 무너짐.
Ⅸ	지하 배수관이 파괴되며, 건물의 토대가 손상되고 건물이 토대로부터 이격(離隔)되기도 함. 견고한 구조물에도 상당한 손상이 가해짐.
Ⅹ	거의 대부분의 건물과 토대가 파괴되고, 하천이나 호수의 물이 제방을 넘어 범람함. 산사태나 눈사태가 일어나고, 철도가 휘어짐.
Ⅺ	거의 모든 건물이 무너지고, 완전한 혼란 상태가 유발됨. 지표면에 거대한 균열이 발생함.
Ⅻ	지표가 완전히 파괴되고, 사물이 공중으로 날아감. 지상이 마치 액체처럼 보이며, 한눈에 보아도 파도가 치는 듯 흔들림.

1년 동안 몇 차례의 **대규모 지진**이 발생하나?

평균적으로 1년간 지구 상에서 진도 6.0~6.9의 지진은 약 100회, 진도 7.0~7.9의 지진은 약 20회, 진도 8.0~8.9의 지도는 2회 정도 발생한다. 이 중 대다수는 해양에서 발생하기 때문에 우리가 느끼는 대규모 지진의 발생 횟수는 이보다는 적은 것이다.

진도 10의 지진은 리히터 스케일에서 가장 강력한 지진인가?

미디어에서는 흔히 리히터 스케일이 진도 1~10까지 구성되는 것처럼 보도하는 경우가 있지만, 리히터 스케일에서 진도의 상위 제한은 없다. 물론 리히터 스케일상에서 가장 강한 지진도 진도 10 수준에 미치지는 않는다. 리히터 스케일에서 진도는 방출된 에너지를 토대로 계산되는 데다 대수 척도(logarithmic scale)이기 때문에, 진도 7의 지진이 리히터 스케일의 진도 1과 10 사이에 있다고 추정하는 것은 옳지 않다.

쓰나미

쓰나미란?

지진 해일이라는 명칭으로도 알려진 쓰나미는 주로 해저면 또는 연해에서 일어난 지진에 의해 발생한다. 지진파는 반경 수백~수천km에 이르는 지역에까지 피해를 입힐 수 있는 거대한 해일을 유발한다. 하와이는 자주 쓰나미의 피해를 당한다.

하와이의 쓰나미 대책은?

하와이 및 여타의 해안 지역이 쓰나미라는 긴급 재난에 대비할 수 있도록, 쓰나미 발생 경보를 위한 정밀한 글로벌 감시 네트워크가 갖추어져 있다. 하와이에는 쓰나미의 위험에 대비한 대규모 피난 시스템도 정비되어 있다.

2004년 12월에 일어난 **대규모**의 **인도양 쓰나미**는 어떤 원인으로 발생했나?

인도네시아 수마트라 인근 해역에서 발생한 진도 9.0의 지진은 인도네시아, 태국, 스리랑카, 인도, 몰디브에 큰 해일을 일으켰다. 이 영향은 아프리카에서까지 감지될 정도였다.

2004년 쓰나미 대재앙으로 아시아에서 얼마나 많은 **인명 피해**가 발생했나?

쓰나미 및 이로 인해 일어난 홍수와 파괴로 16만 명 이상의 사람들이 목숨을 잃었다.

태평양쓰나미경보센터란?

미국 국립해양대기국(National Oceanic and Atmospheric Administration, NOAA)이 관리하며 하와이와 알래스카를 근거지로 하는 태평양쓰나미경보센터(Pacific Tsunami Warning Center)는 쓰나미를 감시하고 쓰나미 발생 시 영향권에 들어갈 국가들에 이와 관련된 정보를 제공하는 사령탑 역할을 하는 기구이다. 쓰나미 관측을 위해 설치된 관측용 부이(buoy)인 39개의 다트(DART)로부터 획득한 네트워크 형태의 데이터를 토대로 센터는 실시간 지진 활동의 경보를 알릴 수 있다.

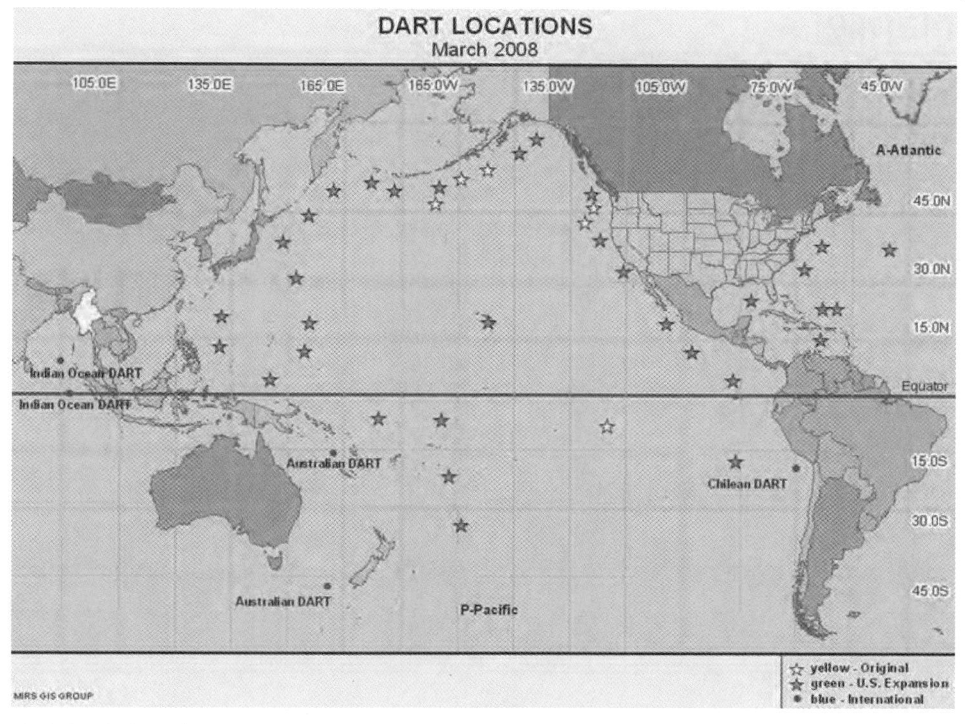

이 지도는 다트(DART) 시스템의 쓰나미 감시용 부표가 세계의 어디어디에 있는지를 보여 준다. (사진: 미국 국립해양대기국)

다트란?

다트(DART)는 '쓰나미 심해 측정 및 보고(Deep-Ocean Assessment and Reporting of Tsunami)'를 뜻하며, 이는 태평양의 쓰나미 위험 지역에 39개의 부표를 띄워 지도 상에 배열한 형태로 나타난다. 개개의 다트 시스템은 해저에 고정된 BPR(bottom pressure recorder, 해저면 압력 기록기)과 해수면에 떠 있는 부표로 구성되며, 부표와 BPR은 실시간 상호 교신한다. 해저의 BPR에서 수집된 데이터는 음향 신호를 통해 해수면에 떠 있는 부표로 전달된다. BPR은 15초 간격으로 온도와 압력을 측정한다. 정상 모드에서는 15분 간격으로 데이터가 전송된다. 특이 상황이 발생했을 때 다트 시스템은 15초 간격으로 측정한 데이터를 매분 전송한다.

허리케인

허리케인의 어떤 부분이 **가장 파괴적**인가?

허리케인에 의해 발생한 홍수가 가장 파괴적인 요소이다. 허리케인 중심부의 저기압은 물기둥이 형성되는 요인으로 작용한다. 허리케인의 강풍과 저기압으로 인해 물기둥이 지상으로 밀려 올라가면서 연안 지대에 심각한 피해를 불러일으킨다. 허리케인은 대지를 초토화시키는 토네이도를 촉발하는 원인이기도 하다.

윌리윌리란?

윌리윌리(willy-willy)는 허리케인의 오스트레일리아식 이름이다.

허리케인의 풍속은 어느 정도인가?

허리케인의 최대 풍속은 시속 240km에 달한다.

허리케인은 어떻게 **분류**되나?

허리케인은 1~5까지의 등급으로 분류되며, 이 가운데 1등급은 가장 약한 허리케인이고, 5등급은 가장 파괴력이 강한 허리케인이다. 1등급은 약함, 2등급은 보통, 3등급은 강함, 4등급은 매우 강함(예로 1992년 발생한 허리케인 앤드루), 5등급은 지극히 강함으로 분류할 수 있다.

허리케인 등급	풍속(KPH/MPH…1)	파고
1등급	119~153kph/74~95mph	1.2~1.5m
2등급	154~177kph/96~110mph	1.8~2.4m
3등급	178~209kph/111~130mph	2.4~2.75m
4등급	210~249kph/131~155mph	4~5.5m
5등급	155kph 초과/249mph 초과	5.5m 초과

허리케인 카트리나란?

허리케인 카트리나(Hurricane Katrina)는 멕시코 만에서 발생하여 2005년 8월 말 뉴올리언스를 비롯한 미국 남부 해안 도시들을 강타한 허리케인의 이름이다. 카트리나는 발생 당시에는 2등급 수준의 약한 바람이었으며, 파고 또한 3등급 수준에 불과하였다.

허리케인 카트리나의 강타로 일어난 홍수와 **제방 붕괴**로 얼마나 많은 사람들이 **목숨을 잃었나**?

약 1,460명이 허리케인 카트리나로 인해 목숨을 잃었다.

2005년 미국 뉴올리언스 재앙의 **주 원인**은 홍수였나, 아니면 허리케인이었나?

2005년 재앙의 직접적인 원인은 뉴올리언스의 취약한 제방에 바닷물을 역류시킨 데다 막대한 비까지 퍼부은 허리케인 카트리나이다. 뉴올리언스 시내의 49%가 해수면보다 낮은 위치에 있기 때문에 인공 제방이 붕괴된 순간 범람한 물이 밀려 들어와 시내의 대부분이 침수되었다.

홍수

홍수가 일어나려면 **얼마나 많은 비**가 내려야 할까?

홍수가 일어나기 위한 물의 양은 지역마다 다르다. 미국 서부의 사막이나 일부 대도시 등지에서는 큰비가 몇 분만 내려도 계곡이나 저지대에 급류가 범람하는 일이 일어난다. 강수량이 많은 지역에서는 강수량이 조금 더 증가하는 정도(경우에 따라서는 '하루 종일' 또는 '몇 주일 치' 분량이 이 정도에 해당하기도 한다)로도 범람이 일어나거나 댐의 수위가 상승하여 하류 지역에 사는 사람들의 근심거리가 되기도 한다. 일반적으로 강수량이 많은 지역일수록 우수한 자연 배수 체계를 갖추고 있으며, 보통 여분의 물을 잘 흡수하는 식물을 재배한다.

사람들은 왜 범람원에서 살까?

수천 년 동안 인류는 범람원에서 살아왔다. 범람원에는 농경에 적합한 습윤한 토양이 펼쳐져 있고, 인근에 물이 풍부하여 생활하기에 편리하다. 안타깝게도 하천이 범람하면 범람원에 형성된 공동체는 타격을 입고 사람들은 고통을 받는다. 둑, 제방, 댐, 기타 다양한 구조물들이 홍수라는 재해의 피해를 최소화하기 위해 설치되어 왔다. 이따금씩 이러한 구조물들이 홍수를 막는 데 실패할 경우(예로 제방이 무너지는 경우)에는 넓은 구역이 침수된다. 범람원의 주민들은 이처럼 예측하기 어려운 환경이 주는 이점과 위험성의 균형을 맞추어 가며 살아야 한다.

역사상 **가장 파괴적이었던 홍수**로는 어떠한 것들이 있나?

미국 펜실베이니아 주의 존스타운(Johnstown)에서는 1889년 상류 지역의 댐이 붕괴되면서 2,200명이 사망하는 인명 피해가 발생하였다. 홍수로 인한 몇몇 세계적인 대참사는 중국에서 발생하였다. 1931년 황허 강에서 발생한 홍수로 370만 명이 목숨을 잃었다.

범람원이란?

범람원(氾濫原, floodplain)은 인위적인 조치가 이루어지지 않았음을 전제할 때 하천 범람 시 물에 잠기는 지역을 말한다. 하천의 흐름과 해당 지역의 토질 등 변수에 따라, 범람원의 규모는 수십cm에서 수km 이상에 이르기까지 다양하게 나타난다. 제방과 홍수 방벽이 축조된다고 해서(가옥과 상업용 건물은 대개 그 뒤에 건설된다) 범람원이 완전히 사라지지는 않는다. 제방 등의 구조물이 손상을 입거나 파괴된다면 범람한 하천의 물은 인공물이 들어서기 전에 그랬던 것처럼 또다시 범람원 위로 흘러들 것이다.

'100년 만의 홍수'란?

'100년 만의 홍수'는 홍수의 규모뿐만 아니라 그 희소성까지도 포함하는 개념이다. 100년 만의 홍수라고 표현되는 수준의 홍수란 특정 연도에 발생할 확률이 1%(또는 100분의 1)임을 의미한다.

미국 홍수보험프로그램이란?

미국 홍수보험프로그램(National Flood Insurance Program, NFIP)은 가정 및 사업체를 위한 보조금 지급 보험 프로그램의 일환으로 1956년 미국 연방 정부에 의해 제정되었다. 연방 정부는 이 프로그램을 위해 우선 100년간 및 500년간 침수 지역을 표기한 지도인 홍수보험요율도(Flood Insurance Rate Map, FIRM)를 제작하였다. 보험료는 홍수 위험을 기준으로 책정된다. 미국 연방비상관리국(Federal Emergency Management Agency, FEMA)은 홍수보험프로그램의 관리 주체로, 홍수 피해를 받기 전에 보험에 가입할 것을 권하고 있다. 보험에 가입하고 나면 홍수가 일어났을 때 보험 혜택을 받을 수 있다.

우리 고장의 **홍수 지도**는 어떻게 입수할 수 있을까?

여러분이 살고 있는 지역의 홍수보험요율도(FIRM)를 보려면 지방 행정을 담당하는 관공서를 찾는 것이 가장 좋은 방법이다. 위기 관리 정책 및 계획 담당 부서에는 FIRM이 비치되어 있을 것이다. FIRM은 수시로 변경되는 데다 도시·지역 발전 계획 또는 위기 관리 전문가들이나 해석할 수 있을 만한 지도이기 때문에, 미국 연방비상관리국(FEMA)에서 구입하는 것은 권장하지 않는다.

홍수가 일어났을 때에는 **어떻게 행동해야** 할까?

홍수 발생이 예상되는 경우에는 배터리로 작동되는 라디오의 전원을 켜고 대피 시기 및 장소에 관한 정보를 숙지해야 한다. 홍수나 급류가 다가온다면 즉각 고도가 높은 장소로 대피하도록 한다.

토네이도

토네이도란?

토네이도(tornado)는 아주 강력하면서도 규모는 작은 돌풍으로, 그 파괴력은 건물이나 각종 구조물을 무너뜨릴 정도이다. 암회색의 바람 기둥을 만드는 토네이도의 중심부는

마치 진공청소기처럼 작동하면서 사물을 들어올리고, 이를 돌풍의 진로 방향으로 옮겨 놓는다. 토네이도는 수 분에서 한 시간까지 지속된다.

2006년 콜로라도 주 베넷(Bennett)과 왓킨(Watkin)을 강타한 토네이도

토네이도가 접근해 올 때에는 **어떻게 행동해야** 하는가?

건물의 가장 낮은 층으로 피신하도록 한다(이동식 주택 안이거나 야외에 있더라도 지체 없이 견고하고 안전한 피난처로 피신해야 한다). 실내로 들어가서 견고한 가구 밑으로 들어가야 한다. 유리창에서는 최대한 멀리 떨어져야 하며, 테이블 다리 등 견고한 물체를 붙잡고 팔로 머리와 목을 보호하도록 한다.

토네이도의 강도를 측정하는 **후지타 스케일**은 무엇인가?

후지타 스케일(Fujita scale)은 관찰된 피해와 효과를 기준으로 토네이도의 강도를 측정하는 기준이다. 후지타 스케일은 F0(약한 토네이도)에서 F6(실제로는 거의 일어나지 않는, 상상도 못할 만큼 파괴적인 토네이도)까지의 등급으로 구성된다. 전체 토네이도의 약 75%는 약한 토네이도(F0~F1)이며, 강력한 토네이도(F4~F5)는 전체의 1%에 불과하다.

토네이도앨리란?

토네이도는 전 세계적으로 미국 중부 지방에서 특히 빈발한다. 토네이도앨리(Tornado Alley)는 텍사스 주 북서부, 오클라호마 주 일대(전 세계 토네이도의 수도), 캔자스 주 북동부에 걸쳐 있는 지역이다. 이 일대에서는 연평균 200회 이상의 토네이도가 발생한다.

미국에서 토네이도로 인한 사망자는 연평균 몇 명 정도일까?

미국에서는 매년 약 1,500명이 토네이도의 파괴력 때문에 목숨을 잃는다. 토네이도로 인해 부상이나 장애를 입는 사람의 수는 이보다 더 많다.

미국에서 토네이도의 **위험이 가장 높은 주**는?

매사추세츠 주는 미국에서 토네이도의 위험이 가장 높은 주로 판단된다. 매사추세츠 주보다 오클라호마 주의 토네이도 발생 빈도가 더 높지만, 인구 밀도와 사망 또는 중상 등의 인명 피해가 발생할 위험성은 뉴잉글랜드 주가 더 높다.

미국 역사상 가장 **파괴적인 토네이도**에는 어떠한 것들이 있나?

미국 역사에 기록된 최악의 강력한 토네이도에는 다음과 같은 것들이 있다. 1925년 일리노이 주와 인디애나 주, 일리노이 주를 강타한 트리스테이트 토네이도(Tri State tornado)는 사망 695명, 부상 2,027명이라는 인명 피해를 가져왔다. 1840년 미시시피 주를 강타한 나체즈 토네이도(Natchez tornado)에 따른 인명 피해는 317명 사망, 부상 109명을 기록하였다. 1896년에 일어난 세인트루이스/동부 세인트루이스 토네이도(St. Louis/East St. Louis tornado)는 사망 296명, 부상 1,000명의 인명 피해를 야기하였다.

유럽에서도 토네이도가 발생하나?

전 세계 토네이도의 90%가 미국에서 일어나지만 유럽에서도 토네이도가 발생하며, 그 중에서도 특히 프랑스 서부에서 빈발한다. 이외에 오스트레일리아 동부와 서부, 브라질 남부, 방글라데시, 남아프리카, 일본에서도 토네이도가 관측된다.

번개

지구 상의 연평균 **낙뢰 횟수**는 얼마나 되나?

지구 상에서는 매년 약 2,000만 회의 낙뢰가 일어난다.

1회의 낙뢰에는 어느 정도의 **에너지**가 포함되어 있나?

1회의 낙뢰에는 100W(와트)짜리 백열전구를 3개월간 밝힐 수 있는 에너지가 포함되어 있다.

번개의 종류에는 어떤 것들이 있나?

번개의 종류에는 4가지가 있는데, 구름에서 구름으로 치는 번개, 구름 내부에서 치는 번개, 구름에서 지표로 치는 번개, 구름에서 공기 중으로 치는 번개이다. 당연한 일이지만 구름에서 지표로 치는 번개가 가장 위험하며, 특히 사람들의 야외 활동이 늘어나는 봄과 여름 기간에는 번개의 위험성이 한층 높아진다.

미국에서는 얼마나 많은 **사람**들이 **번개**로 인해 **목숨을 잃었나**?

매년 약 73명의 사람들이 낙뢰로 목숨을 잃는다. 플로리다 주는 낙뢰로 인한 사망률이 가장 높은 주이다(1959~2003년까지 425명 사망). 1959년부터 2003년까지 미국 전체 낙뢰 사망자 수는 3,696명이다. 이 통계는 매년 80명 정도가 낙뢰로 사망하고, 300명 정도가 부상을 입는다는 사실을 보여 준다.

같은 장소에 번개가 **두 번 치기도** 하나?

번개는 같은 장소에 두 번 칠 수 있으며, 그런 경우도 적지 않다. 번개는 가장 지대가 높고 전도율이 높은 지점에 떨어지기 때문에, 이러한 지점은 폭풍이 불어닥친 동안 여러 번의 낙뢰를 겪는 경우가 잦다. 따라서 한 번 번개가 떨어진 곳에는 가까이 가서는 안 된다! 고층 빌딩(엠파이어스테이트 빌딩 등)에서는 폭풍 시 여러 번의 낙뢰가 일어나기도 한다.

기타 재난 및 재해

산성비란?

자동차와 산업 활동은 톤(t) 단위로 세어야 할 정도로 많은 양의 오염 물질을 공기 중으로 방출한다. 오염 물질이 서로 섞여 형성된 황산과 질산은 비나 눈과 함께 지표로 떨어진다. 이러한 종류의 강수를 산성비라고 한다. 산성비는 서식하는 동식물을 죽이는 식으로 호수를 파괴하는 원인이 되며, 전 세계적으로 일어나는 나무의 고사 원인이 된다. 미국에서 행해지는 산업 활동은 캐나다에 심각한 수준의 산성비 피해를 야기하였다.

원자력발전소에서 나온 **방사능**은 16km 안전지대를 벗어나지 않나?

미국의 원자력발전소들은 주변에 16km 범위의 안전지대를 설치해야 한다. 이 16km의 선은 방사능을 차단할 수 있는 물리적인 방벽이 아니라, 위기관리자들의 판단에 의해 설정된 가상의 선일 뿐이다.

스리마일 섬에서는 무슨 일이 일어났을까?

미국 펜실베이니아 주의 스리마일(Three Mile) 섬은 미국 역사상 최악의 원자력 사고가 일어난 장소이다. 다행스럽게도 방사능은 유출되지 않아 인명 피해는 없었다. 1979년 3월 스리마일 섬 원자력발전소에서는 원자로가 과열되어 핵 연료봉이 용융(鎔融)되는 사태가 일어났다. 사고 발생 당시 펜실베이니아 주지사는 발전소 인근 8km 이내에 거주하는 임산부와 미취학 아동들에게 피난을 권고하였다. 이 같은 예측하지 못한 거주민들의 자발적 소개(疏開)는 중대한 문제를 야기하였다. 사고 당시 이루어진 소개 조치는 이러한 사고에 대한 지역 사회의 대비책이 얼마나 미비한가를 일깨워 주었고, 이는 원자력 사고 및 이와 관련된 소개 조치를 위한 준비와 대비 수준을 향상시키는 계기가 되었다.

핵겨울이란?

핵겨울(nuclear winter)은 대규모 핵전쟁이 발발할 경우 일어나리라고 예측되는 기상 이

1979년 펜실베이니아 주 스리마일(Three Mile) 섬의 원자로에서 연료봉 용융 사태가 일어나면서 사회적으로 큰 충격을 불러일으켰다. 하지만 방사능 유출은 일어나지 않았다. 1986년에는 우크라이나의 체르노빌(Chernobyl)에서 이와는 비교할 수 없을 정도로 심각한 재앙이 일어났다.

변이다. 방사능 낙진과 연기가 대기 중으로 퍼져 나가면서 지구 상에 거대한 구름을 형성하면, 이 구름이 햇빛을 차단하여 전 세계적으로 기온이 떨어질 것이다. 극단적으로 낮은 기온 탓에 동식물들은 살아남기 어려워진다. 핵겨울이 길어지면 기근, 추위, 기타 각종 문제로 말미암아 수백만 명 이상의 사망자가 나올 것으로 예상된다.

도시 및 교외 지역

도시란?

미국에서 도시는 주와 국가에 의해 시민들을 통치하고 필요한 서비스를 제공할 수 있다고 공인받은 법적인 주체이자 집합적 권력체를 의미한다. 도시는 고유한 범위와 지방 의회에 의해 제정된 조례를 가진다.

세계 **최초**로 **인구 100만**을 돌파한 **도시**는?

고대 로마 제국의 수도 로마는 인구 100만을 돌파한 최초의 도시이다. 5세기 로마 제국의 몰락과 더불어 로마 시의 인구는 감소하였으며, 이후 19세기 초 런던 인구가 100만을 넘어서는 시점에 이르기까지 인구 100만 이상의 도시는 나타나지 않았다.

도시 지역이란?

도시 지역(urban area)은 도심지와 이를 둘러싼 교외 지역으로 구성된 지역을 일컫는다. 도시 지역은 대도시권(metropolitan area)이라고 불리기도 한다. 도시 지역이 도심지로부터 10km 이상 떨어진 지역까지 확장되는 경우도 있다.

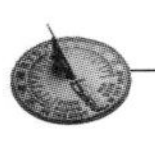

메소포타미아 문명의 도시보다 더 전으로 거슬러 올라가는 도시가 발견된 적은 없을까?

과학자들은 오래전 해수면의 상승이나 해안선의 침수 등이 일어난 지역 가운데 수메르 계곡에 존재했던 도시들보다 더 오래된 도시가 존재했음을 밝혀 줄 고고학적 증거가 있을 가능성을 상정하고, 해마다 이를 탐색·발굴하고자 시도하고 있다. 최근 이루어진 해양고고학상의 발견에서는 인도 북서부의 구자라트(Gujarat) 인근 해역에서 도시의 유적을 발견하였으며, 이곳에서 기원전 7500년으로 거슬러 올라가는 목조 유물을 발굴하였다.

세계 인구 가운데 **도시 거주자**로 분류되는 인구는 얼마나 되나?
세계 인구의 48%에 해당하는 약 30억 명의 인구가 오늘날 도시에 거주하고 있다. 나머지 인구 52%인 약 33억 명은 촌락 지역에 거주한다.

매우 역사 깊고 오늘날까지 사람들이 **지속적으로 거주해 온 도시**들은 어디인가?
팔레스타인의 예리코(Jericho, B.C. 9000년 건립), 레바논의 비블로스(Byblos, B.C. 5000년 건립), 시리아의 다마스쿠스(Damascus, B.C. 4300년 건립), 시리아의 알레포(Aleppo, B.C. 4300년 건립), 이란의 수사(Susa, B.C. 4200년 건립)와 같은 오래된 옛 도시에는 지금도 사람들이 살고 있다.

세계 **최초의 도시**로 손꼽히는 도시들은 어디인가?
학자들은 오늘날 이라크 일대에 존재했던 메소포타미아 문명의 수메르 계곡 일대가 인류 최초로 도시들이 들어선 발상지로 보고 있다.

세계에서 **인구가 가장 많은 도시**는?
일본의 수도인 도쿄는 인구 3,500만 이상으로, 오늘날 세계에서 인구가 가장 많은 도시이다. 그 뒤를 잇는 도시로는 멕시코의 멕시코시티(약 1억 8,700만), 미국의 뉴욕(약 1억 8,300만), 브라질의 상파울루(약 1억 7,900만), 인도의 뭄바이(약 1억 7,400만) 등이 있다.

메갈로폴리스란?

프랑스의 지리학자 장 고트망(Jean Gottman)은 보스턴에서 워싱턴D.C.를 잇는 거대하고 상호 연결된 대도시권을 설명하기 위해 '메갈로폴리스(megalopolis)'라는 용어를 창안하였다. 메갈로폴리스는 처음에 보스턴과 워싱턴D.C. 두 도시의 머리글자를 따서 '보스워시(Boswash)'라고 불렀으며, 이후 미국의 시피츠(Chi-Pitts, 시카고에서 피츠버그까지), 독일의 루르(Ruhr) 지대, 이탈리아의 포(Po) 강 분지, 미국 서부의 샌샌(San-San, 샌프란시스코-샌디에이고) 등의 메갈로폴리스가 등장하였다.

초거대 도시의 인구는 **성장**하고 있나?

우리가 흔히 생각하는 바와는 달리, 세계 20대 대도시들의 절반가량은 인구성장률이 1.5% 정도에 불과하다.

일본의 도쿄와 같은 대도시 지역에서는 주민들의 쾌적한 삶을 보장할 수 있도록 녹지 공간을 확보하려는 시도를 하고 있다. (사진: Paul A. Tucci)

미국에서 **가장 규모가 큰 대도시권**은?

뉴욕 대도시권은 인구가 2,000만에 달하는 미국 최대의 대도시권이다. 그 뒤를 이어 인구 1,500만의 로스앤젤레스가 2위를 기록한다. 인구 850만의 시카고는 3위, 워싱턴D.C. 도시권은 인구 700만으로 4위, 샌프란시스코는 인구 650만으로 5위를 기록하고 있다.

일본 **도쿄의 인구**는 **매일 변동**하나?

도쿄에서는 철도와 버스를 통한 2시간 거리의 통근으로 인해 매일 2,200만 명의 인구가 이동한다고 알려져 있다.

우편번호가 필요한 까닭은?

우편번호는 우편물 분류 및 배달의 효율성을 높이기 위해 미국 우정국(U.S. Postal Service)에 의해 1963년 개발되었다. 개개의 우편번호는 특정한 지리적 지역을 의미하며, 각 자릿수는 해당 지역의 정확한 위치를 확인하는 데 사용된다. 미국의 사례를 보면, 우편번호의 맨 첫 자리 숫자(0~9)는 0은 미국 북동부, 9는 미국 서부와 같은 식으로 미국의 여러 지역을 표시하는 숫자이다.

세계적인 **초거대 도시**에 살고 있는 **사람들의 비율**은?

전 세계 인구 가운데 4%만이 초거대 도시에 살고 있다. 이외의 인구는 인구 1,000만 명 미만인 지역에서 살고 있다. 세계의 도시 인구 가운데 25%는 인구 50만 명 미만의 도시에서 살아간다.

미국의 **주요 도시** 중 **인구**가 특히 큰 폭으로 **감소하는** 도시는?

미시간 주의 디트로이트는 매년 25,000명 이상씩 인구가 줄고 있으며, 이는 다른 대도시권의 3배에 해당하는 수치이다. 디트로이트는 미국에서 가장 인구 감소가 큰 도시이다. 반대로 매년 인구가 16만 명씩 증가하고 있는 텍사스 주의 달라스-포트워스(Dallas-Ft. Worth)는 미국에서 인구 증가폭이 가장 큰 도시이다.

중심 업무 지구란?

중심 업무 지구(central business district, CBD)는 도심지에 위치하고, 상업 및 업무용 빌딩들이 밀집해 있으며, 도시의 기원이었던 곳인 경우가 많다.

주택이 어디에 **건설**될지는 누가 정하나?

미국의 거의 모든 지자체는 도시 계획을 담당하는 부서를 산하에 두고 있다. 각 도시의 개발 부처에서는 주택 지구, 상업 지구, 산업 지구, 때로는 원자력발전소가 입지할 지구를 선정하고 구획한다.

교외 지역은 언제부터 **유행하게** 되었나?

제2차 세계대전 이후 미국에서 주택 건설붐과 주간 고속도로(interstate highway)의 건설이 이루어지면서, 도시 주변의 밀도가 낮은 주택 건설이 활기를 띠기 시작하였다. 이처럼 밀도가 낮은 주택 지역을 교외(suburb)라고 한다. 교외는 1950년대 이후 미국 사회에서 큰 인기를 얻고 있다.

레빗타운이란?

레빗타운(Levittown)은 윌리엄 레빗(William J. Levit)과 그의 건설사에 의해 1940년대 중반부터 1960년대 초반에 걸쳐 건설된 3개의 거대한 주택 단지를 말한다. 레빗은 개개의 주택들을 완전히 똑같이 만드는 방식의 대량 생산 주택을 고안하였다. 최초의 레빗타운은 뉴욕에 들어섰으며 17,000호를 공급하였다. 이어서 뉴저지 주와 펜실베이니아 주에도 레빗타운이 들어섰다. 레빗타운은 교외 개발의 효시이다.

도시 구조물

가용 면적을 기준으로 했을 때 세계 **최대의 건물**은?

미국 워싱턴 주 에버렛(Everett)의 보잉사 공장은 가용 면적 39만 8,000m^2가 넘는다. 프랑스의 툴루즈(Toulouse)에 위치한 면적 12만 2,500m^2의 에어버스 A380 조립 공장이 그 뒤를 잇는다.

바닥 면적 기준으로 세계 **최대의 건물**은?

바닥 면적을 기준으로 하면 네덜란드 알스메르(Aalsmeer)의 알스메르 화훼 경매장이 세계 최대 규모이다. 그 규모는 99ha(헥타르)에 달한다.

세계 **최대의 업무용 빌딩**은?

미국에는 세계 최대의 업무용 빌딩인 총면적 34만 3,730m^2의 펜타곤(Pentagon)이 있다.

세계 최고층 빌딩 선정에 논란이 불거지는 까닭은?

어떤 빌딩이 세계 최고층인가에 대한 논란은 대부분 빌딩과 구조물의 차이라는 문제에서 비롯한다. 어떤 빌딩들은 빌딩 높이의 순위를 올려 세계 최고라는 타이틀을 거머쥐기 위해 빌딩 꼭대기에 사람이 거주하지 않는 구조물을 추가하기도 한다. 이러한 구조물은 빌딩 꼭대기에 쉽게 추가할 수 있으면서도 높이를 올리는 데 유리한 통신탑인 경우가 많다.

펜타곤은 미국 국방부 건물이다.

세계 **최대의 공항**은?

바닥 면적을 기준으로 중국의 베이징 서우두 국제공항(北京首都國際空港)은 면적이 98만 6,000m²가 넘는다.

세계 **최대의 교회** 건물은?

미국 유타 주 솔트레이크시티의 모르몬교 교회인 LDS 컨퍼런스센터(LDS Conference Center)는 면적이 13만m²가 넘는 세계 최대의 교회이다.

세계에서 **가장 긴 건물**은?

일본 오사카에 위치한 간사이 국제공항(關西國際空港) 건물은 길이가 1.7km에 달하며, 이는 1.6km도 넘게 걸어야 하는 거리이다.

총 임대 가능 면적을 기준으로 했을 때 세계 **최대의 쇼핑몰**은?

중국 둥관(東莞)의 사우스차이나몰(South China Mall)은 임대 가능 면적(gross leasable area)…[2]이 60

높이 629m의 부르즈 두바이(Burj Dubai)는 세계에서 가장 높은 빌딩이다.

만m^2가 넘는다. 총면적은 89만m^2로 세계 최대 규모이다.

세계에서 **가장 높은 자립 구조물**은?

캐나다 토론토의 TV 송신탑인 CN타워는 높이가 553m로 세계에서 가장 높은 자립 구조물(self-supporting structure)이다.

세계 **최초의 마천루**는?

1885년 완공된 미국 일리노이 주 시카고의 홈보험사 빌딩(Home Insurance Company Building)은 세계 최초의 마천루(摩天樓)이다.

항공 교통

세계 **최초**로 비행에 성공한 **비행기**는?

오빌 라이트(Orville Wright)와 윌버 라이트(Wilbur Wright)는 공기보다 무거운 비행기를 최초로 비행시킨 사람들로, 비행기의 이름은 '플라이어(Flyer)'였다. 이 역사적인 비행은 1903년 미국 노스캐롤라이나 주의 키티호크(Kitty Hawk)에서 이루어졌다.

인류 **최초의 비행**은 언제 이루어졌나?

1783년 몽골피에(Mongolfier) 형제는 프랑스 파리에서 세계 최초로 열기구 비행에 성공하였다.

세계에서 **가장 붐비는 공항**은?

연평균 이용객을 기준으로 했을 때, 세계에서 가장 붐비는 공항은 매년 7,800만 명 이상이 이용하는 미국 조지아 주 애틀랜타의 하츠필드잭슨 애틀랜타 국제공항(Heartsfield-Jackson Atlanta International Airport)이다. 연평균 약 7,000만 명이 이용하는 미국 일리노이 주 시카고의 오헤어 국제공항(O'Hare International Airport)가 그 뒤를 잇는다.

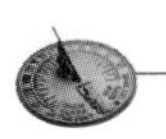

미국에는 몇 개의 **공항**이 있는가?

미국에는 19,379개소의 공항이 있으며, 이 중 5,233개소가 공공 목적으로 설립된 공항이다.

미국을 제외했을 때 세계에서 가장 붐비는 공항은?

영국 런던의 히스로 공항(Heathrow Airport)은 연평균 6,200만 명의 승객이 이용하는 공항이다. 연평균 5,400만 명의 승객이 이용하는 프랑스 파리의 샤를드골 국제공항(Charles de Gaulle International Airport)이 그 뒤를 잇는다. 이어서 연평균 4,700만 명이 이용하는 네덜란드 암스테르담의 스히폴 공항(Schipol Airport)이 3위를 차지한다.

도로와 철도

세계 **최초의 도로**는 언제 닦였나?

고고학자들은 이라크의 우르(Ur)와 스코틀랜드의 글래스턴베리(Glastonbury)에서 기원전 4000년으로 거슬러 올라가는 도로의 흔적을 발견하였다.

정말로 모든 **길**은 **로마로 통하는가**?

전혀 그렇지 않다. 로마 제국 시대에 로마 인들은 로마 시와 제국 각지를 기상 조건에 구애받지 않고 용이하게 오갈 수 있도록 대규모의 도로망 체계를 건설하였다. 로마 인들은 최대한 직선에 가까운 도로를 닦았으며, 도로의 상당 부분을 서로 정확히 맞물리도록 매우 정교하게 깎은 돌조각으로 평평하게 포장하였다. 총연장 8만km에 이르는 로마 제국의 도로에는 1로마마일(Roman mile, 오늘날의 1마일보다 약간 짧다)마다 로마와 해당 지점 간의 거리, 그리고 도로의 기점과 해당 지점 간의 거리를 표시한 이정표가 세워졌다. 로마 제국이 몰락한 후 로마의 도로 체계 관리는 심각한 타격을 입었으며, 중세에 접어들어서는 과도하게 사용되어 황폐해졌다. 로마 인들은 무려 2,000년 전에 도로를 건설했지만, 그중 일부는 오늘날까지도 사용되고 있다.

주간 고속도로(interstate highways)의 번호는 어떻게 매겨질까?

한 자리 또는 두 자리 숫자로 구성된 주간 고속도로의 번호는 방향을 기준으로 매겨진다. 동서 방향의 고속도로에는 짝수 번호가, 남북 방향의 고속도로에는 홀수 번호가 매겨진다. 남부와 서부의 고속도로는 낮은 숫자의 번호가, 동부와 북부의 고속도로는 높은 숫자의 번호가 매겨진다. 예를 들면, 10번 주간 고속도로는 캘리포니아 주 샌타모니카와 플로리다 주 잭슨빌을 동서로 잇는 고속도로이다. 이를 통해 왜 10번 주간 고속도로에 낮은 숫자의 짝수 번호가 매겨져 있는지를 알 수 있다. 95번 주간 고속도로는 메인 주 홀턴과 플로리다 주 마이애미를 남북으로 잇는 고속도로로, 이 때문에 높은 숫자의 홀수 번호를 부여받았다. 두 자릿수 번호의 주간 고속도로 사이를 잇는 단거리 구간에는 세 자릿수 번호가 부여된다.

유료 고속도로란?

유료 고속도로(turnpike)는 요금을 받는 도로이다. 18세기 말 미국과 영국의 사설 기업들은 도로를 건설한 다음 이용객들에게 요금을 징수하였다. 1840년대 초반 유료 고속도로는 이용객 및 이에 따른 이윤을 놓고 철도와 경쟁하였다. 비교적 오랜 영어 표현인 'turnpike'는 뉴저지 턴파이크(New Jersey Turnpike), 매사추세츠 턴파이크(Massachusetts Turnpike), 펜실베이니아 턴파이크(Pennsylvania Turnpike) 등의 유료 고속도로 명칭에서 볼 수 있듯이 오늘날에도 미국 동부 지방에서 널리 쓰이고 있다.

내셔널로드로 알려진 미국의 도로는?

내셔널로드(National Road)라고도 불리는 컴벌랜드 국도(Cumberland Road)는 미국 최초로 연방 자금에 의해 건설된 도로이다. 이 도로는 1811년에 착공되었지만 1852년에야 완성되었다. 메릴랜드 주 컴벌랜드에서 일리노이 주 밴데일리아(Vandalia)를 잇는 1,287km 구간의 이 도로는 미국인들이 애팔래치아 산맥을 넘어 산맥 서쪽 지역을 개척하고자 한 의도에서 건설되었다. 자동차가 보급되면서 내셔널로드에는 도로포장이 이루어졌고, 1926년에는 미 대륙을 가로지르는 40번 도로의 일부가 되었다.

아이젠하워 전 미국 대통령은 왜 **주간 고속도로**의 지지자가 되었나?

1919년 청년 장교였던 드와이트 아이젠하워(Dwight D. Eisenhower)는 워싱턴D.C.에서 샌프란시스코를 잇는 국토 횡단 행군에 참여하였다. 하지만 당시의 도로 사정으로 인해 행군은 62일이나 소요되었으며, 이는 유사시에는 국토 방위를 제대로 하지 못하도록 방해할 만한 요소였다. 이때의 경험으로 아이젠하워는 보다 빠르면서도 효율적으로 국토를 횡단할 수 있는 교통 체계의 필요성을 실감하였다. 아이젠하워 전 미국 대통령이 미국 주간 고속도로(Interstate Highway System) 건설에 보내 준 지원 덕택으로 그 공식 명칭은 'Dwight D. Eisenhower National System of Interstate and Defense Highways'로 붙여졌다.

미국에서 **가장 마지막**으로 건설된 **주간 고속도로**는 언제 건설되었나?

1993년 로스앤젤레스에서 105번 주간 고속도로(Interstate 105)인 센추리프리웨이(Century Freeway)가 완공되면서, 착공된 지 37년 만에 마지막 주간 고속도로가 완공되었다. 센추리프리웨이는 해안 지역의 엘세군도(El Segundo)와 405번, 110번, 710번 주간 고속도로 및 노워크(Norwalk)의 605번 주간 고속도로와 이어지는 시내 노선이다.

미국의 **포장도로 총연장**은 얼마나 되나?

미국의 포장도로 총연장은 375만 7,015km로 세계 최장이다.

히틀러가 **아우토반**을 만들었나?

1913년 독일에서 세계 최초의 현대적인 고속도로 체계가 등장했지만, 아우토반(Autobahn)은 1933~1945년까지 존재했던 독일 제3제국(Third Reich) 치하에서 아돌프 히틀러(Adolf Hitler)에 의해 탄생하였다. 아우토반은 독일 내에 건설된 총연장 10,941km의 고속도로이다. 아우토반은 전 구간 속도 제한이 없는 고속도로로 알려져 있지만, 실제로는 일부 구간에 속도 제한이 있다.

영국 해협을 통해 영국과 프랑스를 이어 주는 영불해협터널로 진입하고 있는 열차의 모습

세계에서 **가장 긴 다리**는?

1956년 완공된 루이지애나의 맨더빌(Mandeville)과 뉴올리언스를 잇는 폰차트레인 호교(Lake Pontchartrain Causeway)는 총연장 38.6km로 세계에서 가장 긴 다리이다. 1969년에는 교량의 추가를 통해 두 개의 차선이 증설되었다.

영불해협터널이란?

영불해협터널(Channel Tunnel 또는 Chunnel로 표기)은 영국 해협(English Channel) 중 가장 좁은 해협인 도버 해협(Strait of Dover) 아래로 난 철도 터널이다. 영국의 포크스턴(Folkestone, 도버 인근)과 프랑스의 상가트(Sangatte)를 잇는 영불해협터널은 총연장 50km이다. 1994년 개통된 영불해협터널은 영국과 유럽 대륙을 이어 준다.

미국에서 **가장 흔한 거리(street) 이름**은?

메인스트리트(Main Street)가 아니다. 2번가(Second Street), 3번가(Third Street), 4번가(Fourth Street)가 가장 흔한 이름이다. 그다음으로 널리 쓰이는 이름은 파크스트리트(Park Street), 5번가(Fifth Street), 메인스트리트이다.

세계에서 가장 긴 지하철 노선은 무엇일까?

세계 최초의 지하철 노선은 세계에서 가장 긴 노선이기도 하다. 1863년 개통된 런던 지하철(개통 당시에는 증기 기관차를 운행)은 오늘날 393km에 달하는 전동차 노선을 운영하고 있다.

'메인스트리트'라고 이름 붙은 미국의 도로 중 **가장 긴** 도로는?

아이다호 주 아일랜드파크(Island Park)의 메인스트리트(Main Street)는 총연장 53km로, 미국에서 가장 긴 메인스트리트이다.

최초의 자동차는 언제 만들어졌나?

1885년 카를 벤츠(Karl Benz)에 의해 제작된 자동차는 삼륜차였지만 세계 최초의 휘발유 자동차이다. 헨리 포드(Henry Ford)는 1893년 그의 첫 자동차를 제작하였다.

세계에서 가장 **택시**가 많은 도시는?

혼잡한 도시인 멕시코시티에는 약 350만 대의 차량이 있으며, 이 가운데 6만 대 이상이 택시이다. 그 뒤를 이어 55,000대의 택시가 있는 인도 뭄바이가 세계 2위를 기록한다.

미국에는 얼마나 많은 **택시 기사**들이 있나?

미국에는 23만여 명의 택시 기사들이 있으며, 이 가운데 38% 이상이 이민자 출신이다.

최초의 **자가 주유소**는 어디에 세워졌나?

조지 유리치(George Ulrich)는 1947년 자동차의 도시라고 불리는 로스앤젤레스에 최초의 자가 주유소를 세웠다.

신호등은 누가 발명했나?

우리에게도 친숙한 빨간색, 노란색, 초록색의 신호등은 1923년 개럿 모건(Garrett Morgan)에 의해 발명되었다. 가스 마스크의 발명자이기도 한 모건은 자신의 발명 덕택에

엄청난 부와 명예를 거머쥘 수 있었다.

세계 **최초의 기차**는 누가 발명했나?

1825년 영국의 기술자 조지 스티븐슨(George Stephenson)은 증기 기관으로 달리는 세계 최초의 기차를 발명하였다. 스티븐슨의 기차는 1830년대 미국에 전파되었으며, 1940년대에 값비싼 석탄을 소모하지 않고도 달릴 수 있는 디젤/전기 기관차가 등장할 때까지 철로를 달렸다.

해운 교통

세계에서 **가장 붐비는 항구**는?

중국의 상하이(上海)는 연평균 4억 4,300만t 이상의 화물이 오가는 항구이다. 이어서 연평균 4억 2,300만t의 화물이 오가는 싱가포르와 3억 7,600만t의 네덜란드 로테르담(Rotterdam)이 각각 2위와 3위를 차지한다.

운하의 수문(canal lock)이란?

다수의 운하들은 고도가 상이한 두 개의 물줄기를 잇는다. 수문은 이처럼 고도가 서로 다른 두 지점 사이를, 선박이 위치한 지점의 고도를 점진적으로 높이거나 내리는 과정을 통해 항행할 수 있도록 하는 데 사용된다. 선박이 수문 안으로 들어오면 선박 앞뒤의 수문이 닫힌다. 그런 다음에는 선박이 원래 위치했던 지점의 고도와 해당 구역 고도의 차이를 감안하여, 해당 구역에 물을 채워 넣거나 빼내는 과정이 수반된다. 이 과정이 끝나면 선박 앞 부분의 수문이 열리면서, 선박은 해당 구간 앞에 있는 구간으로 이동하거나 반대편 바다로 빠져나갈 수 있다.

파나마 운하를 **통과**하는 선박은 어느 **방향**으로 항해하나?

태평양에서 파나마 운하를 통해 대서양으로 향하는 배는 동쪽을 향할 것이라고 생각하

파나마 운하는 인류 토목 기술의 획기적인 성과이다. 1914년 완공된 이 운하는 27,000명의 고용 창출 효과를 거두었으며, 선박의 항로를 절반으로 단축시켰다.

겠지만, 실제로는 북서쪽을 향한다. 파나마 지협(Isthmus of Panama)이 적도와 평행하게 놓여 있기 때문에 운하는 동서가 아닌 북서-남동 방향으로 건설되었다.

이리 운하는 왜 건설되었나?

길이 584km의 이리 운하(Erie Canal)는 허드슨 강과 이리 호를 연결한다. 1825년에 개통된 이 운하는 미국 북부 내륙 지방과 대서양 간의 새롭고 짧은 경로를 만들어 냈다. 이리 운하 개통 전에는 미시시피 강을 통해 대서양으로 물자를 운송하였다. 뉴욕 시가 허드슨 강에 연해 있는 만큼, 이리 운하는 뉴욕 시가 미국 유수의 항구 도시이자 최대의 도시로 성장시키는 데 중요한 요인으로 작용하였다. 1959년 세인트로렌스 수로가 완공된 이후 대부분의 해운 교통이 세인트로렌스 수로를 이용함에 따라 이리 운하의 사용 빈도는 크게 줄어들었다.

세인트로렌스 수로란?

1959년 완공된 294km 길이의 세인트로렌스 수로(St. Lawrence Seaway)는 캐나다 몬트리올과 온타리오 호 사이를 흐르는 세인트로렌스 강의 강폭과 수심을 확대하여 대형 선박이 출입할 수 있도록 하려는 목적으로 건설되었다. 여러 개의 수문으로 이루어진 이 수로는 대서양을 운항하는 선박이 오대호, 나아가서는 시카고까지 항해할 수 있도록 하는 기능을 수행한다. 겨울이 되면 얼어붙기 때문에 5월부터 11월까지만 이용할 수 있다는 점이 이 수로의 한계점이다.

정치지리

지리가 어떻게 **정치**에 **영향**을 미치나?

지리는 다양한 정치적 결정과 행동의 핵심 요소이다. 국경, 천연자원의 위치, 항구로의 접근성, 선거구의 구획 등은 정치적 영향력을 가진 수많은 지리적 요인들 가운데 몇 가지 사례일 뿐이다.

나라와 민족의 차이는?

많은 사람들은 '나라(country)'와 '민족(nation)'을 혼용해서 사용한다. 하지만 모든 민족이 나라는 아니며, 모든 나라가 민족인 것도 아니다. 나라는 국가, 즉 정치적 독립체에 상당하다. 민족은 공통된 전통과 문화를 공유한 사람들의 집합이다. 어떤 민족은 하나의 국가를 갖고 있으며, 이러한 경우를 국민 국가라고 한다. 프랑스, 독일, 일본, 중국, 미국 등은 국민 국가에 해당한다. 쿠르드 족이나 팔레스타인 인 등은 국가를 갖지 못한 민족이다. 플라망(Flamand)과 왈론(Walloon)이라는 두 민족을 가진 벨기에와 같이 한 나라 안에 여러 민족이 공존하는 경우도 있다.

'State'와 'state'의 차이는?

대문자 S로 시작하는 State는 나라라는 뜻이다. 소문자 s로 시작하는 state는 미국 등의

주를 의미한다.

모든 나라들이 미국의 주와 같은 **지방 행정 단위**를 갖고 있나?

대부분의 나라들이 주(state), 성(省), 도(department) 등의 지방 행정 단위로 국토를 분할하고 있지만, 이러한 정치적 단위가 없는 나라도 적지 않다. 말리, 카자흐스탄, 사우디아라비아, 알제리 등은 국토의 규모가 크지만 이러한 단위가 존재하지 않는 나라들이다.

매사추세츠 주 보스턴의 어시장과 같은 어시장은 세계 어획고 증감의 열쇠를 쥐고 있다. (사진: Paul A. Tucci)

해양 교통상의 애로(隘路)를 뜻하는 영어인 **'choke point'**는 어떻게 하천이나 바다를 '숨막히게(choke)' 하나?

애로(choke point)란 두 개의 거대한 수역 사이에 형성된 좁은 수로를 의미하며, 해상 교통을 통제하기 위해 애로를 봉쇄하거나 차단하기는 어렵지 않다. 역사적으로 지브롤터 해협(에스파냐와 아프리카 사이에 위치한, 지중해와 대서양을 잇는 애로)은 세계에서 가장 이름난 애로이지만, 1991년 걸프전이 발발했을 때 호르무즈 해협에 비상한 관심이 쏟아졌다. 아랍에미리트 연방과 이란에 둘러싸여 있는 호르무즈 해협은 페르시아 만과 아라비아 해 및 인도양을 연결한다. 따라서 이라크가 호르무즈 해협을 봉쇄할 경우에는 중동 지역의 석유 대부분은 운송될 수 없는 상황이었다.

세계 석유 시장은 누구에 의해 통제되나?

석유수출국기구(Organization of Petroleum Exporting Countries, OPEC)는 세계 석유 생산의 대부분을 조정한다. OPEC 회원국들은 유가 및 석유 정책을 조정하기 위한 회동을 가진다. OPEC 회원국은 알제리, 앙골라, 에콰도르, 인도네시아, 이란, 이라크, 쿠웨이트, 리비아, 나이지리아, 카타르, 사우디아라비아, 아랍에미리트 연방, 베네수엘라의 13개국이다. 러시아, 미국, 멕시코도 세계적인 산유국이지만 OPEC 회원국은 아니다.

석유 생산업자 외에 **가스 가격**을 **통제**하는 주체는?

가스 가격은 다양한 요인들의 영향을 받는다. 미국과 같은 선진국 및 중국과 인도 같은 신흥 국가들의 가스 수요 증대, 투기, 공공 정책 등이 이에 해당한다. 정부의 규제를 받는 정유 산업 또한 극소수의 글로벌 정유 업체에 독점되고 있다. 이는 가격 경쟁력을 무너뜨리는 잠재적 요인으로 작용한다.

식민지와 팽창주의

대영 제국은 왜 **해가 지지 않는** 제국으로 불렸나?

20세기 초 영국은 남북아메리카(캐나다, 영국령 기아나, 버뮤다), 아프리카(이집트, 남아프리카 공화국, 나이지리아), 아시아(인도, 버마), 오세아니아(오스트레일리아, 뉴질랜드)에 식민지를 보유하고 있었다. 대영 제국이 지구 상의 모든 대륙에 식민지를 거느리고 있었기 때문에, 어떤 시점에서든 영국령의 어딘가는 해가 떠 있는 낮 시간이었다.

여러 나라들은 왜 **식민지**를 원했을까?

식민지는 원자재, 새로운 영토, 보다 폭넓은 교역 기회, 모국의 군사적 확장의 원천을 제공한다. 식민지는 16~19세기에 걸쳐 강력한 서구 열강에 의해 세워졌다. 제2차 세계대전 이후 식민주의는 팽창주의적 정치라고 하여 광범위한 공격의 대상이 되었다. 오늘날 대부분의 식민지들이 독립했지만, 적지 않은 나라들이 여전히 세계 곳곳에 식민지를 지배하고 있다.

가장 **역사**가 **오랜** 식민지는?

페니키아 인들은 기원전 1000년 무렵 인류 최초의 식민지로 여겨지는 식민지를 티레

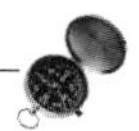

세계의 바다는 누가 소유할까?

지난 수십 년 동안 바닷속에 매장된 방대한 광물과 연료 자원이 발견됨에 따라 바다의 통제권을 둘러싼 분쟁이 증가하였다. 1958년에는 제1회 국제연합해양법회의(UN Conference on the Law of the Sea)가 개최되었다. 이 회의는 해안에서 12해리(22.24km) 내에 위치하는 해역은 해당 국가가 완전 영유함을 규정하였다(미국, 북한, 차드, 라이베리아, 이란 등의 국가들은 조약 체결을 거부하였다). 여기서는 자국 해안의 200해리(370.6km) 이내 해역에서는 광물과 자원 채취, 어로 활동의 권리를 보장받는다는 배타적 경제수역(Exclusive Economic Zone, EEZ) 또한 천명되었다. 대부분의 국가들은 중간선을 획정하는 방식으로 이와 관련된 문제를 매듭지었지만, 아직도 많은 지역이 의견 충돌 상태에 있다.

(Tyre, 오늘날의 레바논)에 건설하였다. 그들은 이곳을 거점으로 카르타주(Carthage, 오늘날의 튀니지)와 에스파냐 해안 지역을 식민화하였다. 이를 통해 그들은 대서양으로 나아갈 수 있었을 뿐만 아니라, 오늘날 영국과 프랑스 일대의 원주민들과도 교역을 이룰 수 있었다.

나치스는 어떻게 **지정학**을 이용했나?

나치 정권이 독일을 통치했던 1933~1945년까지 지정학(geopolitics)이라는 '과학'은 나치의 생활권(Lebensraum) 사상을 뒷받침하는 데 활용되었다. 나치의 생활권 사상은 '우수한' 민족이 '열등한' 민족을 정복해도 된다는 인종적 위계성에 토대를 두고 있다. 아돌프 히틀러는 이러한 왜곡된 지정학적 논리를 체코슬로바키아, 폴란드, 소련 침공에 이용하였다. 예를 들면, 독일은 체코슬로바키아의 수데테란트(Sudetenland)에 거주하고 있던 독일인들이 조국 독일에 귀속되어야 한다는 논리를 펼쳤다.

실지(失地)회복주의는 어떻게 **제2차 세계대전**을 촉발시켰나?

실지회복주의(irredentism)는 한 나라의 소수 민족 집단이 다른 나라와 문화 및 전통을 공유하는 경우와 관련된다. 이들 소수 민족 집단은 그들의 거주 지역을 모국과 병합하고자 시도할 수도 있고, 자신들의 현실에 만족해할 수도 있다. 아돌프 히틀러는 실지회

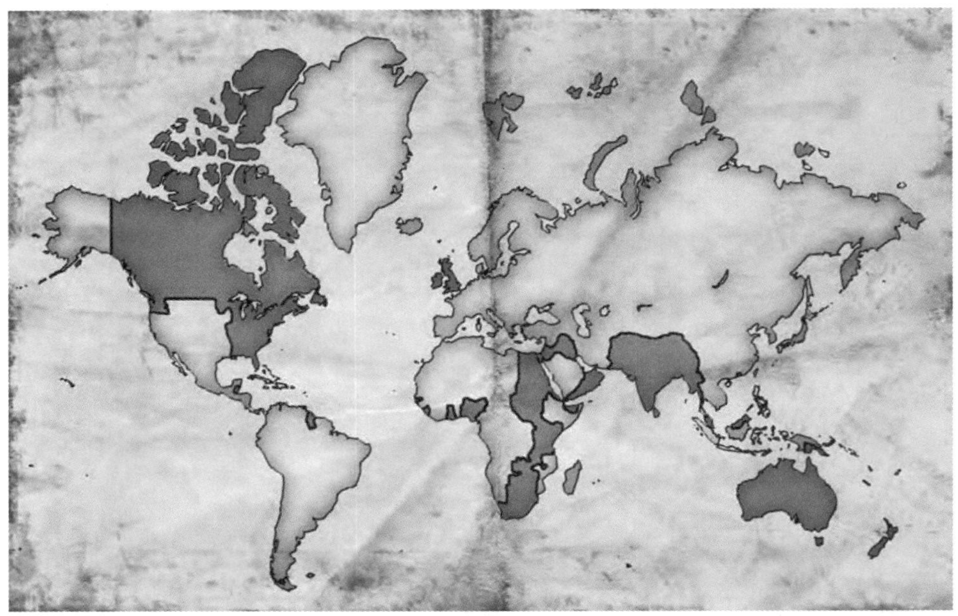

전성기의 대영 제국은 남극 대륙을 제외한 지구 상의 모든 대륙에 식민지를 거느리고 있었다(어두운 색으로 칠해진 부분은 영국과 영국의 식민지였던 지역을 나타낸다).

복주의를 1938년에 일어난 체코슬로바키아 침공의 명분으로 이용하였다. 그는 당시 체코슬로바키아 영토였던 수데테란트의 독일인들이 부당하게 억압받고 있기 때문에 이 지역을 독일로 병합하겠다는 논리를 폈다. 독일의 체코슬로바키아 병합이 바로 제2차 세계대전으로 이어지지는 않았지만, 이 사건은 나치 독일의 유럽 정복을 위한 첫걸음이었다.

국제연합

국제연합은 어떻게 **평화**를 **유지**하나?

제2차 세계대전 종전 후인 1945년 국제연합(United Nations, UN)은 세계 평화의 유지라는 목적으로 설립되었다. 국제연합 회원국들은 분란을 함께 해결하기로 서약하였다.

뉴욕 시의 국제연합 본부

국제연합은 보건 복지 및 국제 협력의 증진을 위한 다양한 산하 기구도 운영하고 있다.

국제연합 회원국은 몇 나라인가?
미국 뉴욕 시에 본부를 둔 국제연합의 회원국은 모두 192개국이다. 세르비아, 몬테네그로(구 유고슬라비아), 투발루(태평양의 섬나라), 동티모르(과거 인도네시아의 일부), 스위스는 최근에 가입한 신규 회원국들이다.

국제연합 **회원국**이 **아닌** 나라는?
전 세계 대부분의 나라가 국제연합 회원국이지만, 타이완, 통가, 바티칸 시국 등 회원국이 아닌 나라도 있다.

몇몇 나라들은 왜 **국제연합 가입**을 **선택하지 않았나**?
어떤 나라들은 주로 서구 강대국의 이익으로 대변되는 '대의명분'을 위해 자국의 자주성을 포기할 의사가 없기 때문이다.

국제연맹은 왜 실패했나?
1920년 창설된 국제연맹(League of Nations)은 제2차 세계대전의 발발을 막지 못했으며, 1945년에는 국제연합으로 대체되었다. 국제연맹은 분명 미국 대통령 우드로 윌슨(Woodrow Wilson)에 의해 창설되었지만, 고립주의를 표명한 미국은 국제연맹에 가입한 적이 없다.

나토와 냉전

나토 가맹국은?

나토[NATO, 북대서양조약기구(North Atlantic Treaty Organization)] 가맹국은 벨기에, 캐나다, 덴마크, 프랑스, 독일, 그리스, 아이슬란드, 이탈리아, 룩셈부르크, 네덜란드, 노르웨이, 포르투갈, 에스파냐, 터키, 영국, 불가리아, 체코, 에스토니아, 헝가리, 라트비아, 리투아니아, 폴란드, 루마니아, 슬로바키아, 슬로베니아, 미국 등 26개국이다.

소련의 위성국들은 나토 결성에 어떻게 대처했나?

1955년 7개국의 공산 국가들은 나토의 공격에 대한 방어를 목적으로 바르샤바조약기구(Warsaw Pact)를 창설하였다. 바르샤바조약기구는 본래 알바니아, 불가리아, 체코슬로바키아, 헝가리, 폴란드, 루마니아, 소련으로 구성되었다. 소련의 해체 및 동유럽의 변화와 더불어 바르샤바조약기구는 1991년 해체되었다.

소련이 해체된 오늘날 **나토의 목적**은?

북대서양조약기구(NATO)는 공산 국가들의 위협에 대처하기 위해 1949년 유럽과 북아메리카의 비공산 국가들이 조직한 기구이다. 구소련 지역(현 독립국가연합)이 상대적으로 안정화됨에 따라 나토는 오늘날 회원국의 국방 및 인접 지역의 원조를 요청하는 국가에 대한 지원이라는 순수한 목적을 추구하고 있다.

베트남 전쟁 당시 **도미노 이론**은 미국에 어떤 영향을 주었나?

미국의 군사 전략 관계자들은 한 나라가 공산화될 경우 이는 인접 국가들의 지속적인 공산화로 이어지리라는 믿음을 갖고 있었다(이를 도미노에 비유한 것이다). 베트남 전쟁 당시 북베트남은 공산주의자 및 공산주의 동조자들로 구성된 세력이었고, 반면 남베트남은 민주주의 체제에 더 가까웠다. 정책 입안자들은 공산주의를 무너뜨리기 위해 미국이 가능한 한 모든 노력과 지원을 아끼지 말아야 한다고 주장하였다. 베트남 파병 또한 그 일환이었다. 베트남이 공산주의자들의 손에 떨어지기는 했지만 인접 국가들이 함께

공산화되지는 않았기 때문에, 도미노(Domino) 이론은 타당하지 못하다는 평가를 받게 되었다. 사실 베트남에 대한 미국의 군사 및 정치 행동은 다수의 인접국들이 해당 지역에 대한 미국의 정책에 더욱 강하게 반발하도록 만들었으며, 일부 학자들은 도미노 이론이 캄보디아나 라오스 등지의 혼란과 대량 학살을 불러일으킨 요인으로 작용했다고 지적한다.

냉전의 **승자**는?

구소련과 동구권 국가들의 국민과 정부가 국가와 사회, 경제에 대대적인 변화가 필요함을 인식하면서 냉전 상태는 원활하게 종식되었다. 1989년의 베를린 장벽 붕괴는 이러한 시대적 물결을 알려 주는 하나의 신호탄일 뿐이었다. 구소련과 동유럽 국가들에서 연일 시위가 일어나고 변화가 이어지면서, 소련과 그 영향권 아래 있던 위성 국가들은 가차 없이 무너졌다.

오늘날의 세계

가장 **최근에 등장한 나라**로는 어떤 나라들이 있나?

1990년 24개국 이상의 나라들이 지도 상에 새로이 등장하였다. 이 중에는 1991년 구소련이 해체되면서 새로이 독립한 아르메니아, 아제르바이잔, 벨라루스, 에스토니아, 조지아, 카자흐스탄, 키르기스스탄, 라트비아, 리투아니아, 몰도바, 러시아, 타지키스탄, 투르크메니스탄, 우크라이나, 우즈베키스탄 등 15개국도 포함되어 있다.

유고슬라비아의 해체 또한 1991년과 1992년 사이에 보스니아헤르체고비나, 크로아티아, 마케도니아, 세르비아–몬테네그로, 슬로베니아 등의 신생국을 탄생시켰다.

1993년 에리트레아가 에티오피아로부터 독립하였고, 체코슬로바키아는 체코 공화국과 슬로바키아로 분리되었다. 같은 해 마셜 제도와 미크로네시아의 섬나라들 및 팔라우도 독립을 선언하였다. 나미비아가 남아프리카 공화국으로부터 독립한 1990년에는 동독과 서독의 통일이 이루어졌다.

국가가 독립 국가로 존속하기 위한 필수 조건에는 어떠한 것들이 있을까?

한 국가가 독립 국가로 존속하기 위해서는 자국의 영토, 정부, 영주 인구, 교통 체계, 경제를 보유해야 하고, 반드시 국제 사회의 승인을 받아야 한다.

미국에 의해 승인된 나라들은 **몇 개국**이나 되나?

미국 국무부는 독립 국가의 승인을 맡고 있다. 국무부에서는 미국에 의해 승인된 독립 국가들의 목록을 갱신하고 있는데, 이 목록에는 194개국이 등재되어 있다. 일반적으로 독립 국가로 간주되는 타이완과 바티칸 시국은 이 목록에 등재되어 있지 않다. 2008년 2월 독립한 코소보가 미국 국무부에 의해 가장 최근에 승인된 독립 국가이다.

타이완은 왜 **미국**에 의해 국가로 **승인**받지 못했나?

중화인민공화국은 제2차 세계대전이 끝난 후 벌어진 국공 내전에서 국부군이 타이완으로 퇴각한 이래, 타이완과 대립 구도를 형성해 왔다. 수십 년이 흘러 중국의 국력이 미국 정계에서 보편적으로 인정받을 정도로 성장하자, 중국은 미국에 중국과 타이완 중 반드시 하나를 선택해야 하는 선택지를 제시하였다. 미국은 중국을 선택하였다. 비록 미승인국이라고는 하지만, 타이완은 동북아시아에서 미국의 가장 강력한 동맹국이자 중요한 무역 상대국이다. 타이완은 미국과 매우 긴밀한 공식적·비공식적 관계를 맺고 있다.

어떤 **국경선**은 **구불구불**한 반면, 어떤 국경선은 **일직선**인 까닭은?

국경을 나누는 주된 방법에는 기하학적 방법과 자연적 방법이 있다. 기하학적 국경선은 직선 형태를 띠며 위선이나 경선 또는 나침반의 방향에 해당하는 선으로 나타난다. 미국 서부의 대부분은 기하학적 방법으로 획정된 주경계선을 일정 부분 이상 갖고 있다(대표적인 사례로 콜로라도 주와 와이오밍 주의 직사각형 경계선). 자연적 국경선은 하천이나 산맥을 따라 그어지기 때문에 대부분 구불구불한 모양을 하고 있다. 자연적 국경선은 국가가 형성되기 전부터 사람들이 살고 있던 유럽 등지에서 흔히 나타난다.

타이베이(臺北)는 세계 수준의 발달된 도시이지만, 중국의 타이완 영유권 주장으로 말미암아 정치적 미래는 불투명하다.

제3세계는 왜 더 이상 존재하지 않나?

'제3세계'라는 용어는 냉전 시대에 만들어진 국가 분류법이다. 이러한 분류법은 미국과 그 동맹국을 '제1세계', 소련과 그 동맹국을 '제2세계', 비동맹 국가들을 '제3세계'라고 부르던 데에서 기인한다. 시간이 흘러 '제3세계'라는 용어는 저개발 국가나 가난한 나라들을 지칭하는 용어로 변질되었다. 소련의 붕괴와 러시아 및 동유럽 국가들의 민주화로 기존의 분류법은 더 이상 사용될 여지가 없어졌다. 오늘날에는 '선진국'과 '저개발국(또는 개발 도상국)'이라는 용어가 흔히 사용된다.

예멘과 사우디아라비아의 국경선이 점선으로 표기되었던 까닭은?

사막 국가인 사우디아라비아와 예멘은 과거 국경 분쟁을 벌였다. 2000년 7월 사우디아라비아의 제다(Jedda)에서 양국의 국경 분쟁을 해결하는 조약이 체결됨에 따라, 이 두 나라의 국경선은 더 이상 지도 상에서 점선으로 표기되지 않는다.

이외에 **국경 분쟁**을 겪는 **나라**들은 어떤 나라들인가?

인도와 파키스탄은 오랜 기간 동안 인도 북부의 카슈미르 영유권을 둘러싼 분쟁을 벌여 왔다. 중앙아메리카의 온두라스와 엘살바도르 또한 두 나라가 식민지였던 시절에 제대로 구획되지 못한 경계선 때문에 국경 분쟁을 벌여 온 경우이다.

인접국들에 완전히 둘러싸인 **내륙국**에는 어떤 나라들이 있나?

우즈베키스탄과 리히텐슈타인은 인접국들로 완전히 둘러싸인 내륙국이다. 우즈베키스탄은 카자흐스탄, 키르기스스탄, 타지키스탄, 아프가니스탄, 투르크메니스탄에 완전히 둘러싸여 있다. 리히텐슈타인은 스위스와 오스트리아에 둘러싸여 있다. 이 두 나라는 공히 바다와 완전히 격리되어 있다.

게리맨더링은 어떻게 샐러맨더(salamander) 형상을 하게 되었나?

1812년 매사추세츠 주지사 엘브리지 게리(Elbridge Gerry)는 이상한 형태로 구획된 선거구 법안에 서명하였다. 정치적 만화가들이 선거구의 그림을 마치 전설상의 불도마뱀 샐러맨더(salamander)[3]처럼 보이게 풍자하면서, '게리맨더링(gerrymandering)'[4]이라는 용어가 탄생하였다. 게리맨더링은 지역적으로 분산된 유권자들을 선거구에 포함시키기 위해 선거구를 이상한 모양으로 구획하는 행위를 의미한다. 게리맨더링에 의해 구획된 선거구에서는 어떤 식으로 구획되었느냐에 따라 소수 집단에 유리해지기도 하고 불리해지기도 한다. 미국 법원에서는 게리맨더링이 합법적인 선거구 구획 방법이라고 판결하였다.

가장 이상적인 국가 **형상**은?

여러 나라들은 다양한 이유로 상이한 형상을 하고 있지만, 치밀한(compact) 형태가 가장 이상적이다. 독일이나 프랑스와 같은 치밀한 형태의 국가는 조각난 형태(인도네시아 등)나 지나치게 긴 형태(칠레 등)에 비해 통치하기에 용이하다. 치밀한 형태의 나라들은 교통, 통신, 치안 유지 등에 유리한 형태를 취하기 때문에 통치하기에 용이한 것이다. 이러한 형태들의 나라들은 방어해야 할 국경선의 거리도 상대적으로 짧다. 너무 길게

뻗어 있거나 조각난 국토를 가진 나라들은 분단되거나 점령당할 위험성이 보다 높다.

세계 경제

GNP와 GDP의 차이는?

국내총생산(gross domestic product), 즉 GDP는 1년간 특정 국가 내에서 생산된 재화와 서비스의 가치 총액을 의미한다. 국민총생산(gross national product), 즉 GNP는 GDP에다 해외 투자에 의한 수익을 더한 것이다. 1인당 GDP는 국가 간의 경제, 생활 수준을 비교하는 데 널리 활용된다.

세계에서 **GDP**가 **가장 높은** 나라는?

GDP는 국내총생산, 즉 한 나라가 1년간 생산한 재화와 서비스의 가치 총액이다. 엄밀히 따지면 유럽 국가들의 경제 통합체인 유럽연합(European Union, EU)의 GDP가 16조 달러로 세계 1위이다. 2위는 13조 달러의 미국이며, 그 뒤를 이어 4조 달러의 일본이 3위를 기록하고 있다.⋯5

세계에서 **1인당 GDP**가 **가장 높은** 나라는?

아라비아의 해안 지대에 위치한 산유국인 카타르는 1인당 GDP가 80,600달러에 이른다. 그 뒤를 잇는 나라는 금융 대국인 룩셈부르크(80,457달러)와 몰타(53,359달러)이다.

GNP 가운데 **해외 원조**의 비율이 최상위권인 나라는?

노르웨이, 스웨덴, 룩셈부르크, 덴마크, 네덜란드는 매년 GNP의 1%가량을 해외 원조에 지출한다.

민주화된 선진 산업 국가들 가운데 GNP에서 **해외 원조**가 차지하는 **비율**이 가장 낮은 나라는 어느 나라인가?

미국은 양적으로 보면 세계에서 해외 원조액이 가장 많은 나라이지만, 그 비율은 0.16%가 채 안 되어 선진국 중에서는 가장 낮은 나라이다.

세계에서 **가장 많은 국방비**를 지출하는 나라는?

미국은 세계에서 국방비를 가장 많이 지출하는 나라이다. 미국에서 징수되는 국방 관련 세입은 연 5,800억 달러가 넘는다. 그 뒤를 잇는 나라는 연간 740억 달러를 지출하는 프랑스이다.

세계에서 재화 및 서비스의 **수출량**이 **가장 많은** 나라는?

독일은 매년 1조 1,130억 달러의 재화와 서비스를 수출한다. 2위는 1조 240억 달러를 수출하는 미국이며, 그 뒤를 잇는 중국은 9,740억 달러어치를 수출한다.

인구

지금까지 살아온 모든 인류를 합한다면, **오늘날 인구**는 몇 %의 비율을 차지할까?

오늘날의 인구가 지금까지 살아온 모든 인류의 수에서 차지하는 비율은 5~10%에 불과하다. 인류는 거의 10만 년 동안 존재해 온 만큼, 그때부터 지금까지 살아온 사람의 수를 합치면 600~1,200억에 육박한다.

지구 상에는 얼마나 많은 사람들이 **살고 있나**?

지구 상에는 약 67억 명의 사람들이 살고 있다. 세계 인구는 2025년에는 80억, 2050년에는 93억 명에 달할 것이라고 예측된다.

연도	인구
0	2억
1000	2억 7,500만
1500	4억 5,000만
1750	7억
1850	12억

인구 증가에 영향을 주는 요인은 무엇일까?

결혼 연령의 증가, 교육 수준의 증대, 피임법의 확산, 전쟁과 군사 행동, 학살 등 다양한 요인이 인구 증가에 영향을 준다.

1900	16억
1950	26억
1960	30억
1975	40억
1985	48억 5,000만
1990	53억
1999	60억

세계 인구가 **두 배**로 증가하는 데는 어느 정도의 시간이 걸렸나?

1959년부터 1999년 사이에 세계 인구는 30억에서 60억 명으로 증가하였다.

인구는 얼마나 **빠른 속도**로 **증가**하나?

1950년대의 2%는 인류 역사상 최고로 기록된 인구 증가율이다. 이후 인구 증가율은 감소하여 오늘날에는 1% 미만의 증가율을 보이고 있다.

세계적으로 **아동 빈곤**이 특히 **심각한 나라**는?

아동 빈곤이란 해당 국가의 소득 중앙값보다 소득이 50% 이상 낮은 가정에 속한 아동의 수를 의미한다. 이러한 기준을 적용하면 멕시코(26.4%), 미국(22.4%), 이탈리아(20.5%), 영국(19.8%)의 아동 빈곤이 세계적으로 가장 심각한 수준에 든다.

세계에서 **인구 밀도**가 가장 높은 나라는?

과거 포르투갈의 식민지로 홍콩 인근에 위치하고 한 개의 반도와 두 개의 섬으로 구성된 마카오의 인구 밀도는 세계 최고이다. 마카오의 28.8km^2당 인구는 53만 8,000명에

달한다.

인구 조사란?

인구 조사(census)는 인구의 수를 집계하는 행위이다. 인구 조사를 통해 획득된 정보는 인구 분포를 효과적으로 제시하는 만큼 정부가 공공 서비스 제공 규모를 결정하는 데 도움이 된다. 인구 조사는 연령, 성별, 아동 수, 인종, 언어, 교육, 통근 거리, 소득, 기타 인구 통계적 변수 등에 관한 정보를 다룬다. 인구 조사 정보는 해석을 거쳐 정부 기관에 제공되며, 일반적으로는 일반 대중에도 공개된다.

미국을 포함한 대부분의 선진국에서는 10년마다 인구 조사가 실시된다. 미국 헌법상에는 하원 의원 선출을 위한 선거구 획정이 이루어질 수 있도록 10년마다 인구 조사를 실시할 것을 규정하고 있다.

베이비 붐이란?

미국에서는 제2차 세계대전 이후의 호황 덕택에 1946~1964년까지 '베이비 붐(baby boom)'이라고 일컫는 출산의 급격한 증가가 일어났다. 이 기간 동안 미국에서 약 7,700만 명의 아기들이 태어났으며, 이는 다른 시기와 비교할 때 대단히 많은 수치이다. 베이비 붐 세대의 은퇴 연령이 다가옴에 따라 고연령층 인구가 차지하는 비율은 전례 없이 높아질 것으로 예측되며, 따라서 이들을 위한 보건 복지 서비스가 미국 내 사회와 경제에서 차지하는 비중도 커질 것이다.

남아와 여아는 **동일한 수**가 **태어나는가**?

아직 정확한 원인이 밝혀지지는 않았지만, 평균적으로 여아 100명당 남아 105명이 태어난다.

세계에는 얼마나 많은 수의 **동성애자**들이 있을까?

대부분의 학자들은 세계 인구의 1~10%가 동성애자라고 파악하고 있다. 즉 670만에서 6,700만 명이 동성애자인 셈이다.

언어와 종교

세계에서 **가장 널리 사용되는 언어**는?

중국어 관화(官話)는 10억 5,000만 명이 사용한다. 그 뒤를 잇는 영어는 10억 명이 사용한다. 힌두계 언어(힌디 어와 우르두 어)의 사용자는 6억 5,000만 명이다. 에스파냐 어는 5억 명이 사용하며, 아랍 어는 4억 명이 사용하는 언어이다.

태국의 수도 방콕의 수쿰윗(Sukhumvit) 거리에서 무희들이 공연을 하고 있다. 불교는 세계에서 4번째로 신자 수가 많은 종교이다.

링구아프랑카와 **피진 어**는 어떻게 다른가?

링구아프랑카(lingua franca)는 공용어가 없는 사회의 사람들 사이에 쓰이는 언어이다. 영어는 국제 비즈니스에서 널리 쓰이는 링구아프랑카이다. 피진(pidgin) 어란 두 개 이상의 언어가 합쳐진 말로, 이 과정에서 원래 언어의 왜곡이 일어나기도 한다. 예를 들면, 영어와 토착어가 결합하여 형성된 피진 잉글리시(pidgin English)는 영어권 사람들과 토착민이 함께 살아가고 있는 파푸아뉴기니에서 형성된 피진 어이다. 대부분의 피진 어는 링구아프랑카이지만, 모든 링구아프랑카가 피진 어인 것은 아니다.

세계에서 **가장 많은 사람들**이 신봉하는 **종교**는?

전 세계 인구의 33.2%가 신봉하는 그리스도교는 세계에서 가장 많은 신자를 거느린 종교이다. 이슬람교(21.01%), 힌두교(13.26%), 불교(5.84%)가 그 뒤를 잇는다.

예루살렘에 **성지**를 둔 종교는 얼마나 되나?

유대교, 이슬람교, 그리스도교는 예루살렘을 매우 신성한 도시로 여긴다. 헤롯 왕이 재건한 솔로몬의 신전의 잔해인 '통곡의 벽(Western Wall)'은 유대교에서 가장 신성시하는 성지이다. 이슬람교에서 세 번째로 신성시하는 성소인 '바위의 돔(Dome of the Rock)'

예루살렘에 있는 통곡의 벽(서쪽 벽, 사진 앞쪽)과 바위의 돔(사진 뒤쪽)은 각각 유대교와 이슬람교의 성지이다. (사진: Paul A. Tucci)

술탄 오마르 알리 사이푸딘 모스크(Sultan Omar Ali Saifuddin Mosque)는 1958년 브루나이의 수도 반다르스리브가완에 세워졌다. 이 모스크는 모스크에서 흔히 찾아볼 수 있는 돔 양식의 건축미를 보여 주는 대표적인 사례이다. (사진: Paul A. Tucci)

과 모스크(mosque) 또한 예루살렘에 위치한다. 예루살렘의 성묘교회(Church of the Holy Sepulcher)는 그리스도교의 성지이다.

모스크가 **돔 양식**의 지붕을 가진 까닭은?

모스크 및 이슬람교 관련 건축물을 장식하는 양파처럼 생긴 돔 양식의 지붕은 비잔틴 제국의 영향을 받은 것이다. 러시아 모스크바의 붉은광장에 있는 성 바실리 대성당(St. Vasiliy Cathedral)은 16세기 중반에 세워졌으며, 세계적으로 가장 유명한 돔 양식 건물로 알려져 있다.

재난에 대한 대응

출산은 오늘날에도 여전히 여성 사망의 주된 원인인가?

유사 이래 20세기 중반에 이르기까지, 출산 과정에서 일어나는 문제는 젊은 여성 사망

의 주된 원인이었다. 오늘날 선진국에서는 임신과 출산으로 인한 사망의 위험은 없다고 보아도 무방하다.

흑사병은 세계 인구에 어떤 영향을 주었나?

페스트(pest)라고도 불리는 흑사병은 벼룩을 매개로 하는 전염병으로, 1346년부터 1350년 사이 유럽과 아시아, 북아프리카를 휩쓸었다. 도시들은 다른 도시와의 격리를 통해 이 전염성 높은 질병의 확산을 저지하고자 했지만, 벼룩은 도시에서 도시로 쉽사리 퍼져 갔다. 흑사병으로 인한 사망자 수는 수천만 명으로 추산된다. 이 4년 동안 유럽과 아시아에서는 전체 인구의 절반이 흑사병으로 목숨을 잃었다. 이로 인해 노동력이 급감하면서 더 많은 사람들이 기아로 죽어 갔다.

식량 사정은 전 세계 인구를 부양하기에 **충분**한가?

식량 생산량은 전 세계 인구를 부양하기에 충분하지만, 운송과 정치적인 문제는 분배의 효율성을 저하시킨다. 세계 인구 증가율을 고려해 보면, 우리는 머지않아 식습관을 바꾸고 곡물 섭취량을 늘리며 육류 섭취량을 줄여야 할 것이다. 지구가 생산할 수 있는 곡물의 양은 제한되어 있다. 최근 들어 곡물의 상당수가 인간이 아닌 소 사료용으로 소비되고 있다. 인간이 육류 대신 곡물을 먹는다면, 육류를 먹을 때보다 20배는 효율적으로 칼로리를 섭취할 수 있다.

토머스 맬서스는 **인구 증가**에 관한 어떤 **논의**를 전개했나?

1798년 영국의 성직자 토머스 맬서스(Thomas Malthus)는 『인구의 원리에 관한 소론(An Essay on the Principle of Population)』이라는 저서를 통해 인구 증가의 문제점을 지적하였다. 맬서스는 세계의 인구 증가 속도가 식량 공급량의 증가 속도보다 빠르다는 주장을 폈지만, 전쟁, 기근, 질병, 재해 등 인구 증가의 제한 요소들은 간과한 측면이 있다.

1918년의 **유행성 독감**은 어느 정도로 창궐했나?

1918년 치명적인 독감이 빠른 속도로 세계를 강타하였다. 이어진 2년 동안 이 기록적인

난민이란 무엇일까?

난민은 박해의 공포 때문에 자국을 탈출한 사람을 일컫는다. 오늘날 난민의 수는 전 세계적으로 약 1,500만~2,000만 명에 이른다. 대부분의 난민들은 사회가 불안정하거나 심하게는 혼란 상태인 개발 도상국 출신이다. 난민들은 주로 사회적으로 안정된 인근 국가로 탈출하기 때문에, 인접 국가의 상황에 따라 국가별로 받아들이는 난민의 규모는 매우 상이하다. 따라서 선진국에는 난민들이 지속적으로 유입된다. 대규모 이주가 흔히 그렇듯이, 난민은 문제의 요인으로도 작용한다.

독감은 10억 명을 감염시켰고, 이 중 2,100만 명이 사망하였다. 미국에서만 50만 명의 사망자가 나왔다.

의료지리학은 어떻게 질병 확산의 통제에 기여하나?

의료지리학자들과 전염병학자들(질병과 전염병에 관한 연구를 하는 학자들)은 질병의 원인과 확산을 통제하기 위해 지도를 활용한다. 예를 들면, 한 도시 내에서 암 환자의 수가 비정상적으로 많이 분포하는 지역을 지도화함으로써 환자들 모두가 독성 물질을 지하수로 배출하는 공장 근처에 살고 있는 사실 여부를 파악할 수 있다. 질병의 원인과 전파 경로를 확인함으로써 질병의 피해를 최소화할 수 있는 경우는 적지 않다.

세계 기아를 멈추려는 목적을 가진 **혁명**은?

1960년대에 시작된 '녹색 혁명'은 선진국 및 국제연합(UN) 등의 국제기구에 의해 주도되었으며, 발달된 농업 기술을 저개발국들에 전수하는 것을 골자로 하였다. 녹색 혁명에 의해 농업 생산량이 증대되기는 하였지만, 전통적인 농업 체계의 생태계를 바꾸어 놓았을 뿐만 아니라(화학 비료의 사용 등) 기아는 아직도 나아지지 못하고 있다.

유네스코 세계 문화유산(UNESCO World Heritage Site)이란?

국제연합교육과학문화기구(United Nations Educational, Scientific and Cultural Organiza-

tion, UNESCO)는 인류의 마음속에 평화를 깃들게 하려는 목적으로 설립되었으며, 국제연합(UN)에서도 가장 중요한 산하 기구에 해당한다. 세계 문화유산은 자연적·문화적 풍요로움을 상징하며, 전 세계 모든 인류에게 공유되어야 하는 중요한 랜드마크(landmark)이기도 하다. 세계 문화유산에 해당하는 장소들은 특별한 중요성을 가진 만큼 반드시 보호되어야 하며, 이를 통해 우리가 공유하고 있는 문화에 대한 지식을 후손들에게 물려줄 수 있다. 인공적인 구조물이나 자연계의 불가사의도 모두 유네스코 세계 문화유산으로 지정될 수 있다.

난민들의 수는 얼마나 되나?

자기 나라의 비참한 현실, 전쟁, 정치적·사회적 차별, 경제적 압박 등의 이유로 자국을 떠나 다른 나라에서 살아가야 하는 난민으로 분류되는 사람들의 수는 약 830만 명에 달한다.

매년 얼마나 많은 **사람들**이 납치당하여 **노예로 팔려 가는가**?

해마다 약 60만~80만 명이 국경을 건너가 사실상 노예나 다름없이 강제 노동에 시달리고 있으며, 이들의 대다수는 여성과 어린이이다. 그들 각 나라에서 이처럼 납치의 희생양이 되는 사람들의 수는 매년 수백만 명에 달한다. 이 중 75%가 성적 착취의 대상이 되는 여성들이다. 이 가운데 약 28만 명이 아시아로 보내지며, 21만 명은 유럽과 러시아로 팔려 나간다.

많은 나라들이 인신매매범들의 국경 통과를 허용하거나, 이들에 대한 법적 제재를 유명무실화하는 방식으로 인신매매에 관여하고 있다. 사우디아라비아, 바레인, 쿠웨이트, 말레이시아, 카타르, 아랍에미리트 연방, 우크라이나, 러시아, 몰도바, 멕시코, 인도, 이집트, 중국은 그 대표적인 사례에 해당한다.

과거에는 얼마나 많은 사람들이 **미국**에 **노예로 팔려 갔나**?

19세기 남북 전쟁이 끝날 때까지 미국은 긴 노예의 역사를 갖고 있었다. 1619년 시작된 아프리칸 디아스포라(African Diaspora)→6가 이루어진 기간에 약 1,200만~1,300만 명의

아프리카 인들이 고향에서 납치되어 아메리카 대륙과 카리브 해 지역에 노예로 팔려 갔다. 신대륙까지 살아서 도착한 노예들 중 대부분은 브라질로 팔려 갔다. 아프리카 인 노예가 미국에 팔려 온 지 240년가량 흐른 남북 전쟁 개전 무렵에는 미국 내에 400만 명의 노예가 있었다. 이들 중 대부분은 노예 소유가 합법적이었던 데다 농업 노동의 주요 인력으로 활용되었던 남부에 분포하였다.

세계의 문화

유목이란?

유목은 넓은 지역을 주기적으로 이주하는 형태의 부족 생활을 뜻한다. 유목민들은 일시적으로 유지되는 집을 짓기는 하지만, 그들은 이주 생활을 고향으로 여긴다. 유목 민족은 사하라 사막에서 시베리아 북부에 이르는 세계의 오지에 분포한다. 정착 생활을 하지 않는 사람들에 대한 일반적인 문화적 편견 때문에 유목민들의 생활 방식은 위협받고 있다.

많은 아랍 인들이 유목 생활을 영위하고 있다. 사진은 아랍 에미리트 연합의 알카팀(Al Khatim) 사막의 유목민이다.

집시란?

집시(Gypsy)는 유럽 전역을 유랑하는 유목 민족이다. 과거 그들은 이집트계[Gypsy는 '이집트(Egypt)'에서 유래한다]로 여겨졌지만, 언어학적 연구에 따르면 그들은 인도계에 속한다. 유목 생활을 이어 가고 있는 집시들은 수백 년에 걸쳐 박해의 대상이 되었으며, '집시 사냥'⋯7과 아우슈비츠 강제 수용소⋯8는 그 대표적인 사례이다.

두뇌 유출이란?

교육 수준이나 기술 수준이 높은 사람들이 보다 나은 기회를 찾아 모국을 떠나는 경우, 해당 국가에서 '두뇌 유출'이 일어난다. 특히 아시아는 두뇌 유출이 일어나는 대표적인 지역으로, 교육 수준이 높은 아시아 인들은 급여 수준이 높은 미국, 캐나다, 오스트레일리아 등으로 대거 이주하고 있다.

사람들은 고위도 지방에서 나타나는 **밤이나 낮이 지속되는** 현상에 어떻게 대응하나?

러시아의 무르만스크(Murmansk)는 북극권 최대의 도시이다. 이 도시는 연중 수개월 동안 햇빛을 받지 못하며, 이로 인해 지구 상에서 심리적으로 가장 극단적인 환경을 지닌 도시로 분류된다. 햇빛과 비슷하게 설계된 인공 조명이 비치는 거리를 걷고, 인공 태양 장치(일광욕 부스와 비슷한)를 활용하는 무르만스크 시민들(약 47만 명)은 자주 극야(極夜)···9 스트레스(Polar Night Stress)에 시달린다. 극야스트레스 증후군은 피로, 우울감, 시각 장애, 기타 감기와 유사한 증상으로 나타난다.

대상지란?

대상지(帶狀地, long lot)는 길고 좁은 경작지나 산림 작업지이다. 이러한 형태의 토지 구획은 유럽에서 흔히 나타나며, 북아메리카에 건설된 초기 프랑스 식민지(퀘벡, 루이지애나 등)에도 이식되었다. 개개의 대상지는 하천이나 도로로 이어지는 좁은 통로를 갖지만, 그 깊이는 수백m에 달한다.

일부 문화권에서 **영아 살해**가 일어나는 까닭은?

영아 살해는 문자 그대로 영아를 살해하는 행위이다. 오랜 세월에 걸쳐 지구 상의 다양한 문화권이 인구 조절을 위해 영아 살해를 행해 왔으며, 그 대부분은 한정된 수의 사람들에게만 식량을 공급할 수 있었던 열악한 식량 사정 때문이었다. 문화적 편견으로 인해 특히 여자 아기들이 영아 살해의 희생양이 되는 경우가 잦았다. 영아 살해는 오늘날에도 행해지고 있다.

어떤 사람들은 왜 흙을 먹을까?

흙을 먹는 행위(geophagy)는 임산부나 수유 중에 있는 여성들에게 주로 일어났다. 임신 및 수유 중의 여성들은 보다 많은 영양소를 필요로 하기 때문에, 이들의 신체는 미네랄 성분이 풍부하게 함유된 흙을 요구하는 것이다. 이러한 풍습은 대개 아프리카에서 널리 행해지지만, 아프리카 인들이 미국에 노예로 팔려 가면서 미국에도 전파되었다. 오늘날 미국 남부 지역에서도 흙을 먹는 행위가 행해지지만, 이는 생리학적인 목적이 아니라 문화적인 측면에서 이루어진다.

미국인들이 **말고기**를 먹지 않는 까닭은?

대부분의 종교와 문화 집단은 몇몇 종류의 음식을 금기시한다. 특정한 날이나 제례 기간에 음식 섭취를 전면적으로 금지하거나 기피한다. 유대 인과 무슬림의 돼지고기 금기시, 힌두교도의 쇠고기 금기시는 종교적 이유에 따른 음식의 금기시에 해당한다. 문화적인 이유도 음식이 금기시되는 중요한 요인이다. 예를 들면, 말고기는 영양소가 풍부하고 사람이 먹기에도 적합한 음식이지만 미국에서는 문화적인 이유로 금기시된다.

전 세계의 **맥도날드 매장**은 얼마나 될까?

맥도날드는 몇몇 사람들에게는 한 문화를 다른 문화권에 이식하는 문화제국주의의 극단적인 상징으로 여겨지기도 한다. 오늘날 맥도날드 매장은 119개국에 약 31,000개소가 분포한다.

장남이 모든 것을 가지는 까닭은?

장자상속제는 상속 가능한 모든 재산과 토지를 장남에게 물려주는 제도이다. 전 세계적인 전통인 장자상속제는 한 가문의 재산과 신분이 세대가 흘러도 온전히 유지될 수 있도록 해 준다. 장자상속제에서는 장남에게만 유산을 물려받을 권리를 주기 때문에, 이외의 자녀들은 대안적인 생계 수단을 마련해야 한다.

한 여성이 **다수의 남편**을 거느릴 수 있나?

일부 문화권에서는 한 남성이 다수의 부인을 거느리도록 허용하는 한편, 어떤 문화권에서는 여성이 다수의 남편을 거느릴 수 있도록 허용한다. '일처다부제'라고 불리는 이 관습은 오늘날 티베트와 인도 남서부의 나이르(Nair) 족 두 사례만 관찰된다. 한 남성이 여러 부인을 거느리는 '일부다처제'는 이슬람 국가 및 다수의 아프리카 국가에서 여전히 합법이다. 영어권에서 'polygyny'⋯[10]라는 단어는 일처다부제와 일부다처제를 아우르는 용어로도 사용된다.

서양인들은 언제부터 **포크와 숟가락**으로 식사를 했을까?

포크와 숟가락은 15세기에 유럽에 소개되었지만, 17세기까지는 널리 보급되지 않았다. 그 이전의 유럽 사람들은 칼과 맨손으로 식사를 했다.

세계에서 가장 흔한 **성씨**는?

중국의 장씨(張氏) 성을 가진 사람들의 수는 1억 명이 넘는다.

시간, 역법, 계절

초기 인류는 왜 **시(時), 일(日), 주(週), 월(月)** 등의 단위를 **필요로 하지 않았나**?

초기 인류는 수렵과 채집 생활을 영위하였기 때문에 정확한 시간을 알 필요가 없었다. 그들에게는 동물의 이동과 식물의 생애 주기를 알려 주는 지표인 계절에 대한 이해가 필수적이었다.

오전 12시는 어떤 시간인가?

오전 12시는 자정이다. 역시 한밤중인 오후 11시 59분에서 1분이 지나면 오전 12시가 되며, 오후 12시는 정오이다.

오전과 오후는 어떤 의미인가?

오전(A.M.)과 오후(P.M.)는 각각 '정오 이전(ante meridiem)'과 '정오 이후(post meridiem)'를 뜻한다.

군용 시간은 어떻게 구성되나?

24시간제를 사용하는 군용 시간(military time)은 여러 나라에서 사용된다. 군용 시간에서는 자정, 즉 0000에 하루가 시작되며, 2359분에 하루가 끝난다. 네 자리 숫자에서 앞

그리니치 표준시(GMT), 협정세계시(UCT), 줄루타임(Zulu Time, Z)의 차이는?

그리니치 표준시, 협정세계시, 줄루타임은 동일한 시간대를 지칭하는 세 개의 서로 다른 이름이다. 이 시간대는 위도 0°인 본초자오선 상에 위치하며, 영국 런던의 왕립 그리니치 천문대를 지난다. 본초자오선을 기준으로 경도를 동경, 서경으로 분류한다.

의 두 자리는 시(時)를, 뒤의 두 자리는 분(分)을 나타낸다. 하루가 24시간이니 00시부터 23시가 존재한다. 예를 들면, 0100은 오전 1시, 1200은 정오, 1300은 오후 1시, 2043은 밤 8시 43분이다.

하루는 얼마나 **긴가**?

하루는 지구가 한 번 자전하는 기간으로 23시간 56분 4.2초이다. 하루를 24시간으로 표기하는 까닭은 편의 때문이다.

지구의 **자전 및 공전** 속도는 완전히 균일한가?

아니다. 지구의 공전 및 자전 속도는 완벽하게 균일하지 않다. 지구의 자전 속도는 날마다 4~5ms(밀리초)의 차이를 내며 이루어지고, 조석 마찰(조류와 해저의 마찰 현상)로 인해 100년에 1ms의 비율로 느려지고 있다.

정확한 시간을 알아보려면 어떻게 해야 할까?

오늘날 다수의 인터넷 웹사이트에서 정확한 시간을 제공하고 있다. 인터넷 검색창에 '시간(time)'이라는 검색어만 입력해도 정확한 시간을 알려 주는 링크로 손쉽게 접속할 수 있다. 컴퓨터에도 자동적으로 시간을 업데이트하는 기능이 포함되어 있기 때문에, 컴퓨터에 표기되는 시간은 오차 범위가 수 밀리초에 불과한 정확한 시간이다.

시간대

미국에서는 언제 **시간대**가 **제정**되었나?

1878년 샌퍼드 플레밍(Sanford Fleming) 경은 세계를 경도 15°를 1개 시간대로 하는 24개의 시간대로 구획할 것을 주장하였다. 이에 따르면 미국 본토는 4개의 시간대로 구분된다. 1895년에 들어서는 대부분의 미국 주들이 각기 동부, 중부, 산맥(로키 산맥), 태평양이라는 시간대를 자기 주의 시간대로 설정하였다. 하지만 미국 의회에서 '표준시에 관한 법률(Standard Time Act)'을 승인하여 미국의 공식적인 시간대를 설정한 시기는 1918년이었다.

철도는 어떻게 시간대 설정을 촉진하였나?

철도가 부설되기 전에는 다수의 도시와 지역들이 해당 위치에서의 태양 주기를 토대로 한 고유의 지역 시간대를 갖고 있었다. 이처럼 지역마다 큰 시간대의 변화로 열차 시간표에 혼란이 생겼다. 1883년 11월 미국과 캐나다의 철도 회사들은 표준 시간대를 사용하기로 합의했으며, 이는 미국 전역에서 표준 시간대 개념이 보편화되는 시점보다도 몇 년이나 앞선 것이었다.

미국에는 **몇 개의 시간대**가 있나?

미국에는 동부(Eastern), 중부(Central), 산맥(Mountain), 태평양(Pacific), 알래스카(Alaska), 하와이-알루샨(Hawaii-Aleutian), 사모아(Samoa), 웨이크(Wake) 섬, 괌(Guam)의 9개 시간대가 존재한다.

2개 이상의 시간대를 **공유**하는 **미국의 주**는?

플로리다 주, 인디애나 주, 켄터키 주, 테네시 주는 동부 시간대와 중부 시간대로 나뉜다. 캔자스 주, 네브래스카 주, 노스다코타 주, 사우스다코타 주, 텍사스 주는 중부 시간대와 산맥 시간대로 나뉜다. 아이다호 주와 오리건 주는 산맥 시간대와 태평양 시간대로 구분된다.

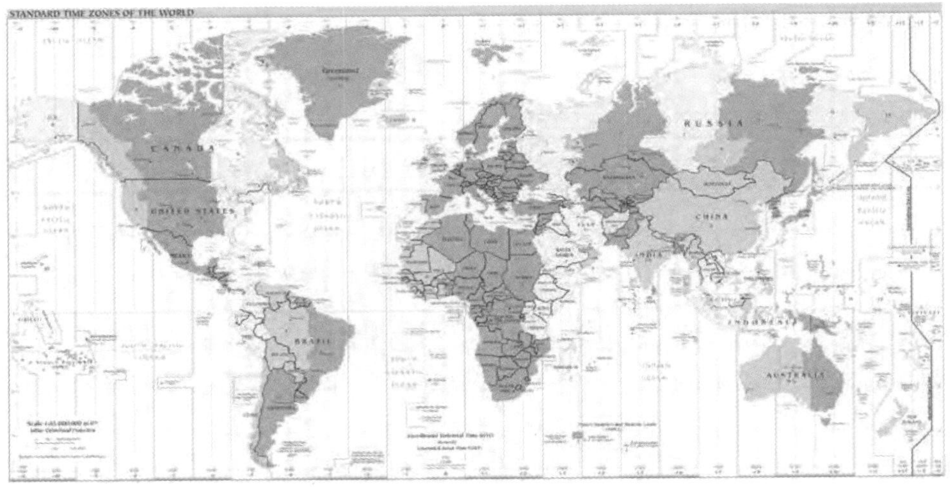

전 세계 대부분—하지만 전부는 아님—의 국가들은 1시간 단위의 시간대를 사용한다. (미국 CIA, *The World Factbook 2008*)

모든 나라들이 **1시간 단위**의 **시간대**로 국토의 시간대를 구분하나?

아니다. 중국과 몇몇 나라들은 국토를 시간대로 구분하지 않는다. 아프가니스탄, 오스트레일리아, 버마(미얀마), 인도, 이란, 마르키즈(Marquises) 제도[11], 베네수엘라 등, 그리고 캐나다의 뉴펀들랜드 주는 30분 단위의 시간대를 사용한다. 네팔 및 채텀(Chatham) 제도[12] 등에서는 25분 단위의 시간대를 사용한다.

중국에는 몇 개의 시간대가 있나?

중국은 국토가 광대하기 때문에 5개의 표준 시간대에 걸쳐 있지만, 나라 전체에서 사용하는 시간대는 UTC+8 하나뿐이다.

남극과 북극에서의 시간은 어떻게 되나?

위도가 올라갈수록 시간대의 폭이 좁아지기 때문에, 남극과 북극에서의 시간대는 폭이 아주 좁다. 문제를 단순화하기 위해 남극에 거주하는 연구자들은 그리니치 표준시인 협정세계시(Coordinated Universal Time, UTC)를 사용한다.

최근 들어 날짜변경선의 위치가 바뀐 까닭은?

1995년 이전에는 사람이 사는 섬 21개로 구성된 섬나라 키리바시(Kiribati)는 날짜변경선에 의해 국토가 두 날짜로 분리되는 위치에 놓여 있었다. 1995년 키리바시는 날짜변경선이 키리바시를 지나는 부분을 동쪽으로 옮기기로 결의했고, 그 결과 키리바시 국토는 동일한 날짜 안에 존재할 수 있게 되었다.

날짜변경선을 넘어서면 어떤 일이 일어날까?

만약 항공기나 선박을 타고, 아니면 수영을 해서 날짜변경선을 동에서 서로 넘어간다면(예를 들어 미국에서 일본으로 간다면) 여러분은 하루를 앞지르게 된다(일요일이 월요일이 된다). 여러분이 날짜변경선을 서에서 동으로 넘어가면, 하루를 되돌아가게 된다(일요일이 토요일이 된다).

출발 시점보다 **일찍 도착할** 수 있도록 서쪽 방향으로 여행하려면?

일반적으로 런던에서 뉴욕까지는 비행기로 7시간이 소요된다. 오늘날에는 퇴역시킨 마하 2(시속 2,092km로 음속의 두 배)의 속도를 내는 콩코드 여객기에 탑승하면 런던과 뉴욕 간의 비행은 3시간밖에 걸리지 않는다.

러시아에서는 왜 항상 **1시간씩 빨라지는가**?

동절기의 제한된 일조 시간을 효율적으로 활용하기 위해 러시아의 시간대는 표준 시간대보다 한 시간 빠르게 설정되어 있다. 러시아는 서머 타임(Summer Time)도 실시 중이며, 이를 통해 봄과 여름철에는 한 시간이 더 빨라진다.

서머 타임은 언제부터 시행되었을까?

벤저민 프랭클린(Benjamin Franklin)이 1784년 서머 타임(summer time, 일광 절약 시간) 개념을 제안했지만, 그 실시는 제1차 세계대전에 가서야 이루어졌다. 1·2차 세계대전 사이에 미국의 주와 지자체들은 이 제도의 실시 여부를 선택할 수 있었다. 제2차 세계대전 중 프랭클린 루스벨트(Franklin Roosevelt) 대통령은 서머 타임 제도를 부활시켰다. 마침내 1966년에 이르러 미국 의회는 표준시간법(Uniform Time Act)을 제정하여 서머 타임 실시 기간을 명문화하였다. 하지만 이후에도 서머 타임 실시 여부는 미국의 주 또는 지자체의 재량에 맡겨졌다. 애리조나 주, 하와이 주, 인디애나 주 일부, 푸에르토리코, 이외 일부 도서 지역은 서머 타임을 실시하지 않는다.

서머 타임

서머 타임(Daylight Saving Time)을 실시하는 이유는?
봄부터 가을까지 시계를 한 시간 앞당김으로써 가정이나 사무실에 드는 햇빛을 보다 효과적으로 사용할 수 있고, 따라서 전기도 절약할 수 있다.

미국에서는 언제부터 **서머 타임** 시작일이 4월 말에서 4월 초로 변경되었나?
1987년 표준시간법(Uniform Time Act)이 개정되면서 미국의 서머 타임 시작일은 4월 마지막 일요일에서 첫 번째 일요일로 변경되었다. 2007년에는 서머 타임 기간이 3월 두 번째 일요일에서 11월 첫 번째 일요일까지로 다시금 개정되었다.

남반구에서는 언제 서머 타임이 실시되나?
서머 타임은 하절기에 낮 시간을 절약하려는 시도인 만큼, 남반구의 서머 타임은 매년 10월에서 이듬해 3월까지 실시된다.

시간 측정

시간을 측정하는 세계 최초의 해시계

해시계란?

해시계는 태양을 이용하여 시간을 측정하는 기구이다. 해시계는 지시침(gnomon)이라고 불리는 햇빛의 그림자를 비추기 위한 바늘 모양의 도구와 시간이 표기된 눈금판(dial plane)으로 구성된다. 눈금판 위에는 하루 중의 매 시간이 표기되어 있다. 태양이 일주 운동을 하는 낮 시간에는 지시침의 그림자가 시간이 표기된 눈금판에 비치면서 해당 시점의 시간을 알려 준다. 근대적인 시계가 보편화되기 전에는 해시계가 시간 측정에 사용되었다.

최초의 시계는 언제 **만들어졌나**?

기원전 3500년경 시계는 여러 문명권에서 출현하였으며, 오늘날의 중동 지방에 위치한 수메르 문명의 시계는 그중에서도 특기할 만하다.

물시계란?

물시계는 태양에 의존하지 않는 최초의 시간 측정 기구이다. 물시계는 물통에서 일정 간격으로 물방울이 떨어지는 원리로 작동한다. 물시계의 두 가지 핵심 원리는 다음과 같다. 첫째, 시계 안에 남아 있는 물의 양으로 시간을 측정한다. 둘째, 얼마나 많은 양의 물이 시계에서 물방울로 떨어졌으며, 얼마나 많은 물이 채워졌는지를 기준으로 시간을 측정한다.

최초의 휴대용 시계(watch)는 언제 만들어졌나?

16세기 초 독일의 열쇠 수리공 페터 켄라인(Peter Kenlein)은 '뉘른베르크의 달걀(das Nürnberger Ei)'이라고 불리는 휴대용 시계를 제작하였다. 몇 세기가 지나 휴대용 시계는

손목에 찰 수 있는 형태로 진화하였다.

원자시계란?

원자시계는 원자 에너지를 사용하는 시계로 정확도가 매우 높다. 1957년 노먼 램지(Norman Ramsey)가 개발한 현대적인 원자시계 모델은 세슘 원소를 사용한다. 원자시계는 나사(NASA), 물리학자, 천문학자, 기타 극히 정밀한 시간 측정을 요하는 과학자들이 사용한다.

역법(曆法)

B.C.와 **A.D.**의 의미는?

오늘날의 역법에서 0년은 예수 그리스도가 태어난 해를 의미한다. 예수가 출생하기 이전의 연도는 'Before Christ'라는 의미의 'B.C.'로, 예수 출생 이후의 연도는 '주(主)의 연도'라는 뜻의 라틴 어 'Anno Domini'의 약어인 'A.D.'로 표기한다.

B.C.E.와 **C.E.**의 의미는?

역법에서 종교의 색채를 중립화하기 위해 기존의 B.C.와 A.D.를 대체할 B.C.E.와 C.E.가 등장하였다. B.C.E.와 C.E.는 각각 'before common era'와 'common era'의 약어이다.

음력의 **문제점**은?

달이 차고 기우는 주기는 29.5일이다. 음력에서의 12개월은 양력에서의 1년(즉 계절의 주기)보다 11.25일 짧아진다. 이를 보완하기 위해 음력을 사용하는 히브리 역법은 2~3년에 한 번씩 윤달을 추가하는 19년 주기의 역법을 채용하였다.

역사상 가장 길었던 해는?

로마 황제 율리우스 카이사르는 역법을 바로잡기 위해 기원전 46년을 445일로 선포하였다. 계절을 고려하여 평년보다 80일을 추가한 것이었다.

율리우스 카이사르는 역법에 어떤 수정을 가했나?

로마 인들은 오랫동안 음력을 사용해 왔다. 음력으로는 한 달이 29.5일이므로 12개월은 354일이었다. 하지만 계절이 달의 주기에 따르지는 않기 때문에, 나중에는 음력 대신 양력을 쓰게 되었다. 양력에서 1년은 365일 5시간 49분이다. 율리우스 카이사르(Julius Caesar)는 계절이 매년 같은 시점에서 나타나도록 양력을 보완하였다. 나아가 카이사르는 1년을 365일로 하되 매 4년마다 366일이 되도록(윤년) 한 인물이기도 하다. 안타깝게도 카이사르가 보완한 역법의 1년은 실제 1년보다 11분 더 길었는데, 카이사르는 이를 별다른 문제로 여기지 않았다.

1월 1일은 언제부터 한 해의 첫날이 되었나?

카이사르는 기원전 46년에 개정한 역법에서 한 해의 시작을 기존의 3월 25일이 아닌 1월 1일로 천명하였다. 이때 카이사르는 각 달의 날짜 수도 정했는데, 이는 오늘날까지 변하지 않은 채 전해져 오고 있다.

1582년의 **10일이 사라진** 까닭은?

기원전 46년 율리우스 카이사르는 실제 태양 주기에 따른 1년(태양년)보다 11분이 긴 율리우스력을 제정하였다. 1582년에 이르자, 이 매년 11분의 차이가 10일의 오차를 야기하였다. 교황 그레고리우스 13세(Gregorius XIII)는 가톨릭 영향권 아래 있던 지역에서 1582년 10월 5일부터 10월 15일까지 10일을 삭제하도록 함으로써 이러한 10일의 오차를 보완하였다.

윤년은 왜 있을까?

양력에서는 정확한 날짜를 맞추기 위해 윤년을 사용한다. 지구의 공전 주기는 365일 5시간 48분 46초로, 365.25일이 조금 안 된다. 윤년이 없다면 날짜는 56년마다 2주씩 뒤로 밀릴 것이다. 4년마다 1일을 추가함으로써 양력 달력을 정확하게 유지할 수 있다.

그레고리력이란?

교황 그레고리우스 13세는 1582년 10일의 오차를 수정했을 뿐만 아니라, 율리우스력의 오차도 수정하였다. 그는 400년으로 나누어지는 해(예를 들면, 2000년)를 제외하면 '00'으로 끝나는 해는 윤년이 아니라고 선언하였다. 율리우스력에 그레고리우스 13세가 수정을 가한 역법을 그레고리력이라고 하며, 오늘날 세계는 이를 채택하고 있다.

미국은 언제 **그레고리력**을 **채택**하였나?

가톨릭 국가들은 16세기에 이미 그레고리력을 채택했지만, 이 시기 영국이나 영국령 식민지 등 개신교 국가들은 율리우스력에서 그레고리력으로의 전환을 거부하였다. 1752년이 되어서야 영국 및 영국의 식민지들(얼마 후 미국으로 독립할 식민지를 포함)은 그레고리력을 받아들였다. 이 시기에 이르러 11일의 오차가 발생하였기 때문에, 1752년 9월 3일은 같은 해 9월 14일로 수정되었다.

그레고리력은 **정확한가**?

거의 완벽하다! 그레고리력도 실제 태양 주기에 따른 1년보다 25초가 길다. 즉 서기 3320년에는 실제 1년과 1일의 오차가 발생할 것이다. 이 시기가 되면 사람들은 또다시 이러한 문제의 해결책을 고안할 것이다.

1793~1806년까지 **프랑스**에서 사용한 역법은?

프랑스 혁명기였던 1793년 국민공회는 완전히 새로운 형태의 역법을 제창하였다. 이 새로운 역법은 프랑스 사회에서 그리스도교의 영향을 배제하려는 목적을 가졌다. 1년

을 12개월로 구분한 이 역법은 매월이 주가 아닌 3개의 순(旬, 7일 대신 10일을 토대로 한 단위)으로 구성되었다. 1년을 365일(윤년에는 366일)로 맞추기 위해 1년의 마지막 달에는 5일(윤년 6일)이 추가되었다. 나폴레옹은 1806년 그레고리력을 부활시켰다.

1929~1940년까지 **소련**에서는 어떤 역법이 사용되었나?

소련은 1주일이 5일(4일의 평일과 5일째의 휴일)로 구성되고 한 달이 6주인 공화력(共和曆, Revolutionary Calendar)을 창시하였다. 356일(윤년에는 366일)을 맞추기 위해 한 해의 마지막 달에는 5일(윤년에는 6일)이 추가되었다.

영어권에서 요일의 이름은 어떤 **천체**에 유래할까?

영어권에서 요일의 이름은 태양계 행성의 로마식 또는 노르만식 이름에 유래한다.…[13]

요일	천체(로마 어/노르만 어)
일요일(Sunday)	Sun/Sol
월요일(Monday)	Moon
화요일(Tuesday)	Mars(Tui)
수요일(Wednesday)	Mercury/Woden
목요일(Thursday)	Jupiter/Thor
금요일(Friday)	Venus/Frygga
토요일(Saturday)	Saturn

21세기는 언제 시작되었나?

21세기는 2001년 1월 1일 오전 12시에 시작되었다. 세기는 1년에서 100년까지의 단위이므로, 매 세기는 '00년'이 아닌 '01년'에 시작한다. 예를 들면, 20세기는 1901년에서 2000년까지의 기간이다.

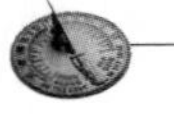

계절

지구의 **자전축**은 계절에 어떤 영향을 주나?

지구의 자전축은 23.5° 기울어 있기 때문에, 태양 광선은 남반구와 북반구에 균일하게 비치지 않는다. 태양광이 남반구와 북반구 가운데 어느 한 반구에 직접 전달되는 동안 다른쪽 반구에서는 산란되어 전달된다. 태양광이 직접 전달된 반구는 여름을, 산란된 태양광이 전달된 반구는 겨울을 맞는다. 따라서 북아메리카가 겨울일 때 남아메리카는 여름이며, 반대로 북아메리카가 여름일 때 남아메리카는 겨울이다.

지구 상에서 여름에 **하루 24시간 내내 낮**이 이어지는 장소는?

위도가 극히 높은 지역(북위 66.5° 이북과 남위 66.5° 이남)에서는 여름에 24시간 내내 낮이 이어지며, 겨울에는 24시간 내내 밤이 이어진다. 아이슬란드의 레이캬비크(Reykjavik)나 러시아의 무르만스크(Murmansk)와 같이 위도가 높은 도시들은 여름의 짧은 기간 동안 거의 24시간 내내 낮이 이어진다.

남회귀선과 북회귀선이란?

위선 상에 그어진 이 두 개의 회귀선은 지점(至點)이 되면 태양과 직각을 이룬다. 북회귀선은 북위 23.5°에 위치하는 선으로 멕시코 중부, 북아프리카, 인도 중부, 중국 남부를 지난다. 남회귀선은 남위 23.5°에 그어진 선으로 오스트레일리아 중부, 브라질 남부, 아프리카 남부를 지난다.

지점이란?

지점(至點, solstice)은 6월 21일의 하지(夏至)와 12월 21일의 동지(冬至)를 통틀어 일컫는 말이다. 6월 21일 정오에는 태양이 북회귀선과 직각을 이루며, 이는 북반구에서의 여름의 시작과 남반구에서의 겨울의 시작을 상징한다. 12월 21일 정오에는 태양이 남회귀선과 직각을 이루며, 이는 북반구에서의 겨울의 시작과 남반구에서의 여름의 시작을 상징한다.

고대 마야 인들은 시간 측정에 높은 열정을 가졌으며, 그들은 피라미드조차 분점(equinox)을 나타내도록 설계하였다. 추분과 춘분이 되면 치첸이트사(Chichén Itza) 피라미드의 그림자는 사진 앞쪽의 뱀머리 조각상에 도달한다.

달걀은 춘분에만 **세로**로 설 수 있나?

서구권에서는 달걀이 춘분(3월 21일)에만 세로로 설 수 있다는 전설이 퍼져 있다. 사실 춘분에 달걀을 세로로 세울 수 있게 해 주는 마법 같은 것은 존재하지 않는다.

분점이란?

춘분인 3월 21일과 추분인 9월 21을 통틀어 분점(分點, equinox)이라고 한다. 분점이 되면 태양의 고도는 적도와 직각을 이룬다. 3월 21일은 북반구에서의 봄의 시작과 남반구에서의 가을의 시작을 상징한다. 9월 21일은 북반구에서의 가을의 시작과 남반구에서의 봄의 시작을 상징한다.

북극권과 **남극권**이란?

북극권은 북위 66.5° 이북의 지역을, 남극권은 남위 66.5° 이남의 지역을 일컫는다. 북

극권 이북과 남극권 이남에서는 여름철에 24시간 내내 밝고, 겨울철에 24시간 내내 어둠이 이어진다.

탐험

유럽과 아시아

아시아 최초의 탐험가는?

많은 학자들은 기원전 14000년경에 오늘날 시베리아로 알려진 지역에서 온 작은 무리의 사람들이 러시아와 알래스카 사이에 존재했던 육지를 건너 알래스카로 이주했다고 믿고 있다. 알래스카에 도착한 사람들은 멀리 남아메리카까지 영역을 넓혀 갔다. 충분한 유전적 증거와 고고학적 발견 및 고대인들의 유골 조사 결과는 이 학설을 뒷받침하고 있다.

중국의 어느 **왕조**에서 **해양 탐험**을 시작했나?

송(宋) 왕조(960~1270) 시기의 중국 사람들은 원양 무역선을 건조하기 시작하였다. 원(元) 왕조(1271~1368) 시기에 중국의 무역상들은 실론(스리랑카), 인도, 서아프리카까지 진출하였다. 그들은 향신료, 상아, 약재, 열대에서 채취되는 목재 등 왕실에 진상할 물품을 구했다.

메카 여행을 위해 이슬람교도로 **위장했던** 인물은?

이슬람교도가 아니면 이슬람교의 성지 메카(Mecca)의 출입이 허용되지 않았기 때문에, 영국의 탐험가 리처드 프랜시스 버턴(Richard Francis Burton) 경은 1853년 아프가니스탄의 이슬람 순례자로 위장하여 메카로 향했다. 군 복무 시절에 여러 언어를 익혔던 그는 인도와 중동, 아프리카, 남아메리카를 탐사하였다. 다작하는 작가였던 버턴은 자신의 여행기를 수많은 책으로 출판하였으며, 영어로 번역한 『아라비안나이트(Arabian Nights)』는 그의 대표작이다.

마르코 폴로가 탐험에 **기여**한 점은?

유럽에 아시아 세계를 소개한 위대한 탐험가 마르코 폴로의 초상

마르코 폴로(Marco Polo)는 실제로는 아무것도 발견한 적이 없지만, 그의 저서 『동방견문록』은 유럽에 동방을 소개하고 탐험의 열정을 불어넣은 역할을 하였다. 13세기 중반 베네치아에서 태어난 마르코 폴로는 아버지, 숙부와 함께 중국을 여행하였다. 그는 중국에서 체류하는 동안 관직에 올라 외교 사신 등 주로 외교 분야에서 일하며 원나라 황제 쿠빌라이 칸을 모셨다. 그는 30대가 되어 고국으로 돌아왔으며, 이후 제노바 공국과의 전투에 참전했다가 포로로 잡혔다. 그는 제노바에서 포로로 억류되어 있으면서 적잖이 과장된 회상록인 『동방견문록』을 집필하였다.

마르코 폴로는 13세기 중국에 도착할 당시의 **중국 선박**에 대해 어떻게 기록했나?

마르코 폴로는 중국 선박이 300명 이상의 선원을 태우고, 60명을 수용하는 선실과 4개의 돛대를 가지고 있다고 기록하였다.

내관감 태감이었던 중국의 탐험가는?

중국의 탐험가 정화(鄭和)는 명나라 영락제(永樂帝)가 1402년 권좌에 오를 수 있도록 도

세계 최초의 지리학 연구 기관은 어디에 세워졌을까?

포르투갈의 항해 왕자 엔히크(Henrique)는 1418년 포르투갈 사그레스(Sagres)에 항해, 지도 제작, 최신 조선술 연구를 위한 연구소를 설립하였다. 엔히크 왕자 본인은 탐험가가 아니었지만, 그는 아프리카 해안 남쪽을 항해하는 다수의 해양 탐험을 관장하였다.

왔으며, 황제는 1404년 그를 내관감 태감(중국 명나라 때 환관의 최고 관직)으로 임명하였다. 1405년 정화는 7차에 걸친 그의 원정 가운데 첫 번째 원정을 시작하였다. 정화의 원정은 멀리 남아시아와 아프리카에까지 중국의 영향력과 지식을 전파하였다. 영락제 사후 중국은 쇄국 정책의 길을 걷게 되었다.

알렉산더 폰 훔볼트는 누구인가?

알렉산더 폰 훔볼트(Alexander von Humboldt, 1769~1859)는 남아메리카, 유럽, 러시아를 탐사했던 독일 지리학자이다. 아마존 열대 우림을 내륙 깊숙이 탐사한 폰 훔볼트는 최초의 기후도를 제작하였고, 그가 살펴본 지구에 관한 지식을 집대성한 5권의 백과사전을 집필하였다. 폰 훔볼트는 세계 최후의 위대한 박물학자(백과사전식 연구를 하는 학자)였다.

태평양의 섬들은 언제 발견되었나?

폴리네시아 인들이 그들의 문화, 지식과 더불어 남태평양의 여러 섬들로 이주하여 정주한 시기는 기원전 1500년 전이다. 천체와 조류의 흐름, 새들의 비행 패턴에 의존한 항법과 작은 카누처럼 생긴 선박의 항해술에 능했던 고대 폴리네시아 인들은 뉴기니 섬을 떠나 오늘날 솔로몬 제도로 알려진 지역, 그리고 오늘날의 바누아투(Vanuatu)에 당도하였다. 그들은 조선술을 발전시켜 사람들과 동물, 교역품을 실을 수 있는 이중 선체 구조의 선박을 건조함으로써 동쪽으로는 하와이, 서쪽으로는 칠레에서 서쪽으로 3,600km 떨어진 이스터 섬과 같은 아주 먼 지역까지 항해할 수 있었다. 서기 1000년 무렵 폴리네시아 문화는 태평양의 수천km에 걸친 거대한 삼각형 형태로 분포했으며,

이를 폴리네시아 삼각지대(Polynesian Triangle)라고 부른다.

아랍 세계의 가장 위대한 **탐험가**는?

'무슬림 마르코폴로'라고 불리는 이븐 바투타(Ibn Batuta, 1304~1369)는 아시아와 아프리카의 여러 지역을 탐사하였다. 생전에 12만km나 되는 거리를 탐험했던 이븐 바투타는 지구 상에서 가장 많은 거리를 탐험한 사람으로 알려져 있다.

칭기즈 칸은 무엇을 정복했나?

몽골 제국의 황제 칭기즈 칸은 중국에서 러시아, 서부 중동에 이르는 광대한 지역을 정복하였다. 칭기즈 칸이 건국한 인류사 최대의 제국은 1227년 그의 사망과 더불어 분열되기 시작하였다.

프레스터 존은 누구인가?

12세기의 어느 날 이교도들에게 위협받고 있는 동방의 기독교 왕국 국왕인 '프레스터 존'이 보냈다는 편지가 교황에게 전달되었다. 전하는 바에 따르면, 프레스터 존은 유럽의 동포들에게 도움을 요청하였다. 프레스터 존과 그의 왕국은 발견된 적이 없지만, 신비에 둘러싸인 그의 편지는 수백 년 동안 그의 왕국을 구하려는 탐험 활동과 탐사의 열정에 불을 지폈다.

페니키아의 **탐험가**들이 **유럽**을 발견하고 식민지를 건설한 시기는?

기원전 800년 무렵 이집트의 파라오 네코(Necho)는 지중해 너머 지역으로 함대를 파견하였다. 그들은 프랑스, 에스파냐, 그레이트브리튼, 아프리카의 해안을 항해하였다.

십자군이란?

11~14세기에 걸쳐 무장한 유럽의 기독교도 집단은 무슬림으로부터 기독교도의 성지를 빼앗기 위해 중동을 침략하였다. 십자군들은 중동으로의 원정길에서 무자비한 살육과 약탈을 저질렀으며, 중동에서도 그들의 만행은 계속되었다. 십자군 원정 자체는 잔

남북 전쟁 당시 미 연방 정부와 남부연합 양측에서 모두 종군한 바 있고, 실종된 유명한 아프리카 탐험가를 구조하기도 했던 인물은 누구일까?

헨리 모턴 스탠리(Henry Morton Stanley)는 영국 출신이지만 미국으로 건너가 남북 전쟁이 일어나기 여러 해 전부터 그곳에서 일했다. 미 연방군에 입대한 그는 1861년 샤일로 전투(Battle of Shiloh)에서 남부연합군에게 포로로 잡혔고, 이후 남부연합 측으로 전향하였다. 스탠리는 실종된 아프리카 탐험가 데이비드 리빙스턴(David Livingstone)을 구조한 인물로 특히 유명하다. 리빙스턴을 찾은 그가 "리빙스턴 박사님 맞으시죠?(Dr. Livingstone, I presume?)"라고 인사를 건넨 일 또한 널리 알려져 있다.

혹하기 그지없는 일이었지만, 십자군 기사들이 가져온 세계에 대한 지식은 지리학의 발전에 기여하기도 하였다.

아프리카

나일 강의 발원지를 발견한 인물은?

영국왕립지리학회(British Royal Geographical Society)에서 파견된 존 해닝 스피크(John Hanning Speke)는 1856년 동아프리카에 존재한다고 알려진 호수들을 발견하였다. 1858년 스피크와 리처드 프랜시스 버턴(Richard Francis Burton) 경은 탕가니카(Tanganyika) 호를 발견하였다. 이후 버턴과 헤어진 스피크는 빅토리아 호를 발견하였고, 이를 나일 강의 발원지라고 주장하였다. 많은 사람들은 스피크의 주장을 불신했지만, 그는 1860년 빅토리아 호를 다시 찾아가 이곳이 실제로 나일 강의 발원지임을 증명해 냈다.

사후 보존되었다가 9달 동안 아프리카 해안을 돌아 도보로 운구된 탐험가는?

세계적으로 유명한 아프리카 탐험가 리빙스턴 박사는 오늘날 잠비아 지역을 탐사하던 중 사망하였다. 그의 시신은 방부 처리되었고, 심장은 근처의 나무 밑에 묻혔다. 시신은 천에 감싸여 물이 스며들지 않도록 타르로 덮였다. 그의 충직한 하인들은 아프리카

동해안을 9달 동안 걸어서 영국 군함 벌처호(HMS Vulture)로 운구하였다. 영국에 도착한 리빙스턴의 시신은 1874년 4월 18일 웨스트민스터 사원에 묻혔다.

캡틴키드는 누구인가?

캡틴 윌리엄 키드(William Kidd)는 애초에는 해적 토벌대의 일원이었지만, 얼마 지나지 않아 해적으로 돌변하였다. 해적떼가 들끓던 아프리카로 항해를 떠난 뒤, 영국 당국에는 키드 자신이 여러 척의 배를 나포했다는 보고서가 올라왔다. 자신의 목에 현상금이 걸렸음을 알아차린 키드는 후원자를 만나기 위해 보스턴으로 향했지만, 오히려 후원자에게 붙잡혀 영국으로 압송되었다. 키드는 해적 혐의로 1701년 5월 23일 교수형에 처해졌다.

유명한 아프리카 탐험가 데이비드 리빙스턴 박사는 런던 웨스트민스터 사원에 안장되었다. (사진: Paul A. Tucci)

신대륙

북아메리카에 **처음 도착한 유럽 인**은?

11세기 초반에 활동했던 레이프 에릭슨(Leif Ericsson)은 북아메리카에 발을 디딘 최초의 유럽 인이다. 전설에 따르면 노르웨이의 탐험가 에릭슨은 각각 오늘날의 캐나다 배핀(Baffin) 섬, 래브라도(Labrador), 뉴펀들랜드(Newfoundland)로 여겨지는 지역인 헬룰랜드(Helluland), 마클랜드(Markland), 빈랜드(Vinland)를 방문하였다.

폰세 데 레온은 누구인가?

에스파냐의 정복자 폰세 데 레온(Ponce de León)은 젊음의 샘을 찾아나섰던 인물이다.

전설상의 비미니(Bimini) 섬에 있다는 전설의 샘을 찾기 위한 여정에 나섰던 그는 1513년 플로리다를 발견하였다.

태평양을 동부 해안에서 최초로 본 유럽 인은?

1513년 바스코 누녜즈 데 발보아(Vasco Núñez de Balboa)는 파나마 지협을 건너 태평양을 동부 해안에서 바라본 최초의 유럽 인이다. 전신에 갑옷을 입고 있던 그는 눈앞에 보이는 바다로 걸어 들어가며 바다, 그리고 바다에 연한 땅은 모두 에스파냐령이라고 주장하였다. 그는 자신이 발견한 바다를 '마르 델 수르(Mar del Sur, 남쪽 바다)'라고 명명하였다. 그로부터 불과 6년 뒤 발보아는 정적의 손에 목이 베이고 말았다.

마젤란 해협이란?

페르디난드 마젤란(Ferdinand Magellan)은 세계 일주 항해 중이던 1520년 자신의 이름이 붙을 해협을 발견하였다. 마젤란은 이 해협을 남아메리카 남단을 통과하는 지름길로 활용하였다. 마젤란 해협은 물의 흐름이 거센 데다 위험한 암초들로 둘러싸여 있다.

마젤란 탐험대의 목적은?

페르디난드 마젤란은 지구를 일주하겠다는 희망을 품고 1519년 유럽을 출항하였다. 그는 1521년 성공적으로 필리핀에 도착하였지만, 그곳에서 원주민들에게 목숨을 잃고 말았다. 1519년 9월 20일 5척의 배에 241명의 대원을 태우고 출발한 마젤란 탐험대였지만, 1522년 9월 6일 에스파냐로 돌아온 것은 빅토리아호 한 척에 탑승한 18명의 대원뿐이었다. 마젤란은 1521년 4월 27일 필리핀에서 원주민들과의 전투 중 사망했지만, 그의 탐험대는 세계 일주에 성공하였다.

크리스토퍼 콜럼버스가 신대륙의 발견자로 인정받는 까닭은?

크리스토퍼 콜럼버스(Christopher Columbus)는 신대륙에 처음 도착한 사람도 유럽 인도 아니지만, 그의 발견은 신대륙의 대규모 식민지화 및 본격적인 탐사가 이루어진 계기였다는 점에서 중요성이 높다. 콜럼버스가 신대륙을 '발견'했다는 논리는 지극히 유럽

중심적인 사고이지만, 유럽 인들은 콜럼버스의 신대륙 발견과 이를 위한 열정을 높이 평가해 왔다.

뉴욕 시의 콜럼버스 광장에는 크리스토퍼 콜럼버스 동상이 서 있다.

크리스토퍼 콜럼버스의 시대에는 모든 사람들이 **세상은 평평하다**고 믿었나?

아니다. 일반적으로는 크리스토퍼 콜럼버스가 에스파냐의 페르난도 왕과 이사벨라 여왕을 세상이 둥글다는 논리로 설득했다고 알려져 있지만, 이는 사실과는 다르다. 콜럼버스가 실제로 페르난도 왕과 이사벨라 여왕에게 납득시켜야 했던 것은 세계 일주 항해의 현실성이었다. 고대 그리스 인들이 지구가 둥글다는 사실을 발견했지만, 이 사실은 수세기의 시간이 지난 뒤에야 받아들여졌다. 그러나 15세기 무렵—콜럼버스의 아메리카 항해가 이루어진 시기—에는 교육받은 사람들이라면 대부분 지구가 둥글다는 사실을 인지하고 있었다. 하지만 세계 일주에 얼마나 많은 시간이 소요되는가 하는 점은 여전히 풀리지 않은 의문이었다.

콜럼버스가 자신의 계획이 성사될 수 있도록 **지구의 둘레**를 고의로 **얼버무렸다는** 이야기는 사실인가?

당시 대부분의 학자들은 지구의 둘레가 약 40,000km라고 보았지만, 콜럼버스는 자신의 계획을 밀어붙이기 위해 29,000km설을 활용하였다. 그래야만 자신의 계획이 보다 실현 가능하고 비용 면에서도 합리적이라고 설득할 수 있었기 때문이다. 콜럼버스는 항해 계획이 보다 짧은 시일 내에 실현될 것처럼 보이도록, 에라토스테네스의 학설보다 지구 둘레를 짧게 보았던 포시도니우스의 학설을 활용하였다.

메이슨 · 딕슨선은 애초에 무엇을 나누는 선이었나?

메이슨 · 딕슨선(Mason–Dixon line)은 일반적으로 미국 동부의 '남'과 '북'을 나누는 선을 지칭하지만, 본래는 1763년 찰스 메이슨(Charles Mason)과 제러마이아 딕슨(Jeremiah

Dixon)에 의해 구획된 펜실베이니아 주와 메릴랜드 주의 경계선이었다. 남북 전쟁 중에 펜실베이니아 주와 메릴랜드 주의 영역이 서쪽으로 확대되면서, 이 선은 노예제 찬성 주와 폐지 주의 구분을 상징하는 선이 되었다.

캐나다의 **밴쿠버**는 누구의 이름을 따서 명명되었나?

제임스 쿡(James Cook) 탐사대의 일원이기도 했던 조지 밴쿠버(George Vancouver)는 1790년대에 미지의 대륙인 '테라 오스트랄리스 인코그니타(Terra Australis Incognita)'와 북서 항로(Northwest Passage) 탐사대를 지휘하면서 북아메리카의 태평양 연안 지역을 답사하고 이 지역의 지도를 제작하였다. 밴쿠버는 캐나다 밴쿠버 섬을 배로 일주하였으며, 밴쿠버 시(1881년 건립)는 그의 이름을 기려 명명되었다.

루이스와 클라크가 이끈 탐사대의 목적은?

토머스 제퍼슨 미국 대통령은 태평양과 대서양을 잇는 북서 항로의 발견을 위해 메리웨더 루이스(Meriwether Lewis)와 육군 장교 윌리엄 클라크(William Clark)를 파견하였다. 1804년 5월부터 1806년 9월까지 지속된 탐사에서 두 사람이 지휘한 탐사대는 아직 서구인의 발길이 닿지 않았던 루이지애나와 오리건 일대를 통과하였다. 그들은 애초의 목적이었던 북서 항로를 발견하지는 못했지만, 미국 서부의 지리적 발견에 크게 기여하였다.

존 웨슬리 파월은 누구인가?

존 웨슬리 파월(John Wesley Powell)은 남북 전쟁 중 한 팔을 잃었지만, 19세기 최고의 측량사로 인정받았다. 1869년 파월은 그랜드캐니언을 탐사하였다. 보트를 타고 콜로라도 강을 답사하면서 위험한 급류에 휘말리거나 적대적인 아메리카 원주민과 조우하기도 하고, 극단적인 기후 환경과 맞닥뜨리기도 하는 등 많은 위험과 고난을 겪었다. 1890년 파월은 미국지질학회의 부회장에 임명되었다.

아메리카라는 이름은 어떻게 명명되었나?

크리스토퍼 콜럼버스가 신대륙을 발견했다고는 하지만, 그는 항상 자신이 아시아에 당도했다고 믿었지, 자신이 발견한 지역이 신대륙임을 인정하지 않았다. 신대륙을 탐험하고 탐험기를 출간했던 이탈리아의 탐험가 아메리고 베스푸치(Amerigo Vespucci)는 신대륙이 아시아와는 별개의 대륙임을 인정한 최초의 유럽 인이었다. 아메리고 베스푸치의 탐험기를 읽은 독일의 지도 제작자 마르틴 발트제뮐러(Martin Waldseemüeller)는 1507년 출간한 신대륙 지도에서 오늘날 남아메리카로 알려진 지역을 아메리고 베스푸치를 기려 '아메리카'로 표기하였다. 이것이 아메리카라는 명칭의 기원이다.

제임스 쿡이 발견하지 못했던 것은?

18세기에 제임스 쿡은 전설적인 미지의 대륙 '테라 오스트랄리스 인코그니타'의 발견을 위한 1회의 남태평양 탐사를 포함해서 총 7회의 탐사를 지휘하였다. 오늘날 오스트레일리아로 알려진 대륙은 실제로는 그전에 발견되어 있었지만, 수백 년에 걸쳐 전해 내려온 미지의 대륙에 대한 믿음 때문에 당시 유럽 인들은 이 일대에 또 다른 거대한 대륙이 존재한다고 믿었다. 쿡은 남태평양 탐사를 통해 '테라 오스트랄리스 인코그니타'는 실제로 존재하지 않는 대륙임을 밝혔다. 쿡은 북아메리카에서 유럽과 아시아를 잇는 항로를 발견하기 위한 또 다른 탐사도 지휘하였다. 이 항해에서 쿡은 샌드위치 제도(하와이 제도)를 발견하는 한편, 북서 항로는 얼음 때문에 항해가 불가능하다는 사실을 발견하였다. 이처럼 '항해 가능한 북서 항로의 미발견'이라는 결론을 내린 채 귀국하던 쿡은 샌드위치 제도에서 선박에 실린 보트 한 척이 도난당한 일 때문에 유발된 원주민과의 분쟁

1914년 런던의 애드미럴티 아치(Admiralty Arch)에 세워진 제임스 쿡의 동상

조지 워싱턴은 지리학자였나?

조지 워싱턴은 젊은 시절 지도 제작과 측량 기술을 배웠다. 워싱턴은 13세 때 아버지의 소유지였던 버논(Vernon) 산의 지도를 제작했는데, 이는 그가 생애 최초로 만든 지도였다. 17세 때는 버지니아 주 컬페퍼카운티(Culpepper County)의 측량사로 임명되었다. 워싱턴은 21세에 군대에 입대하였으며, 이후의 생애는 역사에 기록된 바와 같다.

중에 살해당하였다.

메이플라워호는 얼마나 빠른 속도로 항해했나?

1620년 필그림(Pilgrim, 17세기 미국으로 이주했던 영국인 청교도들을 일컫는 말-역주)들을 태운 범선 메이플라워호는 영국의 플리머스 항을 떠나 66일간의 항해 끝에 신대륙에 당도하였다. 순풍을 탄 항해였지만, 대서양을 항해했던 메이플라워호의 평균 속도는 시속 3.2km에 불과하였다.

해리란?

해양에서의 거리 측정에 사용되는 단위인 해리(海里)는 1.852m 또는 1.85km를 기준으로 한다. 선박의 속도는 노트(knot)로 표기한다. 노트는 시간당 몇 킬로미터를 항진할 수 있는지를 표시하는 단위이다.

파나마에서 사용되는 **통화 단위**는?

파나마의 화폐는 발보아(Balboa)이며, 이는 파나마에 정착한 최초의 유럽 인인 탐험가 바스코 누녜즈 데 발보아(Vasco Núñez de Balboa)의 이름을 딴 것이다.

극지방

북극점에 최초로 도달한 사람은?

미국의 탐험가 로버트 에드윈 피어리(Robert Edwin Peary)는 북극점에 최초로 도달한 인물로 알려져 있지만, 실제로 그가 1909년에 탐사한 지점은 북극점에서 48~80km 떨어진 지점이었다. 북극점에 최초로 도달한 실질적인 인물이 누구인지는 여전히 논란 중이다.

남극점에 최초로 도달한 사람은?

1911년 노르웨이의 탐험가 로알드 아문센(Roald Amundsen)과 영국의 탐험가 로버트 스콧(Robert Scott)은 남극점 도달을 놓고 경합을 벌였다. 1911년 12월 4일 아문센과 4명의 동료들은 남위 90°의 남극점에 도달하였다. 약 한 달 뒤에 스콧 일행이 남극점에 도달하였다. 패배에 절망한 데다 물자까지 떨어진 스콧 일행은 베이스캠프로 돌아오던 중 목숨을 잃었다.

위대한 아프리카계 미국인 탐험가는?

1866년 태어난 아프리카계 미국인 매슈 헨슨(Matthew Henson)은 피어리(Peary)의 첫 번째 북극 원정에 참가하여 7년을 북극에서 보내면서 15,000km에 달하는 거리를 탐사하였다. 탐험대장 피어리보다 45분 앞서 북극점에 도달한 그는 실질적으로 북극점을 최초로 발견하고 발을 디딘 인물이다.

자연환경과 자원

미국 본토의 **정중앙**은?

미국 본토 48개 주의 지리학적 중심부는 북위 39°50′, 서경 98°35′ 지점으로, 캔자스 주 레바논으로부터 북서쪽으로 약 6.5km 거리에 있다.

미국에서 **해발 고도**가 **가장 높은 지점**은?

해발 6,194m의 알래스카 매킨리 봉[Mt. McKinley, 데날리(Denali)라는 지명으로도 불림]은 미국에서 해발 고도가 가장 높은 지점이다. 미국 본토의 48개 주 가운데 가장 높은 지점은 캘리포니아 주에 있는 해발 고도 4,418m의 휘트니(Whitney) 산으로, 미국에서 해발 고도가 가장 낮은 지점인 데스밸리(Death Valley, 해발 고도 86m)로부터 161km도 떨어져 있지 않다.

미시시피 강 동부 지역에서 해발 고도가 가장 높은 지점은?

노스캐롤라이나 주의 미첼(Mitchell) 산은 해발 고도 2,037m로 미시시피 강 동부 지방에서는 가장 높은 지점이다.

생물종이 풍부한 미국 플로리다 주의 에버글레이즈(Everglades) 늪은 면적이 5,659km²에 달하지만, 생태계의 위협에 직면해 있는 이 늪의 면적은 원래 면적의 20%에 불과하다.

북아메리카에서 **해발 고도가 가장 높은 호수**는?

옐로스톤 국립공원의 옐로스톤(Yellowstone) 호는 해발 2,358m로 북아메리카에서 가장 높은 지점에 위치한 호수이다.

미국에서 **가장 수심이 깊은 호수**는?

고대에 분출한 화산의 화구가 함몰되면서 형성된 오리건 주의 크레이터(Crater) 호는 수심 589m로 미국에서 가장 수심이 깊은 호수이다. 크레이터 호는 유입 하천 없이 강수에 의해서만 물이 채워지는 호수이다.

미국에서 가장 큰 섬은?

면적 10,414km²의 하와이(Hawaii) 섬은 미국에서 가장 큰 섬이다. 면적 8,897km²의 푸에르토리코는 미국에서 두 번째로 큰 섬이다.

세계 **최대의 늪**은?

플로리다의 에버글레이즈(Everglades) 늪은 면적 5,659km^{2}로 세계에서 가장 큰 늪이다. 플로리다 주 남부에 위치한 이 늪의 평균 수심은 15cm이다. 에버글레이즈 늪은 과도한 배수와 독성 식물의 유입 등으로 인해 생태계의 위협에 직면해 있다.

세계에서 **가장 큰 산**은?

하와이의 마우나케아(Mauna Kea) 산은 세계에서 가장 큰 산이다. 해저면에서 시작되는 마우나케아 산의 총 높이는 10,205m에 달한다. 에베레스트 산은 8,839m에 불과하다. 마우나케아 산의 최고봉은 해발 4,205m이다.

오대호에는 몇 개의 호수가 있나?

오대호(Great Lakes)에는 휴런(Huron), 온타리오(Ontario), 미시간(Michigan), 이리(Erie), 슈피리어(Superior) 호의 5개 호수가 있다. 'HOMES'라는 영문 이니셜은 오대호의 다섯 호수 이름을 외우는 데 도움이 될 것이다. 이 가운데 미시간 호를 제외한 다른 4개의 호수는 미국과 캐나다의 국경을 이룬다.

세계 **최대의 담수호**는?

슈피리어 호는 세계에서 가장 큰 담수호이다. 82,103km^{2}의 물을 가둔 이 호수의 길이는 약 563km이다.

세계에서 **가장 짧은 강**은?

세계에서 가장 짧은 강은 미국 오리건 주에 있는 36.6m의 디(D) 강이다. 이 강은 데빌스(Devil's) 호와 오리건 주 링컨시티(Lincoln City) 인근의 태평양 연안을 연결한다.

코니 섬은 섬이 아님에도 불구하고 왜 섬으로 분류되나?

코니(Coney) 섬은 오늘날에는 뉴욕 시 롱아일랜드에 속한 반도이지만, 과거에는 실제로 섬이었다. 롱아일랜드와 코니 섬 사이의 모래톱에 토사가 퇴적되어 두 섬이 합쳐지

오대호의 규모는 면적의 측면에서 세계적으로 어느 정도의 순위에 들까?

슈피리어 호는 면적 82,103km^{2}로 세계 최대의 담수호이다. 휴런 호는 면적 59,570km^{2}로 세계 3위 규모의 담수호이다. 면적 57,757km^{2}의 미시간 호는 세계에서 4번째로 면적이 넓은 담수호이다. 이리 호는 면적 25,641km^{2}로 세계 10위 규모의 담수호이다. 면적 18,907km^{2}의 온타리오 호는 세계 12위의 담수호이다.

면서, 20세기 초에 개장한 코니 섬의 유명한 유원지는 오늘날 롱아일랜드 소재의 유원지가 되었다.

미국의 주

미국에서 **가장 큰** 5개의 **주**는?

알래스카 주(153만 690km^2), 텍사스 주(69만 1,012km^2), 캘리포니아 주(41만 1,033km^2), 몬태나 주(38만 730km^2), 뉴멕시코 주(31만 4,944km^2)는 미국에서 면적이 가장 넓은 5개의 주이다.

미국에서 **가장 작은** 5개의 **주**는?

로드아일랜드 주(3,108km^2), 델라웨어 주(5,180km^2), 코네티컷 주(12,950km^2), 하와이 주(16,835km^2), 뉴저지 주(20,202km^2)는 미국에서 가장 면적이 작은 5개 주이다.

미국에서 **가장 인구가 많은** 5개의 **주**는?

캘리포니아 주(3,380만), 텍사스 주(2,080만), 뉴욕 주(1,890만), 플로리다 주(1,590만), 일리노이 주(1,240만)는 미국에서 가장 인구가 많은 5개 주이다.

로드아일랜드는 왜 전체가 섬이 아닌데도 아일랜드로 불릴까?

로드아일랜드의 공식 이름은 'Rhode Island and Providence Plantations(로드 섬과 프로비던스 식민지)'이며, 본토 지역(프로비던스 시 위치)뿐만 아니라 4개의 주요 섬들을 포함하고 있다. 이 섬들 중 가장 큰 섬 이름의 첫 부분을 따서 로드아일랜드로 불렸다.

미국에서 **가장 인구가 적은** 5개의 **주**는?

와이오밍 주(49만 3,000), 워싱턴D.C.(57만 2,000, 이는 사실 엄밀히 말해 주로 분류되지는 않는다), 버몬트 주(60만 8,000), 알래스카 주(62만 6,000)는 미국에서 가장 인구가 적은 5개 주이다.

미국에서 **호수**가 **가장 많은** 주는?

미네소타 주는 '10,000개 호수(주의 공인 문구)'의 주로 알려져 있지만, 실제로는 미국에서 호수가 가장 많은 주가 아니다. 미네소타 주에 인접한 위스콘신 주에는 이보다 많은 14,000개소의 호수가 있지만, 이러한 승부에서의 분명한 승자는 300만 개가 넘는 호수를 가진 알래스카 주이다.

알파벳 네 글자로 이루어진 **주 이름**을 가진 주들은?

유타(Utah), 오하이오(Ohio), 아이오와(Iowa) 세 주의 명칭은 각각 알파벳으로 4자이며, 이는 미국의 주들 가운데 알파벳으로 가장 짧은 주 이름이다.

미국의 주들 가운데 **알파벳 'a'로 끝나는** 명칭을 가진 **주**는 몇 개나 되나?

미국의 50개 주 가운데 21개 주가 알파벳 'a'로 끝나는 주 이름을 갖고 있다.

델마바 반도라는 명칭은 어떻게 붙여졌나?

미국 동부의 델라웨어(Delaware) 주와 메릴랜드(Maryland) 주, 버지니아(Virginia) 주의 일부를 일컫는 지명인 델마바 반도(Delmarva Peninsula)는 미국 동부 해안 지대에 위치

한다. 길이 290km의 이 반도의 명칭은 세 주의 앞부분 글자(Del, Mar, Va)를 따서 붙여졌다.

하와이에는 몇 개의 **섬**이 속해 있나?

하와이 제도에는 총 122개의 섬들이 속해 있다. 하와이 제도의 최남단에 위치한 하와이 섬은 제도에서 가장 큰 섬(면적 10,360km²)이다. 하와이 제도 최서단에 위치한 두 개의 섬은 미드웨이(Midway) 제도로 불리며, 미국령이지만 하와이 주에 속하지는 않는다.

하와이 호놀룰루 시 와이키키 해변의 피서객들 사이로 쌍동선(雙胴船) 한 척이 물 위에 떠 있다. 미국의 50번째 주인 하와이는 122개의 섬들로 이루어져 있다. (사진: Paul A. Tucci)

하와이 제도에서 한때 **나환자 수용소**였던 섬은?

하와이 제도의 몰로카이(Molokai) 섬에는 외부와 격리되어 인적이 드문 나환자 수용소가 설치된 적이 있다. 이 수용소의 설립자 다미안(Damian) 신부는 이곳에 수용된 사람들을 돌보고 보살폈다. 그도 결국 나병으로 숨을 거두었으며, 가톨릭 교회는 그 선행을 기려 그를 성인(聖人)의 반열에 올렸다.

이혼율이 가장 높은 미국의 주는?

인구 1,000명당 6.4명의 이혼율을 기록한 네바다는 미국에서 가장 이혼율이 높은 주이다. 워싱턴D.C.의 이혼율은 1,000명당 1.7명으로 미국에서 가장 낮으며, 그다음으로 낮은 주는 인구 1,000명당 2.2명인 매사추세츠 주이다.

샌드위치 제도와 하와이 제도는 어떠한 공통점이 있나?

샌드위치 제도와 하와이 제도는 사실 동일한 섬 지역이다. 1778년 이 섬들을 발견한 제임스 쿡 선장은 샌드위치 제도라는 이름을 붙였다. 시간이 흐르면서 이 제도는 원주민들의 토착 이름인 하와이라는 명칭으로 알려지게 되었다. 쿡은 그의 후원자였던 제4대

미국의 주들 가운데 가장 많은 선박이 등록된 주는 어느 주일까?

플로리다 주에는 94만 6,000척의 선박이 등록되어 있으며, 94만 5,000척과 89만 4,000척이 각각 등록된 미시간 주와 캘리포니아 주가 그 뒤를 잇는다.

샌드위치 백작 존 몬태규(John Montagu)의 이름을 따서 '샌드위치 제도'라고 명명했던 것이다.

미국에서 유일하게 **다이아몬드 광산**을 가진 주는?

아칸소(Arkansas) 주는 미국의 주들 가운데 유일하게 다이아몬드 광산을 갖고 있다. 아칸소 주 남서부에 위치한 이 다이아몬드 광산은 더 이상 상업적인 목적의 채굴이 이루어지지 않으며, 오늘날에는 크레이터오브다이아몬드 주립공원(Crater of Diamonds State Park)이라는 공원이 되어 다이아몬드를 주울 기회를 노리는 관광객들의 발길을 모으고 있다.

미국에서 **가장 건조한 주**는?

연 강수량이 190mm에 불과한 네바다 주는 미국에서 가장 건조한 주이다.

애리조나 주의 **공식 넥웨어**는?

공식적인 상징 동물이나 꽃 이외에도 미국의 각 주들은 주를 상징하는 공식적 상징물을 제정한다. 애리조나 주의 공식 넥웨어(neckwear)[14]는 볼로타이(bolo tie)[15]이다.

오직 한 개의 주와 인접한 미국의 주는?

뉴햄프셔 주와 인접한 메인(Maine) 주는 미국에서 유일하게 단 한 개의 주와 인접한 주이다.

가장 많은 접경 주를 가진 미국의 주는?

테네시 주는 아칸소 주, 미주리 주, 켄터키 주, 버지니아 주, 노스캐롤라이나 주, 조지아 주, 앨라배마 주, 미시시피 주의 8개 주와 인접해 있다. 미주리 주 또한 아이오와 주, 네브래스카 주, 캔자스 주, 오클라호마 주, 아칸소 주, 테네시 주, 켄터키 주, 일리노이 주의 8개 주와 인접한다.

미국에서 **해안선이 가장** 긴 주는?

알래스카 주의 해안선은 8,851km가 넘는다. 그 뒤를 잇는 미시간 주의 해안선은 5,291km로, 3위인 플로리다 주(1,926km)와 4위인 캘리포니아 주(1,352km)보다 훨씬 길다.

단원제 주의회를 시행하는 미국의 주는?

네브라스카 주의 주의회는 단원제이다. 다른 49개의 주들은 모두 양원제 주의회를 운영한다.

캐나다 최남단보다 **북쪽**에 영역을 가진 미국의 주들은 몇 개인가?

미국의 50개 주 가운데 27개 주가 캐나다 최남단인 이리 호의 필리(Pelee) 섬보다 북쪽에 영역을 가지고 있다.

푸에르토리코는 미국의 주인가?

아니다. 푸에르토리코는 미국의 자치령(commonwealth)이다. 1898년 미국은 에스파냐로부터 푸에르토리코를 획득하였지만, 1952년까지 푸에르토리코는 미국의 자치령이 아니었다. 푸에르토리코에는 미 연방 정부에 대한 납세 의무도, 미국 대통령 선거권도 부여되어 있지 않지만, 푸에르토리코 인들은 미국의 시민권을 가지며 미국 내를 자유로이 여행할 수 있다. 푸에르토리코는 미국 하원에 한 명의 의원을 선출할 수 있으나, 선거권을 갖지는 못한다. 인구 약 360만 명의 푸에르토리코는 오늘날 세계 최대의 식민지이기도 하다.

미국의 자치령이지만 주는 아닌 푸에르토리코의 산후안 구시가지(Old San Juan) 전경

도시와 카운티

미국에는 **몇 개의 도시**가 있나?

미국에는 약 18,440개의 도시가 있으며, 이 가운데 대부분은 인구가 25,000명 이하이다.

미국에서 **가장 면적이 넓은 도시**는?

알래스카 주의 주도인 주노(Juneau)는 면적이 8,000km^{2}로 미국에서 가장 넓은 도시이다.

2000~2006년까지 **미국**에서 **가장 빠른 속도로** 인구가 **증가**한 **도시**는?

2000년부터 2006년까지 인구 증가 속도가 가장 빨랐던 도시는 텍사스 주 매키니(McKinney, 97.3%)이며, 애리조나 주 길버트(Gilbert, 73.9%)와 네바다 주의 노스라스베이거스(North Las Vegas, 71.1%)가 그 뒤를 잇는다.

루이지애나 주에는 카운티(county)가 있을까?

없다. 루이지애나 주는 카운티가 아닌 64개의 패리시(parish)로 구획된다. 패리시는 카운티와 별 차이가 없으며 이름만 다를 뿐이다. 패리시라는 명칭은 가톨릭의 교구를 뜻하는 단어 'parish'에서 유래하며, 이는 루이지애나 주가 과거 프랑스 식민지였기 때문에 가톨릭의 영향이 남아 있음을 보여 준다.

허리케인 카트리나 이후 **뉴올리언스**의 인구는 얼마나 **감소**했나?

허리케인 카트리나가 물러간 후 많은 주민들이 뉴올리언스로 돌아오기는 했지만, 2005년에 일어난 허리케인 재앙으로 이 도시의 인구는 53% 이상 감소하였다.

미국에서 범죄가 **가장 많이 일어나는 도시**로는 어떤 도시들이 있나?

범죄가 많이 일어나는 미국 도시들의 순위는 미시간 주 디트로이트, 뉴저지 주의 캠던, 미주리 주의 세인트루이스, 캘리포니아 주의 오클랜드의 순서로 나열해 볼 수 있다.

미국의 **최북단, 최남단, 최동단, 최서단** 도시는?

미국의 최북단 도시는 알래스카 주 배로(Barrow), 최남단 도시는 하와이 주 힐로(Hilo), 최동단 도시는 메인 주 이스트포트(Eastport), 최서단 도시는 알래스카 주 아트카(Atka)이다.

미국에서 **가장 고도가 높은 정착지**는?

해발 3,445m에 위치한 콜로라도 주의 클라이맥스(Climax)는 미국에서 가장 고도가 높은 곳에 위치한 정착지이다.

미국에서 가장 오랫동안 **유지되고 있는 도시**는?

플로리다 주의 세인트어거스틴(Saint Augustine)은 1565년 에스파냐의 탐험가 페드로 메넨데스 데 아빌레스(Pedro Menendez de Avilés)에 의해 건설되었다. 세인트어거스틴은

플로리다 주 동해안(대서양 연안)에 위치하며, 오늘날의 인구는 약 12,000명에 이른다. 세인트어거스틴은 미국뿐만 아니라 북아메리카 전체에서 가장 오랫동안 유지되고 있는 도시이다.

캘리포니아 주 로스앤젤레스와 네바다 주 레노 중 어느 도시가 **더 서쪽**에 위치하나?

네바다 주는 캘리포니아의 동쪽에 인접하고 로스앤젤레스는 태평양에 연해 있지만, 레노(Reno)는 로스앤젤레스보다 더 서쪽에 위치한다. 레노는 서경 119°49′에, 로스앤젤레스는 서경 118°14′에 위치한다.

쇼 프로그램을 위해 명명된 도시는?

미국의 유명 라디오 쇼 프로그램 '트루스 오어 컨시퀀시스(Truth or Consequences)'의 10주년 기념 방송이 이루어진 도시는 훗날 이 프로그램의 이름을 따서 개칭된다. 1950년 뉴멕시코 주의 핫스프링스(Hot Springs)가 개명함에 따라, 트루스 오어 컨시퀀시스의 10주년 기념 방송은 뉴멕시코 주 트루스오어컨시퀀시스에서 송출되었다. 이 도시는 오늘날에도 여전히 이 이름을 유지하고 있다.

지진의 도시로 알려진 미국의 도시는?

사우스캐롤라이나 주 찰스턴(Charleston)은 '지진의 도시'라는 별명으로 알려져 있다. 1886년 8월 31일 찰스턴은 미국 동부 해안 지대를 강타한 강력한 지진의 피해를 입었다. 리히터 스케일 6.6을 기록한 이 지진으로 60명이 목숨을 잃었다.

로스앤젤레스는 어디에서 **용수**를 공급받나?

로스앤젤레스 현지의 수원지에서는 도시에서 필요한 용수를 충분히 공급받지 못하기 때문에, 대부분의 용수는 수백km 떨어진 곳에서 운송된다. 오언즈밸리(Owens Valley, 캘리포니아 중동부 소재), 콜로라도 강, 캘리포니아 북부의 여러 하천으로부터 대규모의 송수로와 운하를 통해 용수가 운반된다. 이러한 방법이 로스앤젤레스가 절실히 필요로 하는 깨끗한 물을 공급해 주기는 하지만, 이로 인해 수원지의 물이 고갈되면서 해당 지

역의 물에 의존하던 생태계가 파괴되는 문제도 일어나고 있다.

미국에는 얼마나 많은 **카운티**가 있나?

미국에는 3,043개의 카운티가 있다. 3개의 카운티를 거느린 델라웨어 주는 미국에서 카운티가 가장 적은 주이고, 텍사스 주는 254개로 가장 많은 주이다.

미국 **최대의 카운티**와 **최소의 카운티**는 각각 어떤 카운티인가?

캘리포니아 주의 샌버나디노(San Bernadino)는 면적 51,800km^{2}로 미국 최대의 카운티이다. 이 카운티는 로스앤젤레스 시내에서 네바다 주 및 애리조나 주와의 접경 지대에까지 뻗어 있다. 미국에서 가장 작은 카운티는 하와이 주 칼라와오(Kalawao) 카운티로, 면적 33.7km^{2}에 인구는 130명에 불과하다.

사람과 문화

미국의 **인구**는 얼마나 되나?

미국의 인구는 약 3억 400만 명으로 7초마다 1명의 신생아가 탄생하고, 13초마다 1명이 사망하며, 30초마다 국내 이주가 이루어지고, 매 11초마다 1명의 신입 직원이 순익을 낸다.

합법적인 미국 이민자들 가운데 가장 비중이 높은 출신 지역은?

약 120만 명에 달하는 미국 거주 합법적 이주자들 가운데 멕시코 출신이 가장 많으며(14.4%), 중국계(7.2%)와 필리핀계(6.2%)가 그 뒤를 잇는다.

미국 내 **불법 이민자**의 수는 얼마나 되나?

몇몇 전문가들은 미국 인구 통계 자료를 근거로 들어 미국 내 불법 이민자의 수를 1,130만여 명으로 추산한다.

19세기에 미국으로 유입된 이민자들은, 이 사진 속의 이탈리아계 부부처럼 대부분 유럽에서 온 이민자들이었다. 오늘날에는 멕시코와 아시아로부터 온 이민자들이 그 주를 이룬다. (사진: Paul A. Tucci)

미국 내 **불법 이민자**들은 주로 **어느 지역 출신**인가?

미국 내 불법 이민자의 약 57%는 멕시코계이며, 11%는 중앙아메리카계, 9%는 동아시아계, 8%는 남아메리카계, 4%는 유럽 및 카리브계이다.

미국에서 **가장 오래된 대학**은?

하버드 대학교는 미국에서 가장 오래된 대학으로, 1636년 보스턴 외곽에 위치한 매사추세츠 주 케임브리지에 설립되었다.

미국에서 **대학 교육**이 지니는 **가치**는 어느 정도인가?

미국에서 학사 학위 이상의 학위를 취득한 노동자들의 연평균 수입은 51,206달러이다. 고졸 노동자들의 연평균 수입은 27,915달러, 고졸 미만은 18,734달러이다. 석박사의 경우에는 연평균 74,602달러에 달한다.

미국에는 얼마나 많은 **교육 기관**이 있나?

미국에는 13만 400여 개 이상의 초등·중등·고등학교, 6,400개 이상의 대학교와 단과대학 및 중등 학교 졸업자를 대상으로 하는 교육 기관들이 소재해 있다.

미국 **대학**에는 얼마나 많은 **유학생**들이 있나?

미국 유학생의 수는 56만 4,000명이 넘는다. 이 중 아시아계가 58%, 유럽계는 15%, 라틴아메리카계는 11%를 차지한다. 아프리카계는 6%, 캐나다는 5%, 중동계는 3%, 오세아니아계는 0.8%이다.

미국 성인 인구 가운데 휴대 전화 사용자의 비율은 얼마나 될까?

미국 성인 인구의 89% 이상이 휴대 전화를 사용하며, 14%는 유선 전화 없이 휴대 전화만 사용한다. 유선 전화만 사용하는 인구의 비율은 9%에 불과하다.

미국의 **인터넷 사용자 수**는?

미국의 인터넷 사용자 수는 약 2억 1,100만 명으로 총인구의 약 72.5%를 차지한다. 전 세계 인터넷 사용 인구의 15%는 미국에 있다.

미국의 전체 가구 가운데 정기적으로 **자선 단체**에 **기부**를 하는 가구의 비율은?

미국 전체 가구의 약 89%가 자선 단체에 기부를 한다. 가구당 평균 1,620달러를 기부하며, 이를 모두 합하면 2,950억 달러에 이른다.

미국인 가운데 매년 **자원봉사**를 하는 사람들의 비율은?

미국인들의 26% 이상이 어떤 형태로든 매년 봉사 활동을 한다. 이는 매년 6,100만 명에 가까운 미국인들이 자신의 시간을 기부함을 의미한다.

미국에서 가장 인기 있는 **국립공원**은?

노스캐롤라이나 주와 버지니아 주에 걸쳐 있는 블루리지파크웨이(Blue Ridge Parkway)는 매년 1,700만 명 이상의 관광객이 방문하는, 미국에서 가장 인기 있는 국립공원이다. 애팔래치아 산맥 남부에 위치한 이 국립공원은 아름다운 경치를 자랑하는 가도(街道)로 하이킹 코스가 있고, 새 관찰을 할 수 있으며, 국립공원 안내원의 안내도 받을 수 있다. 연간 1,400만 명이 찾는 골든게이트 국립휴양지(Golden Gate National Recreation Area)와 연간 940만 명이 찾는 레이크미드 국립휴양지(Lake Mead National Recreation Area)는 그 뒤를 잇는 인기 있는 국립공원이다.

미국에서 **가장 오래된 공원**은?

1634년 윌리엄 블랙스톤(William Blackstone)은 50ac(에이커)의 토지를 보스턴에 매각하였다. 그가 매각한 초지는 보스턴 코먼(Boston Common)이라는 이름의 공공지로 사용되었고, 이는 미국에서 가장 오래된 공원이다. 보스턴 코먼은 매사추세츠 주 청사 앞에 위치하며, 연중 대중에 개방되어 있다.

미국에서 가장 인기 있는 **테마파크**는?

플로리다 주의 월트디즈니월드(Walt Disney World)는 매년 1,700만 명 이상의 방문객들이 찾는다.

세계 최초로 **곤충을 위한 기념물**이 세워진 곳은?

1919년 11월 11일 앨라배마 주 엔터프라이즈(Enterprise)에서는 목화바구미(boll weevil)를 기리는 기념물이 세워졌다. 목화바구미를 쥔 두 손을 높이 들고 있는 거대한 여성상인 이 기념물에는 "우리의 번영을 가져다준 목화바구미에게 깊이 감사하노라."라는 문구가 적혀 있다. 목화솜을 파먹는 일종의 딱정벌레류인 목화바구미는 20세기 초 미국 남부 지역에서 창궐하여 목화의 씨를 말렸다. 엔터프라이즈 주민들은 이 때문에 목화 대신 땅콩을 재배하였는데, 이는 엔터프라이즈에 새로운 번영기의 막을 열어 주었다. 목화바구미 기념물은 엔터프라이즈 주민과 방문자들에게 이 지역의 부유함과 인간의 다각적인 능력을 상기시켜 주려는 목적으로 세워졌다.

미국에는 얼마나 많은 **자동차**들이 있나?

미국에는 약 1억 5,100만 대의 자동차가 있으며, 이는 미국인 2명당 자동차 1대가 있는 셈이다.

미국 **최초의 상용 비행**은 어디에서 이루어졌나?

1914년 1월 1일, 세계 최초의 비행 일정에 따른 상용 비행이 플로리다 주 탬파베이(Tampa Bay)에서 플로리다 주 세인트피터즈버그(St. Petersburg) 간에 이루어졌다. 몇 주

동안만 지속된 이 노선은 35km 거리를 빠른 속도로 비행하였다.

선벨트는 어느 지역인가?

온난한 기후로 유명한 선벨트(sunbelt)는 미국의 남부와 남서부에 걸쳐 있는 지리적 지역이다. 캘리포니아 주, 애리조나 주, 텍사스 주, 플로리다 주 등지로 이주하는 사람들이 증가하면서, 이 지역은 지난 수십 년간 높은 인구 증가세를 보여 왔다.

러스트벨트는 어떤 지역인가?

러스트벨트(rustbelt)는 미국 북동부와 중서부의 쇠퇴하고 있는 공업 지역을 일컫는 말이다. 공장, 특히 강철 및 석유 산업의 폐업은 대량의 실업을 유발하였고, 이는 러스트벨트 지역 도시들의 인구 감소로 이어졌다. 러스트벨트는 미네소타 주에서 매사추세츠 주에 걸쳐 있다.

바이블벨트는 어떤 지역인가?

근본주의 기독교인들의 비중이 높은 지역으로 알려진 바이블벨트(Bible Belt)는 미국 서부 및 남서부 지역의 오클라호마 주에서 캐롤리나 주에 걸쳐 있다.

러시모어(Rushmore) 산의 미국 대통령 두상은 누가 제작했나?

미국의 조각가 거츤 보글럼(Gutzon Borglum)은 사우스다코타 주 블랙힐스(Black Hills)에 위치한 이 국가적 기념물을 디자인하였다. 1927년 시작된 이 조형물의 제작은 1941년 3월 보글럼이 세상을 떠났을 때 완성을 눈앞에 둔 상태였다. 보글럼은 높이 18m인 조지 워싱턴, 토머스 제퍼슨, 에이브러햄 링컨, 시어도어 루스벨트 등 4명의 미국 대통령 두상 제작을 감독하였다. 보글럼의 사후 그의 아들은 미완성 상태였던 루스벨트 대통령의 두상을 1941년 말 완성하였다.

캘리포니아에 **러시아의 전초 기지**가 있었던 까닭은?

1812년 설치된 러시아의 전초 기지인 포트로스(Fort Ross)는 오늘날 캘리포니아 주의 소

산더미만큼 크고 인상적인 러시모어 산의 미국 대통령 4명의 조각상은 거츤 보글럼의 작품이다.

노마카운티(Sonoma County)에 위치하였다. 이 전초 기지는 러시아 모피 상인들이 이 지역을 탐사하고 활용하려는 목적으로 세워졌다. 러시아 인들은 1841년까지 이 전초 기지를 유지하였다.

미국에서 **가장 오랫동안 지속적으로 발행된 신문**은?

1764년 토머스 그린(Thomas Green)은 코네티컷 주 하트퍼드(Heartford)에서 『하트퍼드 쿠란트(Heartford Courant)』를 발간하였으며, 이는 미국에서 가장 오랫동안 지속적으로 발행되는 신문이다.

미국 **최초의 쇼핑몰**은?

1922년 캔자스 주 캔자스 교외에 개장한 컨트리클럽 디스트릭트(Country Club District)는 미국 최초의 쇼핑몰이다.

매년 얼마나 많은 **기업체**가 미국에서 **창업**하나?

미국에서는 매년 60만 개 이상의 신생 기업들이 창업하여 세계 최대 규모의 미국 경제를 떠받치는 2,470만 개 기업의 대열에 합류한다. 대부분의 기업들(99.9%)은 사원 500명 미만이다.

미국에서의 **사망 원인 1위**는?

미국인의 약 3분의 1은 심혈관 질환으로 사망하는데, 이는 미국에서의 사망 원인 가운데 1위를 차지한다. 사망 원인 2위는 미국인 사망 원인의 4분의 1을 차지하는 암이다.

아카디아나란?

1755년 영국은 캐나다 뉴브런즈윅(New Brunswick) 주 아카디아(Acadie)를 접수하고 시민들을 추방하였다. '아카디아 인(Acadian)'이라고 불렸던 이들은 강제로 고향을 떠나게 된 후 루이지애나로 이주하였다. 아카디아 인들은 오늘날에도 루이지애나에 살고 있으며, 이들의 문화는 음악과 요리 분야에서 '케이준(Cajun)'이라는 이름으로 명성을 얻었다. 아카디아 인들이 여전히 살고 있는 루이지애나 주 남부 지역을 아카디아나(Acadi-ana)라고 부른다.

루이지애나 주의 **무덤**은 왜 **땅 위**로 솟아 있나?

루이지애나 주는 해수면과 지표면의 간격이 매우 작기 때문에, 관이 떠내려가지 않도록 무덤을 땅속에 완전히 묻는 식이 아니라 땅 위로 솟는 형태로 만든다.…→[16] 루이지애나의 묘지는 무덤들과 통로가 마치 작은 도시와도 같은 형상을 이루고 있다.

역사

미국은 어떻게 오늘날의 형태를 취하게 되었나?

미국은 본래 대서양 연안의 13개 영국 식민지로 출발하였다. 1783년 미국은 오하이오

주, 인디애나 주, 일리노이 주, 미시간 주, 위스콘신 주를 포함하는 북서부 영토(North-west Territory)를 획득하였다. 에스파냐와 미국은 1798년 플로리다 북부 경계선에 대한 합의를 도출하였으며, 이를 통해 미국은 미시시피 영토(Mississippi Territory)를 획득하였다. 1803년의 루이지애나 구입(미시시피 강 서쪽의 대부분을 포함하는)은 미국의 영토를 두 배로 확대시켰다. 1845년에는 텍사스 공화국(Republic of Texas)[17]의 합병이 이루어졌고, 에스파냐로부터 플로리다를 할양받았다. 1846년에는 미국과 영국 사이에 조약이 체결되어 오리건 영토(Oregon Territory, 오리건 주, 워싱턴 주, 아이다호 주)가 공식적으로 미국 영토로 인정되었다. 1846~1848년에 일어난 미국-멕시코 전쟁의 결과 캘리포니아 주, 유타 주, 뉴멕시코가 미국 영토로 편입되었다. 1853년의 개즈든 구입(Gadsden Purchase)[18]으로 애리조나 남부가 새로이 미국 영토가 되었다. 알래스카는 1867년 러시아에서 구입했으며, 마지막으로 하와이가 1898년 미국에 합병되었다.

'명백한 운명'이란?

1845년 존 루이스 오설리번(John Louis O'sullivan)[19]이 사설에서 처음 사용한 용어인 '명백한 운명(Manifest Destiny)'은 미국의 태평양 연안으로의 영토 확장이 필연적인 숙명임을 정당화하는 용어이다. 이 용어는 텍사스, 캘리포니아, 알래스카, 그리고 태평양 및 카리브 해의 도서 지역에 대한 합병을 정당화하는 데 사용되었다.

루이스와 클라크의 탐사대는 무엇을 찾으려 했나?

토머스 제퍼슨 미국 대통령은 태평양과 대서양을 연결하는 북서 항로를 발견하기 위해 메리웨더 루이스(Meriwether Lewis)와 육군 장교 윌리엄 클라크(William Clark)를 파견하였다. 1804년 5월 시작되어 1806년 9월 종료된 이 탐사에서 두 사람이 지휘한 탐사대는 당시까지 서구인들에게 알려지지 않았던 루이지애나 지역의 일부와 오리건 일대를 탐사하였다. 그들은 북서 항로에 도달하지는 못했지만, 미국 서부의 지리를 기록하였다.

'슈어드의 바보짓(Seward's Folly)'이란?

'슈어드의 얼음 상자(Seward's Icebox)'라고도 불리는 이 용어는 미국이 1867년 러시아에

720만 달러를 지불하고 구입한 알래스카에 주어진 별칭이다. 당시 미국 국무장관 윌리엄 슈어드(William Seward)의 강력한 비호하에 추진된 알래스카 구입은 많은 사람들의 비난을 받은 끝에 '슈어드의 바보짓'이라는 오명까지 얻었다. 1900년의 알래스카 골드러시는 슈어드가 실은 매우 현명한 인물이었음을 증명하였다. 1959년 알래스카는 미국의 49번째 주가 되었다.

미국사에서 가장 많은 **영토의 확장**이 이루어진 연도는?

1803년 미국은 프랑스에 1,500만 달러를 지불하고 200만km^{2}가 넘는 영토를 구입하였다. 루이지애나 구입으로 알려진 이 사건을 통해 미국은 미시시피 강에서 로키 산맥에 이르는 새로운 영토를 얻을 수 있었고, 덕분에 미국 영토는 두 배로 확장되었다.

루이지애나 구입 외에도 **미국**은 어떤 식으로 **서부 지역**을 획득했나?

미국은 루이지애나 구입을 통해 획득한 영토보다 서쪽에 있는 지역을 획득하기 위해 여러 차례의 영토 구입을 시도하고 전쟁을 벌였다. 대표적인 사례로는 멕시코로부터 영토를 구입한 개즈든 구입, 그리고 멕시코 영토 일부와 텍사스 공화국, 오리건 컨트리(Oregon Country)→20의 병합 등이 있다.

오리건 통로란?

오리건 통로(Oregon Trail)는 길이 3,200km의 개척 통로로 미주리 주 인디펜던스(Independence)에서 오리건 주 포틀랜드(Portland)에 걸쳐 있다. 이주자들은 이 통로를 따라 당시 인구가 희박했던 서부 지역에 도달하여 이 지역을 개척하였다. 오리건 통로를 따라 오리건에 도착하는 데는 약 6개월의 시간이 소요되었다. 이 통로는 1840년대 및 이후 수십 년 동안 중요한 교통로로 활용되었다. 이 통로의 일부는 워싱턴 주의 휘트먼미션 국립사적지(Whitman Mission National Historic Site) 등지에서 여전히 관찰할 수 있다.

미국에는 **원주민 부족**이 얼마나 있는가?

미국에는 550여 원주민 부족이 존재한다고 확인되었다.

시트카(Sitka)는 알래스카 주의 풍요로운 어업 도시이다. 알래스카는 미국이 1867년 700만 달러가 넘는 돈을 주고 구입한 자원의 보고이다.

유럽 인의 **아메리카 식민 지배** 당시 얼마나 많은 **아메리카 원주민**들이 **살해**당했나?

수만 년 동안 아메리카 대륙에 터전을 잡고 살아온 아메리카 원주민들의 대다수가 유럽 인 식민 지배자들의 손에 학살당했다. 유럽으로부터 아메리카 대륙으로 가져온 천연두와 흑사병 등 전염병 역시 수많은 원주민 부족을 죽음으로 몰아넣었다. 유럽 인들의 이해관계에서 촉발한 부족 간 전쟁, 노예, 그리고 19세기에 이루어진 강제 이주와 대량 학살은 당시까지도 명맥을 유지하고 있던 수십만의 아메리카 원주민들을 거의 절멸시키다시피 하였고, 그들의 문화 또한 대규모로 파괴되었다.

미국에는 얼마나 많은 **원주민 보호 구역**이 있나?

미국에는 310개소의 원주민 보호 구역이 있다. 이들 보호 구역은 미국 연방 정부 소유로 내무부 인디언 문제부(Bureau of Indian Affairs)의 관리를 받지만, 각 보호 구역들은 자체 법규 등 제한적인 통치권을 가진다.

콜럼버스가 신대륙에 도착한 뒤 아라와크 족에게 무슨 일이 일어났을까?

크리스토퍼 콜럼버스(Christopher Columbus)가 카리브 해의 섬에 상륙했을 때 이 일대에는 25만~100만 명에 달하는 아라와크(Arawak) 족이 살고 있었다고 전해진다. 16세기 중반에 접어들어 이들의 수는 질병, 노예 사냥, 학살 등으로 말미암아 500명 미만으로까지 줄어들었다. 오늘날에는 가이아나에 약 3만 명의 아라와크 족이 거주하고 있으며, 프랑스령 기아나와 수리남에도 소수의 아라와크 족이 살고 있다.

'눈물의 길(Trail of Tears)'이란?

1838년 미국은 약 15,000명에 달하는 체로키(Cherokee) 부족을 체포한 다음 그들을 고향인 테네시 주에서 추방하여 오클라호마 주 일대로 강제 이주시켰다. 체로키 부족이 고향에서 제거됨으로써 미국 시민들은 테네시 주의 비옥한 토지를 활용할 수 있게 되었다. 이 '길'에 참가한 체로키 인들의 약 4분의 1이 영양실조, 질병, 비효율적인 행정 등으로 목숨을 잃었다.

미국에 **최초의 영구적 영국인 거주지**가 세워진 시기는?

1607년 제임스타운(Jamestown) 식민지가 런던회사(London Company)[→21]의 배편으로 이주한 영국인 식민지 개척자들에 의해 버지니아에 세워졌다. 이 식민지는 여러 차례에 걸쳐 아메리카 원주민들의 공격 대상이 되었지만, 결국 1676년에 일어난 내부 반란인 베이컨의 반란(Bacon's Rebellion)에 의해 파괴되었다.

먼로 선언은 어떻게 아메리카를 보호했나?

1823년 미국 대통령 제임스 먼로(James Monroe)는 유럽 열강이 아메리카 대륙을 간섭해서는 안 된다는 내용의 연설을 하였다. 이러한 내용을 골자로 한 정책은 1840년대에 먼로 선언(Monroe Doctrine)으로 발표되었다. 1823년 이후 미국은 먼로 정책을 유럽 국가의 아메리카 대륙 간섭을 저지하는 목적으로뿐만 아니라, 자국의 팽창이라는 목적으로도 활용하였다.

2000년 이후 **미국**으로부터 **군사적인 공격**을 받거나 **점령당한 나라**는 얼마나 되는가?

2000년 이후 미국은 마케도니아, 아프가니스탄, 예멘, 필리핀, 콜롬비아, 이라크, 라이베리아, 아이티, 파키스탄, 소말리아, 조지아, 지부티, 코트디부아르, 시에라리온 등 14개국을 공격 또는 점령하였다.

미국은 어떻게 **버진아일랜드**를 획득했나?

미국은 카리브 해 방위에 도움을 얻기 위해 1917년 덴마크로부터 3개의 주요 섬[세인트크로이(St. Croix, 산타크루즈 섬), 세인트존(St. John), 세인트토머스(St. Thomas)]과 50개의 부속도서로 이루어진 버진아일랜드를 구입하였다. 총인구 10만 명 이하인 이 지역은 오늘날 미국 영토가 되었다.

북아메리카와 중앙아메리카

북아메리카의 중앙은?

북아메리카(캐나다, 미국, 멕시코)의 지리적 중앙은 노스다코타 주 볼타(Balta)에서 서쪽으로 10km 떨어진 북위 48°10′, 서경 100°10′지점이다.

나프타(NAFTA)란?

1994년 캐나다와 미국, 멕시코는 관세의 인하와 세 나라 간의 경제적 조정을 내용으로 하는 북미자유무역협정(North American Free Trade Agreement, NAFTA)을 체결하였다.

나프타는 캐나다와 미국, 멕시코 간의 **무역**을 **촉진**하였나?

그렇다. 1993~2007년까지 나프타 회원국 간의 무역량은 290달러에서 930달러로 3배 이상 증가하였다.

대륙분수령이란?

대륙분수령(Continental Divide)은 북아메리카의 분수령에 해당하는 선이다. 이 분수령의 동쪽에서는 대서양 방면으로 강수가 이루어지는 반면, 서쪽에서는 태평양 방면으로 강수가 이루어진다. 이 분수령은 로키 산맥의 가장 높은 지역에 걸쳐 있으며, 독립된 산

맥을 형성하지는 않는다.

그린란드와 북극 지역

그린란드는 정말로 푸른가(green)?

서기 982년 그린란드는 에이리크 라우디(Eiríkr Rauði)[22], '붉은 에이리크'라는 뜻)에 의해 처음으로 개척되었으며, '그린란드'라는 지명은 그가 명명하였다. 아이슬란드에서 추방당한 에이리크 라우디는 그린란드에 식민지를 건설하였으며, 다른 개척자들을 끌어모으기 위해 이 같은 사람들을 모을 만한 이름을 붙였다. 사실 그린란드는 그다지 푸르지 않다. 일부 해안 지역에 식생이 분포하기는 하지만, 이 섬의 대부분은 산악 지역인 데다 얼음층에 덮여 있다. 그린란드는 덴마크의 자치주이다.

그린란드의 얼음층은 얼마나 **두꺼운가**?

그린란드의 얼음층 두께는 3km가 넘는다.

세계 **최북단**의 **육지**는?

그린란드의 피어리랜드(Peary Land) 지역에 위치한 모리스 제섭 곶(Cape Morris Jesup)은 지구 상에서 최북단에 위치한 육지이다. 이 곶은 북위 83°38′에 위치한다.

북극점에는 육지가 존재하나?

북극점은 대서양의 바다 위에 위치하기 때문에, 이 지점의 대부분은 1년 내내 두꺼운 얼음으로 덮여 있기는 하지만 육지는 존재하지 않는다. 북극점에는 육지가 없기 때문에 북극곰 등의 동물들은 얼음 위에서 살아간다.

북극의 **얼음**으로 뒤덮인 **지역**은 얼마나 큰가?

북극의 얼음층은 410만km^2에 달하는 면적을 덮고 있다.

지구 온난화로 인해 **북극**이 **녹고** 있나?

그렇다. 1979~2005년까지 북극 지역에서 면적 531만km^2가 소실되었는데, 이는 미국 캘리포니아 주와 텍사스 주 면적을 합친 크기와 같다. 6,000~12만 5,000년 전 이래 이러한 변화가 일어난 전례는 없다.

북극에 **거주하는 원주민**의 수는 얼마나 되나?

북극에 거주하는 사람들의 수는 400만 명이 넘는다. 그들은 미국 알래스카 주, 캐나다, 그린란드, 스칸디나비아, 시베리아 등지에 국경을 가로지르며 살아가고 있다.

캐나다

캐나다에는 모두 몇 개의 **주**가 있나?

캐나다는 10개의 주(province)와 3개의 준주(territory)로 구성되어 있다. 10개 주에는 앨버타주(Alberta) 주, 브리티시컬럼비아(British Columbia) 주, 매니토바(Manitoba) 주, 뉴브런즈윅(New Brunswick) 주, 뉴펀들랜드(Newfoundland) 주, 노바스코샤(Nova Scotia) 주, 온타리오(Ontario) 주, 프린스에드워드아일랜드(Prince Edward Island) 주, 퀘벡(Québec) 주, 서스캐처원(Saskatchewan)가 있다. 캐나다의 준주로는 유콘(Yukon) 준주, 노스웨스트(Northwest) 준주, 누나부트(Nunavut) 준주가 있다.

프레리 주란?

캐나다 중부의 초원이 발달한 매니토바 주, 서스캐처원 주, 앨버타 주 등 세 주를 가리켜 프레리 주(Prairie Provinces)라고 한다.

누나부트 준주란?

캐나다의 세 번째 준주인 누나부트(Nunavut) 주는 캐나다 원주민인 이누이트(Inuit) 인의 영역으로, 준주도는 이칼루이트(Iqaluit)이다. 1999년 준주로 승격된 이 지역은 캐나

프랑스의 영향을 받은 구대륙의 멋이 남아 있는 캐나다 몬트리올 주의 퀘벡(Québec) 구시가지

다 전체 면적의 5분의 1을 차지하지만, 인구는 29,000명을 조금 넘는 수준으로 캐나다 전체 인구의 1%에도 미치지 않는다.

캐나다 최대의 **도시 지역**은?

토론토(인구 510만), 몬트리올(360만), 밴쿠버(210만)는 캐나다 최대 규모의 도시이다.

캐나다의 **대륙횡단철도**는 언제 완공되었나?

캐나다는 10년에 가까운 기초 공사 끝에 1885년 최초의 대륙횡단철도를 완공하였다. 캐나다 태평양철도(Canadian Pacific Railway)는 캐나다 서부의 개척을 위해 개통되었으며, 밴쿠버의 발전에 크게 기여하였다.

캐나다 북부는 어느 정도로 **융기**했나?

빙하 시대에는 두꺼운 얼음층이 허드슨(Hudson) 만을 비롯한 캐나다 북부를 뒤덮었으

> **캐나다의 인구는 어디에 집중되어 있을까?**
>
> 캐나다 인구의 절반 이상은 캐나다 동부의 온타리오 주와 퀘벡 주 남부에 거주한다. 온타리오 주 윈저(Windsor)에서 퀘벡 주의 퀘벡시티까지 뻗어 있는 이 지역은 '메인스트리트(Main Street)'라고 불리며, 캐나다의 주요 도시인 토론토, 오타와, 몬트리올도 이 지역에 포함된다.

며, 얼음층의 엄청난 무게는 대륙을 누르고 있었다. 빙하 시대 이후 얼음층이 녹으면서 이 지역은 매년 수cm의 속도로 융기하고 있다.

퀘벡 주에서는 왜 **프랑스 어**를 사용하나?

퀘벡 주민의 대부분은 프랑스 어를 사용하는데, 이는 17세기에 건설된 북아메리카에서 가장 오래된 도시에 속하는 퀘벡 시가 프랑스 인들에 의해 건설된 데 기인한다. 퀘벡은 1763년 영국군이 뉴프랑스(New France) 식민지를 점령할 때까지 뉴프랑스의 수도로 기능해 왔다. 18세기 이후 퀘벡은 영국의 지배를 받았지만, 한때 프랑스령이었던 이 지역은 북아메리카 대륙에서 프랑스 어와 프랑스 문화의 중심지로 남았다.

퀘벡 주와 캐나다의 다른 주들 간의 문화적 차이는 매우 크기 때문에, 퀘벡 주의 분리 독립을 원하는 퀘벡 분리주의자들의 입김도 강하다. 1980년과 1995년에 이루어진 퀘벡 주 분리 여부를 결정하는 국민 투표에서 분리주의자들은 모두 패하였다. 하지만 이러한 국민 투표의 패배가 분리주의자들의 목소리를 잠재우지는 못했고, 향후 또다시 국민 투표가 개최될 예정이다. 만일 국민 투표에서 퀘벡 주 분리가 가결된다면 캐나다 연방의 느슨한 결속력의 문제가 해결될 것으로 보는 사람들도 적지 않다.

'54도 40분이 아니면 전쟁을!(Fifty-four forty or fight!)'이라는 문구는 무슨 의미인가?

19세기 중반 많은 미국인들은 미국의 영토가 오늘날의 캐나다 영토에 해당하는 북쪽까지 확대되기를 바랐다. '54도 40분이 아니면 전쟁을!'이라는 구호는 미국 북쪽 국경을 캐나다 남부 영토의 대부분을 포함하는 북위 54°40′까지 확장하자는 열망을 담고 있었다. 최종적으로 미국 북쪽 국경은 오늘날의 국경선인 북위 49°로 획정되었다.

캐나다 앨버타 주 재스퍼 국립공원(Jasper National Park)에 있는 도로인 아이스필즈파크웨이(Icefields Parkway) 너머로 캐나다 로키 산맥이 보인다. 로키 산맥은 캐나다 유콘 준주에서 미국 남서부까지 뻗어 있다. (사진: Paul A. Tucci)

북아메리카에서 **가장 깊은 호수**는?

캐나다 북부의 그레이트슬레이브(Great Salve) 호는 깊이가 614m로 북아메리카에서 가장 깊다. 이 호수는 일대에 거주하던 원주민 슬레이브(Salve) 족의 이름을 따서 명명되었다.

로키 산맥은 얼마나 **긴가**?

로키 산맥은 캐나다 유콘 주에서 미국 남부의 애리조나 주와 뉴멕시코에 이르는 길이 3,200km의 산맥이다.

나이아가라 폭포의 **침식**은 어떻게 멈추었나?

나이아가라 폭포는 고트(Goat) 섬에 의해 두 갈래의 물줄기로 갈라져 떨어진다. 나이아가라 폭포의 폭포수 가운데 6%만이 미국 쪽 폭포로 떨어지며, 나머지 대부분은 호스슈 폭포(Horseshoe Fall, 캐나다 쪽 폭포)로 떨어진다. 1969년에는 이 두 갈래의 폭포에서 일어나는 침식 현상을 연구하기 위해 수 개월의 동안 미국 나이아가라 폭포에서 호스슈 폭포 방향으로 임시 댐이 가설되었다.

클론다이크 골드러시란?

1896년 오늘날 캐나다 서부 유콘 준주의 클론다이크(Klondike) 강과 유콘(Yukon) 강 합류점에 위치한 클론다이크에서 금이 발견되었다. 이 소식이 널리 퍼지면서 수만 명의 사람들이 캐나다 서부로 몰려들었고, 이를 클론다이크 골드러시(Klondike Gold Rush)라고 한다.

세계 최대의 만(灣)은?

면적 150만km^{2}의 멕시코 만은 세계 최대의 만이다. 멕시코 만은 멕시코, 미국 남부 해안 지대, 쿠바에 둘러싸여 있으며 동쪽의 카리브 해와 연결된다.

멕시코

서반구 **최초**의 **대도시**는?

테오티우아칸(Teotihuacán)은 서기 1~7세기에 번영하였다. 오늘날 멕시코시티의 북동쪽에 위치한 테오티우아칸의 인구는 약 20만 명에 달했고, 이는 서반구 최초의 대도시이다. 태양의 피라미드와 달의 피라미드는 테오티우아칸의 영광을 상징한다. 여기서 말하는 테오티우아칸은 이 도시가 쇠락한 지 6세기 뒤에 아즈텍(Aztec) 문명에 의해 오늘날의 멕시코시티 자리에 건설된 또 다른 테오티우아칸과는 분명히 다르다.

시에라마드레옥시덴탈 산맥과 **시에라마드레오리엔탈 산맥**은 어디에 있나?

시에라마드레옥시덴탈(Sierra Madre Occidental) 산맥과 시에라마드레오리엔탈(Sierra Madre Oriental) 산맥은 멕시코의 양대 산맥이다. 이 두 산맥의 명칭은 각각 동쪽이라는 뜻의 '오리엔탈(oriental)'과 서쪽이라는 뜻의 '옥시덴탈(occidental)'에 유래한다. 즉 시에라마드레옥시덴탈 산맥은 멕시코 동해안 지역에, 시에라마드레오리엔탈 산맥은 멕시코 서해안 지역에 위치한다.

멕시코에는 모두 **몇 개의 주**가 있나?

멕시코는 31개의 주와 연방구인 멕시코시티로 구분된다. 멕시코 북부의 치와와(Chihuahua) 주는 면적 24만 7,086km^{2}로 멕시코에서 가장 넓은 주이다. 멕시코에서 가장 인구가 많은 주는 멕시코시티 서쪽에 위치한 인구 1,400만 명의 멕시코 주이다.

유카탄이란?

유카탄(Yucatan)은 멕시코 남부의 거대한 반도 이름이다. 유카탄 반도는 플로리다 주를 '바라보고' 있으며, 멕시코 만을 카리브 해로부터 분리한다.

멕시코시티에는 얼마나 많은 **멕시코 인**들이 거주하고 있나?

멕시코 인구의 4분의 1 정도가 멕시코시티(Mexico City) 대도시권에 거주한다. 멕시코의 수도인 멕시코시티는 인구 약 1,900만 명으로 서반구 최대의 대도시권이다.

마킬라도라는 미국 의류 공급에 도움이 되나?

마킬라도라(maquiladora)는 외국 기업(주로 미국) 소유의 멕시코 공장을 일컫는다. 대부분 미국-멕시코 국경 지대에 위치한 마킬라도라는 미국으로부터 원자재를 공급받아 완성재를 제조하여 수출한다. 마킬라도라는 주로 의류와 자동차를 생산한다.

마킬라도라의 **피고용인**들은 어느 정도의 **소득**을 얻나?

국경 지대의 공장들은 열악한 근무 환경에 저항할 소지가 적고 국경 북쪽의 미국 본토 노동자들의 6분의 1 수준의 급여만 지급해도 되는 여성 노동자들을 선호한다. 이들은 시간당 1달러의 임금을 받으며, 대부분 주당 평균 48시간의 노동을 강요받고 있다.

중앙아메리카

중앙아메리카와 **라틴아메리카**는 무엇이 다른가?

중앙아메리카는 북아메리카와 남아메리카를 잇는, 멕시코와 콜롬비아 사이에 위치한 국가들이다. 과테말라, 벨리즈, 엘살바도르, 온두라스, 니카라과, 코스타리카, 파나마의 7개국이 중앙아메리카에 속한다. 라틴아메리카는 이보다 훨씬 포괄적인 개념으로, 중앙아메리카 국가들과 멕시코, 남아메리카 전역을 아우른다.

중앙아메리카에서 **가장 늦게 독립**을 달성한 나라는?

영국령 온두라스에서 1981년 독립한 벨리즈는 가장 나중에 독립을 달성한 북아메리카 국가이다.

벨리즈 연해의 얕은 바다에는 아름다운 산호가 발달해 있다.

모스키토 해안에는 실제로 모기(mosquito)가 많이 서식하나?

니카라과 동부 해안 지대에 위치한 모스키토 해안(Mosquito Coast)은 폭 103km, 너비 400km의 지역이다. 모스키토 해안은 연 강수량 6,350mm로 모기가 번식하기에 최적의 조건을 갖추고 있는 지역이지만, 그 지명은 해당 지역의 원주민인 모스키토 인디언(Mosquito Indians)의 부족명을 따서 명명되었다.

파나마 운하는 누구의 소유인가?

1903년 미국의 지원을 받는 콜롬비아 서부의 혁명가들이 봉기를 일으켜 파나마를 독립 국가로 독립시켰으며, 미국은 즉각 이를 승인하였다. 신생독립국 파나마는 미국에 너비 16km의 파나마 지협의 사용권을 제공하였고, 미국은 이곳에 파나마 운하를 건설하였다. 미국은 운하 지구(Canal Zone)라고 불린 파나마 운하 및 인접 지역에 대한 통제권을 1999년까지 보유하였다. 1977년에는 미국과 파나마 간에, 1999년에는 파나마 운하의 통제권을 중앙아메리카 국가에 반환하기로 하는 협정이 체결되었기 때문이다.

피온이란?

피온(peon)은 중앙아메리카의 대농장인 하시엔다(hacienda)에서 일하는 농업 노동자들이다.

대앤틸리스 제도와 소앤틸리스 제도의 차이는 무엇일까?

대앤틸리스(Greater Antilles) 제도는 쿠바, 히스파니올라, 푸에르토리코, 자메이카라는 면적이 넓은 카리브 해의 4개 섬을 일컫는 지명이다. 카리브 해의 작은 섬들은 소앤틸리스(Lesser Antilles) 제도에 포함된다.

세계에서 **두 번째로 긴 산호초**는?

세계에서 두 번째로 긴 산호초는 중앙아메리카 북동쪽에 해당하는 벨리즈의 태평양 연안에 위치하며, 라이트하우스 산호섬(Lighthouse Reef)과 글로버스 산호섬(Glovers Reef)으로 구성된다. 벨리즈의 산호초는 길이 수백km에 달하는 대보초와는 달리 수십km에 불과하다.

서인도 제도

동인도 제도와 **서인도 제도**란?

동인도 제도와 서인도 제도는 서로 지구 반대편에 위치한다. 서인도는 대앤틸리스 제도, 소앤틸리스 제도, 바하마 제도를 포함하는 카리브 해의 섬들을 가리킨다. 동인도는 인도네시아, 말레이시아, 브루나이 등의 섬들을 포함한다. 1492년 신대륙에 당도한 크리스토퍼 콜럼버스는 동인도 제도로 가는 지름길을 발견했다고 믿었다. 따라서 콜럼버스는 자신이 발견한 땅을 인도 제도의 일부라고 믿었기 때문에 그 제도의 원주민을 '인디언'이라고 이름 붙였다.

윈드워드 제도는 어디에 있나?

윈드워드(Windward) 제도는 카리브 해에 위치하며, 대서양의 북동 무역풍에 영향을 받는다. 이 제도는 거친 무역풍을 정면으로 받는다는 점 때문에 '풍상측(風上側, 선박을 향해 불어오는 바람의 방향, 바람이 불어오는 쪽-역주)'이라는 뜻의 윈드워드(Windward)라는 이름

서반구에서 가장 오래된 대학은 어느 대학일까?

1538년에 설립된 도미니카 공화국의 산토도밍고 자치대학(Autonomous University of Santo Domingo)은 서반구에서 가장 오래된 대학이다.

이 붙여졌다. 윈드워드 제도에는 마르티니크(Martinique) 섬을 비롯하여 세인트루시아(St. Lucia), 세인트빈센트 그레나딘(St. Vincent and the Grenadines), 그레나다(Grenada) 등의 섬나라가 속해 있다.

리워드 제도는 어디에 있나?

리워드(Leeward) 제도 역시 카리브 해에 위치하며, 상대적으로 북동 무역풍에 적게 노출되는 지역이다. 이 섬들은 바람으로부터 멀리 떨어져 있다는 점에서 '풍하측(風下測, 풍상측의 반대 방향-역주)'이라는 뜻의 리워드(Leeward)라는 이름이 붙여졌다. 리워드 제도에는 도미니카(Dominica), 과들루프(Guadeloupe), 몬트세랫(Montserrat), 안티가 바부다(Antigua and Barbuda), 세인트키츠 네비스(Saint Kitts-Nevis), 버진아일랜드(Virgin Islands) 등의 섬이 속해 있다.

쿠바는 **미국령**이었나?

1898년 미국은 에스파냐의 통치에 반란을 일으킨 쿠바 인들을 지원하기 위해 에스파냐와 전쟁을 벌였다. 1898년 일어난 미국-에스파냐 전쟁에서 미국은 쿠바의 통치권을 획득하여, 쿠바의 독립이 이루어진 1902년까지 쿠바를 통치하였다. 3년에 걸친 미 군정은 미국이 오늘날까지 해군 기지로 사용하고 있는 관타나모(Guantánamo) 만의 임대를 허용받기로 합의가 이루어지면서 종료되었다.

쿠바는 어떻게 **공산** 국가가 되나?

쿠바에서는 독립 57년 후인 1959년, 공산주의 지도자인 피델 카스트로(Fidel Castro)에

의해 독재자 풀헨시오 바티스타 이 살비다르(Fulgencio Batista y Zalvidar)가 이끌던 정권이 전복되었다. 쿠바에 공산 정권이 들어서자 미국은 쿠바와의 외교 관계를 단절했고, 그 결과 쿠바는 소련과 동맹을 맺을 수밖에 없었다. 1962년 10월 소련이 쿠바에 핵미사일 기지를 설치하려 하자, 이는 미국의 안보에 심각한 위협이 되었다. '쿠바 미사일 위기'는 냉전 기간 중 실제로 핵전쟁이 벌어질 위험에 가장 근접했던 사건으로 평가된다.

피그스 만이란?

피그스 만(Bay of Pigs)은 쿠바 남서부의 만이다. 1961년 피그스 만에서는 미국 중앙정보국(CIA)에 의해 훈련받고 지원받은, 쿠데타를 기도하였던 반정부주의자들의 상륙이 이루어졌다. 이들의 쿠데타 시도가 실패한 이후 미국 정부는 그들을 버렸고, 그들 중 대부분은 쿠데타 시도 당일 사살되거나 체포되었다.

아메리카 대륙에서 **가장 오래된 교회**는?

아메리카 대륙에서 가장 오래된 교회는 크리스토퍼 콜럼버스의 아들 디에고(Diego)에 의해 설립된 메뇨르데산타 대성당(Cathedral Basilica Menor de Santa)이다. 1514년 기공된 이 성당은 도미니카 공화국의 산토도밍고(Santo Domingo)에 있다.

버뮤다 삼각 지대에서는 실제로 사물이 사라질까?

'악마의 삼각 지대'로도 불리는 '버뮤다 삼각 지대(Bermuda Triangle)'는 초자연적이거나 불가사의한 이유로 다수의 항공기와 항해 중인 선박이 사라진 전설적인 지역으로 유명하다. 이러한 전설은 버뮤다, 푸에르토리코, 미국 플로리다 주의 마이애미를 꼭짓점으로 하는 대서양의 거대한 삼각형 모양의 '버뮤다 삼각 지대'에서 일어났다. 하지만 버뮤다 삼각 지대는 지리학적 또는 정치적으로 규정된 지역이 아니기 때문에 지도에 표기되어 있지는 않으며, 오직 그러한 전설이 만들어 낸 지역일 뿐이다.

이러한 전설은 최소 100년 이상 전승되어 왔지만, 이 지역에서 일어난 의문의 사건들이 자연재해나 인간의 실수를 넘어서는 원인에 기인한다는 증거는 미미하다고 생각된다. 버뮤다 삼각 지대의 전설을 확산시킨 사건은 1945년 12월에 일어난 미국 육

군항공대→23 19비행대의 비행기 5대와 이 5대를 수색하기 위해 파견된 또 다른 비행기의 실종 사건이었다. 대중적으로는 신비스런 현상에 의해 19비행대가 실종되었다는 설이 널리 알려져 있지만, 실제로는 항법 장치의 문제, 조종사들의 실수, 연료 부족, 거친 바다와 같은 요인들이 복합적으로 작용하여 비행대가 실종된 것으로 보인다.

카리브 해 국가들 가운데 **가장 먼저 독립한 나라**는?

아이티(Haiti)는 카리브 해 최초의 독립국이다. 1791년 아이티에서는 노예들의 반란이 일어났고, 이는 1804년 프랑스로부터의 독립으로 이어졌다. 한때는 히스파니올라 섬 전역이 아이티령이었지만, 오늘날에는 도미니카 공화국과 히스파니올라 섬을 공유하고 있다.

카리브 해는 매년 얼마나 많은 **관광객들**이 **찾나**?

약 3,500만 명이 아름다운 카리브 해의 섬들을 찾는다.

카리브 해에서 **관광업**이 가장 발달한 나라는?

매년 150만 명의 관광객이 방문하는 도미니카 공화국은 카리브 해 최대의 관광 국가이다. 아름다운 해안과 투명한 바다, 열대 기후는 전 세계, 특히 유럽으로부터 관광객들을 끌어모은다. 매년 85만 명이 찾는 자메이카는 카리브 해 제2의 관광국이다.

자연환경과 자원

칠레의 **산티아고**와 미국 **플로리다 주**의 **마이애미** 중 **더 동쪽**에 있는 도시는?

칠레의 산티아고(Santiago)는 남아메리카 서해안에 있지만, 실제로는 미국 동부의 플로리다 주 마이애미(Miami)보다 동쪽에 위치한다. 남아메리카는 북아메리카의 바로 남쪽에 위치한 것처럼 보이지만, 실제로는 북아메리카의 남동쪽에 위치한다.

세계에서 **가장 유량이 많은 하천**은?

아마존 강은 세계에서 두 번째로 긴 강(약 6,400km)이지만, 이 강을 따라 바다로 흘러가는 물의 양은 세계의 다른 모든 하천의 유량을 합친 양보다 많다.

안데스 산맥이란?

파나마(중앙아메리카 최남단)에서 발원하여 마젤란 해협(남아메리카 최남단)까지 이어진 안데스 산맥은 남아메리카 대륙 서부를 종단하는 산맥이다. 길이는 7,240km에 달하며, 다수의 고원과 지구 상에서 가장 건조하다고 알려진 아타카마(Atacama) 사막을 포함한다. 해발 6,960m로 남아메리카 최고봉인 아콩카과(Aconcagua) 산은 안데스 남부의 칠

볼리비아 티티카카 호에 연한 이슬라델솔(Isla Del Sol)의 계단식 농경지

레와 아르헨티나 접경 지대에 자리하고 있다. 고대 잉카 문명의 도시인 마추픽추는 페루의 안데스 산지에 위치한다.

안데스의 4가지 **기후 지역**은?

안데스 산맥은 고도에 따라 4가지 기후대로 구분된다. 가장 고도가 낮은 티에라칼리엔테(tierra caliente, '더운 땅'이라는 뜻)는 해발 762m까지의 지대로 대부분의 인구가 이곳에 거주한다. 두 번째인 티에라템플라다(tierra templada, '온화한 땅'이라는 뜻)는 해발 762~1,829m의 지역이다. 세 번째인 티에라프리아(tierra fria, '추운 땅'이라는 뜻)는 해발 1,829~3,658m에 해당하는 지역이다. 해발 3,658m 이상은 티에라헬라다(tierra helada, '동토'라는 뜻)이다.

콜롬비아의 코르디야 산맥(the Cordillas)은 어떤 곳일까?

콜롬비아에서 안데스 산맥은 3개의 분리된 산맥을 이룬다. 이 세 산맥은 코르디야옥시덴탈(Cordilla Occidental, 서부), 코르디야센트랄(Cordilla Central, 중부), 코르디야오리엔탈(Cordilla Oriental, 동부)로 나뉜다. 칼리(Cali)는 코르디야옥시덴탈 산맥과 센트랄 산맥 사이의 협곡 지대에, 보고타는 센트랄 산맥과 오리엔탈 산맥 사이에 위치한다.

세계에서 **가장 고도가 높은** 곳에 있는 **항해 가능한 호수**는?

페루와 볼리비아의 접경 지대에 있는 티티카카(Titicaca) 호는 해발 3,810m에 위치한, 세계에서 해발 고도가 가장 높은 항해 가능한 호수이다.

세계에서 **가장 높은 폭포**는?

베네수엘라의 앙헬(Angel) 폭포는 높이 979m로 세계에서 가장 높은 폭포이다. 미국의 항공기 조종사 지미 엔젤(Jimmy Angel)은 1935년 이 폭포를 발견하고 자신의 이름을 붙였다. 발견 당시 이 폭포는 페몬(Pemon) 족 등 원주민들에게는 이미 알려진 폭포였다. 그들은 이 폭포를 '가장 깊은 장소에 있는 폭포'라는 뜻의 '케레파쿠파이 메루(Kerepak-upai merú)'라고 불렀다.

아타카마 사막이란?

세계에서 가장 건조한 사막으로 손꼽히는 아타카마(Acatama) 사막은 칠레 북부에 위치한다. 이 사막은 극히 황량하여 이곳에 위치한 도시인 칼라마(Calama)에는 비가 전혀 내리지 않다시피할 정도이다. 아타카마 사막은 질산과 붕사의 생산지이다.

이스터 섬은 누구의 소유인가?

칠레에서 서쪽으로 3,600km 떨어진 이스터(Easter) 섬은 칠레 영토이다. 이 섬에는 100개 이상의 사람 머리 모양의 큰 석상이 있으며, 이 석상들은 완전한 사람의 얼굴을 갖추고 있다. 이 거대한 사람 머리 모양의 석상들은 높이 3~12m에 달하며, 연질의 화성암

으로 만들어졌다.

마젤란 해협은 구불구불한가?

그렇다! 마젤란(Magellan) 해협은 남아메리카 대륙과 남아메리카 최남단의 섬인 티에라 델푸에고(Tierra del Fuego) 섬 사이에 위치한 구불구불한 수로이다. 이 해협은 1520년 탐험가 페르디난드 마젤란(Ferdinand Magellan)에 의해 발견되었으며, 남아메리카 최남단인 케이프혼(Cape Horn)을 우회하는 부담을 줄여 주는 지름길로 사용되어 왔다.

세계 최대의 **열대 우림**은?

아마존 우림은 세계 최대의 열대 우림이다. 브라질 국토의 3분의 2를 점하는 이곳의 연강수량은 2,000mm에 달한다. 아마존 우림은 벌채로 연간 38,850km^{2}씩 줄어들고 있다. 아마존 우림은 지구 상에 존재하는 동식물의 90%가 서식하는 장소이며, 세계의 주요 산소 공급원이기도 하다.

세계 주요 **구리 생산국**은?

칠레는 세계 구리 생산량의 20%를 차지하는 나라로, 매장량은 전 세계 매장량의 4분의 1에 해당한다. 920만 미터톤의 전 세계 구리 생산량에서 칠레가 차지하는 생산량은 180만 미터톤에 달한다.

남아메리카 국가들 가운데 **OPEC** 회원국은?

에콰도르(일일 50만 배럴)와 베네수엘라(일일 230만 배럴)는 석유수출기구(Organization of Petroleum Exporting Countries, OPEC) 회원국이다. 볼리비아와 브라질도 머지않아 가입할 것으로 보인다.

세계 **최대**의 **커피 생산국**은?

브라질은 매년 3,260만 자루의 원두를 생산하는 세계 최대 커피 생산국이며, 연간 1,150만 자루를 생산하는 콜롬비아가 그 뒤를 잇고 있다.

코카인은 어디에서 얻어지나?

코카인은 잉카 제국 시대부터 재배되어 오던 작물인 코카나무에서 추출된다. 코카나무에서 채취한 코카 페이스트(paste)를 정제하여 코카인을 만든다. 콜롬비아를 비롯한 남아메리카 각국의 불법 마약 카르텔(Kartell)과 마약상들은 코카인의 주요 수출 주체이며, 이들이 밀수하는 코카인은 특히 미국으로 대량 흘러 들어간다.

미국인들 가운데 **코카인**을 사용한 경험이 있는 사람들의 비율은 얼마나 되나?

미국인들 가운데 약 14%가 코카인을 사용해 본 경험이 있다.

역사

잉카 문명은 어디에서 발달했나?

잉카 문명은 15~16세기에 안데스 산맥의 알티플라노(Altiplano) 고원에서 발달하였다. 안데스 산맥에 발달한 알티플라노 고원은 인간이 거주하기에 적합한 환경을 갖고 있다. 볼리비아의 라파스(La Paz)도 알티플라노 고원 상에 위치한 도시이다. 잉카 문명은 11세기에서 16세기까지 존속하였다.

마추픽추란?

마추픽추는 해발 2,438m에 위치한 고대 잉카 문명의 도시로, 페루의 쿠스코(Cuzco)에서 북서쪽으로 약 69km 떨어져 있다. 이 도시는 1460~1470년에 걸쳐 잉카 제국의 황제 파차쿠티 잉카 유판키(Pachacuti Inca Yupanqui)의 명으로 건설되었다. 200개 이상의 건물이 들어서 있는 이 유적지는 매년 수천 명의 관광객들이 다녀간다. 마추픽추를 찾는 관광객들은 버스를 이용할 수도 있고, 32km 가까이 되는 등산로를 따라 걸어서 올라가는 의례적인 성격을 띤 등산을 통해 방문할 수도 있다. 마추픽추는 1911년 하이럼 빙엄(Hiram Bingham)이 이끄는 예일대학교 탐사대에 의해 발견되었다. 어떤 이들은 그 전에 이미 다른 탐험가가 이 유적지를 발견했다고 주장하기도 하는데, 1880년대에 아

안데스 산맥에 위치한 마추픽추의 전경. (사진: Paul A. Tucci)

우구스트 베른(August Bern)이라는 독일 사업가가 이곳을 발견했다는 설이 그 대표적인 사례이다.

신대륙은 어떻게 에스파냐와 포르투갈 사이에서 **양분**되었나?

1493년 교황 알렉산데르 6세는 신대륙을 에스파냐령과 포르투갈령으로 양분하였다. 포르투갈에서 수백km 떨어진 대서양의 아조레스(Azores) 제도에서 서쪽으로 '100리그(leage, 100리그는 약 480km)' 떨어진 지점에 선이 그어졌다. 이 분계선(Demarcation Line) 서쪽(브라질 동부 해안 지역 포함)은 포르투갈령, 서쪽은 에스파냐령이 되었다. 이러한 영토 구분은 포르투갈에는 매우 적은 영토만을 보장했기 때문에 포르투갈은 불만을 품었다. 토르데시야스 조약(Treaty of Tordesillas)은 기존의 분계선에서 서쪽으로 약 1,300km 떨어진 지점에 새로운 분계선을 그었다. 1506년 교황 율리우스 2세는 이 조약을 승인하였다.

남아메리카 국가들 가운데 **가장 먼저 독립을 성취한** 나라는?

1816년 아르헨티나는 에스파냐로부터 독립하였다. 당시에는 리오데라플라타 연합주(Provincias Unidas del Río de la Plata)라고 불렸던 이 나라의 국제적 승인은 미국의 승인이 이루어진 1823년에야 이루어졌다.

브라질은 어떻게 포르투갈 식민지가 되었을까?

오늘날 브라질 영토의 대부분은 토르데시야스 조약에서 정한 기준의 동쪽에 해당하며, 이에 따라 1506년 브라질 영토로 편입되었다. 포르투갈 어를 공용어로 사용하는 브라질은 남아메리카에서 유일한 포르투갈 어 사용국이다.

체 게바라는 누구인가?

에르네스토 체 게바라(Ernesto Che Guevara, 1928~1967)는 아르헨티나 출신의 마르크스주의 혁명가, 의사, 작가, 게릴라 지도자이다. 라틴아메리카의 극심한 빈곤을 목도한 그는 이러한 빈곤이 독점자본주의, 신식민주의, 제국주의에 의한 경제적 불평등이라고 간주했으며, 이는 그의 정치 사상으로 이어진다. 그는 쿠바의 피델 카스트로가 미국의 지원을 등에 업은 독재자 풀헨시오 바티스타(Fulgencio Batista)를 몰아내는 데 협력하였다.

아직 **독립**하지 않은 **남아메리카 지역**은?

남아메리카 북동 해안에 위치한 프랑스령 기아나(Guyane française)는 1817년 이래 프랑스의 식민지이다. 이 지역은 공식적으로 프랑스의 도(department)이며, 유럽우주기구(European Space Agency)의 우주선 발사대가 있다.

유럽연합(EU)의 일원인 **남아메리카** 지역은?

독립 국가는 아니지만, 브라질 이북에 위치한 프랑스령 기아나(프랑스 26개 도의 하나)는 유럽연합에 포함된다. 이 지역에서는 유로화를 통화로 사용한다.

악마의 섬이란?

프랑스령 기아나 연해에 위치하는 악마의 섬(Devil's Island)은 19세기 중반 프랑스의 유형지로 쓰였다. 프랑스는 1938년 이 섬의 유형지 사용을 중단하였다.

그란콜롬비아란?

에스파냐와 여러 차례에 걸친 독립 전쟁을 벌인 끝에 시몬 볼리바르(Simon Bolivar)가 지도하는 그란콜롬비아(Gran Colombia)는 1821년 독립을 달성하였다. 그란콜롬비아는 오늘날의 콜롬비아, 파나마, 에콰도르, 베네수엘라를 영토로 하는 국가였다. 1830년 그란콜롬비아는 콜롬비아(파나마 포함), 에콰도르, 베네수엘라로 분열되었다.

페루와 에콰도르는 20세기 들어 왜 **두 번의 전쟁**을 치렀나?

에콰도르는 19세기 그란콜롬비아로부터 탈퇴하면서 페루와 마라논(Maranon) 강을 기준으로 하는 국경 협정을 체결하였다. 1941년 페루는 에콰도르를 침공하여 10일간 에콰도르 국토의 절반을 점령하였다. 이후 미국, 브라질, 아르헨티나, 칠레가 제안한 평화협정이 체결되었다. 미국은 두 나라의 국경선을 획정하였지만, 콘도르(Cóndor) 산맥의 78km 구간은 여기에 명확히 표기되지 않았다. 이 지역은 1941년, 그리고 1995년에 국경 분쟁을 야기하였다.

시몬 볼리바르는 누구인가?

19세기 초 시몬 볼리바르(Simón Bolívar)는 남아메리카의 독립을 위해 에스파냐와 맞서 싸웠다. 베네수엘라, 콜롬비아, 에콰도르, 페루의 독립에 크게 기여한 그는 남아메리카의 영웅으로 칭송받는 인물이다. 볼리비아는 볼리바르를 기리는 의미에서 명명되었다.

사람, 나라, 도시

남아메리카의 **인구 분포**는 어떤 양상을 보이나?

남아메리카의 인구는 약 3억 7,100만 명(미국 인구보다 약 23% 많다)이다. 남아메리카에서는 대부분의 인구가 대서양 연안 지대에 몰려 있다. 브라질의 대서양 연안 지대에는 상파울루(인구 1,884만)와 리우데자네이루(인구 1,175만)라는 두 개의 대도시권이 위치해 있다. 아르헨티나의 부에노스아이레스(인구 1,280만) 또한 대서양 연안에 위치한 주요 대

도시이다.

남아메리카에는 세계의 **빈민** 몇 **퍼센트**가 거주하나?

세계의 빈민들 가운데 약 3.93%가 남아메리카에 거주한다. 그들 중 대부분은 브라질, 콜롬비아, 베네수엘라, 페루, 에콰도르에 집중해 있다. 여기서 빈민이란 하루 수입이 1달러 미만인 사람들을 의미한다.

남아메리카에서 **가장 도시화된** 나라는?

아르헨티나, 칠레, 우루과이, 베네수엘라는 도시화율(도시 지역에 거주하는 인구 비율)이 85%(미국과 동일한 수준)에 육박한다.

아마존 분지에서 **가장 큰 도시**는?

인구 160만 명이 넘는 브라질의 마나우스(Manaus)는 아마존 분지 최대의 도시이다. 마나우스는 브라질 최대의 주인 아마조나스(Amazonas) 주의 주도이며, 이 지역의 교역 중심지이기도 하다. 아마존 분지가 고무의 유일한 산지로 알려졌던 시절에 마나우스는 호황을 누렸지만, 이후 고무나무가 아마존 분지 이외의 지역에서도 재배되기 시작하면서 쇠퇴하였다. 마나우스는 면세 구역으로 지정된 이후 재기하여 인구 160만의 도시로 성장하였다.

메르코수르란?

메르코수르(MERCOSUR)는 '남미공동시장'을 뜻하는 에스파냐 어 'Mercado Común del Sur'의 약어로 브라질, 아르헨티나, 파라과이, 우루과이 간의 무역 공동체이다. 메르코수르는 4개국 간의 무역 장벽 최소화와 경제적 연대 강화를 목적으로 1995년 창설되었다.

브라질은 얼마나 **큰가**?

브라질은 남아메리카 대륙 육지 면적의 50%를 차지한다. 면적 850만km^2의 브라질은

세계 5위의 영토 대국이다.

브라질 리우데자네이루 인근의 해변. (사진: Paul A. Tucci)

브라질은 언제 **수도**를 **옮겼나**?

1960년 브라질은 리우데자네이루에서 국토 중심부의 신생 도시인 브라질리아(Brasilia)로 수도를 옮겼다. 브라질리아는 1950년대 국토 중심부의 비어 있던 지역에 설계되고 건설된 도시이다. 브라질은 해안 지역의 식민지 시대에 세워진 옛 수도에서 새로운 내륙 지방의 수도로 이전함으로써 자국의 독립을 확고히 하고자 하였다. 내륙의 저개발 지역에 위치한 새 수도는 국가에 새로운 활력을 불어넣었을 뿐만 아니라, 지역 개발의 활력소가 되기도 하였다.

브라질의 수도를 **설계**하고 계획한 **인물**은?

브라질리아는 1956년 도시계획가인 루시우 코스타(Lucio Costa)와 건축가 오스카르 니에메예르(Oscar Niemeyer)에 의해 탄생하였다.

리우데자네이루를 굽어보고 있는 **조형물**은 무엇인가?

양팔을 펼친 형상으로 선 약 30.5m 높이의 '그리스도상(Cristo Redentor)'이 리우데자네이루 시내를 굽어보고 있다. 해발 713m의 코르코바두(Corcovado) 산 정상에 자리한 이 예수 그리스도상은 브라질 독립 100주년을 기념하기 위해 세워졌다.

볼리비아의 수도는?

볼리비아는 행정 수도 라파스(La Paz), 그리고 헌법상의 수도이자 사법 수도인 수크레(Sucre) 두 도시를 수도로 삼고 있다. 도시들이 가진 국가적 기능을 분화시킨 나라들도 일부 존재한다.

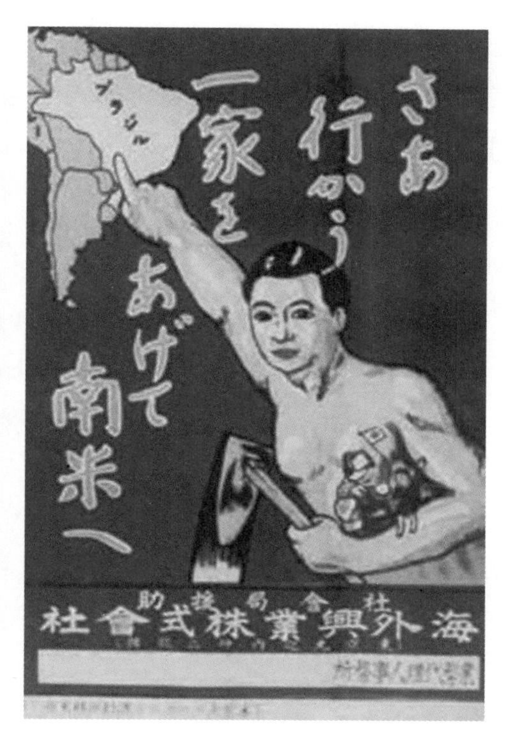

20세기 초반 브라질에서의 구직 기회를 선전하는 일본의 포스터. (사진: 일본이민사박물관 소장)

적도와 남회귀선을 지나는 나라는?

브라질은 위도 0°인 적도와 남위 23.5°인 남회귀선을 지난다.

일본 외의 지역 가운데 세계에서 가장 많은 **일본계 거주자**들이 있는 남아메리카 도시는?

브라질의 상파울루는 일본 외의 지역에서 가장 많은 일본계 거주자들이 사는 도시이다. 200만 명은 족히 넘는 일본계 시민들이 이 도시 지역에 거주한다. 최초의 일본계 이주민들은 1908년 일본 고베에서 브라질로 이주하였다.

참회의 화요일 축제(Mardi Gras)란?

가톨릭의 축일인 '마르디그라(Mardi Gras)'는 프랑스 어로 '참회의 화요일'이라는 뜻이다. 행렬과 춤, 카니발 등으로 구성되는 축제가 사순절 첫날인 '재의 수요일(Ash Wednesday)'의 하루 전인 참회의 화요일에 열린다. 브라질의 리우데자네이루와 미국 루이지애나 주 뉴올리언스에서 열리는 참회의 화요일 축제는 매우 유명하다. 브라질의 참회의 화요일 축제는 이 나라의 중요한 관광 수입원이다.

브라질의 **자동차**는 무엇으로 달리나?

브라질 자동차의 절반 이상이 가소올(gasohol)이라 불리는 대체 연료 및 에탄올로 달린다. 가소올은 사탕수수로, 에탄올은 알코올로 만든다. 이 두 가지 연료는 휘발유보다 비용이 훨씬 싸다.

알베르토 후지모리는 누구이며, **페루**에서 어떤 일을 했나?

1990~2000년까지 페루 대통령을 지냈던 알베르토 후지모리(Alberto Fujimori)는 페루

에서 테러리즘을 종식시키고 피폐해진 경제를 되살린 인물로 평가받는다. 하지만 어떤 사람들은 그의 치세 동안 개인, 특히 원주민의 권리를 억압하였다고 주장한다. 훗날 그는 경호실장의 배우자에게 불법적으로 아파트를 구해 주기 위해 권력을 남용했다는 혐의로 체포되어 6년의 징역형에 처해졌다.

1975년 이후 **수리남 인구**의 **3분의 1**이 어디로 이주했나?
수리남(Suriname)은 1975년 독립할 때까지 네덜란드 식민지였다. 1975년 이후 약 20만 명의 거주자가 네덜란드로 이주하였다.

세계에서 고도가 **가장 높은** 곳에 위치한 **수도**는?
볼리비아의 라파스(La Paz)는 세계에서 가장 높은 지점에 위치한 수도이다. 라파스는 안데스 산맥의 해발 3,700m 지점에 위치한다. 1548년 에스파냐 탐험가들에 의해 건설된 라파스에는 오늘날 약 71만 1,000명이 살고 있다.

내륙국 볼리비아는 어떤 **항구**를 사용하나?
해안이 없는 볼리비아는 1992년 페루와 일로(Ilo)의 항구를 사용하기로 합의하였다.

보고타의 실제 이름은?
콜롬비아의 수도 보고타(Bogotá)의 원래 이름은 산타페(Santa Fé)였다. 시간이 흘러 지명은 산타페데보고타(Santa Fé de Bogotá)로 개칭되었다. 오늘날 이 도시는 보다 짧은 지명인 보고타로 불리고 있으며, 800만 명이 거주하고 있다.

카르텔이란?
카르텔(Kartell)은 경쟁을 없애고 상품 가격을 고정시키며, 상품이나 서비스의 생산과 공급을 통제하기 위한 목적으로 기업들이 담합하여 결성한 조직이다. 남아메리카에서 카르텔이라는 단어는 콜롬비아의 마약 카르텔을 지칭한다. 콜롬비아 정부에 의해 분쇄된 메델린(Medellin) 카르텔과 칼리(Cali) 카르텔은 특히 악명 높은 마약 마르텔이었다.

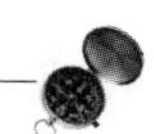

훗날 정부 요인과 옛 카르텔의 간부들은 새로운 카르텔을 결성하였다. 오늘날 그들은 여전히 코카인을 제조, 밀수하고 있으며, 세계 최대의 코카인 소비국인 미국으로의 코카인 밀수 또한 주도하고 있다.

칠레는 얼마나 **긴가**?

칠레는 남아메리카 서부 해안 지역에 약 4,344km 길이로 뻗어 있다. 칠레 국토에서 가장 폭이 넓은 구간은 161km에 불과하다. 칠레는 통치하기에는 곤란한, 극도로 가늘고 긴 나라의 대표적인 사례이다.

포클랜드 제도를 둘러싼 분쟁의 당사국은?

남아메리카 최남단에 인접한 포클랜드 제도[Falkland Islands, 말비나스 제도(Islas Malvinas)]는 오랜 기간 동안 영국과 아르헨티나 간 분쟁의 원인이 되었다. 1833년 이후 이 지역은 영국의 지배하에 들어갔지만, 18세기 이후 아르헨티나는 이 제도의 영유권을 주장해 왔다. 1982년 아르헨티나 군이 이 제도를 침공했지만, 영국은 몇 주 뒤에 영유권을 되찾았다. 아르헨티나는 지금도 말비나스 제도의 영유권을 주장하고 있으며, 외교적 창구를 통해 영유권 주장의 강화를 시도하고 있다.

지구 **최남단**의 **도시**는?

아르헨티나 남부의 우수아이아(Ushuaia)는 세계 최남단의 도시이다. 우수아이아는 마젤란 해협 남안의 티에라델푸에고(Tierra del Fuego) 섬에 위치한 도시이다.

팬아메리칸 하이웨이란?

1930년대에 개통된 팬아메리칸 하이웨이(Pan-American Highway)는 미국 알래스카 주의 페어뱅크스(Fairbanks)에서 아르헨티나 부에노스아이레스를 잇는 고속도로 건설을 위한 국제적 노력의 산물이다. 1962년에는 이 고속도로가 끊김 없이 이어질 수 있도록 브리지오브더아메리카(Bridge of the America)라는 다리가 가설되었다. 파나마 동부의 161km 구간은 여전히 미완인 상태이다.

라틴아메리카의 **주된 종교**는?

에스파냐와 포르투갈의 식민 지배로 인해 약 83%에 이르는 대부분의 라틴아메리카 인들은 가톨릭 신자이다. 개신교도의 비율은 약 7%이고, 이외에는 무신론, 무교, 애니미즘, 기타 종교이다.

플라자란?

대부분의 라틴아메리카 도시들에는 플라자(plaza)라고 불리는 광장이 도심 한가운데에 위치한다. 플라자는 축제나 의식 등에 사용되며, 성당과 상가에 둘러싸여 있다.

자연환경과 자원

알프스 산맥이란?

유럽에서 가장 유명한 산맥으로 동서 길이 약 1,125km이다. 에스파냐 남동부에서 발칸 반도까지 뻗어 있는 이 산맥에는 서유럽 최고봉인 몽블랑(Mont Blanc) 산이 있다.

아펜니노 산맥이란?

아펜니노(Apennino) 산맥은 이탈리아 국토에 남북으로 뻗어 있는 약 1,000km 길이의 산맥이다. 최고봉은 해발 2,912m의 코르노그란데(Corno Grande) 산이다.

지브롤터 바위란?

지브롤터 바위(Rock of Gibralter)는 에스파냐 남부의 지브롤터 반도에 있는 석회암질 산이다. 지브롤터 반도에 위치한 지브롤터 시는 실제로는 영국령 식민지로, 영국 해군 항공대의 기지가 들어서 있다. 이곳은 대서양과 지중해를 연결하는 지브롤터 해협을 통제하기에는 최적의 입지이기도 하다. 에스파냐는 지속적으로 지브롤터의 영유권을 주장해 왔지만, 이러한 요지를 되돌려 받을 수는 없었다.

이탈리아의 아펜니노 산맥에 위치한 아브루초(Abruzzo) 주의 바레아(Barrea) 시와 바레아 호. (사진: Paul A. Tucci)

에스파냐는 지브롤터 해협의 남쪽 피안의 모로코 북단 지역에 세우타(Ceuta)와 멜리야(Melilla)로 구성된 자치령을 설치하였다. 이 지역은 지브롤터와 마찬가지로 지브롤터 해협을 통제할 수 있는 전략적 요충지에 위치하고 있다.

하일랜드란 어떤 지역을 의미하나?

그레이트브리튼(Great Britain) 섬은 남부의 플리머스(Plymouth)와 섬 동부 해안의 미들스버러(Middlesborough)를 잇는 티스엑세선(Tees-Exe line)을 따라 영국을 저지대와 고지대로 양분한다. 이 선의 남동부는 잉글랜드의 평야 지대에 해당하며, 북서쪽은 '하일랜드(The Highlands)'로 불리는 스코틀랜드의 고지대이다.

지브롤터 해협의 폭은?

아프리카 대륙과 에스파냐 사이에 위치하면서 대서양과 지중해를 연결하는 지브롤터 해협의 가장 좁은 폭은 13km이다.

서기 79년 분화한 베수비어스 화산의 화산재에 파묻힌 도시 헤르쿨라네움(Herculaneum)의 가옥 내부에 그려진, 아폴론으로 추정되는 날개 달린 신. (사진: Paul A. Tucci)

유럽 최남단의 **빙하**는 어디에 있나?

유럽 최남단의 빙하는 아펜니노 산맥의 최고봉인 코르노그란데(Corno Grande) 산의 정상 부근에 있다. 지구 온난화로 인해 이곳의 빙하는 상당 부분 소멸되었다.

유럽에는 얼마나 많은 **화산**이 있을까?

유럽에는 100개가 넘는 화산이 있다.

유럽에서 사람들에게 **가장 큰 위험**을 줄 수 있는 **화산**은?

이탈리아 서부 해안의 인구 100만이 넘는 도시인 나폴리 인근에 위치한 베수비어스(Vesuvius) 산이다. 베수비어스 산은 활화산이며, 지질학자들은 가까운 미래에 또다시 분화하여 나폴리 및 인근 지역까지 용암이 흘러넘칠 우려가 있다고 예측하고 있다.

아이슬란드에는 얼마나 많은 **화산**이 있나?

대서양 중앙해령의 화산 활동에 의해 형성된 섬인 아이슬란드에는 100개 이상의 화산이 존재한다. 이 가운데 20개 이상은 최근 수백 년간 분화한 기록이 있다.

아이슬란드의 **주요 수출품**은?

어육은 아이슬란드의 수출 가운데 3분의 2 이상을 차지한다. 어육 산업은 아이슬란드 전체 고용의 12%를 차지하는데, 이 때문에 아이슬란드 경제는 세계 어육 및 수산물 가격의 변동에 취약하다는 문제점을 안고 있다.

유럽에서는 **석유**가 얼마나 생산되나?

유럽에서는 하루에 635만 8,000배럴의 석유가 생산되며, 이는 세계 일일 생산량인 8,024만 7,000배럴의 약 7.9%에 해당하는 수치이다.

'라이히(Reich)'는 무엇일까?

'reich'라는 단어는 '제국'이라는 뜻의 독일어이다. 제1제국(Das Fuerst Reich)은 서기 800년 경부터 1806년까지 존속한 신성로마 제국을 일컫는다. 제2제국(Das Zweiten Reich)은 오토 폰 비스마르크(Otto von Bismarck)에 의해 탄생한, 1871~1918년까지 존속한 독일 제국을 말한다. 제3제국(Des Drittle Reich)이란 1933년 아돌프 히틀러에 의해 탄생하여 1945년 독일의 제2차 세계대전 패망 시까지 존속한 나치 정권을 가리킨다.

유럽 **최대**의 **석유 생산국**은?

일일 약 320만 배럴의 석유를 생산하는 노르웨이는 유럽 최대의 석유 생산국이다. 영국과 덴마크가 그 뒤를 이어 유럽 2위와 3위를 차지하고 있다.

로마의 일곱 언덕이란?

로마 시내에는 카피톨리노(Capitolino), 퀴리날레(Quirinale), 비미날레(Viminale), 에스퀼리노(Esquilino), 첼리오(Celio), 아벤티노(Aventino), 팔라티노(Palatino)의 일곱 언덕이 있다. 고대 전설에 따르면 로물루스(Romulus)가 세운 로마 최초의 도시는 팔라티노 언덕 위에 세워졌다고 한다.

유틀란트 반도는 어디에 있나?

유틀란트(Jutland) 반도는 독일 북부 해안에서 뻗어 나온 반도로, 덴마크의 영토이다.

슈바르츠발트란?

슈바르츠발트(Schwarzwald, '검은 숲'이라는 뜻)는 독일 남서부의 조밀한 삼림으로 뒤덮인 산악 지대이다. 이곳은 삼림욕장, 캠프장 등 다양한 휴양 및 위락 시설로 유명한 지역이기도 하다. 슈바르츠발트는 다뉴브(Danube) 강의 발원지이며, 뻐꾸기 시계의 생산지로도 이름 높은 지역이다.

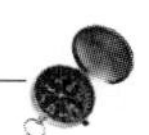

역사

포츠담 회담이란?

제2차 세계대전이 끝날 무렵인 1945년 7월 17일부터 8월 2일까지 미국과 영국, 소련의 지도자들은 독일 포츠담(Potsdam)에서 독일 및 동유럽을 어떻게 관할할지를 결정하기 위한 회담을 가졌다. 포츠담 회담에 따라 독일과 오스트리아 영토는 각각 소련, 프랑스, 미국, 영국 관할지로 분할되었다.

베를린 장벽이란?

제2차 세계대전 종전 무렵 독일은 각각 미국, 영국, 프랑스, 소련의 관할을 받는 4구역으로 분할되었다. 소련 점령 구역 내부에 위치해 있던 독일의 수도 베를린도 이와 같은 4구역으로 나누어졌다. 그로부터 얼마 지나지 않아 소련은 다른 연합국과의 협력을 중단하였다. 미국과 영국, 프랑스 점령 구역이 합쳐서 서독을 구성하였고, 소련 점령 구역은 훗날 동독이 되었다. 베를린 시내 역시 마찬가지 형태로 분할되었다.

베를린은 공산주의가 지배하는 동베를린과 자본주의의 서베를린으로 분단되었다. 동베를린 시민들은 서베를린 시민들이 자신들보다 높은 생활 수준을 유지하는 모습을 어렵사리 목격할 수 있었다. 동베를린에서 서베를린으로 탈출한 사람들의 수는 200만 명 이상으로 추산된다. 1961년 8월 동독의 공산주의 정부는 동베를린 시민들의 이 같은 대규모 탈출을 막기 위해 동베를린과 서베를린을 물리적으로 분리하는 장치인 베를린 장벽을 건설하기 시작하였다. 장벽의 서쪽 측면에는 사람들이 스프레이 페인트로 자신들의 의견을 자유롭게 써 나갔다. 철조망이 쳐지고 무장 경비병이 지키고 있던 단절된 동쪽 벽면은 '무인 지대(No Man's Land)'라고도 불렸다.

수십 년 동안 베를린 장벽은 동구권과 서구권을 양분하던 심리적 장벽인 '철의 장막'을 물리적으로 구현한 상징으로 자리매김하였다. 1989년 11월 8일 베를린 장벽은 무너졌고, 이어서 냉전 시대도 종말을 고하였다.

체크포인트 찰리란?

체크포인트 찰리(Checkpoint Charlie)는 동베를린과 서베를린 사이에 있던 베를린 장벽의 유명한 검문소로, 주로 관광객이나 미군 관계자들이 이용하였다.

하드리아누스 방벽이란?

하드리아누스 방벽(Hadrian's Wall)은 서기 122년 로마 황제 하드리아누스(Hadrianus)의 명령으로 축성되었다. 그레이트브리튼 북부에 위치한 이 방벽은 스코틀랜드의 칼레도니아(Caledonia) 인들을 축출하기 위해 세워졌다. 진흙과 돌로 축성된 이 방벽의 길이는 120km에 달하며, 서쪽으로는 솔웨이(Solway) 만에서 동쪽으로는 뉴캐슬 인근의 타인(Tyne) 강까지 이어진다.

마지노선이란?

마지노선은 1930년대 프랑스가 장차 일어날지도 모를 독일군의 침공에 대비하기 위해 구축한 방어선이다. 이 방어선은 지하 터널, 포대, 대전차 장애물, 기타 독일군의 진격 속도를 늦출 수 있는 다양한 방어 시설과 장비를 갖추고 있었다. 프랑스–독일 국경 지대에 건설된 마지노선의 길이는 322km에 육박하였다.

제2차 세계대전 당시 프랑스를 침공한 독일군은 마지노선을 우회하여 중립국 벨기에로 진격하였다. 이로써 마지노선은 너무 짧았다는 점에서 일단 불합격 요소를 가졌던 셈이다. 마지노선은 항공기를 포함한 현대적인 신병기에 대한 방어 대책을 갖추지 않았다는 점에서도 시대에 뒤떨어졌다고 할 수 있다.

베네룩스란?

베네룩스(Benelux)는 1940년대 결성된 벨기에, 네덜란드, 룩셈부르크의 삼국과 이 세 나라의 경제 연합을 일컫는 말이다. 1940년대 당시 벨기에는 제조업이, 네덜란드는 농업이 발달한 나라였기 때문에 경제 동맹으로 양국 경제의 부족한 부분을 보완하고, 이를 통해 국력과 경제를 한층 발달시키고자 시도하였다. 국토가 매우 작고 다양한 경제 구조를 가진 룩셈부르크는 이 두 나라와 매우 인접해 있다는 위치적 특성으로 인해 이

아이스맨 외치(Ötzi the Iceman)는 누구일까?

1991년 오스트리아와 이탈리아의 국경 지대에 위치한 알프스 산맥의 외치 산을 이탈리아 방향에서 등반하던 두 독일인 등산객은 얼음 속에 파묻힌 시체를 발견하였다. 두 사람은 경악을 금치 못하고 당국에 신고했다. 조사 결과 외치(나중에 붙여진 시체의 이름)는 5,300년 전에 이 지역을 떠돌던 45세의 남성으로 밝혀졌다. 그는 혹독한 죽음을 맞이했으리라고 여겨졌다. 그의 몸에는 50여 개의 문신이 있었고, 보석과 무기도 착용하고 있었다. 그의 유해와 유품은 청동기 시대 인류의 생활상을 보여 주는 귀중한 연구 자료이기도 하다.

러한 경제 연합을 통해 이익을 얻을 수 있는 부분도 컸다. 오늘날 시장 분석이나 상업, 무역 등의 분야에서는 이들 나라를 가리켜 베네룩스로 부른다.

대기근으로 얼마나 많은 아일랜드 인들이 목숨을 잃었나?

19세기 중반 아일랜드는 '대기근'을 겪었다. 1845~1850년에 걸쳐 아일랜드에서 재배되던 감자에 곰팡이가 유행하면서, 아일랜드 농민들의 주식 공급원이었던 감자 농업은 파괴적인 피해를 입었다. 이 비극적 사건은 흔히 '감자 기근'으로도 불리지만, 아일랜드 인들이 겪었던 기근은 사실 기근 자체보다는 영국 정부의 부실한 대책에 기인한 바가 크다. 이 대재앙이 일어났던 시기에 아일랜드에서는 사망자만 100만 명에 육박할 정도였고, 그 두 배에 달하는 사람들이 식량과 쉼터를 찾아 고향을 떠났다.

사람, 나라, 도시

유럽연합이란?

1951년 서유럽 6개국은 유럽석탄철강공동체(European Coal and Steel Community, ECSC)를 발족하였다. 추가 회원국들이 가입하면서 공동체의 규모는 확대되었고, 이윽고 유럽 경제의 통합 및 문제 해결에 기여할 수 있는 국제기구로 성장하였다. 1993년 유럽공

네덜란드 암스테르담의 운하를 운항하는 보트. (사진: Paul A. Tucci)

동체는 유럽연합(European Union, EU)으로 개명되었다. 오늘날 유럽연합에는 오스트리아, 벨기에, 불가리아, 키프로스, 체코공화국, 덴마크, 에스토니아, 핀란드, 프랑스, 독일, 그리스, 헝가리, 아일랜드, 이탈리아, 라트비아, 리투아니아, 룩셈부르크, 몰타, 네덜란드, 폴란드, 포르투갈, 루마니아, 슬로바키아, 슬로베니아, 에스파냐, 스웨덴, 영국의 27개 회원국이 가입해 있다.…[24] 유럽연합은 국기와 연방가를 제정하였으며, 1999년에는 단일 통화(유로화)의 유통이 시작되었다.

저지대 국가란?

벨기에, 네덜란드, 룩셈부르크는 국토의 해발 고도가 낮기 때문에 저지대 국가(low countries)로 불린다.

네덜란드의 영토는 어떻게 확대되었나?

네덜란드는 수백 년에 걸쳐 제방 구축과 간척 사업을 통해 영토를 확대해 왔다. '폴더(polder)'라고 불리는 간척지를 통해 네덜란드의 국토는 크게 확대되었으며, 이는 현대의 세계 7대 불가사의의 하나로 분류된다.

란드스타트란?

란드스타트(Randstad)는 암스테르담(Amsterdam), 헤이그(Hague), 로테르담(Rotterdam), 위트레흐트(Utrecht)를 포함하는 네덜란드의 지역이다. 란드스타트의 도시 지역에는 네덜란드 인구의 거의 절반이 거주한다.

헤이그란?

헤이그(Hague)는 네덜란드 서부 해안 지대에 위치한 인구 약 45만의 도시이다. 헤이그는 국제사법재판소 등 다수의 국제기구 본부가 있는 도시이기도 하다.

벨기에를 구성하는 두 개의 **문화 집단**은?

벨기에 남부의 왈론(Walloon) 족은 켈트(Celt) 족의 후예로 프랑스 어를 사용한다. 벨기에 북부의 플라망(Flamand) 인들은 독일계 프랑크 인의 후예로 네덜란드 어와 유사한 언어인 플라망 어를 사용한다. 벨기에 인의 10%만이 이 두 언어를 모두 구사하는 데서 알 수 있듯이, 이들 간의 결속력은 약하다.

덴마크는 누가 **개척**했나?

놀랍게도 덴마크는 국토 바로 남쪽에 인접한 유럽 인들에 의해서가 아니라, 10세기 아이슬란드와 스칸디나비아 반도에서 이주한 데인(Dane) 인들에 의해 개척되었다.

잉글랜드, **그레이트브리튼**, **영국**의 차이점은?

프랑스 북부에는 두 개의 섬이 있는데, 이 중 동쪽의 섬을 그레이트브리튼, 서쪽의 섬을 아일랜드라고 부른다. 그레이트브리튼 섬은 남동부의 잉글랜드, 남서부의 웨일스, 북부의 스코틀랜드라는 세 개의 지역으로 나누어진다. 아일랜드는 정치적으로 북부의 북아일랜드, 남부의 아일랜드라는 두 지역으로 구분된다. 영국(United Kingdom)은 그레이트브리튼 섬의 세 지역과 북아일랜드를 모두 포함하는 국가이다.

스코틀랜드는 나라인가?

스코틀랜드는 제한된 자치권을 부여받고는 있지만 여전히 영국의 일원이다. 스코틀랜드는 그레이트브리튼 섬의 북부를 점하는 지역이다.

영국 제도는 어떤 섬들인가?

영국 제도(British Isles)는 그레이트브리튼 섬과 아일랜드(세인트조지 해협으로 분리)라는 두 개의 거대한 섬, 기타 부속 도서들로 구성되어 있다. 이곳에는 영국과 아일랜드라는 두 나라가 위치해 있다.

영연방이란?

영연방(the Commonwealth, British Commonwealth)은 영국 및 과거 대영 제국의 식민지였다가 최근 독립한 나라들로 구성된다. 영연방은 정책 결정의 주체는 아니지만, 과거 영국의 통치하에 있던 국가들이 자발적으로 모여 형성한 비교적 결속력이 느슨한 정치 공동체이다.

랜즈엔드란?

랜즈엔드(Land's End)라는 절묘한 지명은 영국 그레이트브리튼 섬의 남서쪽 끝에 해당하는 지역이다. 잉글랜드에 속한 이 지역은 이 나라의 서쪽 '땅끝(end of land)'이다.

무어란?

무어(moor)는 미개간된 초지(草地)이다. '무어'라는 용어는 영국의 초지를 일컫는 말로, 미국에서는 이러한 지형을 프레리(prairie)라고 부른다.

카멜롯이란?

서기 6세기에 존재했다는 전설상의 아서 왕 궁전은 잉글랜드의 윈체스터(Winchester) 또는 엑서터(Exeter)에 위치했다고 알려져 있다. 카멜롯(Camelot)은 아서 왕과 귀네비어(Guinevere) 왕비의 궁전이었을 뿐만 아니라, 우리에게도 잘 알려진 '원탁의 기사'들의

본거지이기도 하였다.

사람들은 **배스(Bath)**에서 목욕했었나(bathed)?

잉글랜드의 배스 지방에서 발견된 로마 시대의 공중목욕탕은 기원전 70년에 문을 열었는데, 이 목욕탕이 세워진 장소는 원래 그보다 먼저 300년 이상 동안 켈트 족의 성지로 신성시되던 곳이었다. 배스의 목욕탕에는 열탕, 온탕, 냉탕 등이 구비되어 있었다. 고대의 도시는 땅속에 묻혔지만, 로마 시대의 배스가 따뜻한 물에서 목욕을 하며 피로를 풀 수 있는 장소였던 것처럼 오늘날의 배스 시 또한 온천 도시로 유명하다.

카탈루냐란?

카탈루냐(Cataluña)는 에스파냐 북동부의 자치령이다. 카탈루냐는 고유의 언어와 문화를 가진 에스파냐계 카탈루냐 인들이 600만 명 이상 거주하는 지역이기 때문에, 이 지역의 상당 부분은 마치 독립 국가와도 같은 특성을 가진다. 카탈루냐는 에스파냐 경제에서 중요한 위치를 차지하는 지역이므로, 에스파냐 입장에서는 카탈루냐의 분리를 원하지 않는다. 카탈루냐의 주도는 1992년 하계 올림픽이 개최되었던 바르셀로나이다.

프랑스 리비에라(French Riviera)란?

코트다쥐르(Côte d'Azur)라고도 불리는 프랑스 리비에라 해안은 지중해에 연한 프랑스 남동부의 해안 지대로 이탈리아 국경에 인접해 있다. 프랑스 리비에라 해안은 온화한 지중해성 기후와 아름다운 경관을 자랑하는 유럽의 대표적인 휴양지이다. 유럽의 소국 모나코는 프랑스 리비에라 해안에 속해 있으며, 모나코의 카지노와 몬테카를로(Monte Carlo)의 호텔들은 리비에라 해안의 화려한 이미지를 창출하는 데 기여해 오고 있다.

투르 드 프랑스란?

투르 드 프랑스(Tour de France)는 매년 경주로를 바꾸지만, 파리의 유명한 거리인 샹젤리제(Champs-Élysées)를 결승점으로 한다는 사실은 매년 변하지 않고 있다. 투르 드 프랑스는 약 3,200km에 달하는 거리를 25~30일 동안 주파하는 일주 자전거 경주 대회

경치가 아름다운 프랑스 리비에라 해안의 도시 칸(Canne)

이다.

지로 디탈리아란?

지로 디탈리아(Giro d'Italia)는 유럽에서 두 번째로 중요시되는 장거리 도로 자전거 경주이다. 1909년 시작된 이 대회에서는 자전거 경주 우승자들에게 통상 수여되는 노란색 재킷 대신 분홍색 셔츠를 수여한다. 이처럼 분홍색 셔츠를 입는 전통은 이 대회를 창안한 신문사에서 분홍색 신문 용지에 인쇄를 하던 데서 유래한다.

골이란?

골(Gaul)은 오늘날의 프랑스 영토 대부분을 차지했던 고대 국가 갈리아(Gallia)를 말한다. 골은 북쪽에서 내려온 켈트 족과 동쪽에서 이주한 발칸 인들에 의해 세워졌다고 여겨진다. 프랑스의 시조인 프랑크 왕국을 비롯한 여러 제국이 골을 통치해 왔다.

유럽 국가들 가운데 가장 많은 관광객을 유치하는 나라는?

프랑스에는 매년 7,600만 명의 관광객이 찾아오며, 그 뒤를 잇는 에스파냐에는 매년 5,600만 명이 다녀간다.

프랑스공동체란?

1950년대와 1960년대에 존속했던 프랑스공동체(La Communautè Française)는 구 프랑스 식민지였던 국가들과 프랑스 사이의 연대를 강화하기 위해 설립되었던 국제기구이다.

안도라는 누가 통치하나?

프랑스와 에스파냐 접경 지대의 피레네(Pyrenees) 산맥에 위치한 유럽의 소국 안도라(Andorra)는 1278년 이래 안도라 인이 아닌, 프랑스 대통령과 에스파냐 북동부에 위치한 라세우-우르헬(La Seu d'Urgell)의 주교 2명의 통치를 받아 왔다. 프랑스와 에스파냐는 안도라의 국방을 공동으로 책임진다.

유럽의 **최대 도시**는?

서유럽 최대의 도시는 인구 900만의 파리이다. 런던(700만), 밀라노(400만), 마드리드(400만), 아테네(400만)는 파리의 뒤를 잇는 대도시들이다.

세계 최초의 **입법 의회**를 제정한 나라는?

아이슬란드는 노르웨이 인들이 정착한 지 60년 후인 서기 930년에 최초의 의회인 알싱(Althing)을 수립하였다.

알프스 **최초**의 **터널**은?

몽스니(Mont Cenis) 터널은 알프스 최초의 터널인 동시에, 세계 최초의 간선 철도 터널이기도 하다. 1871년 개통한 13.7km 길이의 이 터널은 프랑스와 이탈리아를 연결한다.

유럽 국가들 중 **원자력**을 **가장 많이** 생산하는 나라는?

매년 415테라와트(terawatt)의 원자력 에너지를 생산하는 프랑스는 세계 2위의 원자력 발전 국가이다. 이는 연간 780테라와트를 생산하는 미국의 절반을 넘는 발전량이다.

지구 상에서 **기대 수명이 가장 높은** 나라는?

안도라 인의 평균 수명은 83.52세이다.

세계에서 **가장 물가가 비싼 도시**들은 어디인가?

세계에서 가장 물가가 비싼 10대 도시들 가운데 5개는 유럽에 위치한다. 영국 런던, 덴마크 코펜하겐, 스위스 제네바, 스위스 취리히, 노르웨이 오슬로가 이 5개 도시에 해당한다.

유럽에서 **가장 역사가 깊은 독립국**은?

산마리노(San Marino)는 서기 301년부터 존속해 왔다고 주장한다. 산마리노 최초의 의회는 1600년에 개설되었다. 이탈리아의 티타노(Titano) 산에 위치한 면적 62km²의 산마리노는 세계에서 가장 작은 독립 국가의 대열에 속한다.

아틀란티스란?

전설로 전해 오는 해저 유토피아인 아틀란티스(Atlantis)는 헤라클레스의 기둥(Pillars of Hercules, 지브롤터 해협의 양 대안을 일컫는 지명) 서쪽에 위치한다고 여겨지며, 기원전 4세기 플라톤에 의해 처음으로 바다에 빨려 들어간 장대한 문명이라고 언급되었다. 플라톤은 아틀란티스가 파괴되었다고 믿었지만, 수백 년을 전해 내려온 전설에 따르면 이 문명은 해저 문명으로 묘사된다. 학자들은 아틀란티스 전설이 오늘날 그리스의 티라(Thira) 섬과 크레타(Creta) 섬에 존재했던, 기원전 16세기에 화산 폭발로 소멸한 고대 미노스(Minos) 문명에 연원을 두고 있다고 여긴다. 티라 섬과 크레타 섬에 존재했던 미노스 문명의 소멸 시기는 아틀란티스의 소멸 시기와 일치하지만, 위치는 상이하다.

러시아와 구소련

아시아와 **유럽**의 경계는 어디인가?

유럽과 아시아는 하나의 대륙판에 위치하지만, 전통적으로 이 두 대륙은 러시아 서부의 우랄(Ural) 산맥을 기준으로 구분된다.

소비에트 연방이란?

흔히 소련이라고도 불리는 소비에트 연방(Union of the Soviet Socialist Republics, USSR)은 제정 러시아를 붕괴시킨 러시아 혁명으로부터 7년이 흐른 1924년에 건국되었다. 소련은 러시아 및 우크라이나, 카자흐스탄, 발트 3국 등 인접 영역을 포괄하였다, 1991년 말 소련 공산주의는 몰락하였고, 구소련의 자치 공화국들은 독립 국가가 되었다.

구소련은 몇 개의 **공화국**으로 **구성**되었나?

소비에트 연방은 아르메니아, 아제르바이잔, 벨라루스, 에스토니아, 조지아, 카자흐스탄, 키르기스스탄, 라트비아, 리투아니아, 몰도바, 러시아, 타지키스탄, 투르크메니스탄, 우크라이나, 우즈베키스탄의 15개 공화국으로 구성되었다.

독립국가연합이란?

소련의 붕괴 직후 러시아의 주도로 설립된 독립국가연합(Commonwealth of Indepen-dent States, CIS)은 구소련 시절 비독립국이었던 지역의 자원을 보존하기 위한 목적으로 만들어졌다. 독립국가연합은 구소련의 15개 공화국 가운데 아르메니아, 아제르바이잔, 벨라루스, 카자흐스탄, 키르기스스탄, 몰도바, 러시아, 타지키스탄, 우크라이나, 우즈베키스탄의 10개국으로 구성되었다. 투르크메니스탄은 2005년에, 조지아는 2006년에 탈퇴하였다.

소련에서 **러시아**가 차지하는 비중은 어느 정도였나?

15개 공화국으로 구성된 소련에서 가장 넓은 영토를 차지한 공화국은 러시아 소비에트 사회주의 공화국연방(Russian Soviet Federated Socialist Republic, RSFSR)이었다. 흔히 러시아라고 불리는 러시아 소비에트 사회주의 공화국연방은 구소련 면적의 3분의 2, 전체 인구의 절반을 차지하였다.

러시아 네바 강 하구의 부동항에 위치한 상트페테르부르크(Sankt Peterburg)는 과거 레닌그라드, 페트로그라드라는 이름으로 불리기도 했다. (사진: Paul A. Tucci)

러시아는 **얼마나 큰가**?

러시아는 1,700만km^2의 면적과 약 1억 4,500만 명의 인구를 자랑하는 대국으로, 유럽에서 가장 많은 인구와 넓은 영토를 가졌다. 게다가 러시아의 면적은 세계 1위, 인구 규모는 세계 6위에 해당한다. 유럽에서 러시아 다음으로 영토가 넓은 나라는 면적 60만 3,729km^2의 우크라이나이며, 러시아 다음으로 인구가 많은 나라는 인구 8,200만 명의 독일이다.

러시아의 공식 국명은?

러시아의 공식 국명은 러시아연방(Russian Federation)이다. 러시아연방은 46개의 주, 21개의 공화국, 9개의 준주, 4개의 자치구, 1개의 행정 지구, 2개의 연방 특별시(상트페테르

부르크, 모스크바)의 총 83개 연방 주체로 구성된다.

동유럽의 한가운데에 **러시아 영토**가 **조그맣게** 떨어져 있는 까닭은?

폴란드와 리투아니아 사이로 비어져 나온 칼리닌그라드(Kaliningrad)는 요충지이자 양항으로, 제2차 세계대전 후 소련에 편입된 지역이다. 소련은 한때 동프로이센의 수도이자 독일인 거주지였던 이곳을 접수한 다음, 빠른 시일 내에 독일인들을 추방하고 러시아 인들을 이주시켰다. 1991년에는 다수의 구소련 내 자치 공화국들이 독립하였다. 칼리닌그라드는 위치상으로 신생국들 사이에 끼여 있지만 주된 인종 구성은 러시아계로, 여전히 러시아령으로 남아 있다.

시베리아는 얼마나 **추운가**?

시베리아는 남극권을 제외하면 세계 최저 기온을 기록하는 지역이다. 러시아령인 오이먀콘(Oimyakon)은 1933년 2월 6일 −32.2℃를 기록하였다. 겨울철의 시베리아는 −10°를 밑도는 매우 추운 날들이 지속된다.

러시아를 **자동차**로 **횡단**할 수 있나?

가능은 하다. 대부분의 러시아 도시 지역에는 현대적인 고속도로 체계가 정비되어 있다. 하지만 모스크바 동쪽의 광활한 영토에 난 도로는 대부분 거친 자갈길이나 진흙길로, 포장된 구간은 일부에 불과하다. 따라서 러시아를 자동차로 횡단하는 일이 가능한가의 여부는 계절에 달려 있다. 겨울(11월~5월)에는 길이 얼어붙어 운전을 할 수 있다. 여름철에는 많은 도로들이 진창길로 변하여 제대로 운전하기가 어렵다.

사람들은 어떻게 **러시아**를 **횡단**하나?

대부분의 사람들은 비행기나 기차로 러시아를 횡단한다. 차르 알렉산드르 3세(Alexander III)는 1891년 러시아의 동부와 서부를 잇는 철도를 착공하였다. 모스크바에서 시베리아를 건너 태평양 연안의 블라디보스토크를 잇는 시베리아 횡단 철도는 1904년에 개통되었다. 시베리아 횡단 철도는 세계에서 가장 긴 철도이다.

상트페테르부르크, 레닌그라드, 페트로그라드라는 지명은 어떤 공통점을 갖고 있을까?

상트페테르부르크(Sankt Peterburg), 레닌그라드(Leningrad), 페트로그라드(Petrograd)라는 세 지명은 모두 한 도시의 이름이다. 러시아 북서부와 핀란드 만 사이에 위치한 이 도시는 1703년 러시아의 표트르(Pyotr) 대제에 의해 건설되었다. '상트페테르부르크'라는 독일풍의 이름이 러시아의 수도 이름으로는 어울리지 않는다는 이유로, 1914년에는 페트로그라드로 개칭되었다. 1924년 구소련 공산당 지도자 블라디미르 레닌(Vladimir Lenin)이 사망하자, 이 도시의 이름은 또다시 레닌그라드로 바뀌었다. 1991년 소련 붕괴 이후, 레닌그라드는 다시 한 번 상트페테르부르크로 개칭되었다.

기차로 **러시아**를 **횡단**하려면 얼마나 걸리나?

얼마나 많은 역에 정차하는가에 따라 차이는 있지만, 러시아를 철도로 횡단하려면 5~8일 정도가 소요된다. 열차표 가격은 최소 500달러에서 특등실의 경우 10,000달러까지 받는다. 철도는 이르쿠츠크(Irkutsk), 중국의 베이징, 블라디보스토크를 거쳐 태평양 연안까지 뻗어 있다.

세계에서 **물가**가 **비싸기로** 알려진 **러시아의 도시**는?

모스크바는 세계에서 37번째로 물가가 비싼 도시이다. 이 수치는 싱가포르, 그리스 아테네, 베네수엘라의 카라카스의 수치를 조금 웃도는 정도이다.

모스크바에는 얼마나 많은 **사람들이 살고** 있나?

모스크바에는 약 1,000만 명이 거주한다. 러시아에서 두 번째로 큰 도시인 상트페테르부르크에는 약 500만 명이 거주한다.

매년 **러시아를 찾는 관광객**의 수는?

매년 약 160만 명의 관광객들이 러시아를 찾는다. 관광객 중에는 독일인 관광객이 가장 많고, 그 뒤를 이어 미국인, 중국인, 영국인, 이탈리아 인, 프랑스 인, 일본인, 에스파냐 인들이 러시아를 찾는다.

러시아 경제는 얼마나 빠른 **속도**로 **확대**되나?

러시아 경제의 연평균 성장률은 7.9%이며, 주로 에너지 분야에서의 성장에 힘입은 바가 크다.

러시아 국영 항공사인 **아에로플로트**가 러시아 민항기 시장에서 점유하는 비율은?

아에로플로트(Aeroflot)는 러시아 국내선의 23%를 점유하고 있다. 매년 1,000만 명 정도의 고객이 아에로플로트를 이용한다. 시베리아 항공은 매년 350만 명 이상의 승객이 이용한다.

제2차 세계대전에서 **러시아**는 어떤 역할을 맡았나?

러시아는 독일 기갑군이 구축한 동부 전선에 해당하였다. 1941~1945년까지 이어진 독일과의 전쟁에서 러시아 측은 300만 명 이상의 사망자(이 가운데 200만 명은 민간인)를 냈으며, 이는 제2차 세계대전 참전국 가운데 가장 높은 수치이다. 러시아가 나치 독일을 상대로 적극적인 군사 행동을 벌이지 않았더라면 유럽에서의 전황은 크게 달라졌을 것이다.

유럽에서 **가장 긴 강**은?

러시아 국토를 흐르는 볼가(Volga) 강은 유럽에서 가장 긴 강이다. 르제프(Rzhev) 인근의 발다이 구릉(Valdai Hills)에서 발원하여 카스피 해로 흘러 들어가는 이 강의 길이는 3,685km에 달한다.

시베리아는 얼마나 **큰가**?

시베리아는 러시아 전체 면적의 약 4분의 3을 차지한다. 시베리아는 우랄 산맥 서쪽에서부터 시작되어 북쪽으로는 북극해를 접하며, 동쪽으로는 태평양, 남쪽으로는 중국과 몽골, 카자흐스탄에 연해 있다. 16세기 후반에 러시아는 오늘날 시베리아라고 알려진 이 지역을 점령하였다.

제2차 세계대전 당시 가장 많은 사망자를 낸 러시아의 도시는?

1941년부터 1943년까지 이어진 나치 독일군의 레닌그라드(상트페테르부르크) 포위전에서 약 150만 명이 목숨을 잃었다.

시베리아에서 **가장 큰 도시**는?

시베리아 남부에 위치하고 시베리아 횡단 철도와도 이어진 노보시비르스크(Novosibirsk)는 인구 약 140만 명으로 시베리아에서 가장 큰 도시이다.

러시아의 **바이칼 호**는 얼마나 큰가?

시베리아 남부에 위치한 바이칼(Baikal) 호의 담수는 전 세계 담수의 5분의 1에 해당한다. 수심 1,637m의 바이칼 호는 세계에서 수심이 가장 깊은 호수이다. 초승달 모양의 바이칼 호는 수정처럼 맑은 물과 풍부한 동식물 종으로도 유명하다.

소련의 **공장**들은 어떻게 **국토의 동부**로 이전했나?

제2차 세계대전 당시 소련은 서부 지역으로 침공해 오는 독일군에 대항하기 위해 초토화 작전을 실행하였다. 소련군의 초토화 작전은 이동 가능한 모든 것들을 동부로 옮기고, 이동할 수 없는 것들은 불태워 버리는 작업을 포함하였다. 공장들은 분해되어 우랄 산맥 인근의 동쪽 지역으로 이전되었고, 그곳에서 재조립함으로써 소련의 산업 활동을 유지하였다. 우랄 지역은 오늘날 러시아에서도 주요 제조업 지역으로 손꼽히는 지역이다.

무엇이 **체첸** 분쟁을 촉발했나?

체첸은 과거 소련이 존속했던 당시 체첸인구시(Chechen-Ingush)라고 불렸던 소비에트 공화국의 부속 지역이었다. 소련의 붕괴 이후 체첸인구시는 서부의 체첸과 동부의 인구시 두 개의 러시아령 자치 공화국으로 분리되었다. 체첸은 1992년에 독립을 선포했지만 러시아는 이를 승인하지 않았고, 1994년 러시아 군이 체첸을 침공하였다. 러시아

체르노빌 원자력발전소 근처에 버려진 건물들의 잔해는 구소련 시기 우크라이나에서 일어난 재앙을 처절하게 상기시켜 준다.

군은 체첸의 독립운동에 대한 무력 진압을 시도하여 수천 명의 사망자를 발생시켰다. 체첸은 오늘날에도 여전히 정치 상황이 불안한 지역으로 남아 있다.

'말뚝이라는 정착지'란?

18~19세기 러시아는 '말뚝이라는 정착지(Pale of Settlement)'를 만들어 유대 인들을 이 구역 내에 격리하고자 시도하였다. 이 구역은 오늘날 폴란드 동부와 우크라이나, 벨라루스 일대에 분포하였다. 이 지역 내에 격리된 유대 인들은 반유대주의 정책에 탄압받았을 뿐만 아니라 학살당하기도 하였다.

세계 **최악의 핵재앙**은?

1986년 4월 우크라이나의 벨라루스 접경 지대에 있던 체르노빌(Chernobyl) 원자력발전소에서는 방사선이 대기 중으로 방출되는 중대한 사고가 발생하였다. 원자로가 폭발하면서 치명적인 방사능이 유출되었고, 이로 인해 31명이 즉사하였다. 이때의 방사능 누출로 인한 질병으로 지금도 많은 사람들이 목숨을 잃고 있으며, 이러한 재난은 앞으로

도 계속될 것이다. 이 일대에 거주하던 10만 명 이상의 사람들이 소개되었고, 이 사고로 방사성 동위원소가 유럽 전역으로 퍼지면서 많은 인명 피해가 야기되었다.

동유럽

발트 제국이란?

에스토니아, 라트비아, 리투아니아 3국은 발트 해에 인접해 있어 발트 3국으로도 불린다. 이 세 나라는 소련이 1991년 해체된 뒤에 독립하였다. 역시 발트 해에 연해 있는 폴란드와 핀란드 역시 발트 제국(Baltic States)으로 분류되기도 한다.

발칸 제국이란?

발칸 제국(Balkan States)과 발트 제국은 완전히 다른 지역이다. 발칸 반도에 위치한 여러 국가들을 일컬어 발칸 제국이라고 한다. 발칸 반도는 아드리아 해(이탈리아 동부)와 흑해 사이에 위치한다. 알바니아, 보스니아헤르체고비나, 불가리아, 크로아티아, 그리스, 마케도니아, 루마니아, 세르비아 몬테네그로…25, 슬로베니아, 터키의 유럽 영토가 이에 해당한다.

발칸화란?

발칸화(balkanization)는 국가 영토의 구분에 의해 일어난 민족, 언어, 문화의 분단을 지칭하는 용어이다. 발칸화는 과거 발칸 반도에 존재했던 유고슬라비아가 여러 개의 영역으로 분열된 끝에 다수의 독립 국가로 분열되었던 데서 유래한다. 신생 국가들은 서로간의 전쟁에 휘말렸고, 이 과정에서 민족 집단의 강제 이주 및 적대 민족에 대한 대량 학살이 자행되었다.

유고슬라비아는 오늘날에도 존재하는가?

1991년 유고슬라비아 연방의 공화국은 해체되었고, 공화국의 구성체들은 각자의 민족

과 문화에 따라 재조정되었다. 구 유고슬라비아 연방의 지리적 구분은 분열되었고, 슬로베니아, 크로아티아, 보스니아헤르체고비나, 마케도니아, 세르비아 몬테네그로 등 여러 나라 간에 전쟁이 발발하였다. 이후 2006년에는 세르비아와 몬테네그로가 분리되었고, 이 두 나라는 국민 투표에 의해 완전한 별개의 독립국으로 분할되었다. 보다 최근인 2008년에는 코소보가 세르비아로부터 완전 독립을 선언하였다. 즉 불과 7년의 기간 동안 7개의 신생국들이 세계 지도에 새로이 등장한 셈이다.

인종 청소란?

어떤 지역이나 국가 내부에서 특정 인종 혹은 민족으로 강제 추방하거나 살해하는 행위를 일컫는다. 인종 청소는 수천 년간 인류사의 여러 페이지를 차지해 왔다. 1990년대 구 유고슬라비아에서 일어난 학살, 1994년의 르완다 학살, 1930년대 터키에서 일어난 아르메니아 인 집단 학살 등은 악명 높은 인종 청소의 사례에 해당한다.

우크라이나는 어떻게 소련의 식량 공급에 기여했나?

한때 '소련의 빵바구니'로 불렸던 우크라이나의 풍부한 밀 생산량은 구소련의 주된 식량 공급원이었다. 오늘날 소련으로부터 독립한 우크라이나는 세계 밀 생산량의 4%를 차지하며, 이 중 상당수는 러시아에 수출된다.

루마니아에 **고아**들이 많은 까닭은?

가족계획과 낙태를 금지하고 여성들에게 5명 이상의 자녀를 출산하도록 강제한 가혹한 인구 정책으로 루마니아의 출산 문제는 국가가 감당할 수 있는 범위를 넘어섰다. 이러한 인구 정책은 1965년부터 1989년 처형당할 때까지 루마니아를 다스렸던 공산주의 독재자 니콜라에 차우셰스쿠(Nicolae Ceaușescu)의 작품이었다. 그의 정책 때문에 수많은 루마니아 어린이들이 고아원에서 자라야 했다. 1990년 선거가 시작된 루마니아에서는 이러한 현실을 타개하기 위한 시도들이 이루어지고 있다.

'보헤미안'이라는 단어가 인습에 얽매이지 않는 독특한 사람들을 지칭하게 된 까닭은?

보헤미아(Bohemia)는 체코 공화국의 한 지역이지만, 보헤미안(Bohemian)이라는 단어는 때때로 예술가 기질이 있거나 독특한 사람들을 일컬을 때 쓰인다. 이러한 용법은 집시(로마)가 보헤미아(오늘날에는 집시가 보헤미아가 아닌 인도에서 기원한 민족 집단으로 보고 있다)로부터 기원한다는 잘못된 믿음에 기인한다. 집시에 대한 고정 관념은 보헤미아 또는 보헤미아 사람들(보헤미안)의 이미지가 되었다. 오늘날 알파벳 머리글자를 소문자 'b'로 쓰는 'bohemian'은 독특한 사람들을 지칭하는 용어로, 대문자 'B'로 시작하는 'Bohemian'은 보헤미아 사람을 지칭하는 용어로 사용된다.

마케도니아의 국명이 그리스와의 외교 문제를 야기하는 까닭은?

마케도니아가 1991년 독립을 선언했을 때, 그리스는 현대 국가가 고대 그리스의 이름을 사용하는 데 분노를 표출하였다. 그리스는 두 나라가 상호 이해를 합의한 1995년까지 마케도니아와의 무역을 봉쇄하였다. UN이 승인한 마케도니아의 공식 국명은 '마케도니아 구 유고슬라비아 공화국(Former Yugoslav Republic of Macedonia)'이지만, 대부분의 국가들은 마케도니아 헌법상의 국명인 '마케도니아 공화국(Rebublic of Macedonia)'을 선호한다.

트란실바니아는 나라인가?

드라큘라 백작의 고향인 트란실바니아(Transylvania)는 루마니아 중부에 위치한 지역이다. 트란실바니아는 트란실바니아 알프스 산맥과 카르파티아(Carpathian) 산맥에 둘러싸여 있다. 루마니아 서부의 풍요로운 지역인 트란실바니아는 오늘날 루마니아 경제에서 전체 생산량의 3분의 1 이상을 차지하고 있다.

크림 반도란?

크림(Krym) 반도는 우크라이나 남부의 페레코프 지협(Isthmus of Perekop)에서 흑해 방향으로 돌출한 다이아몬드 모양의 반도이다. 크림 반도는 1992년 우크라이나로부터 독립을 선언했지만, 이후 정치적 타협을 거쳐 우크라이나의 자치 공화국이 되었다.…26

이스탄불의 아야소피아(Hagia Sophia) 성당은 오늘날 터키에서 박물관으로 쓰이고 있다. 이곳은 6세기 비잔틴 제국의 유스티니아누스 대제의 명에 의해 그리스정교의 성당으로 건설되었다.

푸트리드 해란?

시바시 해(Sivash Sea)라고도 불리는 푸트리드 해(Putrid Sea)는 우크라이나와 크림 반도 사이에 있는 페레코프 지협 동쪽의 수역을 가리킨다. 이곳은 염호(鹽湖)들로 이루어진 늪지대이다.

비잔틴 제국이란?

서기 476년 서로마 제국이 멸망한 이후에도 계속해서 이어진 동로마 제국은 비잔틴 제국으로도 불린다. 비잔틴 제국의 수도는 로마에서 멀리 떨어진 콘스탄티노플(Constantinople, 오늘날의 이스탄불)이었다. 한때 비잔틴 제국은 지중해 동부 및 남부 일대의 대부분을 손에 넣다시피하였다. 이후 제국은 쇠퇴 일로를 걷다가, 1453년 오스만 제국이 콘스탄티노플을 함락시키면서 멸망하였다.

체코슬로바키아를 만든 두 나라는?

체코슬로바키아는 제1차 세계대전이 끝난 1918년 신생국인 체코와 슬로바키아의 연합으로 결성된 국가였다. 체코슬로바키아는 1967년과 1968년 공산주의에서 벗어나려고 시도하였지만, 소련군과 바르샤바조약기구군의 침공으로 이러한 열망은 물거품으로 돌아갔다. '프라하의 봄'이라고 알려진 이 사건에서 바르샤바조약기구는 최초로 무력을 행사하였다. 1992년 체코슬로바키아는 체코와 슬로바키아 두 독립 국가로 분리되는 데 합의하였다. 체코슬로바키아의 분리는 평화적으로 이루어졌다.

부다페스트는 몇 개의 도시로 이루어졌나?

헝가리의 수도 부다페스트(Budapest)는 실제로는 부다와 페스트의 두 도시로 구성된다. 이 두 도시는 다뉴브 강에 의해 구분되며, 부다는 강 서안에, 페스트는 강 동안에 위치한다. 부다페스트는 부다페스트라는 동일한 이름의 주 안에 위치하고 있다.

동유럽 국가의 **대통령**이 된 **극작가**는?

체코슬로바키아의 작가이자 시인이었던 바츨라프 하벨(Václav Havel)은 체코슬로바키아 최후의 대통령(1989~1992)이자 체코 공화국 초대 대통령(1992~2003)이기도 하였다. 그는 다수의 문학상을 수상한 유명 작가로, 미국 대통령이 민간인에게 수여하는 최고위 훈장인 미국대통령자유훈장(U.S. Presidential Medal of Freedom)을 받기도 했다.

레흐 바웬사는 누구인가?

레흐 바웬사(Lech Wa esa)는 1970년 폴란드 그단스크(Gdansk)에서 일어난 부두 노동자 파업을 주도한 인물이었다. 이후 그는 비공산주의 계열의 자유노조를 창설하여 노동자의 권익 향상을 주장하였다. 1980년 그가 주도한 그단스크 부두 파업의 결과, 폴란드 정부는 파업권, 독립 노조 결성권 등 노동권과 관련한 그의 제안을 상당 부분 수용하였다. 폴란드 사회에서 지대한 영향력을 가진 가톨릭 교회는 자유노조의 '연대 운동(Solidarity Movement)'을 비롯한 그의 행보에 지지를 보냈다. 이후 바웬사는 폴란드 대통령(1990~1995)으로 선출되었다.

스텝이란 무엇일까?

러시아, 아시아, 중부 유럽에 흔히 분포하는 스텝(steppe)은 짧은 풀이 자라는 건조한 평원 또는 구릉지를 일컫는다. 스텝의 대다수 지역은 과거 삼림 지대였지만, 농경과 과방목 때문에 짧은 풀들만 남아서 황량한 경관을 연출하고 있다.

마자르 족이란?

마자르(Maygar) 족은 헝가리 인의 주류를 이루는 민족이다. 우랄 산맥 동쪽의 아시아에 기원하는 마자르 인들은 유럽의 다른 지역과는 크게 상이한 언어를 사용한다.

코카서스 인은 **코카서스 산맥**에서 온 사람들인가?

19세기 후반 과학자들은 세계의 인류를 '인종'으로 나누려는 시도를 하였다. 인종 구분은 당시의 고정 관념에 따라 피부색을 기준으로 이루어졌다. '백인'의 발상지가 아시아 남서부의 코카서스(Caucasus) 산맥이라고 믿었던 이들은 백인을 '코카서스 인'으로 분류하였다. 하지만 우리는 지구 상에는 아프리카에서 유래하는 하나의 인류만이 존재함을 이미 알고 있다.

가장 많은 나라를 흐르는 강은?

독일에서 발원하는 다뉴브(Danube) 강은 유럽의 10개국을 흐르며, 이는 가장 많은 나라를 통과하는 강이다. 다뉴브 강은 독일, 오스트리아, 슬로바키아, 헝가리, 크로아티아, 세르비아 몬테네그로, 루마니아, 불가리아, 몰도바, 우크라이나를 통과한다.

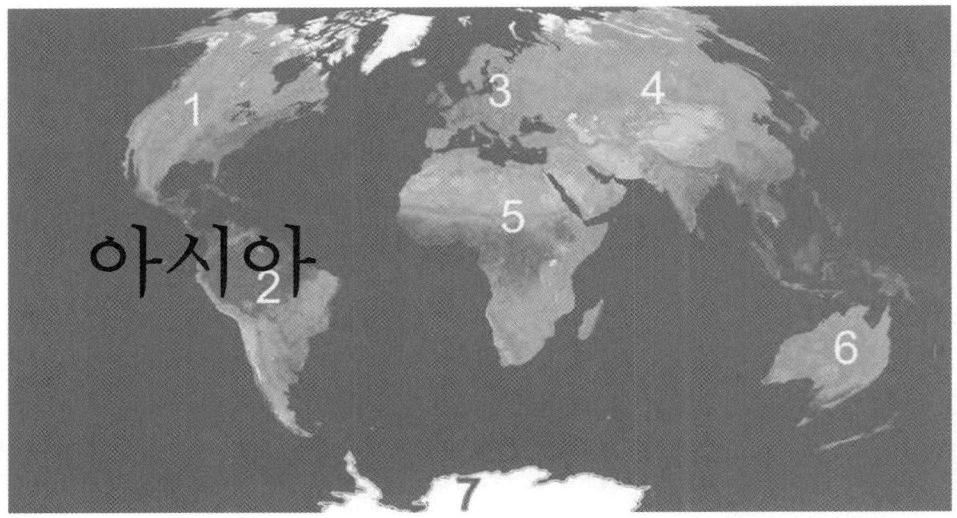

유럽이 **끝나고 아시아**가 **시작되는** 지점은?

유럽과 아시아는 실제로는 하나의 광활한 대륙에 속해 있지만, 전통적으로는 러시아 서부의 우랄 산맥을 기준으로 두 개의 대륙으로 분류한다.

중국과 중부 아시아

세계 **최대**의 **인구 대국**은?

중국의 인구는 13억 2,000만 명이 넘으며, 이는 지구 상의 인구 5명 가운데 1명은 중국인임을 의미한다. 세계 2위의 인구 대국인 인도는 11억 3,000만 명이 넘으며, 2050년 이전에 중국의 인구를 추월할 것으로 예측된다. 두 나라는 세계 3위의 인구 대국인 3억 400만 명의 미국보다 인구가 월등히 많다.

중국의 **한 자녀** 정책이란?

1970년대 말 중국 정부는 급격한 인구 증가가 머지않아 자국의 인구 부양 능력을 상회할 소지가 크기 때문에 인구 억제가 필요하다는 판단을 내렸다. 이 정책은 한 쌍의 부부

인구가 10억 명을 넘어설 정도로 증가하자, 중국은 대부분의 부부에게 한 자녀만을 갖도록 하는 법안을 통과시켰다. (사진: Paul A. Tucci)

가 한 명의 자녀만을 갖도록 강제하는 정책이다. 소수 민족, 농촌 지역 가구, 고아의 경우는 이 정책의 예외 사항이 되었다. 둘째 아이에게는 의료 보험이나 교육 지원 혜택을 박탈하는 등, 주로 경제적 측면과 관련된 엄격한 처벌이 가해졌다. 한 자녀 정책이 실효를 거두면서 중국의 인구 증가는 저지되었고, 인구 과잉의 위협을 감소시킬 수 있었다.

자금성이란?

중국 베이징 중심부에 위치한 자금성(紫禁城, Forbidden City)은 500년간 황궁으로 기능해 온 궁궐이다. 1420년 완공된 이 궁궐은 명나라와 청나라의 황제 24명이 머물렀던 황궁이다. 자금성에는 수백 년 동안 외부인의 출입이 금지되었다. 중국의 마지막 황제가 축출된 지 수십 년이 지난 1950년, 자금성은 박물관으로 개조되어 대중에 개방되었다.

타이완은 어떻게 **건국**되었나?

1949년 중국이 공산화되자, 장제스(蔣介石)가 지도했던 중국 국민당 정권은 타이완(臺灣) 섬으로 도주하여 자신들의 중국을 세웠다. 타이완에 도착한 국민당 정권은 원주민 및 수백 년간 그곳에서 살아온 중국계 이주민들과 직면하였다. 타이완은 근대 중국에 통치받은 적이 없는 섬이지만, 1949년 중국 정부를 표명한 정부들의 영토 분쟁 지역이 되었다. 이후 25년 동안 타이완을 통치한 정부인 중화민국(中華民國)은 대부분의 국가들로부터 주권 국가로 승인받았다.

1970년대 미국의 닉슨 대통령이 중화인민공화국(中華人民共和國)과의 관계 개선 정책을 실시한 후, 중국은 세계 각국으로 하여금 세계적인 경제 대국으로 성장한 타이완을 국가로 승인하지 않도록 압력을 가해 왔다. 미국은 타이완을 비공식적인 창구를 통

장대한 규모의 만리장성은 우주에서 육안으로 볼 수 있는 인공 구조물로도 유명하다.

해 사실상 승인하고 있을 뿐만 아니라, 지금도 타이완과 강력한 동맹 관계를 맺고 있다. 중국은 타이완이 중국 본토와의 분리 독립을 묻는 투표를 실시하여 영구 독립할 경우 무력행사도 불사할 것이라는 위협을 가하고 있다. 타이완 의회의 분리 독립 제안은 중국 정부의 위협에 직면해 있다.

중국의 **만리장성**은 **우주**에서 **육안으로 관찰**할 수 있는 유일한 **인공 구조물**인가?
아니다. 만리장성(The Great Wall) 외에도 도시나 고속도로 등 우주에서 육안으로 관찰할 수 있는 인공 구조물들은 적지 않다.

만리장성은 얼마나 **긴가**?
중국 북동부에 위치한 만리장성의 길이는 2,400km에 달한다. 평균 높이는 7.6m, 기단부의 평균 폭은 4.6~9.2m, 정상부의 평균 폭은 3~4.6m이다. 만리장성은 원래 북방 유목민의 침입을 방어하려는 목적으로 세워졌다. 오늘날 남아 있는 성의 일부는 기원전

3세기에 축성된 부분이지만, 만리장성 전체는 수백 년이 넘는 동안 증축과 개축을 거쳤다.

만리장성은 무엇으로 **축성**했나?

만리장성의 복원 중인 구간을 걸어 보면 이 성이 돌과 석회로 만들어졌음을 알 수 있다. 만리장성의 말단부로 가면 짚과 진흙으로 축성한 구간이 나타나며, 심지어는 쌀과 진흙을 채워 넣은 구간도 있다. 장성은 사람이나 말이 뛰어넘지 못할 정도의 높이가 되도록 구축되었다. 어떤 구간의 높이는 수m에 불과한 반면, 어떤 구간은 몇 층짜리 건물 높이에 달할 정도이다.

기원전 3세기에 만들어진 병마용은 중국 시안 인근에서 발굴되었다. (사진: Maros Mraz/GNU, 자유로이 사용 가능한 문서)

병마용이란?

중국 산시성(陝西省) 시안(西安)은 과거 중국의 13개 왕도가 도읍으로 삼았던 지역으로, 병마용(兵馬俑)의 발견은 20세기 최대의 고고학적 발굴로 손꼽히고 있다. 병마용은 1974년 농업용 우물을 파던 두 농부에 의해 발견되었다. 기원전 3세기 중국을 통일한 진시황(秦始皇)은 장대한 정부 조직을 편성하고 만리장성을 축성하였으며, 그 자신을 위한 정교한 황릉을 건설하였다. 진시황은 권위를 과시하고 내세(來世)에서 자신의 호위병을 거느리기 위해 병마용을 만들어 매장하였다. 병마용은 약 8,000명의 군사와 520필의 말이 끄는 130승의 전차, 15기의 기병으로 구성되며, 개개의 군사들은 실제 인마의 크기와 동일한 데다 고유의 표정까지 지닌 테라코타(terra cotta) 인형으로 1개 군(軍)→27 병력 전체를 완전히 재현한 것이었다. 이 병마용은 진시황릉의 호위 군단이다.

싼샤 댐이란?

싼샤(三峽) 댐이 건설됨으로써 양쯔 강은 머지않아 세계 최대의 전력 공급원이 될 것이다. 1994년 착공된 싼샤 댐은 2009년 무렵 완공될 예정이다.…[28] 싼샤 댐 건설 공사로 댐 상류에 거주하는 100만 명 이상의 주민들이 이주해야 했으며, 이로 인해 수면이 상승하면서 다수의 고고학적 유적지와 거주지들이 수몰되었다. 싼샤 댐은 길이 약 965km로, 중국 후베이성(湖北省) 산두핑의 양쯔 강을 막아 건설된 댐이다. 댐의 높이는 183m, 폭은 2.4km에 달한다.

싼샤 댐은 22,000Mw의 전력을 생산하는 댐으로, 이는 미국 후버(Hoover) 댐에서 발전되는 전력의 8배를 상회한다. 이 댐의 건설로 가뭄의 증가, 강수량 감소, 인근 지역에 거주하는 수백만 명의 생존에 위협이 되는 토사류의 발생 등 환경의 변화가 이미 감지되고 있다. 120만 명 이상의 주민들이 이주해야 했고, 116개소의 도시와 촌락이 댐 건설을 위해 수몰되었다.

세계의 **생물 다양성**이라는 측면에서 **중국**은 어떤 중요성을 갖나?

중국의 영토는 959만 6,960km^{2}에 달한다. 이 광대한 영토는 뿌리와 줄기, 잎사귀를 가진 세계 식물종의 10%가 서식하는 등 생물 다양성의 보고이기도 하다. 따라서 중국의 천연자원 관리 정책은 지구의 건강이라는 측면에서도 매우 중요하다.

만리장성은 어디에 가면 **볼** 수 있나?

중국의 수도 베이징에서 자동차로 1~2시간 거리에 있는 만리장성에는 다수의 관광 코스가 있다. 만리장성의 관광 지구 중에서도 가장 유명하고 개발이 잘된 지구인 바다링(八達嶺)은 잘 보존된 만리장성의 장관을 감상할 수 있는 명소일 뿐만 아니라, 인근에는 명나라 황제들의 황릉군인 명십삼릉(明十三陵)도 자리하고 있다.

동아시아에서 가장 역사가 **오래된 유럽 인 정착지**는?

1557년 포르투갈 인들은 중국 본토의 시강(西江) 하구에 교역을 위한 식민지를 건설하였다. 1849~1999년까지 마카오(Macao)는 포르투갈령이었다가 이후 중국에 반환되었다.

티베트는 왜 지도 상에 표기되지 않나?

티베트는 독립 국가가 아니기 때문에 지도 상에 표기되지 않는다. 티베트는 과거 불교 신정 국가(神政國家)였으나, 1950년 중국에 합병되었다. 오늘날 티베트는 중국 남서부에 위치한 제한된 자치권을 부여받은 지역으로, 중국의 괴뢰 정부가 들어서 있다. 1960년대 중국에 의한 티베트 불교 파괴에 이어, 중국은 티베트 독립운동을 저지하기 위해 티베트 인들을 몰아내고 중국인들을 이주시키는 정책을 펼치고 있다.

중국은 얼마나 오랫동안 **공산 정권**이 유지되고 있나?

중국 공산 혁명은 1949년 이루어졌으며, 이해 마오쩌둥(毛澤東)은 중국의 초대 '주석(主席)'이 되었다. 이후 오늘날까지 공산주의는 계속 중국의 정치적 기조로 자리매김해 오고 있다.

세계에서 **고도가 가장 높은 철도**는?

해발 5,072m 지점을 지나는 칭하이(青海)-티베트 철도는 세계에서 고도가 가장 높은 철도이다. 이 철도는 티베트의 라싸(拉薩)와 중국 본토를 잇는 총연장 1,142km의 철도이다. 높은 고도 때문에 각 열차들은 승객용 산소 공급 장치를 탑재하고 있다. 2006년 7월 개통한 후 이해에만 150만 명 이상의 승객이 이용하였다.

세계에서 **가장 널리 사용되는 언어**는?

세계 인구 가운데 10억 이상이 중국 보통화(普通話)를 사용한다. 중국에서는 이외에도 7,100만 명이 사용하는 광둥 어(廣東語), 7,000만 명이 사용하는 상하이 어(上海語)가 있으며, 민베이 어[閩北語, 푸젠 성(福健省)], 민난 어(閩南語, 푸젠 성 및 타이완), 샹어(湘語), 간어(贛語), 하카 방언(客家方言) 등의 소수 언어가 사용되고 있다.

병음이란?

병음(拼音)은 중국어를 로마자 알파벳으로 표기하기 위해 새로이 만들어진 발음 부호이다. 1958년 중국 정부가 공식 외부 문서에 병음을 사용하면서, 병음은 기존의 웨이

드·자일스 방식(Wade–Giles system)을 대체해 나갔다. 이후 병음의 사용이 점차 확산됨에 따라 오늘날에는 중국의 수도를 알파벳으로 'Peking(웨이드·자일스식 표기)'이 아닌 'Beijing'으로 표기하는 것이다.

중국은 얼마나 많은 **쌀**을 생산하나?

중국은 세계 최대의 쌀 생산국으로, 전 세계 생산량의 3분의 1을 담당하고 있다. 중국은 연평균 1억 8,850만t의 쌀을 생산한다. 2위인 인도는 연평균 약 1억 4,200만t의 쌀을 생산한다. 전 세계 쌀 생산량의 90%가 아시아에서 생산된다.

중국은 세계 최대의 쌀 생산국으로, 사진에 보이는 위안양(原陽) 현의 사례에서와 같은 계단식 논으로도 유명하다.

세계 **최대의 쌀 수출국**은?

태국은 매년 약 920만t의 쌀을 수출하며, 이는 전 세계 쌀 수출량의 3분의 1에 해당한다. 필리핀은 세계 최대의 쌀 수입국으로, 매년 200만t의 쌀을 수입한다.

홍콩에서는 1997년 어떤 **변화**가 일어났나?

1997년 7월 1일 영국의 영토였던 홍콩의 주권이 중국에 반환되었다. 이는 중국과 영국 사이의 조약이 체결된 지 99년 만의 일이었다. 이 당시 체결된 조약은 영국에 홍콩 무역항 및 중국 내륙에 위치한 신계 지구(新界地區, New Territory)의 사용권을 부여하였다. 신계 지구 사용권을 보장한 조약이 1990년대 말에 만료됨에 따라, 영국과 중국은 홍콩(영구 조약에 의한)과 신계 지구 반환에 관한 논의를 시작하였다. 중국은 홍콩에 2047년까지 제한된 주권과 자치권을 내용으로 하는 특별 행정권을 부여하고 경제 체제를 반환 이전 상태로 유지함을 골자로 하는 협의 내용에 찬성하였다. 홍콩은 반환 전에도 그랬고, 반환 후에도 여전히 세계에서 가장 선진적인 지역이자 세계적인 금융 및 은행 지구로 손꼽히고 있다.

세계에서 **가장 인구 밀도가 낮은 나라**는?

몽골(중국 북부의 내몽골자치구와 혼동하지 말 것)은 155만 4,000km^{2}에 달하는 광대한 국토에 260만 명의 인구가 분포하고 있어 인구 밀도는 1km^{2}당 4명에 지나지 않는다. 몽골 국토의 1%만이 경작 가능한 토지이기 때문에, 몽골의 인구 밀도는 제한적이다. 나머지 국토는 건조 지역으로 유목 생활이 이루어진다. 몽골은 칭기즈 칸이 부족을 통일하고 아시아의 대부분을 정복했던 13세기에 건국되었다.

소련은 왜 1979년 **아프가니스탄**을 침공했나?

소련은 아프가니스탄 공산주의 세력 중에서도 온건파에 속했던 파르참(Parcham)→29 파벌을 자신들의 동맹 세력으로 만들기 위해 1979년 아프가니스탄에 군대를 파병하였다. 파르참 파벌은 그 이전 해에 소련과 우호 및 협력 조약을 체결해 둔 터였다. 미국은 아프가니스탄 정부와 소련 점령군에 저항하던 무자헤딘(mujahidin) 저항군에 대한 지원을 개시하였다. 이 무자헤딘은 훗날 2001년 세계무역센터 테러범들을 정신적으로 조종했던 이념적 뿌리가 된다.

1989년까지 지속된 전쟁에서 60만~200만 명에 달하는 아프가니스탄 인들이 목숨을 잃었다. 아프가니스탄에 동원되었던 60만의 소련군 가운데 14,453명이 목숨을 잃었고, 46만 9,000명이 부상당하거나 질병을 앓았다. 500만 명 이상의 아프가니스탄 인들이 고향을 잃고 파키스탄으로 유입되었다. 아프가니스탄 내에서도 200만 명 이상의 난민이 발생하여 전쟁의 폭력과 파벌 싸움으로부터 탈출구를 찾았다.

바미얀 석불이란?

바미얀(Bamiyan) 석불은 6세기에 세워진 거대한 한 쌍의 석불(한 개는 높이 55m, 다른 한 개는 37m)이다. 아프가니스탄의 수도 카불(Kabul)에서 북서쪽으로 230km 떨어진 지점에 위치했던 이 석불은 유네스코 세계 문화유산으로 등재되었으며, 세계적인 유적지이자 종교적 성지이기도 하다. 2001년 탈레반(Taliban) 정권은 바미얀 석불의 파괴를 명령했으며, 그들은 다이너마이트로 이 석불을 파괴하였다. 일본과 스위스를 포함한 세계 각국은 이 문화유산의 재건을 지원하려는 시도를 하고 있다.

아랄 해는 왜 줄어들고 있는가?

카자흐스탄과 우즈베키스탄의 접경 지대에 위치한 아랄 해(Aral Sea)는 1960년대 이후 규모가 지속적으로 줄어들어 오늘날 면적은 1960년대의 절반에 불과하다. 아랄 해는 한때 세계에서 4번째로 큰 호수였지만, 아랄 해로 흘러드는 하천들의 흐름이 농업을 목적으로 변경됨에 따라 규모가 심각하게 줄어들고 있다. 아랄 해가 줄어들면서 염분이 함유된 토양이 수면 밖으로 노출되고 있으며, 이는 주변 지역의 식생을 파괴하는 요인으로 작용하고 있다.

아프가니스탄이 수많은 **침략**을 받은 열강의 각축장이 된 까닭은?

아프가니스탄은 아시아와 중동을 잇는 교차로이다. 이 나라는 수천 년에 걸쳐 아시아와 중동의 재화가 오가는 실크 로드의 주요 거점이었다. 최근 들어 아프가니스탄은 아시아와 중동 지역에 공히 영향을 줄 수 있는 위치적 특성으로 인해 지리적 요충지로 부상하였다. 아프가니스탄은 민족적으로 다양한 문화를 가진 부족들이 공존하는 지역으로, 이들은 국정 운영에 어떤 식으로든 목소리를 내고 영향력을 행사하고 있다. 따라서 지난 수백 년간 주요 지정학적 세력들은 이 나라를 통치, 장악, 또는 식민화하기를 원했다. 오늘날 우리가 접하고 있는 아프가니스탄의 모습은 사실 수백 년 동안 이어져 온 투쟁의 역사에 뿌리를 두고 있다.

유네스코 세계 문화유산으로 지정되었던 2기의 바미얀 석불 가운데 하나. 이 불상은 2001년 3월 아프가니스탄의 탈레반 정권에 의해 파괴되었다. (출처: 유네스코, A. Lezine)

울란바토르란?

울란바토르(Ulan Bator)는 몽골 공화국의 수도이다.

쿠빌라이 칸의 초상화. [출처: 타이완 타이베이(臺北) 고궁 박물관]

몽골 제국은 얼마나 **컸나**?

칭기즈 칸(1167~1227)과 그의 아들 오고타이 칸(1186~1241)이 통치했던 몽골 제국은 인류 역사상 최대의 제국이다. 이 제국은 동쪽으로는 오늘날의 한국과 중국, 서쪽으로는 폴란드, 남쪽으로는 베트남과 오만에 이르는 광대한 지역을 통치하였다.

쿠빌라이 칸은 누구인가?

쿠빌라이 칸(1215~1294)은 칭기즈 칸의 손자이다. 그의 치세였던 1279년 몽골 제국은 전성기를 맞이하였다. 그는 원(元) 왕조를 창설하였고, 원나라는 14세기 베이징(北京)으로 천도하였다. 원나라가 중국 대륙에서 축출되면서 수도는 다시 몽골 지역으로 회귀하였다.

셰르파는 어떤 사람들인가?

셰르파(Sherpa)는 티베트와 네팔의 원주민 집단이다. 그들은 히말라야 산지에 거주하며, 에베레스트 산 등 고산 등반대의 안내원으로 자주 고용되었다. 1953년 셰르파 텐징 노르가이(Tenzing Norgay)와 에드먼드 힐러리(Edmund Hillary, 영국) 두 사람은 세계 최초로 해발 8,848m의 에베레스트 산 정상을 등정하였다.

인도 아대륙

타지마할이란?

인도 아그라(Agra)에 위치한 타지마할(Tāj Mahal)은 무굴 제국 황제 샤자한(Shah Jahan)의 황후가 묻힌 능묘이다. 1631년 뭄타즈 마할(Mumtaz Mahal) 황후가 세상을 떠나자, 황제는 1632년 황후의 능묘를 착공하였다. 높이 91.4m가 넘는 백색의 대리석 능묘는 황후

의 삶과 죽음을 기린 놀랄 만큼 장대한 추모 시설이다.

뉴델리(new Delhi)는 왜 '새로운(new)'가?

1773년부터 1912년까지 인도의 수도는 캘커타(Calcutta)였으며, 1912년에 델리(Delhi)로 천도하였다. 영국은 새로운 수도를 건설하기를 원했기 때문에 델리[오늘날의 올드델리(Old Delhi)]에 인접한 새로운 수도 건설을 시작하였다. 1931년 완공된 이 새 수도의 이름은 뉴델리로 명명되었다. 올드델리와 뉴델리 두 도시의 인구 합계는 1,600만 명이 넘으며, 따라서 이 지역은 세계에서 가장 인구가 많은 도시들에 속한다.

봄베이는 어떻게 되었나?

1996년 인도는 세계 3위의 인구를 자랑하는 대도시 봄베이(Bombay)를 뭄바이(Mumbai)로 개칭하였다.

발리우드란?

'발리우드(Bollywood)'라는 이름으로도 알려진 인도의 뭄바이(옛 이름은 봄베이)는 세계 영화 시장의 메카이다. 인도 영화 업계는 매년 1,000편 이상의 영화를 개봉하며, 이는 미국의 2배에 해당하는 수치이다.

덤덤 공항이란?

인도 콜카타(캘커타)의 덤덤 국제공항(Dum Dum International Airport)은 매년 250만 명의 승객이 이용한다.

인도는 중국과 유사한 **인구 통제 정책**을 실시하고 있나?

인도는 가족당 산아를 제한하고 있지는 않지만, 세계에서 가장 오랜 인구 통제 정책을 실시하고 있다. 1950년대에 시작된 이 정책은 인구 통제와 가족 계획의 촉진에 목표를 두고 있으며, 인도 정부는 불임 수술을 장려하고 있다. 인도의 인구 증가율이 둔화(1.46%)되었다고는 하나, 세계 평균 인구 증가율은 이보다도 더 낮은 1.17%이다.

캐시미어(cashmere) 스웨터는 카슈미르(Kashmir)에서 왔을까?

고급 모직물인 캐시미어의 원료를 제공하는 카슈미르 염소는 인도 카슈미르 지역(한 나라가 완전히 영유하지 못하는 국경 분쟁 지역)에 서식한다. 인도 북부의 파키스탄 국경 지대에 위치한 이 지역은 폭력과 불안으로 점철된 곳이다. 1947년 영국은 인도 식민지를 2개의 분리된 나라들—힌두교국(인도)과 이슬람교국(파키스탄)—으로 분리시키기로 결정하였다. 잠무 카슈미르(Jammu and Kashmir) 주에는 힌두교도와 이슬람교도가 혼재해 있으며, 이는 지역 내부의 갈등을 야기했다. 인도와 파키스탄은 이 지역의 영유권을 둘러싸고 세 차례에 걸친 전쟁을 벌였으며, 산발적인 충돌은 지금도 이어지고 있다.

인도의 **카스트 제도**는 어떤 식으로 작동하나?

카스트(Caste) 제도는 인도에 존재하는 매우 경직되고 위계적인 사회 계급 제도이다. 고대 힌두교의 경전인 '마누 법전(Code of Manu)'에 토대한 카스트 제도는 브라만(Brahman, 성직자), 크샤트리아(Ksatriya, 전사), 바이샤(Vaiśya, 평민), 수드라(Sudra, 노비)의 네 계급으로 구성된다. 이 네 계급에 들지 못하고 카스트 제도에서 소외된 사람들도 다수 존재하며, 이들은 하리잔(Harijan) 또는 불가촉천민(不可觸賤民)으로 불린다. 불가촉천민들은 인도 사회에서 가장 궂은 일을 맡으며, 카스트 사회에서는 공식적으로 배제된 채 살아간다. 인도의 카스트 제도는 한 개인의 직업뿐만 아니라 혼인 상대자, 사회적 관계 등을 비롯한 삶의 모든 측면을 지배한다.

세계에서 **두 번째로 높은 산**은?

해발 고도 8,611m의 K2봉은 세계에서 두 번째로 높은 산이다. K2봉은 파키스탄 북부의 카슈미르(Kashmir) 지방에 위치한다.

동파키스탄은 어떤 지역인가?

영국이 남아시아에서 철수하면서 이 지역은 인도와 파키스탄으로 분리되었다. 무슬림의 나라인 파키스탄은 힌두교국인 인도의 동쪽과 서쪽에 위치하였다. 이 두 개의 분리된 국토는 각각 서파키스탄과 동파키스탄이 되었으며, 두 지역은 1,600km 가까이 떨

어져 있다. 30년 이상 동파키스탄과 지리적으로 극단적일 만큼 이격되어 존재해 온 동파키스탄은 1971년 독립을 선언하고 방글라데시로 개칭하였다.

방글라데시에서는 왜 **홍수**가 잦은가?

방글라데시 국토의 대부분은 해수면에 근접할 정도로 낮은 데다 갠지스 강과 브라마푸트라(Brahmaputra) 강에 의해 형성된 삼각주 상에 위치하기 때문에, 방글라데시 국토가 주기적인 몬순(monsoon, 강우를 동반한 계절풍)과 허리케인에 의해 침수되기 쉽다는 사실은 그다지 놀랄 만한 일도 아니다. 안타깝게도 방글라데시는 비상 경보 체계 또한 부실하여 국민들이 임박한 재난에 대한 충분한 경보를 받지 못하고 있다.

한반도와 일본

일본을 구성하는 4개의 큰 섬은?

일본의 네 섬 가운데 최북단의 홋카이도(北海道)에는 삿포로(札幌)가 있다. 일본 최대의 섬인 혼슈(本州)는 핵심 지역으로, 도쿄(東京)와 오사카(大阪) 및 교토(京都)가 위치한다. 혼슈는 세계에서 7번째로 큰 섬인 동시에, 1억 300만 명이 살고 있는 세계에서 두 번째로 인구가 많은 섬이기도 하다. 다시 말해 일본의 '본섬'인 셈이다. 혼슈의 면적은 22만 3,656km²로 영국의 본토인 그레이트브리튼(Great Britain) 섬보다 크다. 일본 남부에는 시코쿠(四國)와 규슈(九州)의 두 섬이 있다. 규슈는 일본의 네 섬 가운데 최남단에 위치하며, 최초로 외국 무역상의 일본 입항이 허용된 지역이다. 규슈의 인구는 1,300만 명이 넘는다. 이 4개의 섬 외에도 일본은 2,000개의 소규모 도서 지역을 영유하고 있다. 일본의 인구는 1억 2,800만 명으로, 매년 0.02%의 비율로 인구 감소가 일어나고 있다.

세계에서 **방문객이 가장 많은 산**은?

일본의 성지이자 중요한 화산인 후지(富士) 산은 대표적인 관광지이자 세계에서 방문객이 가장 많은 산이다. 완벽한 원뿔 형상의 후지 산은 해발 고도 3,776m로, 1708년 마지

도쿄 인근에 위치한 아름다운 후지 산. (사진: Paul A. Tucci)

막 분화가 이루어졌다.

아침해의 나라는?

일본(日本)이라는 명칭은 '해 뜨는 나라'를 뜻하며, 이는 '아침해의 나라'라는 뜻으로 발전해 갔다. 이러한 명칭은 일본인들이 오랫동안 자기 나라를 해가 뜨는 방향인 동쪽에 위치한 나라라고 여긴 데서 기인하는 것으로 보인다.

일본은 **지질학적**으로 얼마나 **활성화**된 나라인가?

화산과 지진은 일본을 위협하는 요소이다. 일본에는 19개의 활화산이 있으며, 이 중 다수가 지난 10년 사이에 분화한 전력이 있다. 지진 또한 빈번히 일어나며, 이 가운데 다수가 지난 세기에 일어난 가장 파괴적인 지진에 포함될 정도이다. 1923년 간토(關東) 대지진(리히터 스케일 약 8.3)이 요코하마(橫濱)를 강타하여 14만 명 이상의 사망자가 발생하였다. 보다 최근인 1995년 일어난 고베(神戶) 대지진에서는 5,500명의 사망자가 발생하였다.

일본은 어떻게 **석유**를 **확보**하나?

일본은 석유가 전혀 생산되지 않는 나라이기 때문에 필요한 수요는 전량 수입에 의존한다. 석유 수요를 맞추기 위해 일본에는 매일 하루도 거르지 않고 유조선들(유조선 간의 간격은 약 483km)이 끊임없이 출입하고 있다. 매일 55만 배럴 이상의 석유를 수입하는 일본은 미국, 중국에 이어 세계 3위의 석유 수입국이다.

일본의 **기대 수명**은?

오늘날 일본의 기대 수명은 안도라, 마카오에 이어 세계 3위이다. 일본인의 수명은 평균적으로 83세 이상이다.

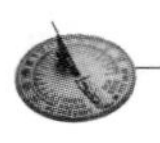

쿠릴(Kuril) 열도는 어떻게 제2차 세계대전이 종전되지 못하도록 했을까?

제2차 세계대전이 발발하기 전 일본은 러시아(캄차카 반도 이남)와 일본(훗카이도 이북) 사이에 위치한 4개의 섬으로 이루어진 이 열도를 영유했었다. 제2차 세계대전 당시 이 열도를 점령한 러시아는 아직도 이를 일본에 반환하지 않고 있다. 일본은 쿠릴 열도 반환을 요청했지만 아무런 결실도 거두지 못했다. 쿠릴 열도 분쟁으로 일본은 아직도 러시아와 제2차 세계대전 종전을 선언하는 평화 협정을 체결하지 못하고 있다.

이오지마는 어떤 지역인가?

이오 열도(硫黃列島)를 구성하는 3개의 섬 가운데 하나인 이오지마(硫黃島)는 일본 남동부에 위치한다. 제2차 세계대전의 격전으로 손꼽히는 이오지마 전투에서는 약 2만 명의 일본군과 6,000명의 미군이 목숨을 잃었다. 미군은 1945년 2월 23일 이오지마의 일본군 비행장을 접수하였다. 이오지마는 1968년 일본으로 반환되었다.

세계 최초로 **원자폭탄**이 **투하**된 인구 밀집 지역은?

일본의 도시인 히로시마(廣島)는 1945년 8월 6일 미군이 투하한 원자폭탄의 공격을 받았다. 3일 후 미군은 두 번째 원자폭탄을 일본 나가사키(長崎)에 투하하였다. 이 두 차례의 원자폭탄 투하가 제2차 세계대전 당시 일본의 항복을 앞당기기는 했지만, 원자폭탄의 폭발로 약 11만 5,000명이 목숨을 잃었으며, 이후에도 더 많은 사람들이 방사능 관련 질병으로 죽어 갔다.

탄환 열차란?

일본인들이 '탄환 열차'라고도 부르는 신칸센(新幹線)은 기존의 여객 열차와 형태는 비슷하지만 최고 속도는 시속 346km에 달한다. 신칸센은 1965년 개통되었다. 2003년 일본의 차세대 탄환 열차는 최대 시속 581km라는 세계 기록을 수립하였다.

한반도의 문명은 얼마나 오래되었을까?

한반도에 문명이 시작된 지는 4,000년이 넘었다. 고고학적 증거는 기원전 2333년까지 거슬러 올라간다.

남한과 북한은 어떻게 분단되었나?

1392년부터 1910년까지 한반도는 조선 왕조의 영토였다. 1910년 일본은 한반도의 지배권을 손에 넣었지만, 제2차 세계대전에 패망하면서 이를 잃어버렸다. 남북한은 여전히 북위 38° 인근에 설정된 선을 기준으로 분단되어 있다. 북위 38°선은 제2차 세계대전 종전 무렵 한반도 북부의 소련군 점령 지역과 한반도 남부의 미군 점령 지역 간의 경계선이다. 1950~1953년까지 공산주의 세력인 북한은 민주주의 세력인 남한과 전쟁을 벌였다. 미군이 한국전쟁에 참전하면서 북한군은 중국까지 퇴각할 정도로 수세에 몰렸다가 이후 북위 38° 부근까지의 영역을 회복하였으며, 이때의 영역은 오늘날까지도 남북한 간의 경계선으로 남아 있다.

대한민국의 **국가 슬로건**은?

대한민국의 국가 슬로건은 '조용한 아침의 나라'이다.

일본은 **한국**을 얼마나 오랫동안 **식민 지배**했었나?

1910년 한국을 강제로 병합한 일본은 1945년 제2차 세계대전에서의 패망과 더불어 한반도에서 철수하였다. 일본이 한반도를 지배한 기간에 수많은 한국인들이 노동, 노예노동, 징집 등으로 착취당하였다. 한반도와 만주 일대에서 일제의 손에 약 20만~80만 명이 목숨을 잃은 것으로 집계된다.

대한민국의 **경제 규모**는 세계 **몇 위**인가?

대한민국의 1인당 GNP는 23,000달러로 세계 13위이다. 대한민국은 미국의 7번째 교

주한 미군의 규모는 얼마나 될까?

오늘날 22,500명의 미군이 여전히 대한민국에 주둔하고 있지만, 이들은 주로 160ac(에이커)에 불과한 비무장지대에 집중적으로 배치되어 있다.

역 대상국이기도 하다. 연평균 7%에 가까운 성장률을 보이는 대한민국 경제의 성장 속도는 세계에서 가장 빠른 수준이다.

대한민국의 **대규모 기업체**에는 어떤 기업들이 있나?
삼성, 현대, LG, 한진해운, 대우, 기아는 대한민국의 글로벌 기업들이다. 이들 기업은 세계적인 수준의 기업이기도 하다.

판문점이란?
공동 경비 구역의 통칭인 판문점(板門店)은 서울 북쪽 53km에 위치하며, 한국전쟁 중 파괴된 마을이 위치했던 자리이기도 하다. 판문점은 길이 243km인 휴전선의 기점으로, 남북한의 접경 지역 가운데 미국이 유일하게 교전 구역으로 간주하는 지점이기도 하다. 폭 4km의 남북한 접경 지대에서는 양측의 군병력이 순찰 활동을 벌이고 있다. 1953년 휴전 협정이 이루어진 이래 이곳에서 일어난 교전으로 1,000명 이상의 남북한 병력과 민간인이 목숨을 잃었다.

남한과 북한은 한반도 분단 문제의 대안을 마련하기 위해 판문점에서 얼마나 많은 **회담**을 가졌나?
남북한 양측은 분단 문제의 종식을 위해 400회 이상의 회담을 가졌다.

김일성은 누구인가?
김일성은 1948년부터 1994년 사망할 때까지 조선민주주의인민공화국(북한)을 다스렸던 통치자이다. 그의 사후 아들 김정일이 대를 이어받아 북한을 통치하였다.→30 1950년

대 북한이 마르크스·레닌주의 및 스탈린주의의 영향에서 벗어나 독자적인 세력을 구축하기 위해 만든 통치 사상인 주체사상에 따라, 그는 북한 주민들로부터 숭배의 대상이 되었다.

1995년 북한에는 어떤 **재난**이 닥쳤나?

북한은 과거 교역 상대국인 소련으로부터 고립된 데다 인접국인 중국과도 관계가 악화되는 이중고에 직면해 있었고, 경제 정책의 실패로 식량 가격이 폭등하고 과도한 군비 지출, 심한 홍수, 북한에서의 곡물 생산 저하 등의 악재까지 겹치면서 1995년에는 자국의 인구조차 부양할 수 없는 지경으로 전락하였다. 이로 인해 식량 부족이 심해지면서 100만~300만 명에 달하는 아사자가 발생하였다. 북한 정부는 상세한 정보를 공개하지 않고 있기 때문에, 이때부터 3년간 이어진 기근에서 얼마나 많은 사람이 목숨을 잃었는지에 대한 정확한 집계는 이루어지지 못하고 있다.

미국은 대규모 아사 사태를 예방하기 위해 북한에 약 6억 달러를 지원하였다. 북한에 대한 세계 최대의 원조국인 미국은 기근을 멈추기 위해 전체 대북한 원조액의 50% 이상을 부담하고 있다.

오늘날 **북한**에 **식량을 공급**하는 나라는 어떤 나라들인가?

대한민국, 미국, 중국, 일본은 대표적인 대북한 식량 원조국들이다.

아리랑 축전이란?

매년 4월 15일부터 2개월간 개최되는 아리랑 축전은 일종의 매스 게임(mass game)으로, 대규모 스타디움에서 색색의 카드를 든 수천 명의 학생들이 거대한 모자이크를 연출하는 퍼포먼스를 비롯해 다양한 행사가 벌어진다. 축전 기간에는 무용 행사도 이루어진다. 북한 정부는 소수의 미국인들도 축전에 참가할 수 있도록 입국을 허용한다.

동남아시아

인도차이나는 어디인가?

인도차이나는 미얀마, 태국, 캄보디아, 라오스, 베트남, 말레이 일부를 포함하는 남아시아의 반도이다. 제국주의 시대에 인도차이나 반도 동부는 프랑스의, 서부는 영국의 지배를 받았다.

버마는 언제 **미얀마로 개칭**되었나?

1989년 국내에서 일어난 폭동과 국정의 실패로 인해 대통령이 사임하고 군사 정권의 통치가 시작되면서, 버마(Burma)의 국명은 미얀마(Myanmar)로 개칭되었다.

베트남 전쟁은 왜 일어났으며, 이 전쟁은 어떤 결과를 초래했나?

제2차 세계대전 이후 베트남 민족주의자와 공산주의자들은 유럽 인들의 식민 지배를 청산하고 자유를 얻기 위해 식민 모국 프랑스와 전쟁을 벌였다. 결국 프랑스는 비틀거리며 베트남으로부터 철수하였고, 옛 식민지는 공산 세력인 북베트남과 친서방 세력이 지배하는 남베트남으로 분단되었다. 미국은 애초에 군사 고문단과 지원 물자를 제공하는 방식으로 프랑스의 베트남 재수복을 지원하였다. 남베트남 군은 미국의 지원을 받을 수 있는 기회를 얻었고, 그들은 자신들이 적을 쳐부술 수 있도록 지원을 얻기 위해 미국의 여러 정부 기관들과 교섭을 벌였다. 공산주의의 확산을 저지하기 위한 노력의 일환으로, 미국은 1975년 사이공이 함락될 때까지 남베트남을 지속적으로 지원하였다.

역설적이게도 베트남 전쟁이 최고조에 달하여 베트남 공산주의자들이 미국의 생활방식에 대한 위협으로 간주되던 1970년은, 미국 대통령 리처드 닉슨(Richard Nixon)과 국무장관 헨리 키신저(Henry Kissinger)가 당시 가장 급진적이면서도 규모가 컸던 공산국가인 중화인민공화국과 서방의 관계 개선을 위한 정책을 펴 나가던 해이기도 하였다. 중국은 수십 년 동안 프랑스 군과 미군에 저항하던 베트남 저항군을 지원해 왔다.

미국의 베트남 점령은 1962~1975년까지 이어졌다. 1975년 사이공이 공산군의 군홧발에 짓밟히면서, 남베트남은 공산주의 북베트남에 병합되었다. 베트남 전쟁이 남

베트남 하노이(Hanoi)의 이른 아침 거리 풍경. (사진: Paul A. Tucci)

긴 유산은 인접국인 라오스와 캄보디아의 정정 불안 및 1970년대 이들 나라에서 수백만 명의 목숨을 앗아 간 대학살, 그리고 미국 등 세계 각국으로 탈출을 시도했던 '보트 피플(boat people)'이라고 불린 베트남 난민들이었다.

동남아시아 국가들 가운데 세계에서 수위에 해당하는 **부국**은?

보르네오(Borneo) 섬에 위치한 동남아시아의 소국 브루나이(Brunei, 면적 5,765km²)는 세계에서 가장 부유한 국가에 속한다. 브루나이의 부는 석유와 가스 수출에 근간을 둔다. 술탄…31 겸 총리대신 하사날 볼키아(Hassanal Bolkiah Mu'izzaddin Waddaulah)는 브루나이의 통치자로, 세계 최고의 갑부로 손꼽히는 인물이다.

브루나이는 어디인가?

브루나이는 보르네오 섬 북단에 위치한 나라로, 필리핀 바로 남쪽에 위치한다. 브루나이는 보르네오 섬에 위치한 인도네시아의 4개 주[동·남·서·중앙 칼리만탄(Kalimantan) 주] 및 말레이시아의 2개 주[사바(Sabah) 주와 사라왁(Sarawak) 주]와 인접한다.

몰디브의 **주요 산업**은?

관광업과 어업은 연간 15조 6,900억에 달하는 몰디브 GDP의 주된 원천이다.

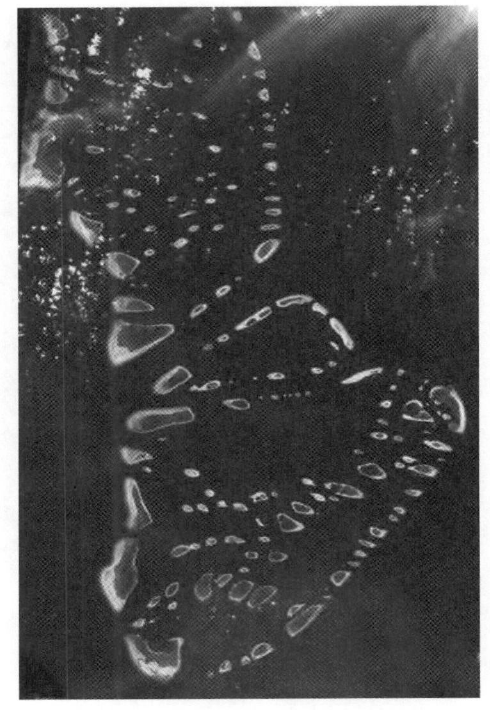

몰디브 공화국의 위성 사진. 이 사진은 해수면 상승으로 인한 국토의 침수 문제를 여실히 보여 주고 있다. (사진: NASA/GSFC/METI/ERSDAC/JAROS 및 미국/일본 ASTER 연구팀)

몰디브는 얼마나 많은 **섬**들로 구성되나?

몰디브는 약 1,192개의 섬들로 구성되며, 이 가운데 250개가 유인도이다. 유인도 가운데 일부는 완전히 리조트로만 이루어져 있으며, 어떤 섬들은 한두 개의 호텔만이 들어설 수 있을 정도로 작다. 몰디브의 섬들은 인도 남서쪽 해상의 965km 구간에 퍼져 있다.

최대 고도가 **가장 낮은 나라**는?

몰디브에서 고도가 가장 높은 지점(인공 구조물 제외)은 해발 2.3m에 불과하다. 문제는 지난 100년 동안 이루어진 해수면 상승…[32]에 비추어 보았을 때 이 나라는 국토 일부 또는 전체가 사라질 위험에 처해 있다. 2004년 동남아시아를 강타한 쓰나미로 몰디브의 전 국토가 바닷물에 잠겼다.

도니란?

도니(dhoni)는 몰디브의 전통적인 고기잡이 보트이다.

몰디브에서는 어떤 **언어**가 사용되나?

30만 명의 몰디브 인들은 인도·아리아계 언어인 디헤비(Dhihevi) 어를 사용한다.

경제 호랑이란?

경제 호랑이(economic tiger)는 세계 경제에 중요한 영향력을 행사할 수 있을 정도로 급격히 성장하고 있는 아시아 국가를 일컫는 용어이다. 대한민국, 타이완, 싱가포르는 3대 경제 호랑이로 간주된다. 홍콩 또한 과거 이 환태평양 국가 집단에 포함되었지만, 중국에 귀속된 이후에는 더 이상 아시아의 경제 호랑이로 분류되지 않는다.

동남아시아 지역 가운데 세계적으로도 **지리적 각축**이 가장 심하게 일어나는 축에 드는 지역은?

난사 군도(南沙群島)는 남중국해에 위치한 군도로 100개의 도서 및 산호초로 구성된다. 이 군도는 베트남, 필리핀, 말레이시아 동부 사이에 위치한다. 남중국해의 40만km^2 해역에 흩어진 이 군도의 면적은 총합 5.2km^2에 불과하지만, 지정학적으로 중요성이 높은 지역이기도 하다. 베트남, 중국, 필리핀, 말레이시아, 타이완은 이 지역의 영유권을 둘러싼 각축을 벌이고 있다. 필리핀 석유 수요의 15%를 차지하는 석유가 산출되는 유전은 이 지역을 둘러싼 분쟁의 핵심 지역이다. 각국은 협상을 통해 유리한 조건을 이끌어 낼 수 있을 것으로 생각하고 있으며, 원유 탐사 및 개발이 가져올 이익에 대해서도 고려하고 있다.

필리핀과 인도네시아

필리핀은 얼마나 많은 **섬들**로 구성되나?

필리핀은 7,100개의 섬들로 구성된다. 이 중 1,000개의 섬만이 유인도이며, 2,500개의 섬은 여전히 명명되지 않고 있다. 이 섬들은 북부의 루손(Luzon) 지방, 중부의 비사얀(Visayan) 지방, 남부의 민다나오(Mindanao) 지방 및 술루(Sulu) 지방으로 크게 3등분된다.

미국은 언제 **필리핀**을 **통치**했나?

필리핀은 1898년까지 에스파냐 식민지였다가, 미국·에스파냐 전쟁 종전 후 미국의 통

아시아 유일의 가톨릭 국가는 어느 나라일까?

국민의 약 85%가 가톨릭 신자인 필리핀은 아시아에서 유일한 가톨릭 국가이다. 16~19세기까지 이어진 에스파냐의 식민 통치 기간 동안 가톨릭 신앙은 필리핀에 완벽하게 이식되었다.

치하에 넘어갔다. 이때부터 1946년까지 필리핀은 미국의 통치를 받았다(제2차 세계대전 중에는 2년 동안 일본의 지배를 받았다). 필리핀은 1946년에 독립했으며, 1992년 필리핀의 미군 기지 임대가 종료되면서 미군 주둔은 끝났다.

인도네시아는 얼마나 많은 **섬들**로 **구성**되나?

인도네시아는 13,500개 이상의 섬들로 구성된다. 이 가운데 6,000개만이 유인도이다. 인도네시아는 세계 최대의 열도(列島)이며, 과거에는 네덜란드령 동인도(Dutch East Indies)라고 불렸다. 이 지역은 1600년 이후 네덜란드의 지배를 받았으며, 1945년 독립을 선언하였다(제2차 세계대전 중에는 대부분의 기간 동안 일본의 지배를 받았다).

세계에서 **가장 인구 밀도가 높은 섬**은?

인도네시아의 자바(Java) 섬은 세계에서 가장 인구 밀도가 높은 섬이다. 면적 13만 2,000km^{2}인 이 섬의 인구는 1억 2,400만 명이 넘으며, 따라서 인구 밀도는 1km^{2}당 51,000명에 달한다. 인도네시아의 수도 자카르타(Jakarta)는 자바 섬에 위치한다.

동남아시아 최대의 **산유국**은?

인도네시아는 1일 평균 약 1조 1,136억 배럴의 원유를 생산하는 세계 20위의 산유국이다.

동티모르란?

동티모르(옛 이름)는 오늘날 인도네시아 최동단과 인접한 동티모르민주공화국(Democratic Republic of Timor-Leste)으로 독립하였다. 400년간 포르투갈의 지배를 받았던 이

싱가포르의 발달된 금융가. 이 나라는 동남아시아에서 가장 작지만, 1인당 GDP가 49,900달러에 달하는 부국이다.

지역은 이후 인도네시아령이 되었다. 1975년 동티모르는 독립을 선언하였다. 인도네시아 군은 동티모르를 침공하였고, 이로 인해 동티모르 인 약 10만 명이 살해당하였다. 1991년 국제 사회는 이 사건 및 이어진 학살과 인권 침해를 이유로 인도네시아에 제재를 가했다. 인도네시아는 결국 동티모르 지배를 포기하였고, 동티모르는 2002년 공화국으로 독립하였다. 1인당 GDP가 800달러에도 못 미치는 세계 최빈국 가운데 하나에 속한다.

동남아시아에서 가장 작은 나라는?

싱가포르 공화국은 동남아시아에서 가장 작은 나라이다. 국토 면적은 707km²에 불과하다.

싱가포르는 도시인가, 나라인가?

도시 국가인 싱가포르는 세계에서 가장 부유하고 선진적인 나라로 손꼽힌다. 제2차 세계대전 중 극도의 어려운 시기와 대량 학살을 경험한 싱가포르는 일본군의 패망 이

후 영국의 지배를 받았다. 1963년 싱가포르는 말라야(Malaya), 사바(Sabah), 사라왁(Sarawak)과 더불어 오늘날 말레이시아의 일원이 되었다. 1965년에는 말레이시아로부터 분리하여 독자적인 국가로 출범하였다.

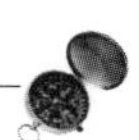

지리와 역사

중동이란 무엇의 **가운데(中)**에 있나?

한때는 근동, 중동, 극동이라는 지역 구분이 흔히 사용되었다. 근동과 극동이란 두 용어는 오늘날 잘 쓰이지 않지만, 중동이라는 표현은 여전히 널리 쓰이고 있다. 근동이란 16세기 최대의 판도를 자랑했던 오스만 제국의 영토를 일컬으며, 동유럽, 서아시아, 북아프리카 일대가 여기에 포함된다. 중동은 이란에서 인도, 미얀마(옛 버마)에 이르는 지역을 포괄하는 개념이다. 극동이란 동남아시아, 중국, 일본, 한국을 일컬을 때 사용된다.

오늘날의 중동은 어느 지역인가?

중동이라고 하면 일반적으로 이집트, 이스라엘, 시리아, 레바논, 요르단, 아라비아 반도의 국가들(사우디아라비아, 예멘, 오만, 아랍에미리트 연방, 바레인, 카타르), 이라크, 쿠웨이트, 터키, 이란을 포괄하는 용어로 받아들여지고 있다. 대부분의 지역 전문가들은 북아프리카 국가들(모로코, 알제리, 튀니지, 리비아) 또한 중동의 범주에 포함시킨다. 구소련에서 독립한 신생국인 아제르바이잔, 조지아, 아르메니아 또한 중동 국가로 분류되는 경우도 있다.

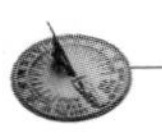

사해는 왜 죽은 바다라는 뜻의 '사해(死海, Dead Sea)'라고 불릴까?

사해의 물은 염분이 극도로 높기 때문에(정상적인 바닷물 염분의 9배) 요르단 강을 따라 유입되는 거의 모든 동식물을 죽일 정도이다. 요르단과 이스라엘의 접경 지대에 위치한 사해는 해발 고도 −420m로, 지구 상에서 가장 낮은 지점이다.

오스만 제국이란?

오스만 제국은 14세기에 오늘날 터키 북동부에 자리한 도시인 부르사(Bursa)를 중심지로 한 소국에서 출발하였다. 이후 인접국들을 정복하면서 급속히 세력을 확장해 나갔다. 16세기 들어 오스만 제국은 유럽 동남부, 중동, 북아프리카를 포함하는 최대 판도를 자랑하였다. 그러다가 17세기와 18세기에 일어난 유럽 국가들과의 전쟁 때문에 국세가 쇠퇴해 갔고, 급기야 '유럽의 병자'라는 별명으로 불리는 지경으로까지 전락하였다. 1922년 독립을 선포한 터키는 오스만 제국을 계승하는 나라이다.

중동은 **사막**인가?

실제로는 중동의 극히 일부 지역만이 모래 언덕과 모래 폭풍으로 가득하다. 해안 지대의 기후는 온화하며, 적지 않은 지역에서 쾌적하고 습윤한 지중해성 기후가 나타난다. 용수 부족은 중동 지역의 농업에 장애 요소이기 때문에, 각국에서는 물 보존을 위해 담수화 시설 등의 방법으로 기술적인 해결책을 실험하고 있다.

중동에서 **스키**를 탈 수 있나?

그렇다, 여러분은 중동에서도 스키를 즐길 수 있다. 중동에는 산지가 많기 때문에 이란의 디진(Dizin)이나 셈샤크(Shemshak), 레바논의 파라야(Faraya) 등지에는 수많은 스키어들의 발길이 이어지고 있다. 페르시아 만에 연해 있는 두바이(Dubai)에서조차 스키를 탈 수 있다. 이곳에는 세계 최대 규모의 실내 스키장이 있어 매년 수천 명이 찾아와 실내 스키를 즐긴다.

비옥한 초승 지대란?

비옥한 초승달 지대(Fertile Crescent)란 동쪽으로는 페르시아 만, 서쪽으로는 이스라엘까지 뻗어 있는 초승달 모양의 지역을 의미한다. 티그리스 강과 유프라테스 강 사이에 위치한 이 지역의 개발은 수천 년 전으로 거슬러 올라가며, 이는 두 하천을 흐르는 물과 비옥한 퇴적물에 힘입은 결과이다. 비옥한 초승달 지대는 인류 문명의 중심지로, 메소포타미아 고대 제국의 발상지였다.

지중해성 기후란?

지중해성 기후는 고온 건조한 여름과 온난 습윤한 겨울을 특징으로 하는, 지중해 연안 지역과 유사한 특성을 가진 기후를 말한다. 캘리포니아와 칠레는 지중해성 기후가 나타나는 지역으로 알려져 있지만, 실제로는 지중해와 멀리 떨어져 있다.

엠프티 쿼터(Empty Quarter)는 텅 비어(empty) 있나?

룹알할리(Rub al Khali) 사막으로도 알려져 있는 엠프티 쿼터는 사우디아라비아의 거대하고 탁 트인 사막이다. 엠프티 쿼터는 사람들이 많이 살지는 않지만, 세계 최대의 석유 매장지가 입지하는 등 가치가 높은 지역이다.

페르시아 만은 무엇 때문에 **전략적 요충지**가 되었나?

페르시아 만은 유조선을 통한 전 세계 석유 수송의 상당한 부분을 차지하는 지역이기 때문에 전략적으로 매우 중요한 곳이다. 페르시아 만의 남동쪽 끝인 호르무즈(Hormuz) 해협은 폭이 좁은 교통의 관문으로, 페르시아 만으로 출입하는 선박의 항행을 통제할 수 있는 위치에 있다.

메소포타미아란?

고대 문명의 발상지인 메소포타미아는 티그리스 강과 유프라테스 강 사이에 놓인 지역으로, 오늘날의 터키 남부에서 페르시아 만에 해당한다. 메소포타미아는 바빌로니아,

기자 피라미드군은 이집트의 카이로 바로 외곽에 있다.

아시리아, 수메르 등의 문명이 오랜 세월에 걸쳐 융성했던 지역이다.

바빌로니아란?

오늘날 이라크에 해당하는 유프라테스 강 일대에 번성했던 고대 국가이다. 기원전 21세기에 시작된 바빌로니아는 기원전 18세기 함무라비 대왕의 치세에 전성기를 맞이하였다.

수에즈 운하는 언제 개통되었나?

프랑스에 의해 기공된 수에즈 운하는 10년간의 공사를 거쳐 1869년 11월 17일에 개통되었다. 이집트 북동부를 관통하는 총연장 162.5km의 운하로, 지중해와 홍해의 뱃길을 이어 주며 궁극적으로는 인도양까지 통한다.

이집트의 피라미드는 어디에 있나?

이집트에서도 가장 유명한 피라미드군(群)은 카이로 외곽 도시인 기자(Giza) 인근에

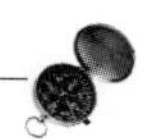

있다. 이 피라미드군에는 고대 세계 7대 불가사의의 하나인 기자의 대피라미드(Great Pyramid)도 포함되어 있다. 이집트의 피라미드는 파라오의 무덤으로, 기원전 27세기부터 기원전 10세기에 이르는 기간에 건설되었다. 이외에도 피라미드는 이집트 남부의 나일 강 유역과 수단 북부에 분포하는데, 이들 지역에는 약 70개의 피라미드가 남아 있다.

종교

중동에서 **시작**된 **종교**로는 어떤 종교들이 있나?

유대교, 조로아스터교, 기독교, 이슬람교는 모두 중동에 연원하는 종교이다. 따라서 중동 지역은 네 종교로부터 성지로 추앙받는 지역이 되었다.

조로아스터교란?

조로아스터교는 기원전 1000년 무렵 오늘날의 이란 일대에서 시작된 종교이다. 예언자 조로아스터의 가르침을 토대로 한 고대 종교로, 이보다 더 뒤에 등장하는 기독교와 이슬람교에 영향을 준 종교로 알려져 있다.

보다 먼저 신앙이 **이루어진 종교**는?

유대교 이전에는 불, 바람, 물, 대지 등 자연 현상을 숭배하는 애니미즘을 비롯한 각종 원시 종교들이 중동에 존재하였다. 유대교는 기원전 5000년 무렵부터 시작되었고, 이어서 기원전 1000년경에는 조로아스터교, 서기 30년경에는 기독교, 600년경에는 이슬람교 신앙이 시작되었다.

이슬람과 무슬림의 차이는?

이슬람은 종교이고, 무슬림은 이슬람교를 신봉하는 신자를 가리키는 단어이다.

마호메트는 누구인가?

예언자 마호메트는 이슬람교의 창시자이다. 서기 571년 메카(Mecca)에서 태어났으며, 이후 메디나(Medina)로 이주하였다. 이슬람교에 따르면 그는 신으로부터 예언을 받아 이를 이슬람교의 경전인 코란(Koran)으로 기록하였다. 마호메트는 서기 632년 사망했으며, 이는 이슬람교가 유라시아 대륙에서 팽창하는 계기가 되었다.

조로아스터교는 지금의 이란 지역에서 한때 융성했던 종교이다. 오늘날에는 소수의 신도들이 남아 있는 정도이지만, 페르세폴리스(Persepolis) 유적에서 발견된 이 문양은 조로아스터교의 과거를 말해 준다.

사람들은 왜 **메카** 순례를 할까?

이슬람교 경전인 코란은 모든 무슬림에게 생애 동안 언제고 한 번은 성지 메카를 순례하도록, 즉 성지 순례를 규정하고 있다. 사우디아라비아의 도시 메카는 6세기에 이슬람교를 창시한 마호메트의 탄생지인 데다 종교적으로 중요한 장소들이 다수 자리해 있기 때문에 이슬람교 최대의 성지로 손꼽힌다. 이슬람교 신자가 아니면 메카에 출입할 수 없다.

메카에서 가장 **신성시**되는 장소는?

메카에서 가장 중요한 장소는 하람(Haram)이라고 불리는 대모스크(Great Mosque)이다. 하람은 메카 중심부에 위치하며, 내부에는 성스러운 검은 직육면체 돌기둥 형상을 하고 있는 카바(Ka'bah) 신전이 있다. 세계 각지의 이슬람교 신도들이 카바 신전을 찾기 위해 메카로 몰려든다.

매년 **얼마나 많은 수**의 이슬람교도들이 성지 순례를 하는가?

매년 약 200만 명의 무슬림들이 이슬람력(曆)으로 일 년의 마지막 달에 메카 성지 순례를 한다. 수백 년 전에는 이슬람 제국의 광활한 지역에서 메카 순례를 하려면 몇 주 혹은 몇 개월의 시간이 소요되었지만, 오늘날에는 대부분의 사람들이 아주 먼 거리를 사우디아라비아로의 항공편 등 현대적인 교통수단을 이용하여 성지 순례를 한다.

사우디아라비아 메카의 이슬람교 성지에는 매년 충직한 무슬림들이 성지 순례를 위해 모여든다.

수니파와 **시아파** 이슬람교도란?

수니파와 시아파는 이슬람교의 양대 종파이다. 이슬람교도의 약 85%가 수니파 신도이며, 시아파 신도는 특히 이란에 많이 분포한다. 마호메트의 사후 그의 두 친척이 그를 계승한다고 표방하였는데, 그들의 추종자들이 각각 수니파와 시아파 두 종파를 이루었다.

아야톨라는 누구인가?

아야톨라(ayatollah)란 용어는 본래 시아파의 고명한 학자를 일컫는 경칭이었다. 하지만 1979년 근본주의 체제로 전환되면서 아야톨라는 기존의 샤(Shah, 이란의 군주)를 대체하여 종교 및 정치 지도자를 지칭하는 용어로 변하였다. 아야톨라의 통치하에서는 전통적인 사회적 가치를 의무적으로 따라야 한다.

신정 정치란?

신정 정치(神政政治, theocracy)는 종교에 의해 통치되는 정치 체제를 말한다. 이란은 정치 지도자이자 종교 지도자이기도 한 사람들에 의해 통치되는 세계 최대의 신정 국가이다. 이란에도 세속적인 대통령은 있지만, 물라(mullah, 이슬람교의 율법학자)와 대통령 간의 권력 분리는 제대로 규정되어 있지 않다.

이슬람 제국의 판도는 어느 정도까지 팽창했나?

이슬람 제국의 최대 판도는 북아프리카, 에스파냐와 포르투갈, 발칸 반도, 인도, 인도네시아, 카자흐스탄, 러시아 남부까지 아우르는 수준이었다. 또한 이슬람교는 동쪽으로 펴져 나가 중국 서부에까지 전파되었다. 서기 7~16세기에 이르기까지 이들 지역의 주류 문화는 이슬람 문화였다.

세계 **최대의 이슬람 국가**는?

세계 4위의 인구 대국인 인도네시아는 세계 최대의 이슬람 국가이다. 인도네시아 인구의 약 87%가 무슬림이다. 이슬람교는 중세 시대에 인도네시아에 전파되었다.

모든 **이스라엘 인**은 **유대 인**인가?

아니다. 이스라엘 인구의 약 80%가 유대 인이며, 나머지는 대부분 이 지역에 선주해 온 아랍 인이다.

민족과 분쟁

이스라엘은 어떻게 **건국**되었나?

유럽 사회에서 수 세기에 걸친 박해에 시달려 온 유럽계 유대 인들은 19세기 후반 들어 오늘날 팔레스타인으로 알려진 지역으로 이주하기 시작했다. 새 이주자들은 광대한 사막과 해안 지역에서 토지를 매입하고 공동체를 형성하였다. 20세기 초반, 영국의 관리

걸프 전쟁이란?

1990년 이라크는 자국이 오래전에 잃어버린 19번째 주라고 주장해 온 쿠웨이트를 침공하였다. 미국을 중심으로 한 다국적군은 이라크에 전쟁을 선포하였다. 약 100시간 동안 지속된 지상전(공중전은 1991년 1월 17일에 시작되어, 지상전과 더불어 같은 해 2월 28일에 종료되었다) 끝에 쿠웨이트는 1991년 2월 이라크로부터 해방되었다. 이라크군의 '초토화' 작전으로 쿠웨이트 국토의 대부분이 파괴되었고, 그중에서 정유 시설의 피해가 특히 컸다.

하에 있던 이 지역에 유럽계 유대인들이 새롭게 유입되기 시작하였다. 제1차 세계대전 이후 영국은 밸푸어 선언(Balfour Declaration)을 통해 오늘날 팔레스타인 일대에 유대인 국가를 건설하는 안을 승인하였다. 이 시기 팔레스타인은 국가가 형성되지 못했고, 영국, 프랑스, 미국 등 열강의 지배를 받는 지역들의 집합에 불과하였다.

제2차 세계대전 이후 수십만 명의 유럽계 유대 인들이 이 지역으로 이주하면서, 아랍계 공동체의 반발과 봉기를 야기하였다. 당시 팔레스타인 거주 인구의 약 33%가 유대 인이었다. 유대계 준군사 단체가 영국 점령군과 마찰을 빚는 경우도 자주 발생하였다. 국제연합(UN)은 예루살렘을 아랍 인과 유대 인 모두를 위한 국제도시로 간주하고, 이를 토대로 팔레스타인 지역을 유대 인과 아랍 인 지구로 분할하는 잠정적인 대안을 마련하였다. 유대 인 지도자들은 이 대안을 받아들였지만, 두 차례 세계대전 이후 탄생한 신생 아랍 국가들은 이를 거부하였다. 영국의 팔레스타인 지역에 대한 위임통치 기한이 만료되기 전인 1948년 5월 어느 날, 이스라엘 국가가 선포되었다.

가자 지구란?

이스라엘과 이집트 접경 지대에 위치한 지중해 연안 지역은 원래 이집트 영토였다가 1956~1957년까지 짧은 기간 이스라엘에 점령당했으며, 1967년 제3차 중동 전쟁 이후에는 이스라엘 영토로 영구 귀속되었다. 팔레스타인해방기구(Palestine Liberation Organization, PLO)와 이스라엘은 1994년 가자 지구에서의 팔레스타인 자치 안에 동의하였다.

요르단 강 서안 지구는 어떻게 분쟁을 야기하는가?

요르단 강 서안 지구(West Bank)는 이스라엘 국가 수립 당시 팔레스타인 독립 국가가 세워질 예정이었다. 하지만 1947년 국제연합(UN)이 발표한 이스라엘 및 팔레스타인 건국안에 대해 아랍 국가들이 공격을 가하자, 이스라엘은 1948년 독립 국가를 수립하면서 이 지구를 탈취하였다. 1950년 휴전에 따라 요르단이 요르단 강 서안 지구를 점령했지만, 이스라엘은 1967년 아랍 국가들과 벌인 제3차 중동 전쟁 때 이 지구를 다시 탈환하였다. 1980년대 후반 이스라엘과 팔레스타인해방기구 사이에 평화 회담이 오가면서 요르단 서안 지구는 제한적인 자치권을 보장받는 팔레스타인 자치구가 되었다.

UN 안전보장이사회에 관여할 수 없었던 나라는?

UN 안전보장이사회의 비상임 이사국 선정에는 지리적 안배 또한 고려된다. 이스라엘은 인접한 아랍 국가들과의 적대 관계 때문에 2000년 이전까지는 UN 안전보장이사회에 관여할 수 없었다.

국제연합(UN) 가맹국 가운데 **안전보장이사회** 참여 자격이 주어지지 않는 나라는?

이스라엘은 아랍 국가들과의 적대 관계로 인해 2000년까지 안전보장이사회 참여 자격이 주어지지 않았다.

키프로스는 왜 분단되었나?

유럽연합(EU)의 일원인 키프로스(Kypros) 섬은 지중해 동부에 위치한다. 키프로스는 1960년 영국으로부터 독립하였으며, 1974년에는 쿠데타가 일어나 대통령을 실각시켰다. 터키는 키프로스 섬을 침공하여 북부 지역의 반을 장악하는 데 성공하였다. 이 일대는 터키령 북키프로스 공화국이 되었지만, 국제 사회로부터 독립 국가로 승인받지는 못했다. 남키프로스는 키프로스 공화국으로 독립을 유지하였다. 최근 들어 유엔평화유지군은 두 지역 간의 휴전선 감시를 위해 938명의 병력을 파병하였다.

미국은 중동에서의 군사 행동을 지속적으로 강화해 왔으며, 이라크 침공도 이에 포함된다. 사진은 이라크의 군사 기지에 도열해 있는 미 육군 험비(humvee)의 모습이다.

이라크 전쟁은 언제 **시작**되었나?

제2차 걸프 전쟁 혹은 이라크 해방 작전이라고도 불리는 이라크 전쟁은 2003년 3월 20일에 시작되었다. 2003년 5월 1일 조지 부시(George W. Bush) 전 미국 대통령이 미 해군 항공 모함 에이브러햄 링컨함에 탑승하여 '작전 성공'을 선언하면서 전쟁의 종료를 선포했지만, 실제로는 지금까지 전쟁이 이어지면서 돌파구를 찾지 못하고 있는 실정이다.

미국은 **왜 이라크**를 **침공**했나?

부시 행정부는 사담 후세인(Saddam Hussein) 대통령이 이끄는 이라크가 지역 안보에 위협이 된다고 주장하였다. 이라크가 핵무기, 생물학 병기를 비롯한 대량 살상 무기를 개발하고 있다는 명분이었다. 부시 행정부의 주장은 훗날 미국과 UN에 의해 허구임이 밝혀졌다. 이라크의 대량 살상 무기 개발 계획은 1991년 제1차 걸프 전쟁으로 중단되었다. 부시 행정부는 또한 이라크가 9·11 테러의 배후임을 주장하였고, 부시 대통령은 이러한 주장을 여러 매체를 통해 거듭 되풀이하였다. 이 역시 허구임이 드러났는데, 9·11 테러를 저지른 범인들과 이라크 사이에는 아무런 연관도 없었다.…33

미국과 **이라크** 간 **전쟁**으로 얼마나 많은 **사람들**이 **목숨을 잃었나**?

이라크 전쟁의 사상자 수는 집계 방식에 따라 차이가 있다. 집계 방식에 따라 많게는 르완다 대학살의 희생자보다도 많은 수치인 120만 명(Opinion Research Business), 적게는 65만 4,000명(Lancet Survey)까지 집계된다. 2008년 기준으로 4,000명 이상의 미국인이 이라크 전쟁으로 목숨을 잃었다.

이라크 전쟁으로 미국 납세자들은 얼마나 **많은** 세금을 소비했나?

이라크 전쟁으로 인한 미국의 경제적 비용은 20조 달러에 육박한다.

9·11 테러리스트들의 국적은?

9·11 테러에 가담한 19명의 테러리스트 가운데 15명은 사우디아라비아, 2명은 아랍에미리트 연방, 1명은 예멘, 나머지 1명은 모로코 출신이다.

오사마 빈라덴은 누구인가?

오사마 빈라덴(Osama bin Laden)은 사우디아라비아 출신의 군사 지도자이자 테러 조직 알 카에다(Al Qaeda)의 우두머리이다. 알 카에다는 과거 소련의 아프가니스탄 침공 당시 소련군과 맞서 싸웠던 아프가니스탄 전사들로 이루어진 수니파 무슬림 조직이다. 빈라덴은 건설업으로 성공한 사우디아라비아 부호 가문의 아들로 태어났다. 그는 미국 뉴욕의 세계무역센터 빌딩과 버지니아의 펜타곤(Pentagon) 테러 공격의 배후 조종자로 여겨지는 인물이다. 1989년 소련군의 아프가니스탄 철수 이후 빈라덴은 자신의 재산을 무자헤딘(mujahidin) 반군을 지원하는 데 썼으며, 1998년 일어난 탄자니아와 케냐의 미 대사관 테러 등 미국의 주요 시설에 대한 폭탄 테러를 주도하였다. 그는 이슬람 국가에 대한 외국의 영향력이 중단되고 이슬람 세계에 새로이 칼리프…→34 체제가 들어서기를 원했다. 그는 자신의 목적을 달성하기 위한 방법으로 '지하드[본래 '성전(聖戰)'을 뜻하는 아랍 어이지만 대다수의 무슬림들은 그가 지하드라는 용어를 오용하고 있다고 지적한다]'를 선포하여, 민간인과 군인들에게 폭력을 가하고 살해하였다. 빈라덴은 FBI의 최우선 용의자이다. 그의 체포에 도움이 되는 정보를 제공한 사람에게는 2,500만 달러의 현상금이 주어질 예정이다.…→35

사람, 나라, 도시

중동 **최대**의 **도시**는?

이집트의 카이로는 인구 약 1,445만 명으로 중동 최대의 도시이다. 터키의 이스탄불은 인구가 1,130만 명에 달하며, 이란의 테헤란은 770만 명이 거주하는 도시이다.

이집트 카이로 구시가지의 전경

망자의 도시(City of the Dead)에는 누가 살고 있나?

이집트의 수도 카이로의 외곽에는 묘지, 기념비, 모스크 형태의 무덤과 성소로 가득한 매우 오래된 묘지가 있다. 카이로의 심각한 과밀화로 인해 사람들은 망자의 도시라고 불리는 이 묘지 시설에까지 들어와 불법으로 거주하고 있는 형편이다. 최근 들어 이집트 정부는 이 지역에 전기와 물을 공급하고 있다. 망자를 위한 안식처로 만들어진 이곳은 이제 살아 있는 사람들의 삶터가 되고 있다.

'스탄'이라는 접미사의 의미는?

'스탄(stan)'(예를 들면 아프가니스탄)은 나라나 민족이라는 뜻이다. 즉 아프가니스탄은 '아프간 인의 땅'이라는 뜻이다.

'스탄'이라는 접미사가 붙는 나라는 얼마나 되나?

8개국이 이에 해당한다. 이 중 카자흐스탄, 투르키스탄, 투르크메니스탄, 키르기스스탄, 타지키스탄, 우즈베키스탄의 6개국은 구소련의 일원이다.

소아시아란?

소아시아(Asis Minor)는 보스포루스 해협 동쪽의 아시아 지역에 걸쳐 있는 터키 국토의 대부분을 지칭하는 용어이다. 터키의 이 지역은 아나톨리아(Anatolia)라고도 불린다.

마그레브란?

아랍 어로 '해가 지는 곳' 또는 '서쪽'이라는 뜻의 마그레브(Maghreb)는 모로코, 알제리, 튀니지를 포함하는 아프리카 북서부 지역을 가리킨다. 간혹 리비아가 마그레브에 포함되는 경우도 있다. 마그레브라는 이름은 과거 이슬람 제국이 이 일대를 지배했던 역사적 사실의 잔재이다.

대부분의 이집트 인들은 이집트의 어디에서 **살아가나**?

이집트 인구의 약 95%는 나일 강으로부터 19km 이내의 지역에서 살고 있다. 이외의 이집트 국토는 대부분 사막으로 이루어져 있기 때문에, 나머지 5%는 주로 오아시스 인근이나 해안 지방 등지에 흩어져 살고 있다.

쿠르드 족이란?

쿠르드(Krud) 족은 자신들의 나라를 갖지 못한 중동의 민족이다. 그들은 터키 남동부, 이란 북부, 이라크 북부, 기타 인접국들에 분포하며 살아가고 있다.

7개의 토후국으로 구성된 나라는?

아라비아 반도에 위치한 아랍에미리트 연방은 7개의 토후국(sheikdom, '에미리트'라고도 불림)으로 구성된 나라이다. 이 7개의 토후국들은 19세기 이후 영국의 보호를 받았으나, 1971년 연합체의 형태로 독립하였다. 7개의 토후국(아부다비, 아지만, 알푸자이라, 앗샤리카, 두바이, 라스알카이마, 움알카이와인)은 완전한 자치권을 가진다.

세계적으로 얼마나 많은 사람들이 **아랍 어**를 **사용**하나?

약 2억 명이 아랍 어를 모국어로 사용하며, 추가로 2억 명은 모국어는 아니지만 아랍 어

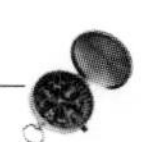

구사자이다.

중동 국가 가운데 **도시 인구**의 비율이 가장 높은 나라는?

이스라엘은 인구의 90%가 도시에 거주하며, 인구 밀도는 1제곱마일당 702명으로 바레인과 레바논에 이어 중동 3위이다.

중동에서 **인구**가 **가장 많은 나라**는?

이집트는 인구가 약 7,500만 명으로 중동에서 가장 많다. 2위인 이란은 약 7,100만 명, 3위인 터키는 7,000만 명 이상이다.

아제르바이잔 어를 **사용하는 인구**가 가장 많은 나라는?

놀랍게도 1,200만~2,000만 명에 달하는 아제르바이잔 인(아제르바이잔 어를 모국어로 사용하는)이 이란에 살고 있다. 이는 이란 북쪽에 인접한 아제르바이잔의 800만 인구보다 훨씬 많은 숫자이다. 이란 정부에서 관련 정보를 공개하지 않기 때문에, 아제르바이잔 어 사용 인구의 정확한 수치를 집계하기는 매우 어렵다.

중동 세계의 **최장기 집권 국가** 원수는?

호스니 무바라크(Hosni Mubarak)는 1981년부터 이집트를 통치해 왔다.[→36]

베두인 족은 어떤 사람들인가?

베두인(Bedouin) 족은 중동과 북아프리카 일대에 오랫동안 거주해 온 유목민이다. 그들은 양떼와 낙타떼를 몰고 먼 거리를 오가는 유목 생활을 영위하며, 국경을 넘는 일도 빈번하다. 여러 중동 국가들은 이들의 월경 행위를 중단시키려는 시도를 하고 있다. 만일 이러한 시도가 성공한다면 베두인 문화는 극적으로 변할 것이고, 종국에는 소멸할지도 모른다.

아무런 도안이나 상징 없이 **오직 한 가지 색깔**로만 이루어진 **국기**를 사용하는 나라는?

리비아의 국기는 아무런 문양도 없는 녹색 깃발이다.…37 북아프리카에 위치한 이 나라는 이집트와 알제리 사이에 있으며, 인구는 600만 명이 넘는다.

대시리아(Greater Syria)란?

시리아 인, 레바논 인, 요르단 인, 팔레스타인 인 중 일부는 자국의 국경선이 식민 통치자들에 의해 인위적으로 획정되었다고 믿고 있으며, 이에 따라 네 지역을 통합한 대시리아의 출현을 바라고 있다.

아랍연합공화국이란?

인접하지 않은 두 나라인 이집트와 시리아는 1958년 아랍연합공화국(United Arab Republic)이라는 하나의 국가로 연합하였다. 이 국가는 1961년 시리아가 독립을 결정할 때까지만 존속하였다. 아랍연합공화국의 해체 후에도 이집트는 10년 동안 이를 국명으로 계속 사용하였다.

섬나라인 바레인으로 어떻게 **자동차**를 **운전**해 들어갈 수 있을까?

바레인은 사우디아라비아로부터 24km 떨어져 있는 섬나라로, 1986년 4차선 교량 건설을 통해 두 나라는 서로 연결되었다. 사우디아라비아는 이 교량 건설 비용을 지급하였다.

사우디아라비아의 **국명**은 어디에 기원하나?

1932년 이래 사우디아라비아를 통치하고 있는 가문의 이름인 알사우드(Al-Saud)에 뿌리를 둔다. 사우디아라비아는 왕가의 이름을 따서 국명을 지은 세계에서 단 하나뿐인 나라이다.

관광업이 가장 활발한 **중동 국가**는?

매년 2,000만 명 이상의 관광객이 방문하는 터키는 중동에서 관광업이 가장 활발한 나

라이다. 이슬람교의 메카 및 메디나 성지 순례인 하지(Hāji) 때문에 매년 900만 명 이상이 사우디아라비아를 찾는다. 이집트의 연평균 관광객 수는 800만 명을 넘는다.

자연환경과 자원

칼라하리 사막은 어디에 있나?

칼라하리(Kalahari) 사막은 보츠와나(Bostwana)와 나미비아(Namibia) 국토의 상당 부분에 걸쳐 있다. 면적이 25만 9,000km²가 넘어 세계에서 가장 넓은 축에 드는 사막이며, 해발 914m의 고원에 위치한다.

사하라 사막은 얼마나 큰가?

사하라(Sahara) 사막은 세계 최대의 사막으로 북아프리카에 위치하며, 면적은 900만km²가 넘는다. 연평균 강수량은 250mm에 못 미치지만, 수백 개의 오아시스들을 거느리고 있다. 사하라 사막의 고도는 해저 30.5m에서 해발 3,353m에 이르기까지 다양하다. 사하라 사막에도 사람들이 살며, 이들 중 대부분은 오아시스 근처에서 살아간다.

케냐의 암보셀리 국립공원(Amboseli National Park) 너머로 탄자니아의 킬리만자로 산이 보인다. 지구 온난화로 인해 킬리만자로 정상의 만년설이 사라질 것으로 예측된다.

청나일 강과 **백나일 강**을 합쳐 나일 강이라고 부르는 까닭은?

나일 강은 청나일(Blue Nile) 강과 백나일(White Nile) 강이라는 두 개의 구분되는 하천에서 발원한다. 백나일 강은 동아프리카의 빅토리아 호수에서, 청나일 강은 에티오피아 고원에서 발원한다. 청나일 강과 백나일 강은 수단의 수도 하르툼(Khartoum)에서 합류하여 나일 강을 형성한 다음 지중해로 흘러 들어간다.

댐 건설 이전에도 **나일 강의 범람**을 예측할 수 있었나?

여름철의 나일 강 범람은 너무나 뻔히 예측할 수 있었으며, 이집트의 역법은 나일 강 조수의 간만(干滿)을 토대로 만들어졌다. 나일 강은 6월 말부터 10월 말까지 범람하였다. 나일 강의 범람은 인근 농지에 유익한 양분과 퇴적물을 운반하였고, 덕분에 해마다 범람이 일어나지 않는 시기에는 충분한 농업 생산이 이루어질 수 있었다. 강변을 따라 설치된 나일로미터(nilometer)는 나일 강의 수위 측정 기능뿐만 아니라 달력으로서의 기능도 수행하였다.

아프리카에는 **만년설**이 존재하나?

적도에서 3°밖에 떨어져 있지 않은 저위도에 위치하고 있지만, 해발 5,895m의 킬리만자로 산 정상 부근에는 일 년 내내 눈 덮인 만년설이 있다.

지구 온난화가 **킬리만자로 산**의 만년설에 영향을 주나?

지구 온난화는 실제로 탄자니아의 킬리만자로 산 정상에 있는 만년설에 영향을 주어왔으며, 이로 인해 만년설의 80% 정도가 사라졌다. 과학자들은 2020년에는 킬리만자로 산에서 만년설이 완전히 사라질 것으로 내다보고 있다.

킬리만자로 산은 어떻게 형성되었나?

해발 고도 5,895m로 아프리카 최고봉인 킬리만자로 산은 화산 활동에 의해 형성되었으며, 지금은 휴화산 상태이다. 독일 지리학자 한스 마이어(Hans Meyer)와 오스트리아의 등반가 루트비히 푸르트셸러(Ludwig Purtscheller)는 1889년 탄자니아 북동부에 위치한 이 산을 처음으로 등정하였다.

세계에서 **가장 긴 담수호**는?

탕가니카(Tanganyika) 호는 길이 676km로 세계에서 가장 길지만, 폭은 16~72km에 불과하다. 탕가니카 호는 콩고민주공화국과 탄자니아 접경 지대에 걸쳐 있다. 탕가니카 호는 최대 수심 1,436m에 달하는 세계에서 두 번째로 깊은 호수이기도 하다.

아프리카 **최대의 호수**는?

동아프리카에 위치한 빅토리아(Victoria) 호는 아프리카 최대의 호수로 면적이 7만km^2에 이른다. 또한 슈피리어(Superior) 호에 이어 세계에서 두 번째로 큰 담수호이기도 하다. 빅토리아 호는 우간다, 케냐, 탄자니아에 둘러싸여 있다. 이 호수를 최초로 발견(1858년)한 유럽 인인 영국 탐험가 존 해닝 스피크(John Hanning Speke)는 당시 영국 여왕을 기리는 뜻에서 '빅토리아 호'로 명명하였다.

그레이트리프트밸리란 무엇일까?

동아프리카에는 그레이트리프트밸리(Great Rift Valley)라는 거대한 협곡이 있다. 길이 4,800km, 폭 32~97km에 달하는 이 계곡은 아프리카 대륙의 길이에 맞먹을 정도이며, 대륙판들이 서로 떨어져 나가는 작용에 의해 형성되었다. 1,000만 년 뒤에는 동아프리카 지역이 아프리카 대륙의 그레이트리프트밸리 서쪽 지방으로부터 떨어져 나가 새로운 아대륙을 형성할 것이다.

보니 만이란?

비아프라 만(Bight of Biafra)이라고도 불리는 보니 만(Bight of Bonny)은 카메룬 인근에 있으며, 기니 만(Gulf of Guinea)에 위치한 보다 작은 규모의 만이다. 영문 지명에서 'bight'는 만을 의미하는 고어이다.

어떻게 **호수**가 2,000명 이상의 사람들을 **죽일** 수 있었나?

1986년 8월 화구호(火口湖)인 카메룬의 니오스(Nios) 호가 분화하면서 이산화탄소와 황화수소 가스가 분출되었다. 산성을 띤 가스 구름이 민가로 흘러들면서 잠들어 있던 2,000명 이상의 사람들이 목숨을 잃었다.

아프리카 국가들 가운데 **최저 해발 고도가 가장 낮은** 나라는?

남아프리카 산지에 위치한 레소토(Lesotho)에서 해발 고도가 가장 낮은 지점은 오렌지강 계곡에 위치한 1,381m 지점이다. 대부분의 레소토 국토는 해발 1,829m가 넘는 고지에 위치한다.

세계 **최대**의 **코코아콩 생산국**은 **아프리카**의 **어느 나라**인가?

상아 해안(Ivory Coast, 한때 이 일대에 서식했던 코끼리 떼로부터 포획한 대량의 상아로 인해 붙여진 이름)으로도 알려진 코트디부아르(Côte d'Ivoire)는 초콜릿의 원료인 코코아콩의 전 세계 생산량 가운데 37.4%를 생산한다. 코트디부아르의 연간 코코아콩 생산량은 130만t

이 넘는다. 가나는 전 세계 생산량의 20%를 공급하며, 카메룬과 나이지리아의 생산량은 각각 세계 10%이다. 즉 전 세계 코코아콩 생산량의 70% 이상이 아프리카에서 생산된다.

세계 **최대의 금 생산국**은?
남아프리카 공화국의 연간 금 채굴량은 전 세계의 28%를 차지한다.

역사

1884년에 개최된 **베를린 회의**는 어떻게 아프리카의 식민화를 촉진했나?
대부분의 아프리카 국가들이 아직 식민지로 전락하기 전인 1884년, 유럽의 13개국과 미국의 대표들이 베를린에서 만나 아프리카를 어떻게 분할할지에 관한 회의를 개최하였다. 이 회의에서는 아프리카의 문화적 다양성을 완전히 무시한 채 기하학적인 경계로 아프리카를 분할하였다. 베를린 회의의 경계선은 100년도 더 전에 획정되었지만, 오늘날 아프리카 신생 독립국들 간에 분쟁과 상처가 끊이지 않게 만든 중요한 원인이자 책임 소재이기도 하다.

1950년에는 몇 개의 아프리카 국가들이 **독립국**이었나?
1950년에는 이집트, 남아프리카 공화국, 에티오피아, 라이베리아의 4개국만 독립국이었다. 이외의 국가들은 이로부터 10년도 더 지나서야 독립하기 시작하였다. 에리트레아(Eritrea)는 1993년 에티오피아로부터 독립하였다.

어떤 나라들이 **아프리카**를 **식민지**로 지배했나?
벨기에, 프랑스, 이탈리아, 독일, 포르투갈, 에스파냐, 영국의 유럽 7개국이 아프리카를 식민지로 지배하였다.

코모로와 관련하여 특기할 만한 사항은 무엇이 있을까?

서아프리카 해상의 섬나라 코모로 연방(The Union of Comoros)은 4개의 주요 섬으로 이루어져 있다. 1975년 프랑스로부터의 독립을 논의하는 회의가 열렸을 때 4개의 주요 섬 가운데 마호레[Mahore, 마요트(Mayotte)라고도 불림] 섬은 프랑스 식민지로 잔류한다는 결정을 내렸다. 이 섬은 지금도 프랑스의 통치를 받고 있다.

이탈리아의 식민 지배를 받은 **아프리카 국가**는?

이탈리아는 오늘날의 리비아, 에리트레아, 소말리아를 식민 지배했었다.

아프리카 국가 가운데 **식민 지배**를 **받지 않은 나라**는?

라이베리아, 에티오피아, 수단의 3개국만이 유럽의 맹렬한 식민 지배를 면했다.

하일레 셀라시에는 누구인가?

하일레 셀라시에(Haile Selassie)는 에티오피아의 황제로, 20세기 위대한 정치 지도자 가운데 한 사람이자 현대 아프리카사의 중요 인물이기도 하다. 그는 1930~1974년까지 에티오피아의 국가 원수였으며, 에티오피아 근대화, 아프리카연합 결성, 에티오피아 국내 및 아프리카 대륙 전역에서의 아프리카 인 결속을 주도하였다. 열성적인 국제주의자였던 그의 영향으로 에티오피아는 1945년 국제연합(UN)이 설립되었을 때 회원국이 될 수 있었다. 하일레 셀라시에는 라스타파리안교(Rastafarian)…38에서 살아 있는 신으로 추앙받는 인물이기도 하다.

넬슨 만델라는 누구인가?

넬슨 만델라(Nelson Mandela)는 남아프리카 공화국의 지도자로, 아프리카민족회의(African National Congress) 및 산하 무장 저항 단체인 움콘토 웨 시즈웨[Umkhonto we Sizwe, '국민의 창(槍)'이라는 뜻]의 대표를 지낸 인물이다. 이 단체는 남아프리카 공화국의 인종 격리 정책인 아파르트헤이트(apartheid) 정책에 저항하고 투쟁하였다. 만델라는 그

남아프리카 공화국 케이프타운의 로벤 섬에 있는 교도소. 넬슨 만델라는 이곳에 27년간 정치범으로 투옥되어 있었다.

의 정치적 활동으로 인해 로벤(Robben) 섬에서 27년간 옥살이를 해야 했다. 1990년 석방된 만델라는 아파르트헤이트 정책을 종식시키기 위해 화합과 타협의 노선을 천명하였다. 1994~1999년까지 대통령으로 재직한 그는 남아프리카 공화국 역사상 최초로 완전 대의제 및 민주적 절차에 따라 선출된 대통령이었다. 그는 1993년 노벨평화상을 수상하였다.

아파르트헤이트란?

남아프리카 공화국의 인종 차별 정책을 아파르트헤이트(apartheid, '격리'라는 뜻)라고 한다. 이 정책은 남아프리카 공화국 국민들을 백인, 흑인, 유색인(혼혈인), 아시아 인 등 4개 인종 집단으로 구분하였다. 아파르트헤이트는 인종 집단에 따라 거주지와 직장을 법적으로 제한하였다. 아파르트헤이트는 1990년 폐지되었다.

에티오피아에 **기아**가 극심한 까닭은?

1970년대와 1980년대, 그중에서도 특히 1984~1986년에 극심했던 가뭄은 에티오피아 농업을 파괴시켰다. 원조 식량이 에티오피아로 수송되기는 했지만 내부의 정치적 불안

라이베리아에는 왜 많은 수의 선박이 등록되어 있을까?

대부분의 선박이 외국계 회사 선적으로 라이베리아(Liberia) 영해에서 항해하는 시간은 매우 짧지만, 해양 선박에 대한 낮은 세율 덕택에 라이베리아에 많은 수의 선박이 등록되어 있다. 1,600척 이상의 선박이 등록된 라이베리아는 세계 최대의 상선단 반열에 들 정도이다.

으로 말미암아 기아에 허덕이는 에티오피아 사람들에게 충분히 전달되지 못했다. 1980년대에는 약 100만 명의 에티오피아 사람들이 기아로 목숨을 잃었다.

나치스는 **마다가스카르**에 무슨 **계획**을 세웠나?

1940년 프랑스가 나치 독일의 손에 패망한 후, 나치스는 유럽계 유대 인들을 당시 프랑스 식민지였던 마다가스카르(Madagascar)로 강제 이주시킬 계획을 세웠다. 하지만 이 계획은 실현되지 못했으며, 나치스는 유럽의 유대 인 학살을 계속해 나갔다.

아프리카통일기구란?

1963년 설립된 아프리카통일기구(Organization of African Unity, OAU)는 아프리카 국가들의 연대 강화를 목적으로 한 단체이다. 53개 회원국들은 회원국 간의 경제적 연대와 발전을 추구한다. 2002년 남아프리카 공화국 대통령 타보 음베키(Thabo Mbeki)가 동일한 53개 회원국을 거느린 아프리카연합(African Union)을 새로 출범시키면서 아프리카통일기구는 해산되었다. 아프리카연합은 회원국들의 정치적·사회경제적 이해관계 통합 및 아프리카 관련 사안에 대한 의견 일치를 목적으로 한다. 아프리카연합의 본부는 에티오피아의 아디스아바바(Addis Ababa)에 소재하고 있다.

아프리카연합의 **회원국이 아니었던** 유일한 아프리카 **국가**는?

모로코(Morocco)는 서사하라 영유권 분쟁을 둘러싼 회원국들과의 마찰 끝에 1984년 아프리카통일기구를 탈퇴하였다. 모로코는 새로 창설된 아프리카연합에 가입하지 않았다.

사람, 나라, 도시

아프리카에는 모두 몇 개의 **나라들**이 있나?

아프리카 국가의 수는 지구 상에 존재하는 모든 나라의 4분의 1을 차지한다. 아프리카 대륙에는 47개의 독립국이 있으며, 코모로(Comoros), 마다가스카르, 세이셸(Seychelles), 케이프베르데(Cape Verde), 모리셔스(Mauritius), 상투메 프린시페(São Tomé and Príncipe) 등 섬나라까지 포함하면 모두 53개국이다.

아프리카 국가들 가운데 **내륙국**은 모두 몇 개인가?

아프리카 대륙의 47개국 가운데 15개국이 바다와 인접하지 않은 내륙국이다. 보츠와나(Botswana), 부르키나파소(Burkina Faso), 부룬디(Burundi), 중앙아프리카 공화국, 차드(Chad), 에티오피아, 레소토(Lesotho), 말라위(Malawi), 말리(Mali), 니제르(Niger), 르완다(Rwanda), 스와질란드(Swaziland), 우간다(Uganda), 잠비아(Zambia), 짐바브웨(Zimbabwe)가 이들 15개국에 속한다.

사하라아랍민주공화국은 어떤 나라인가?

국제적인 국경 분쟁으로 전 세계적으로 완전한 승인을 받지 못하고 있지만, 사하라아랍민주공화국(Sahrawi Arab Democratic Republic)은 옛 에스파냐령 서사하라 전역의 지배권을 주장하고 있다. 서사하라 영역의 일부는 모로코가 자국의 한 주로 간주하고 있다. 사하라아랍민주공화국은 아프리카연합의 회원국이다.

아프리카에서 **가장 인구가 많은 나라**는?

인구 1억 4,800만 명의 나이지리아(Nigeria)는 아프리카 최대의 인구 대국이자 세계 8위의 인구 대국이다. 나이지리아 인구가 오늘날의 증가율을 계속 유지한다면 2022년에는 2억 1,400만 명으로 증가할 것이다! 나이지리아 여성들은 평균적으로 평생 동안 6.1명의 자녀를 출산한다.

남아프리카 공화국에는 몇 개의 **주**가 있나?

1994년 남아프리카 공화국에는 여러 개의 주가 새로 설치되었다. 오늘날 남아프리카 공화국은 이스턴케이프(Eastern Cape) 주, 프리스테이트(Free State) 주, 하우텡(Gauteng) 주, 콰줄루나탈(KwaZulu-Natal) 주, 림포푸(Limpopo) 주, 음푸말랑가(Mpumalanga) 주, 노던케이프(Northern Cape) 주, 노스웨스트케이프(North-West Cape) 주, 웨스턴케이프(Western Cape) 주의 9개 주로 구분된다. 이 9개 주는 원주민 거주지를 포함한다.

남아프리카 공화국에는 몇 개의 **수도**가 있나?

남아프리카 공화국에는 3개의 수도가 있다. 프리토리아(Pretoria)는 행정 수도, 블룸폰테인(Bloemfontein)은 사법 수도, 케이프타운(Cape Town)은 입법 수도이다.

콩고(Congo)라는 이름을 가진 나라는 몇 개인가?

두 나라가 콩고라는 이름을 국명에 사용하고 있으며, 이 두 나라는 인접해 있기 때문에 혼동할 소지가 높다. 두 나라의 국명이 가진 유사성—콩고민주공화국(Democratic Republic of Congo)과 이 나라의 서쪽에 인접한 콩고공화국(Republic of the Congo)—으로 인해 구분하기가 어려운 측면이 있다. 1908년 현 콩고민주공화국 일대는 벨기에령 콩고로 명명되었다. 1960년 이 나라는 콩고공화국으로 개칭되었다. 1964년 콩고인민공화국(People's Republic of Congo)로 개칭되었다가, 1966년 콩고민주공화국으로 바뀐 이후 1971년에는 다시 자이르(Zaire)로 국명이 바뀌었다. 이후 최종적으로 1997년 콩고민주공화국이라는 국명으로 회귀화하였다.

팀북투란?

서구권에서 '팀북투(Timbuktu)'라는 단어는 흔히 아주 멀리 떨어진 장소를 뜻하는 말로 쓰이지만, 실제로는 나이저(Niger) 강 인근에 위치한 아프리카 국가 말리(Mali)의 도시이다['톰북투(Tombouctou)'라고도 불림]. 팀북투는 인구 약 3만 명의 도시로, 과거 사하라 사막을 횡단하던 대상들의 소금 무역 기지였다.

월비스베이란?

1990년 나미비아(Namibia)가 남아프리카 공화국으로부터 독립을 선언했을 때, 남아프리카 공화국은 자국 국경에서 북쪽으로 644km 떨어진 월비스베이(Walvis Bay)의 영유권을 고수하고 있었다. 수심이 깊고 항구로서 최적의 조건을 가진 월비스베이는 나미비아 독립 후에도 4년 동안 남아프리카 공화국에 영유되다가, 1994년 3월 1일 나미비아에 반환되었다.

바버리 해안이란?

바버리 해안(Barbary Coast)은 지중해에 연한 북아프리카 해안 국가들을 통칭하는 지명으로 모로코, 알제리, 튀니지, 리비아, 이집트가 포함된다. 바버리 해안이라는 지명은 이 지역에 살고 있는 베르베르(Berber) 인에 어원을 두지만, 16~19세기에 걸쳐 악명을 떨쳤던 이 지역의 해적(바버리 해적-역주)으로 더욱 잘 알려져 있다.

카빈다는 왜 **앙골라**와 분단되어 있나?

카빈다(Cabinda)는 앙골라(Angola)의 주이기는 하지만 콩고민주공화국에 의해 앙골라 본토로부터 약 40km 떨어져 있다. 1886년 벨기에는 이 작은 지역을 앙골라에 부속시켰다. 최근 들어 카빈다에서는 분리독립주의자들의 무장 저항 운동이 일어나고 있다.

짐바브웨의 **옛 이름**은?

1980년 4월 영국의 식민지였던 로디지아(Rhodesia)는 독립을 승인받고 짐바브웨(Zimbabwe)로 개명하였다. 로디지아는 남아프리카에서 활동했던 사업가 세실 로즈(Cecil Rhodes)의 이름을 딴 지명이다.

와가두구란?

와가두구(Ouagadougou)는 서아프리카에 위치한 부르키나파소의 수도이다. 인구 50만의 이 도시에는 와가두구 대학교가 소재해 있다.

스와힐리 어는 어떤 사람들이 사용할까?

약 1,000만 명이 스와힐리(Swahili) 어를 제1언어로 사용하고 8,000만 명의 동아프리카 인들이 제2언어로 사용하지만, 스와힐리 어는 사실 아프리카 토착 언어가 아니다. 스와힐리 어는 아프리카와 아라비아 사이에 무역이 행해지는 과정에서 아랍 어와 아프리카 어가 섞여서 만들어진 언어이다. 약 1,000여 개의 언어가 사용되고 있는 아프리카 대륙에서 스와힐리 어는 두 번째로 널리 쓰이는 언어(1위는 아랍 어)이다.

남아프리카 공화국 영토에 완전히 둘러싸인 나라는?

1966년 영국으로부터 독립한 아프리카의 소국 레소토(Lesotho)는 남아프리카 공화국 영토에 완전히 둘러싸여 있다. 이 나라 남성 노동자의 40%가량이 일자리를 찾아 남아프리카 공화국으로 향한다.

적도기니는 **적도** 상에 위치하나?

아니다. 적도기니(Equatorial Guinea)의 최남단은 적도에서 북쪽으로 1° 떨어져 있다. 적도기니가 적도에 근접하여 위치한 나라이기는 하지만, 실제로는 적도기니와 남쪽으로 인접한 나라인 가봉(Gabon)이 적도를 지난다.

아프리카의 뿔이란?

아프리카의 뿔(Horn of Africa)은 아프리카 동쪽으로 돌출된 지역을 가리키는데, 소말리아, 에티오피아, 지부티(Djibouti)가 여기에 속한다. 뿔의 동쪽 끝 부분은 과르다푸이 곶(Gees Gwardafuy)이라고 부른다.

1770년 이전에는 **세이셸** 군도에 얼마나 많은 사람들이 살고 있었나?

아니다, 모두 무인도였다. 마다가스카르 북동쪽의 115개 섬으로 구성된 세이셸(Seychelles) 군도는 1770년 프랑스의 식민지가 되면서 사람들의 거주가 시작되었다. 이후 이 지역을 접수한 영국은 아프리카 인들에게 세이셸 군도를 되돌려 주었다. 세이셸은

쿤타킨테는 어디 출신일까?

알렉스 헬리(Alex Haley)의 소설 『뿌리(Roots)』의 주인공 쿤타킨테(Kunta Kinte)는 감비아 출신(Gambia)이다. 322km에 이르는 감비아 강을 따라 펼쳐진 감비아이지만, 폭은 평균 19km에 불과한 매우 좁은 나라이기도 하다. 감비아는 아프리카에서도 가장 작은 나라에 속하는 세네갈에 전 국토가 완전히 둘러싸여 있다.

1976년 독립하였다.

카프리비의 손가락이란?

카프리비의 손가락(Caprivi's Finger)은 아프리카의 소국 나미비아의 북동부에 좁게 돌출된 지역을 말한다. 1890년 독일 수상 게오르크 레오 폰 카프리비(Georg Leo von Caprivi)는 당시 독일령 남서아프리카(German Southwest Africa)였던 나미비아가 잠베지(Zambezi) 강으로 연결될 수 있도록 이 지역을 영국으로부터 취득하였다. 이 지역은 길이가 약 480km에 달하지만, 최대 폭은 105km이다.

마다가스카르 인들은 어떤 **언어**를 사용하나?

마다가스카르 인들은 말라가시(Malagasy) 어를 사용한다. 말라가시 어는 아프리카 언어보다는 인도네시아와 폴리네시아에서 사용되는 언어와 관련성이 높다. 마다가스카르 인들은 약 2,000년 전 이주해 온 인도네시아계와 폴리네시아계 이주민들의 후손이다.

남아프리카 공화국에는 몇 개의 **공용어**가 있나?

남아프리카 공화국에서는 아프리칸스(Afrikaans) 어[39], 영어, 은데벨레(Ndebele) 어, 페디(Pedi) 어, 소토(Sotho) 어, 스와지(Swazi) 어, 총가(Tsonga) 어, 츠와나(Tswana) 어, 벤다(Venda) 어, 코사(Xhosa) 어, 줄루(Zulu) 어의 11개 공용어가 사용된다.

에스파냐 어를 공용어로 사용하는 아프리카 국가는?

기니(Guinea) 만의 5개 섬 및 카메룬과 가봉 사이에 위치한 대륙의 조그만 부분으로 구성된 적도기니는 1968년까지 에스파냐의 식민지였으며, 에스파냐 어를 공용어로 사용해 왔다. 수도인 말라보(Malabo)는 과거에는 페르난도 포(Fernando Poo)라고 불렸던 비오코(Boiko) 섬에 위치한다.

세계 **최대의 그리스도교 예배당**은?

코트디부아르의 수도 야무수크로(Yamoussoukro)에 있는 야무수크로 평화의 모후 대성당(Basilique Notre-Dame de la Paix de Yamoussoukro)은 면적 9,290m²로 세계 최대의 그리스도교 예배당이다. 1989년 당시 코트디부아르 대통령 펠릭스 우푸에부아니(Félix Houphouët-Boigny)에 의해 건설된 이 성당은 18,000명을 수용할 수 있다. 1983년 우푸에부아니는 코트디부아르의 수도를 아비장(Abidjan)에서 그의 고향인 야무수크로로 옮겼다.

아프리카에서는 **에이즈**가 얼마나 창궐해 있나?

약 2,250만 명의 아프리카 인이 에이즈 보균자 또는 환자로, 이는 전 세계의 64%에 해당하는 수치이다. 아프리카에서 이루어지는 에이즈 전염은 거의 대부분 이성 간의 성 접촉을 매개로 한다. 에이즈 관련 질병으로 사망한 아프리카 인의 수는 총 230만 명에 이른다.

보츠와나의 화폐 명칭은?

아프리카 남부의 국가로 국토 대부분이 칼라하리(Kalahari) 사막인 보츠와나(Botswana)의 화폐 단위는 풀라(pula)로, 이는 '비(雨)'라는 뜻이다.

헌법상에 **남녀 동성애자 및 양성애자에 대한 보호**를 규정하고 있는, 세계적으로 예외적인 사례에 해당하는 나라는?

남아프리카 공화국의 1996년 헌법은 공적 및 사적 영역에서의 남녀 동성애자와 양성애

자에 대한 차별을 금지하고 있다. 권리장전(Bill of Rights)의 '평등 항목(Equality Clause)'에는 인종, 성별, 임신, 혼인 여부, 민족적 또는 사회적 출신, 피부색, 성적 취향, 나이, 장애 여부, 종교, 양심, 신념, 문화, 언어, 태생 등으로 인한 차별을 금지하고 있다.

르완다 학살이란?

르완다 학살은 르완다의 주류 부족인 후투(Hutu) 족이 저지른, 소수 부족 투치(Tutsi) 족 수십만 명에 대한 조직적 학살이다. 대부분의 학살은 1994년 여름의 100일 동안 이루어졌다. 이 학살극은 후투 족의 과격파 무장 집단에 의해 자행되었다. 최소한 50만 명의 투치 족이 즉각 학살당하였고, 학살의 결과 100만 명 이상이 목숨을 잃었다. 르완다 학살이 일어난 원인은 주류 후투 족과 우간다의 지원을 받은 비주류 투치 족 간에 일어난 우간다 내전 때문이었다.

1994년에 자행된 학살로 4만 명이 희생된 비극을 추모하기 위해 남아 있는 르완다의 무람비기술학교(Murambi Technical School) 건물

오세아니아와 남극

오세아니아

오세아니아란?

오세아니아는 태평양 중부와 남부에 위치하며, 오스트레일리아, 뉴질랜드, 파푸아뉴기니, 폴리네시아 제도, 멜라네시아 제도, 미크로네시아 제도를 포함한다.

태평양의 **섬들**은 누가 **소유**하나?

태평양에는 수백 개의 섬들이 있다. 이 중에는 독립 국가가 있는가 하면, 여전히 식민지 또는 자치령으로 남아 있는 섬들도 있다.

미크로네시아란?

필리핀 동쪽, 날짜변경선 서쪽, 남회귀선 남쪽, 적도 북쪽에 위치한 지역을 미크로네시아(Micronesia)라고 부른다.

폴리네시아란?

폴리네시아(Polynesia)는 북쪽으로는 하와이, 남쪽으로는 뉴질랜드 북단을 잇는 지역에

오스트리아의 대보초(Great Barrier Reef)는 세계 최대의 산호초로, 해양국립공원으로 지정되어 전 세계에서 수많은 관광객을 불러오고 있다.

분포한 섬들을 일컫는 지명이다. 사모아(Samoa), 통가(Tonga), 투발루(Tuvalu) 등이 폴리네시아에 포함된다. 폴리네시아에 속한 프랑스 식민지인 프랑스령 폴리네시아는 타히티(Tahiti) 섬 이외에 117개의 섬과 산호초를 거느리고 있다.

멜라네시아란?

멜라네시아(Melanesia)는 적도 남단에 위치하며 오스트레일리아 북동부로부터 서경 180°까지의 범위인 비교적 작은 지역으로, 뉴질랜드는 포함하지 않는다. 바누아투(Vanuatu), 피지(Fiji), 솔로몬(Solomon) 제도, 뉴칼레도니아(New Caledonia) 등이 멜라네시아에 속한다.

산호초란?

산호초는 산호충이라고 불리는 작은 동물의 외골격에서 나온 탄산칼슘이 축적되어 형성된다. 산호충은 얕고 따뜻한 바닷물에 서식하기 때문에, 산호초는 주로 열대 지방의

구아노 섬법(Guano Island Act)이 미국에 어떤 이익을 가져다주었을까?

1856년 미국 의회는 영유권이 주장되지 않은 섬인 구아노를 미국이 자유롭게 이용하도록 규정한 구아노 섬법을 통과시켰다. 바닷새의 배설물이 퇴적되어 형성된 물질인 구아노는 화학 비료가 보급되기 전까지 비료로 채굴되었다. 1857년에는 하와이 남서부의 베이커(Baker) 섬과 하울랜드(Howland) 섬에서 구아노 채굴이 시작되어 1891년 구아노가 고갈될 때까지 계속되었다.

바다에 널리 분포한다.

세계 **최대의 산호초**는?

대보초(大堡礁, Great Barrier Reef)는 세계 최대의 산호초이다. 오스트레일리아 북동부 해안에 위치한 대보초의 길이는 1,930km가 넘는다. 이 가운데 상당 부분이 해양국립공원으로 지정되어 보호받고 있다.

환초란?

산호는 환초(環礁)라고 불리는 고리 모양의 산호초를 형성할 수도 있다. 환초는 산호초로 둘러싸인 화산섬이 침강하면서 형성된, 중심부에 화산섬의 잔해가 남아 있는 산호로 둘러싸인 둥근 호수 모양의 산호초를 일컫는다.

비키니라는 이름의 어원은?

미국은 1946년 마셜(Marshall) 제도의 비키니 환초에서 핵실험을 개시하였다. 비슷한 시기인 1940년대 말에는 두 벌로 구성된 수영복이 처음 선을 보였으며, 이 수영복의 이름은 당시 대중적으로 널리 알려진 비키니 환초의 이름을 따서 '비키니'라고 붙여졌다.

남태평양의 **작은 섬**들에 사는 사람들은 어떻게 **쇼핑**을 할까?

대부분의 생필품은 유인도에서 직접 구매할 수 있고, 좀 더 비싸거나 큰 물건들은 비행기로 운송된다. 섬의 주민들은 여행을 해야 하는 경우에는 주로 항공편을 이용한다. 각 섬들은 해당 지역에 적절한 규모의 비행장을 갖추고 있다. 과거에는 섬과 섬 사이를 이동할 때에는 주로 배를 이용하였다.

고갱은 어디에서 살았나?

프랑스의 화가 폴 고갱(Paul Gauguin)은 1891년 타히티(Tahiti)로 이주했으며, 나중에는 유럽 문명을 피해 프랑스령 폴리네시아로 이주하였다.

세계에서 **가장 많은 언어**가 사용되는 나라는?

파푸아뉴기니의 언어는 700개가 넘는다. 이 중에서 가장 널리 사용되는 언어는 모투(Motu) 어와 피진 잉글리시(pidgin English, 예로 중국식 상업 영어)이다.

바운티호의 **반란자**들은 어디에 정착했나?

1789년 영국 군함 바운티호(HMS Bounty)의 선원들이 선상 반란을 일으켰다. 윌리엄 블라이(William Bligh) 함장을 비롯한 19명의 선원을 추방한 반란자들은 무인도였던 핏케언(Pitcairn) 섬에 상륙하였다. 블라이 함장과 그의 심복들은 무사히 영국으로 귀국하는데 성공했고, 반면 반란자들은 9명의 남성 반란자들과 바운티호에 탑승한 적이 있는 6명의 폴리네시아 인 남성 및 12명의 폴리네시아 인 여성들로 구성된 공동체를 조직하였다. 1856년에는 인구 과잉의 문제로 약 200명의 반란자 후손들이 자발적으로 핏케언 섬에서 노포크(Norfolk) 섬으로 이주하였다.

찰스 다윈이 자연선택설을 발전시켜 간 장소는?

1831년 케임브리지 대학교를 졸업한 찰스 다윈(Charles Darwin)은 영국 군함 비글호(HMS Beagle)에 과학자 신분으로 승선하여 5년을 보냈다. 비글호는 남아메리카 서쪽 바다에 위치한 갈라파고스(Galápagos) 섬을 비롯한 세계 각지를 탐사하였다. 다윈은 갈라파고스 섬에서 6주간 머무르며 수집한 자료를 토대로 자연선택설을 발전시켰으며, 이는 1859년 그의 저서 『종의 기원(On the Origin of Species)』으로 출간되었다.

오스트레일리아

오스트레일리아라는 **국명**의 어원은?

서양인들은 오랫동안 세계 남쪽에 있는 미지의 땅인 테라 아우스트랄리스 인코그니타(Terra Australis Incognita, '미지의 남방 대륙')의 존재를 믿어 왔다. 기원전 4세기 초반 아리스토텔레스는 남반구에 미지의 거대한 대륙이 존재하여 지구의 균형을 잡고 있다고 믿었다. 이 미지의 대륙은 오랜 세월에 걸쳐 보물의 전설을 만들어 왔고, 지도 상에 다양한 형태와 크기로 표현되기도 하였다. 오늘날의 오스트레일리아 영토가 17세기 초에 발견되었을 때, 이것이 그 유명한 테라 아우스트랄리스 인코그니타임을 인지한 사람은 없었다. 17세기 초에는 이 대륙의 서부 연안 지대가 네덜란드령으로 선언되면서 뉴홀랜드(New Holland)로 명명되었다. 1770년에는 제임스 쿡(James Cook)이 대륙의 동부 해안 지역을 발견하고 이를 뉴사우스웨일스(New South Wales)라는 이름의 영국 영토로 선언하였다. 1803년에 매슈 플린더스(Matthew Flinders)가 대륙 해안을 일주한 끝에 비로소 이 대륙이 사람들이 그토록 오랫동안 찾아 헤매던 테라 아우스트랄리스 인코그니타임이 입증되었다. 대륙의 존재가 알려진 지 두 세기 가까이 흐른 19세기 초에 접어들어 마침내 이 땅은 오스트레일리아라는 이름을 얻을 수 있었다.

애버리지니는 어떤 사람들인가?

애버리지니(Aborigine)는 오스트레일리아 원주민으로, 약 4만 년 전 남아시아 지역에서 이주해 왔다. 18세기 말 유럽의 식민지 지배가 시작될 무렵, 오스트레일리아에는 30만 명 이상의 애버리지니가 살고 있었다. 식민화 이후 수많은 애버리지니들이 유럽에서 옮겨 온 질병과 착취 등으로 목숨을 잃어, 1920년에는 불과 6만 명만 남았다. 뉴질랜드의 마오리 족처럼, 오스트레일리아의 애버리지니 인구는 20세기 후반 들어 반등하여 오늘날에는 20만 명이 넘는다. 현재 대부분의 애버리지니들은 도시 지역에 거주하면서 정치적인 지원과 혜택을 받고 있다.

아웃백은 어디인가?

아웃백(outback)은 오스트레일리아 내륙의 오지를 일컫는 일반적인 용어이다. 이 지역은 대단히 건조하고 척박하기 때문에, 오스트레일리아 인구의 대부분은 해안 지역에 집중되어 있다.

오스트레일리아는 실제로 **죄수들의 유형지**로 사용된 식민지였나?

그렇다. 오스트레일리아 초기 정착민의 약 3분의 2 정도는 영국의 죄수들이었다. 오스트레일리아가 유형 식민지였던 1788~1850년까지 약 16만 명의 죄수들이 이 대륙으로 보내졌다. 1850년 영국 정부는 오스트레일리아로의 유형을 중단했지만, 자유 이민자들은 이미 죄수 유형이 시작될 무렵부터 오스트레일리아에 도착해 있었다.

오스트레일리아의 수도는?

오스트레일리아의 수도는 뉴사우스웨일스(New South Wales) 주의 연방 자치구(미국의 워싱턴D.C.와 유사한)인 캔버라(Canberra)이다. 1901년 오스트레일리아가 건국되었을 때에는 시드니와 멜버른 두 도시가 수도로 지정되기를 원했다. 1908년에는 해안과 떨어진 지역에 새로운 수도를 건설한다는 합의가 이루어졌다. 오늘날 캔버라는 해안 지방에 위치하지 않은 오스트레일리아 최대의 도시(인구 33만 4,000명)이다.

오스트레일리아 중부의 **거대한 붉은 바위**는 무엇인가?

오스트레일리아 중부의 크고 붉은 사암 기둥은 울루루[Uluru, 오스트레일리아 원주민 언어로, 과거에는 에어즈 록(Ayers Rock)이라 불렸다]라고 불린다. 폭은 약 2.4km에 높이가 약 335m인 울루루는 단일 규모로는 세계 최대의 암석이다.

캥거루는 오스트레일리아 토착종인가?

그렇다, 캥거루는 오스트레일리아 토착 동물이다. 캥거루는 키 1.5m의 자이언트 캥거루에서부터 포토루(potoroo)라고 불리는 쥐만한 캥거루까지 다양한 종류가 있다.

태즈메이니아데빌은 실존하는 동물인가?

태즈메이니아데빌(Tasmanian devil)은 마치 만화에 나오는 상상의 동물 같은 외모를 지녔지만, 실존하는 동물이다. 실제 태즈메이니아데빌은 오스트레일리아 본토의 남동쪽에 인접한 태즈메이니아 섬에 서식하는 육식성 유대류(有袋類)이다.

오스트레일리아는 세계에서 **가장 작은 대륙**인가?

오스트레일리아는 세계에서 6번째로 국토 면적이 큰 나라이지만, 세계에서 가장 작은 대륙이기도 하다. 오스트레일리아의 면적은 780만km^2로 브라질보다 약간 작은 정도이다.

세계 최대의 **보크사이트** 생산국은?

오스트레일리아는 전 세계 생산량의 33%를 차지하는 세계 최대의 보크사이트 생산국이다. 알루미늄의 원광석인 보크사이트는 특히 오스트레일리아 남서부의 달링레인지(Darling Range)에 풍부하게 매장되어 있다.

세계 최대의 **납 생산국**은?

오스트레일리아의 연평균 납 생산량은 전 세계 생산량의 약 23.5%에 달한다. 대부분의 납은 오스트레일리아 북동부의 이사(Isa) 산과 남동부의 브로큰힐(Broken Hill)에서 생산된다.

오스트레일리아의 **쇠고기** 수출량은?

오스트레일리아의 쇠고기 수출량은 연평균 120만 3,000t으로, 이는 전 세계 쇠고기 수출량의 26%에 달한다.

부메랑이란?

부메랑은 오스트레일리아의 애버리지니들에 의해 사냥 도구로 개발되었다. 부메랑에는 던지면 돌아오는 것과 돌아오지 않는 것의 두 종류가 있다. 던지면 돌아오는 부메랑

은 주로 작은 동물을 사냥할 때 사용된다. 돌아오지 않는 부메랑은 대형 동물 사냥이나 전투에 사용된다.

뉴질랜드

마오리 족이란?

마오리(Maori) 족은 뉴질랜드의 원주민이다. 9세기경 마오리 족은 태평양의 다른 섬들로부터 뉴질랜드로 이주해 왔다. 1769년에는 10만 명이 넘는 마오리 족이 뉴질랜드에 살고 있었지만, 영국의 식민 지배로 19세기 말에는 인구가 대폭 감소하여 4만여 명까지 줄어들었다. 20세기에 마오리 족의 인구는 63만 2,000명까지 늘었으며, 이 가운데 73,000명은 오스트레일리아 거주 마오리 족이다. 오늘날 마오리 족은 뉴질랜드 전체 인구의 15%를 차지한다.

1890년경에 그려진 뉴질랜드 원주민 마오리 족 여성의 초상화. [알렉산더턴불 도서관(Alexander Turnbull Library) 소장]

아오테아로아란?

아오테아로아(Aotearoa)는 뉴질랜드의 마오리 족 이름으로, '기다란 흰 구름의 땅'이라는 뜻을 갖고 있다.

로열 플라잉 닥터 서비스란?

로열 플라잉 닥터 서비스(Royal Flying Doctor Service, RFDS)는 오스트레일리아의 아웃백 지역에 산재해서 살아가는 사람들에게 건강 관리 및 응급 의료 서비스를 제공하기 위해 1928년 설립된 자선 단체이다. 38대의 항공기를 보유한 RFDS는 일일 평균 80회 이상의 비행을 하며, 연평균 13만 5,000명 이상에게 도움을 제공한다.

뉴질랜드 남섬 와나카(Wanaka)의 토양 경관. (사진: Paul A. Tucci)

뉴질랜드에는 **사람과 양** 가운데 어느 쪽의 수가 더 많을까?

뉴질랜드에는 400만 명이 조금 넘는 사람들이 살고 있지만, 사육되는 양의 두수는 5,600만 두에 육박한다. 뉴질랜드는 세계적인 양모 수출국으로서의 전통을 갖고 있다.

뉴질랜드에서 **스키**를 탈 수 있을까?

뉴질랜드의 남섬은 남반구 최고의 스키 코스로 손꼽히는 지역이기도 하다. 뉴질랜드의 수도 오클랜드(Auckland)에서 비행기로 한 시간 거리에 있는 퀸스타운(Queenstown)은 뉴질랜드 스키의 중심지이다. 스키 시즌은 남반구의 겨울철인 7월부터 9월까지이다.

키위란?

뉴질랜드 인들을 일컫는 별명 가운데 '키위(Kiwi)'가 있지만, 이는 뉴질랜드에 서식하는 날지 못하는 새와 재배되는 과일의 이름이기도 하다. 뉴질랜드의 국조인 키위새는 가늘고 긴 부리를 갖고 있으며, 다른 새들과 비교했을 때 몸의 크기에 비해 매우 큰 알을 낳는다. 과일 키위의 주 재배지 또한 뉴질랜드이다.

앤저스(ANZUS)는 무엇일까?

1951년 오스트레일리아와 뉴질랜드, 미국은 상호 방위 조약인 오스트레일리아-뉴질랜드-미국(ANZUS) 조약을 체결하였다. 1986년 뉴질랜드는 자국 내 핵실험을 금지하였으며, 이에 따라 미국의 핵추진 또는 핵무기 탑재 선박의 입항 또한 금지시켰다. 이에 따라 뉴질랜드는 해당 조약에서 배제되었다.

레인보우워리어(Rainbow Warrior)란?

1985년 뉴질랜드 오클랜드에 입항해 있던 그린피스(Greenpeace)의 선박 레인보우워리어호가 폭발 사고로 침몰하고, 탑승해 있던 그린피스 관계자들이 사망하는 일이 일어났다. 훗날 이 사고는 프랑스가 진행하는 태평양에서의 핵실험을 그린피스가 방해하지 못하게 할 목적으로 프랑스 비밀 공작원들이 저지른 일임이 밝혀졌다. 이 사건 이후, 핵실험에 강한 반대 입장을 표명하는 나라인 뉴질랜드와 프랑스의 외교 관계는 오랫동안 악화되었다.

세계 **최초로 복지 정책**을 실시한 나라는?

뉴질랜드는 1936년부터 전면적인 사회 복지 정책 및 건강 보험 정책을 실시해 왔으며, 이는 세계 최초의 사례이다.

세계 최초로 **여성참정권**을 허용한 나라는?

1893년 여성의 투표권을 허용한 뉴질랜드는 세계 최초로 여성참정권을 허용한 나라이다.

남극 대륙

남극 대륙의 얼음은 얼마나 두꺼운가?

남극의 얼음 가운데 대부분은 두께가 1.6km에 달한다. 지구 상의 민물 중 80% 이상이 남극의 얼음 속에 저장되어 있다. 남극 대륙으로부터 거대한 얼음덩어리를 잘라내어 지구 상에 존재하는 건조 지대로 운반할 것을 주장하는 사람들도 있지만, 이러한 주장은 아직 실현 단계에 이르지 못하고 있다.

남극은 지금 **몇 시**인가?

남극 대륙에 산재한 여러 연구 시설들은 그리니치표준시를 사용한다. 즉 남극의 시간대는 영국 런던과 같다.

세계에서 **평균 고도가 가장 높은** 대륙은?

평균 고도 해발 2,438m의 남극 대륙은 다른 대륙보다 평균 고도가 높다. 남극 대륙 최고봉은 해발 5,139m의 빈슨 산괴(Vinson Massif)이다.

남극 대륙은 얼마나 **건조한가**?

남극 대륙은 얼음으로 덮여 있다고는 하지만, 지구 상에서 가장 건조한 대륙이다. 남극 대륙의 얼음은 수천 년 전에 형성되었으며, 연평균 강수량은 250mm인 사하라 사막보다도 적은 50mm이다.

남극 대륙은 누구의 **소유**인가?

남극 대륙은 춥고 황량하며 얼음에 덮여 있는 대륙이라고는 하지만, 20세기 초에 이미 7개국이 그 일부의 영유권을 주장한 바 있다. 이러한 영유권 주장은 위선을 근거로 이루어졌으며, 이들 국가가 주장한 영역이 서로 겹치면서 문제를 야기하였다. 1959년 남극 조약이 체결되면서 남극 대륙에 대한 영유권 주장은 국제적으로 금지되었으며, 오직 과학적 목적의 이용만 허용되고 있다.

거대한 빙하에서 떨어져 나온 남극 대륙의 빙산

옮긴이 주

1. KPH는 Kilometers Per Hour, 즉 시속 몇 km인가를 나타내는 지표이며, MPH는 Miles Per Hour, 즉 시속 몇 마일인가를 나타내는 지표이다.
2. 임대 가능 면적이란 임대차 계약의 대상이 되는 부분의 면적으로, 쇼핑몰의 경우 쇼핑몰 전체 면적 가운데 공용 면적 등을 제외하고 입주 업체에 임대해 줄 수 있는 면적을 의미한다. 총 임대 가능 면적이란 임대 가능 면적의 합을 의미한다.
3. 그리스 신화에 등장하는 불도마뱀.
4. 주지사 이름인 '게리(Gerry)'와 샐러맨더의 'mander'를 결합한 용어.
5. 2010년 중국의 GDP가 일본의 GDP를 추월한 이후, 2014년 현재 미국 다음으로 GDP가 높은 나라는 일본이 아닌 중국이다.
6. 근세 이후 노예 무역 등으로 많은 수의 아프리카 인들이 아메리카, 유럽 등으로 강제 이주한 현상.
7. 15세기 이후 유럽에서 자행된 집시들에 대한 박해로, 집시를 죽이거나 납치해 오면 그 수만큼 포상을 하였다(데이비드 베레비, 2007, 정준형 옮김, 『우리와 그들, 무리짓기에 대한 착각』, 에코리브르, p.329).
8. 나치 독일에서는 집시를 일종의 '열등 민족'으로 여겨 박해했으며, 1940~1945년간 아우슈비츠 수용소에서는 유대 인 110만 명, 폴란드 인 약 15만 명, 집시 23,000명, 소련군 포로 15,000명 등 약 130만 명이 수용되었다. 이 가운데 집시 21,000명을 포함한 100만 명 이상이 살해당했다(歷史教育者協議會, 2004, 『나만 모르는 유럽사』, 양인실 옮김, 모멘토, pp.265~266).
9. Polar night. 극지방에서 밤에도 해가 지지 않는 기간을 의미하며, 백야(白夜)에 반대되는 개념이다.
10. 이 단어에는 단순히 일부다처제라는 뜻도 포함된다.
11. 남태평양의 프랑스령 폴리네시아에 있는 제도.
12. 뉴질랜드 동쪽 약 800km 지점의 남태평양에 있는 도서군으로 뉴질랜드 영토이다.
13. 표를 해석해 보면 알 수 있듯이, '월화수목금토일'로 명명되는 요일은 이러한 영어권 또는 서구권 요일 표기의 번역어이다.
14. 넥타이, 스카프, 목도리 등 목에 두르는 의류의 총칭.
15. 서부 영화 등에서 흔히 등장하는, 가는 끈을 목에 두르고 턱 아래부터 목 부분에서 끈을 액세서리 등으로 고정하여 그 밑부분이 두 갈래로 늘어지게 만든 형태의 넥타이.
16. 서구의 묘지에서 흔히 볼 수 있는 평지에 묘석 또는 비석만 세우는 형태가 아니라, 마치 납골당과 같은 작은 건물을 세워 놓은 형태이다.
17. 오늘날 미국 텍사스 주 일대에 거주하던 앵글로색슨계 주민들이 1836년 멕시코로부터 독립하여 건국한 공화국.

18. 1853년 미국이 대륙횡단철도 건설을 위해 멕시코 영토 일부를 구입한 일.
19. 미국의 언론인.
20. 오늘날의 오리건 주가 1848년 미국에 합병되기 전 미국 측에서 이 지역을 부르던 지명. 미국 영토가 되기 전 이 지역은 미국과 영국의 공동 관리하에 있었으며, 미국은 조약을 통해 이 지역을 완전한 자국 영토로 병합하였다.
21. 1606년 영국 왕 제임스 1세로부터 특허장을 받아 설립된 아메리카 식민지 개척 회사.
22. 고대 노르드 어 표기. 영어로는 'Eric the Red'라고 표기한다.
23. 미국 공군은 1947년 창설되었으며, 그 이전까지 미군에서 오늘날의 공군에 해당하는 조직은 미국 육군항공대로 분류되었다.
24. 2013년 7월 크로아티아가 신규 가입하여, 2014년 8월 현재 유럽연합 가입국은 총 28개국이다.
25. 세르비아 몬테네그로(Serbia-Montenegro)는 1992~2006년까지 존속한 국가로 2006년 이후에는 세르비아, 몬테네그로 두 나라로 분리되었다. 따라서 이러한 명칭은 현 시점에서 타당하지 않지만, 원문에는 'Serbia-Montenegro'로 표기되어 있어 원문을 존중하는 뜻에서 그대로 사용하였음을 밝혀 둔다.
26. 2014년 우크라이나의 친러 정권이 혁명으로 붕괴되고 친서방 정권이 수립되자, 러시아는 크림 반도 거주 러시아계 주민들의 보호를 명분으로 2014년 3월 크림 반도를 침공하였다. 러시아는 주민 투표 결과를 근거로 크림 반도의 러시아 귀속(2015년 1월 1일부 완전 귀속)을 선언하였으나 우크라이나 및 서방 세계는 이를 인정하지 않고 있으며, 이를 둘러싼 문제는 '크림 반도 사태'라고 불리는 국제적 분쟁으로 비화되고 있다.
27. 고대 중국의 대규모 군사 편제.
28. 싼샤 댐은 2008년 10월 완공되었다.
29. 1960~1970년대 아프가니스탄의 사회주의 정당이었던 아프가니스탄 인민민주당의 양대 파벌 가운데 온건파로, '파르참'은 아프가니스탄 어로 '깃발'이라는 뜻이다. 이들과 대립한 파벌은 주로 하층민과 촌락 지역의 지지를 받았던 급진파 할크(Khalq, '인민'이라는 뜻)였다.
30. 2011년 12월 김정일 사후 김정일의 3남 김정은이 그의 자리를 세습하여 북한을 통치하고 있다.
31. 이슬람 문화권에서 세속 군주를 일컫던 칭호.
32. 원문에는 '연평균 20cm의 비율[approximately 9.75 inches(20centimeters per year)]'로 언급되어 있으나, 이는 명백한 오기로 판단된다.
33. 1980년대부터 미국 육군에 의해 채택되어 사용되고 있는 4륜 구동 전술 차량. 정식 명칭은 '고기동성 다목적 차량(High Mobility Multipurpose Wheeled Vehicle)'으로 기존의 군용 지프와 유사한 형태이나 크기가 더 크며, 병력 수송, 정찰, 보병 지원, 대전차 전투, 야전 구급차, 방공 등 미국 육군에서 다양한 용도로 쓰이고 있다.
34. 과거 이슬람 제국을 다스렸던, 종교와 정치를 모두 지배했던 군주.
35. 오사마 빈라덴은 2011년 5월 파키스탄의 수도 이슬라마바드 외곽에 있는 은신처에서 미국 해군 특수 부대의 습격을 받아 사망하였다.
36. 무바라크는 이 책의 원본이 출간된 이후인 2011년 2월 이집트 혁명으로 실각하였다.

37. 이 국기는 과거 리비아의 국가 원수인 무아마르 알 카다피 집권 당시에 사용된 국기로, 2011년 카다피가 실각한 뒤에는 적색, 흑색, 녹색 3색에 흰색의 초승달과 별로 이루어진 문장을 새긴 구 왕정 시대의 국기를 다시 사용하고 있다.
38. 에티오피아의 옛 황제 하일레 셀라시에를 신봉하는 자메이카의 종교로, 이들은 흑인들이 언젠가 고향인 아프리카로 돌아가리라는 믿음을 고수하고 있다.
39. 네덜란드 어가 남아프리카 토착어와 결합하여 변형된 언어.

THE HANDY GEOGRAPHY
ANSWER BOOK

세계의 여러 나라

※ 일러두기

1. '세계의 여러 나라' 장은 원전의 내용을 토대로 하되, 인구, 1인당 GDP 등의 자료는 역자가 CIA 발간 *World Factbook 2014* 기준으로 수정하였음.
2. *World Factbook 2014*는 각국의 1인당 GDP를 명목이 아닌 구매력(PPP) GDP로 서술하고 있으며, 이에 따라 이 책에 수록된 각국별 1인당 GDP 역시 PPP임을 밝혀 둠.

오늘날 세계에는 195개국이 존재하며, '세계의 여러 나라' 장은 각국의 주요 정보를 제공한다. 이 장을 통해 이 책에 언급된 세계 각국의 지리적·정치적·문화적 정보를 확인할 수 있다. 이 정보의 자료는 미국 CIA *World Factbook*을 토대로 작성되었다.

아프가니스탄(Afghanistan)

정식 명칭: 아프가니스탄 이슬람공화국(Islamic Republic of Afghanistan)
위치: 남아시아. 파키스탄 북서부 및 이란 동부에 인접함.
면적: 652,230km²(세계 41위)
기후: 건조기후 및 반건조기후. 연교차 큼(추운 겨울과 더운 여름).
지형: 국토 대부분이 험준한 산악 지형으로, 북부 및 남서부에는 일부 평야지대가 분포함.
인구: 31,822,848명(세계 41위)
인구증가율: 2.29%(세계 39위)
출산율(인구 1,000명당): 38.84(세계 10위)
사망률(인구 1,000명당): 14.12(세계 7위)
기대수명: 50.49세(세계 220위)
민족구성: 파슈툰 족 42%, 타자크 족 27%, 하자라 족 9%, 우즈베크 인 9%, 아이마크 족 4%, 투르크멘 인 3%, 발로치 족 2%, 기타 4%
종교: 수니파 이슬람교 80%, 시아파 이슬람교 19%, 기타 1%
언어: 아프간페르시아 어/다리어(공용어) 50%, 파슈토 어(공용어) 35%, 투르크계 언어(주로 우즈베크 어 및 투르크멘 어) 11%, 기타 30여 개에 달하는 소수언어(대표적으로 발로치 어 및 파샤이 어) 4%, 2개 이상의 언어를 구사하는 인구의 비율이 높음.
문해율: 28.1%
정부형태: 이슬람공화국
수도: 카불(Kabul)
건국: 1919년 8월 19일(영국 식민통치로부터 독립)
1인당 GDP: $1,100(세계 216위)
고용: 농업 78.6%, 2차산업 5.7%, 서비스업 15.7%
통화: 아프가니(AFA)

알바니아(Albania)

정식 명칭: 알바니아공화국(Republic of Albania)
위치: 유럽 남동부에 위치한 국가로 아드리아해와 이오니아해에 인접하며, 남쪽으로는 그리스, 북쪽으로는 몬테네그로, 코소보와 접경을 이룸.
면적: 28,748km²(세계 145위)
기후: 온대기후. 겨울에는 서늘하고 습윤하며 구름이 많고, 여름에는 화창하고 건조한 특징을 보임. 내륙지방은 해안지방보다 더 서늘하고 습윤한 편.
지형: 국토 대부분이 산악 및 구릉지대이며, 해안지대에 소규모의 평지가 형성됨.
인구: 3,020,209명(세계 138위)
인구증가율: 0.3%(세계 172위)
출산율(인구 1,000명당): 12.73(세계 156위)
사망률(인구 1,000명당): 6.47(세계 153위)
기대수명: 75.33세(세계 60위)
민족구성: 알바니아 인 95%, 그리스계 3%, 기타 2%(블라슈계, 집시, 세르비아계, 마케도니아계, 불가리아계 등)(1989년 통계)
※ 참조: 1989년 현재 그리스계 인구의 구성은 집계기준에 따라 1%(알바니아 공식 통계)에서 12%(그리스 조사기관 자료)까지 다양한 범위를 보임.
종교: 이슬람교 70%, 알바니아정교 20%, 가톨릭 10%
언어: 알바니아 어(공용어. 토스크 어에서 발전하여 형성됨), 그리스 어, 블라치 어, 루마니아 어, 슬라브계 방언
문해율: 96.8%
정부형태: 최근 민주정 도입
수도: 티라나(Tirana)
건국: 1912년 12월 28일(오스만제국에서 독립)
1인당 GDP: $8,200(세계 131위)
고용: 농업 47.8%, 제조업 23%, 서비스업 29.2%
통화: 레크(ALL)

알제리(Algeria)

정식 명칭: 알제리인민공화국(People's Democratic Republic of Algeria)
위치: 모로코, 튀니지 사이에 위치하며 지중해에 연한 북아프리카국가
면적: 2,381,740km²(세계 10위)
기후: 건조 및 반건조기후. 해안지대의 경우 겨울은 온난습윤하고 여름은 고온습윤함. 고원지대는 겨울이 춥고 건조하며 여름은 무더움. 여름에는 뜨거운 모래바람인

시로코가 부는 경우가 잦음.
지형: 대부분 고원지대 또는 사막. 일부 산악지형 및 협소하고 불연속적인 해안 평야지대 존재
인구: 38,813,722명(세계 34위)
인구증가율: 1.88%(세계 61위)
출산율(인구 1,000명당): 23.99(세계 63위)
사망률(인구 1,000명당): 4.31(세계 206위)
기대수명: 76.39세(세계 80위)
민족구성: 아랍-베르베르계 99%, 유럽계 1% 미만
종교: 수니파 이슬람교(국교) 99%, 그리스도교 및 유대교 1%
언어: 아랍 어(공용어), 프랑스 어, 베르베르 방언
문해율: 72.6%
정부형태: 공화국
수도: 알제(Algiers)
건국: 1962년 7월 5일(프랑스로부터 독립)
1인당 GDP: $7,500(세계 137위)
고용: 농업 14%, 제조업 13.4%, 토목건설 10%, 상업 14.6%, 공공사업 32%, 기타 16%
통화: 알제리디나르(DZD)

안도라(Andorra)

정식 명칭: 안도라대공국(Principality of Andorra)
위치: 유럽 남서부, 프랑스와 에스파냐 사이에 위치
면적: 468km²(세계 196위)
기후: 온대기후. 눈이 많이 내리는 추운 겨울과 온난건조한 여름.
지형: 좁은 협곡으로 나누어진 험준한 산악지대
인구: 85,458명(세계 201위)
인구증가율: 0.17%(세계 181위)
출산율(인구 1,000명당): 8.48(세계 218위)
사망률(인구 1,000명당): 6.42(세계 140위)
기대수명: 82.65세(세계 7위)
민족구성: 에스파냐계 43%, 안도라 인 33%, 포르투갈계 11%, 프랑스계 7%, 기타 6%
종교: 가톨릭
언어: 카탈루냐 어(공용어), 프랑스 어, 카스티야 어, 포르투갈 어
문해율: 100%
정부형태: 프랑스 대통령과 에스파냐의 우르헬(Urgel) 주교가 공동으로 대공직을 맡아 통치하는 공동 국가원수 체제를 취하고 있으며, 프랑스 대통령과 우르헬 주교는 각각 해당 국가의 안도라에 대한 주권을 대표함. 1993년 이후로는 의회민주제를 도입하여 운영해 오고 있음.
수도: 안도라라베야(Andorra la Vella)
건국: 1278년(프랑스 푸아Foix백작과 에스파냐의 우르헬 주교 사이에 공동 종주권 협약 체결)
1인당 GDP: $37,200(세계 35위)
고용: 농업 0.4%, 제조업 4.7%, 서비스업 94.9%
통화: 유로(EUR)

앙골라(Angola)

정식 명칭: 앙골라공화국(Republic of Angola)
위치: 남아프리카의 나미비아와 콩고민주공화국 사이에 위치하며, 남대서양을 접함.
면적: 1,246,700km²(세계 23위)
기후: 남부 및 루안다 일대의 해안지대는 반건조기후. 북부 지역은 건기(5~10월)에는 서늘한 기후, 우기(11월~이듬해 4월)에는 무더운 기후 특성을 나타냄.
지형: 해안지대에는 협소한 해안 평야가 분포하며, 내륙지방에는 광대한 고원이 분포함.
인구: 19,088,106(세계 59위)
인구증가율: 2.78%(세계 19위)
출산율(인구 1,000명당): 38.97(세계 9위)
사망률(인구 1,000명당): 11.67(세계 29위)
기대수명: 55.29세(세계 205위)
민족구성: 오빔분두 족 37%, 킴분두 족 25%, 바콩고 족 13%, 메스티코(유럽 인과 토착 흑인의 혼혈인) 2%, 유럽계 1%, 기타 22%
종교: 토착신앙 47%, 가톨릭 38%, 개신교 15%
언어: 포르투갈 어(공용어), 반투 어(Bantu) 및 기타 아프리카계 언어
문해율: 70.4%
정부형태: 다당제에 입각한 대통령제 공화국

수도: 루안다(Luanda)
건국: 1975년 11월 11일(포르투갈로부터 독립)
1인당 GDP: $6,300(세계 148위)
고용: 농업 85%, 제조업 및 서비스업 15%
통화: 콴자(AOA)

앤티가 바부다(Antigua and Barbuda)

정식 명칭: 앤티가 바부다(Antigua and Barbuda)
위치: 푸에르토리코 동남방 해상의 카리브해와 북대서양 사이에 위치한 카리브 해상의 도서
면적: 442.6km²(세계 201위)
기후: 열대 해양성 기후로 계절에 따른 차이는 미미함.
지형: 대부분 고도가 낮은 석회암질 및 산호섬으로, 일부 화산성 고지대도 존재함.
면적: 436.5km²(세계 201위)
인구: 91,295명(세계 199위)
인구증가율: 1.25%(세계 95위)
출산율(인구 1,000명당): 15.94(세계 124위)
사망률(인구 1,000명당): 5.7(세계 173위)
기대수명: 76.12세(세계 85위)
민족구성: 흑인 91%, 혼혈 4.4%, 백인 1.7%, 기타 2.9%
종교: 성공회 25.7%, 제7일안식일교회 12.3%, 오순절교회 10.6%, 모라비아교 10.5%, 가톨릭 10.4%, 감리교 7.9%, 침례교 4.9%, 처치오브갓 4.5%, 기타 그리스도교 5.4%, 기타 2%, 무교 및 미분류 5.8%
언어: 영어(공용어), 지역방언
문해율: 85.8%
정부형태: 내각책임제에 입각한 입헌군주정
수도: 세인트존스(Saint John's)
건국: 1981년 11월 1일(영국으로부터 독립)
1인당 GDP: $18,400(세계 76위)
고용: 농업 7%, 제조업 11%, 서비스업 82%
통화: 동카리브달러(XCD)

아르헨티나(Argentina)

정식 명칭: 아르헨티나공화국(Argentine Republic)
위치: 남아메리카 남부에 위치하며, 남대서양과 연하고 칠레 및 우루과이와 접함.
면적: 2,780,400km²(세계 8위)
기후: 대체로 온대기후. 남동부는 건조기후, 남서부는 아극기후가 나타남.
지형: 북부지역에는 팜파스 평원이 발달해 있으며, 남부 파타고니아 지역은 대체로 평탄한 고원지형, 서부의 안데스 지역은 산지 지형의 특성을 보임.
인구: 43,024,374(세계 33위)
인구증가율: 0.95%(세계 123위)
출산율(인구 1,000명당): 16.88(세계 113위)
사망률(인구 1,000명당): 7.34(세계 120위)
기대수명: 77.51세(세계 66위)
민족구성: 백인(대부분 에스파냐계와 이탈리아계) 97%, 메스티소(백인과 아메리카 원주민의 혼혈), 아메리카 원주민, 기타 비백인계 3%
종교: 명목상 가톨릭 92%(실질적인 신자는 20% 미만), 개신교 2%, 유대교 2%, 기타 4%
언어: 에스파냐 어(공용어), 이탈리아 어, 영어, 독일어, 프랑스 어
문해율: 97.9%
정부형태: 공화국
수도: 부에노스아이레스(Buenos Aires)
건국: 1816년 7월 9일(에스파냐로부터 독립)
1인당 GDP: $18,600(세계 75위)
고용: 농업 9.3%, 제조업 29.7%, 서비스업 61%
통화: 아르헨티나페소(ARS)

아르메니아(Armenia)

정식 명칭: 아르메니아공화국(Republic of Armenia)
위치: 서남아시아 터키 동부에 인접.
면적: 29,743km²(세계 143위)
기후: 대륙성 고지대 기후로, 여름은 무덥고 겨울은 추움.
지형: 아르메니아고원을 위시한 산악지형으로, 삼림의 면적이 미미하고 하천의 유속이 빠름. 아라스강(Aras River) 일대의 협곡에는 비옥한 토양이 발달함.
인구: 3,060,631명(세계 137위)
인구증가율: −0.13%(세계 209위)

출산율(인구 1,000명당): 13.92(세계 143위)
사망률(인구 1,000명당): 9.3(세계 62위)
기대수명: 74.12세(세계 116위)
민족구성: 아르메니아 인 97.9%, 예지디(쿠르드 인) 1.3%, 러시아계 0.5%, 기타 0.3%
종교: 아르메니아정교 94.7%, 기타 그리스도교 4%, 예지디 신앙(자연의 원소를 숭배하는 일신교 신앙) 1.3%
언어: 아르메니아 어 97.7%, 예지디 어 1%, 러시아 어 0.9%, 기타 0.4%
문해율: 99.6%
정부형태: 공화국
수도: 예레반(Yerevan)
건국: 1991년 9월 21일(구소련에서 독립)
1인당 GDP: $6,300(세계 147위)
고용: 농업 44.2%, 제조업 16.8%, 서비스업 39%
통화: 드람(AMD)

오스트레일리아(Australia)

정식 명칭: 오스트레일리아연방(Commonwealth of Australia)
위치: 인도양과 남태평양 사이에 위치한 오세아니아의 대륙
면적: 7,741,220km²(세계 6위)
기후: 대체로 건조기후 및 반건조기후로, 남부와 동부에는 온대기후, 북부에는 열대기후가 나타남.
지형: 국토 대부분은 고도가 낮은 고원지대 및 사막이며, 남동부에는 비옥한 평야지대가 형성됨.
인구: 22,507,617명(세계 56위)
인구증가율: 1.09%(세계 112위)
출산율(인구 1,000명당): 12.19(세계 162위)
사망률(인구 1,000명당): 7.07(세계 131위)
기대수명: 82.07세(세계 10위)
민족구성: 백인 92%, 아시아계 7%, 아보리진 및 기타 1%
종교: 가톨릭 26.4%, 성공회 20.5%, 기타 그리스도교 20.5%, 불교 1.9%, 이슬람교 1.5%, 기타 1.2%, 미분류 12.7%, 무교 15.3%
언어: 영어 79.1%, 중국어 2.1%, 이탈리아 어 1.9%, 기타 11.1%, 미분류 5.8%
문해율: 99%
정부형태: 연방제 의회민주주의
수도: 캔버라(Canberra)
건국: 1901년 1월 1일(영연방내자치국으로 건국)
1인당 GDP: $43,000(세계 19위)
고용: 농업 3.6%, 제조업 21.1%, 서비스업 75%
통화: 오스트레일리아달러(AUD)

오스트리아(Austria)

정식 명칭: 오스트리아공화국(Republic of Austria)
위치: 중부 유럽, 이탈리아 및 스위스에 북쪽으로 인접함.
면적: 83,871km²(세계 114위)
기후: 온대 대륙성 기후. 겨울은 한랭하고 저지대는 강우 및 강설, 고지대는 강설이 잦음. 여름은 온난하고 소나기가 때때로 내림.
지형: 서부와 남부는 산악지형이 현저하며(알프스산매계, 동부와 북부의 접경지대는 대체로 평탄하거나 경사가 완만한 지형임.
인구: 8,223,062명(세계 95위)
인구증가율: 0.01%(세계 191위)
출산율(인구 1,000명당): 8.76(세계 214위)
사망률(인구 1,000명당): 10.38(세계 42위)
기대수명: 80.17세(세계 32위)
민족구성: 오스트리아 인 91.1%, 구유고슬라비아계 4%(크로아티아계, 슬로베니아계, 세르비아계, 보스니아계 등), 터키계 1.6%, 독일계 0.9%, 기타 2.4%
종교: 가톨릭 73.6%, 개신교 4.7%, 이슬람교 4.2%, 기타 3.5%, 미분류 2%, 무교 12%
언어: 독일어(국가공용어) 88.6%, 터키 어 2.3%, 세르비아 어 2.2%, 크로아티아 어(부르겐란트 주 공용어) 1.6%, 기타[슬로베니아 어(케르텐 주 공용어), 헝가리어(부르겐란트 주 공용어) 등] 5.3%
문해율: 98%
정부형태: 연방공화국
수도: 빈(Wien)
건국: 976년(오스트리아후작령 설립), 1159년 9월 17일

(오스트리아대공국 건립), 1804년 8월 11일(오스트리아제국 선포), 1918년 11월 12일(오스트리아공화국 선포)
1인당 GDP: $42,600(세계 21위)
고용: 농업 1.6%, 제조업 28.6%, 서비스업 69.8%
통화: 유로(EUR)

아제르바이잔(Azerbaijan)

정식 명칭: 아제르바이잔공화국(Republic of Azerbaijan)
위치: 카스피해에 연하고 러시아와 이란 사이에 위치한 서남아시아국가로, 카프카스산맥 일대의 소규모 영토는 유럽으로 분류됨.
면적: 86,600km²(세계 113위)
기후: 건조/반건조 스텝기후
지형: 북부지방에는 넓고 평탄한 쿠르-아라즈 저지대(이 중 상당 부분은 해발고도보다 고도가 낮음)과 대카프카스산맥이 분포하며, 서부에는 카라바흐고지대가 위치함. 수도 바쿠는 카스피해로 돌출한 아프셰론반도상에 위치함.
인구: 9,686,210명(세계 92위)
인구증가율: 0.99%(세계 121위)
출산율(인구 1,000명당): 16.96(세계 111위)
사망률(인구 1,000명당): 7.09(세계 129위)
기대수명: 71.91세(세계 141위)
민족구성: 아제르바이잔계 90.6%, 다게스탄계 2.2%, 러시아계 1.8%, 아르메니아계 1.5%, 기타 3.9%
종교: 이슬람교 93.4%, 러시아정교 2.5%, 아르메니아정교 2.3%, 기타 1.8%
언어: 아제르바이잔 어 90.3%, 레즈기 어 2.2%, 러시아어 1.8%, 아르메니아 어 1.5%, 기타 3.3%, 미분류 1%
문해율: 99.9%
정부형태: 공화국
수도: 바쿠(Baku)
건국: 1991년 8월 30일(구소련에서 독립)
1인당 GDP: $10,800(세계 114위)
고용: 농업 38.3%, 제조업 12.1%, 서비스업 49.6%
통화: 아제르바이잔마나트(AZM)

바하마(The Bahamas)

정식 명칭: 바하마연방(Commonwealth of The Bahamas)
위치: 북대서양, 플로리다주 남동부, 쿠바 북동쪽과 접한 카리브해의 섬나라
면적: 13,880km²(세계 161위)
기후: 열대 해양성 기후로, 멕시코만류의 난류에 영향을 받음.
지형: 길고 평탄한 산호초지형 및 일부 낮은 구릉지로 구성
인구: 321,834명(세계 179명)
인구증가율: 0.87%(세계 128위)
출산율(인구 1,000명당): 15.65(세계 126위)
사망률(인구 1,000명당): 7(세계 134위)
기대수명: 71.93세(세계 140위)
민족구성: 흑인 90.6%, 백인 4.7%, 흑백혼혈 2.1%, 기타 2.6%
종교: 침례교 35.4%, 성공회 15.1%, 가톨릭 13.5%, 오순절교회 8.1%, 처치오브갓 4.8%, 감리교 4.2%, 기타 그리스도교 15.2%, 무교 또는 미분류 2.9%, 기타 0.8%
언어: 영어(공용어), 크레올 어(아이티계 이주민 사이에서 통용)
문해율: 95.6%
정부형태: 입헌의회민주제
수도: 나소(Nassau)
건국: 1973(영국으로부터 독립)
1인당 GDP: $32,000(세계 43위)
고용: 농업 5%, 제조업 5%, 관광업 50%, 기타 서비스업 40%
통화: 바하마달러(BSD)

바레인(Bahrain)

정식 명칭: 바레인왕국(Kingdom of Bahrain)
위치: 중동의 사우디아라비아 동부에 위치한, 페르시아만상의 제도

면적: 760km²(세계 188위)
기후: 건조기후로 겨울은 온화하며 여름은 고온다습함.
지형: 대부분 평탄한 사막지형으로, 중부로 가면서 경사도가 완만하게 상승함.
인구: 1,314,089명(세계 157위)
인구증가율: 2.49%(세계 31위)
출산율(인구 1,000명당): 13.92(세계 142위)
사망률(인구 1,000명당): 2.67(세계 223위)
기대수명: 78.58세(세계 51위)
민족구성: 바레인 인 46%, 아시아계 45.5%, 기타 아랍계 4.7%, 아프리카계 1.6%, 유럽계 1%, 기타 1.2%
종교: 이슬람교 70%, 그리스도교 14.5%, 힌두교 6.8%, 불교 2.5%, 유대교 0.6%, 기타 토착종교
언어: 아랍 어, 영어, 파르시 어, 우르두 어
문해율: 94.6%
정부형태: 입헌군주제
수도: 마나마(Manama)
건국: 1971년 8월 15일(영국으로부터 독립)
1인당 GDP: $29,800(세계 49위)
고용: 농업 1%, 제조업 79%, 서비스업 20%
통화: 바레인디나르(BHD)

방글라데시(Bangladesh)

정식 명칭: 방글라데시인민공화국(People's Republic of Bangladesh)
위치: 벵골만에 연하며 미얀마와 인도 사이에 위치한 남아시아 국가
면적: 143,998km²(세계 95위)
기후: 열대기후로 겨울(10월~이듬해 3월)은 온화하고 여름(3~6월)은 고온다습하며, 우기인 6~10월은 고온다습하고 강수량이 많음.
지형: 대부분 충적평야로, 남동부에는 구릉지 형성
인구: 166,280,712명(세계 9위)
인구증가율: 1.6%(세계 77위)
출산율(인구 1,000명당): 21.61(세계 76위)
사망률(인구 1,000명당): 5.64(세계 175위)
기대수명: 70.65세(세계 149위)
민족구성: 벵갈 인 98%, 기타 2%(토착 부족, 비벵갈계 이슬람교도 등)
종교: 이슬람교 89.6%, 힌두교 9.6%, 기타 0.9%
언어: 방글라 어(공용어, 벵갈 어로도 불림), 영어
문해율: 57.7%
정부형태: 의회민주제
수도: 다카(Dhaka)
건국: 1971년 12월 16일(서파키스탄에서 분리독립)
1인당 GDP: $2,100(세계 194위)
고용: 농업 47%, 제조업 13%, 서비스업 40%
통화: 타카(BDT)

바베이도스(Barbados)

정식 명칭: 바베이도스(Barbados)
위치: 베네수엘라 북동쪽 북대서양 해상에 위치한 섬나라
면적: 430km²(세계 202위)
기후: 열대기후, 6~10월은 우기
지형: 비교적 평탄하며, 중부 고원지대는 상대적으로 고도가 높음.
인구: 289,680명(세계 181위)
인구증가율: 0.33%(세계 169위)
출산율(인구 1,000명당): 11.97(세계 166위)
사망률(인구 1,000명당): 8.41(세계 83위)
기대수명: 74.99세(세계 102위)
민족구성: 흑인 92.4%, 백인 2.7%, 혼혈 3.1%, 동인도계 1.3%, 기타 0.2%, 미분류 0.2%
종교: 개신교 66.3%(성공회 23.9%, 오순절교회 19.5%, 제칠일안식일예수재림교 5.9%, 감리교 4.2%, 웨슬리파교회 3.4%, 나사렛교회 3.2%, 처치오브갓 2.4%, 침례교 1.8%, 모라비아교회 1.2%, 기타 개신교 0.8%), 가톨릭 3.8%, 기타 그리스도교 5.4%(여호와의 증인 2.0%, 기타 3.4%), 래스터패리언(카리브해 지역에서 주로 신봉하는, 에티오피아의 마지막 황제 하일레 셀라시에를 숭배하고 남아메리카 등지의 아프리카인들이 언젠가는 고향인 아프리카로 돌아가리라고 믿는 종교-역주) 1%, 기타 1.5%, 무교 20.6%, 미분류 1.2%
언어: 영어

문해율: 99.7%
정부형태: 의회민주제
수도: 브리지타운(Bridgetown)
건국: 1966년 11월 30일(영국으로부터 독립)
1인당 GDP: $25,100(세계 60위)
고용: 농업 10%, 제조업 15%, 서비스업 75%
통화: 바베이도스달러(BBD)

벨라루스(Belarus)

정식 명칭: 벨라루스공화국(Republic of Belarus)
위치: 동유럽, 폴란드 동부에 인접함.
면적: 207,600km^2(세계 86위)
기후: 겨울은 춥고, 여름은 서늘하며 습도가 높음. 대륙성 기후와 해양성기후가 혼재하는 양상.
지형: 대체로 평탄하며 다수의 호소 분포
인구: 9,608,058명(세계 93위)
인구증가율: −0.19%(세계 213위)
출산율(인구 1,000명당): 10.86(세계 179위)
사망률(인구 1,000명당): 13.51(세계 16위)
기대수명: 72.15세
민족구성: 벨라루스 인 83.7%, 러시아계 8.3%, 폴란드계 3.1%, 우크라이나계 1.7%, 기타 0.9%
종교: 정교회 80%, 기타(가톨릭, 개신교, 유대교, 이슬람교 등) 20%
언어: 벨라루스 어, 러시아 어, 기타
문해율: 99.6%
정부형태: 명목상 공화국, 사실상 독재정치
수도: 민스크(Minsk)
건국: 1991년 8월 25일(구소련에서 독립)
1인당 GDP: $16,100(세계 85위)
고용: 농업 9.4%, 제조업 45.9%, 서비스업 44.7%
통화: 벨라루스루블(BYB/BYR)

벨기에(Belgium)

정식 명칭: 벨기에왕국(Kingdom of Belgium)
위치: 서유럽국가로 북해에 연하며, 프랑스와 네덜란드 사이에 위치함.
면적: 30,528km^2(세계 141위)
기후: 온대기후로 겨울은 온난하며 여름에는 강수량이 많고 일조량이 적으며 습함.
지형: 북부에는 해안평야, 중부에는 완만한 구릉지가 발달하였으며, 남동부의 아르덴 삼림지대에는 산악지형이 형성됨.
인구: 10,449,361
인구증가율: 0.05%(세계 188위)
출산율(인구 1,000명당): 9.99(세계 193위)
사망률(인구 1,000명당): 10.76(세계 38위)
기대수명: 79.92세(세계 36위)
민족구성: 플라망 인 58%, 왈룬 인 31%, 혼혈 및 기타 11%
종교: 가톨릭 75%, 기타(개신교 포함) 25%
언어: 네덜란드 어(공용어) 60%, 프랑스 어(공용어) 40%, 독일어(공용어) 1% 미만, 2개 언어(독일어 및 프랑스어 병용)
문해율: 99%
정부형태: 입헌군주제하 연방의회민주제
수도: 브뤼셀(Brussels)
건국: 1830년 10월 4일(네덜란드에서 가톨릭계 주 일부가 독립 선언), 1831년 7월 21일(국왕 레오폴트 1세 즉위)
1인당 GDP: $37,800(세계 32위)
고용: 농업 2%, 제조업 25%, 서비스업 73%
통화: 유로(EUR)

벨리즈(Belize)

정식 명칭: 벨리즈(Belize)
위치: 카리브해에 연하며 과테말라와 멕시코 사이에 위치한 중앙아메리카국가
면적: 22,966km^2(세계 152위)
기후: 열대; 고온다습하며 5~11월은 우기, 2~5월은 건기임.
지형: 해안지대는 평탄하고 늪지대가 많으며, 남부는 완만한 산지가 발달함.
인구: 340,844명(세계 178위)
인구증가율: 1.92%(세계 58위)

출산율(인구 1,000명당): 25.14(세계 55위)
사망률(인구 1,000명당): 5.95(세계 167위)
기대수명: 68.49세(세계 160위)
민족구성: 메스티소 48.7%, 크레올 24.9%, 마야 인 10.6%, 가리푸나 6.1%, 기타 9.7%
종교: 가톨릭 39.3%, 오순절교회 8.3%, 성공회 4.5%, 제7일안식일교회 5.3%, 메논파 3.7%, 감리교 2.8%, 나사렛교회 2.8%, 여호와의 증인 1.6%, 기타 3.1%, 무교 15.2%
언어: 에스파냐 어 46%, 크레올 어 32.9%, 마야 방언 8.9%, 영어(공용어) 3.9%, 가리푸나 어(카리브 어) 3.4%, 독일어 3.3%, 기타 1.4%, 미확인 0.2%
문해율: 76.9%
정부형태: 의회민주주의
수도: 벨모판(Belmopan)
건국: 1981년 9월 21일(영국으로부터 독립)
1인당 GDP: $8,800(세계 126위)
고용: 농업 10.2%, 제조업 18.1%, 서비스업 71.7%
통화: 벨리즈달러(BZD)

베냉(Benin)

정식 명칭: 베냉공화국(Republic of Benin)
위치: 베냉만에 연하며 나이지리아와 토고 사이에 위치한 서아프리카 국가
면적: 112,622km²(세계 102위)
기후: 열대기후로 남부는 고온다습하며 북부는 반건조기후임.
지형: 대부분 평탄하거나 완만한 기복이 있는 평야지형이며, 일부 구릉지대 및 고도가 낮은 산지도 분포함.
인구: 10,160,556명(세계 88위)
인구증가율: 2.81%(세계 17위)
출산율(인구 1,000명당): 36.51(세계 20위)
사망률(인구 1,000명당): 8.39(세계 84위)
기대수명: 61.07세(세계 191위)
민족구성: 폰 족 및 관련 부족 39.2%, 아자 족 및 관련 부족 15.2%, 요루바 족 및 관련 부족 12.3%, 바리바 족 및 관련 부족 9.2%, 풀라 족 및 관련 부족 7%, 오타마리 족 및 관련 부족 6.1%, 요아록파 족 및 관련 부족 4%, 덴디 족 및 관련 부족 2.5%, 기타 1.6%(유럽계 포함), 미분류 2.9%
종교: 그리스도교 42.8%(가톨릭 27.1%, 셀레셜처치오브크라이스트(Celestial Church of Christ: 아프리카에서 시작된 그리스도교의 분파-역주) 5%, 감리교 3.2%, 기타 개신교 2.2%, 기타 5.3%), 이슬람교 24.4%, 부두교 17.3%, 기타 15.5%
언어: 프랑스 어(공용어), 폰 어 및 요루바 어(남부지방에서 가장 널리 쓰이는 토착어), 부족언어(북부지방에서 최소 6개의 주요 부족언어가 사용됨)
문해율: 42.2%
정부형태: 공화국
수도: 포르토노보(Porto-Novo)
건국: 1960년 8월 1일(프랑스로부터 독립)
1인당 GDP: $1,600(세계 202위)
고용: 상세불명
통화: CFA프랑(XOF)

부탄(Bhutan)

정식 명칭: 부탄왕국(Kingdom of Bhutan)
위치: 남아시아의 중국과 인도 사이에 위치함.
면적: 38,394km²(세계 137위)
기후: 남부 평야지대의 열대기후, 겨울은 서늘하고 여름은 무더운 중부 협곡분지, 대단히 추운 겨울과 서늘한 여름기후를 가진 히말라야 일대 등 다양한 기후가 나타남.
지형: 대부분 산악지대이며, 일부 비옥한 분지 및 사바나 지형 분포
인구: 743,643명(세계 166위)
인구증가율: 1.13%(세계 106위)
출산율(인구 1,000명당): 18.12(세계 106위)
사망률(인구 1,000명당): 6.78(세계 141위)
기대수명: 68.98세(세계 157위)
민족구성: 보테 족 50%, 네팔 인 35%(로참파 족 등), 토착 또는 이주 부족집단 15%
종교: 라마불교 75.3%, 인도 및 네팔계 힌두교 22.1%, 기

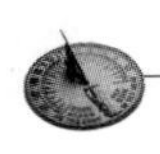

타 2.6%

언어: 종카 어(공용어). 보테 족은 다양한 티벳 방언을, 네팔계는 다양한 네팔 어 방언을 구사함.

문해율: 52.8%

정부형태: 전제군주제에서 입헌군주제로 전환되는 과도기상에 있으며, 인도와의 외교적 관계가 긴밀함.

수도: 팀푸(Thimphu)

건국: 1907(세습군주정하에 최초의 통일국가 수립)

1인당 GDP: $7,000(세계 142위)

고용: 농업 62%, 제조업 19%, 서비스업 19%

통화: 눌트룸(BTN); 인도루피(INR)

볼리비아(Bolivia)

정식 명칭: 볼리비아공화국(Republic of Bolivia)

위치: 브라질 남쪽에 인접한 중앙아메리카 국가

면적: 1,098,581km²(세계 28위)

기후: 고도에 따라 열대, 냉대, 반건조 등 다양한 기후패턴이 관찰됨.

지형: 험준한 안데스산지 및 해발고도가 높은 고원지대(알티플라노고원)와 구릉지, 아마존 저지대로 구성됨.

인구: 10,631,486명(세계 82위)

인구증가율: 1.6%(세계 76위)

출산율(인구 1,000명당): 28.23(세계 70위)

사망률(인구 1,000명당): 6.59(세계 146위)

기대수명: 68.55세(세계 159위)

민족구성: 케추아 인 30%, 메스티소(백인과 아메리카 원주민 혼혈) 30%, 아이마라 인 25%, 백인 15%

종교: 가톨릭 95%, 개신교(복음주의감리교) 5%

언어: 에스파냐 어 60.7%(공용어), 케추아 어 21.2%(공용어), 아이마라 어 14.6%(공용어), 외국어 2.4%, 기타 1.2%

문해율: 91.2%

정부형태: 공화국

수도: 라파스(La Paz), 수크레(Sucre)

건국: 1825년 8월 6일(에스파냐로부터 독립)

1인당 GDP: $5,500(세계 156위)

고용: 농업 32%, 제조업 20%, 서비스업 48%

통화: 볼리비아노(BOB)

보스니아헤르체고비나(Bosnia and Herzegovina)

정식 명칭: 보스니아헤르체고비나(Bosnia and Herzegovina)

위치: 유럽 남동부에 위치하며 아드리아해, 크로아티아에 인접함.

면적: 51,197km²(세계 129위)

기후: 여름은 무덥고 겨울은 추움. 해발고도가 높은 지대는 여름이 짧고 서늘하며 겨울은 추위가 극심함. 해안지대의 겨울은 온난하고 강수량이 많음.

지형: 산악 및 계곡 발달

인구: 3,817,643명(세계 129위)

인구증가율: −0.11%(세계 207위)

출산율(인구 1,000명당): 8.89(세계 211위)

사망률(인구 1,000명당): 9.64(세계 55위)

기대수명: 76.33세(세계 84위)

민족구성: 보스니아계 48%, 세르비아계 37.1%, 크로아티아계 14.3%, 기타 0.6%

종교: 이슬람교 40%, 정교회 31%, 가톨릭 15%, 기타 14%

언어: 보스니아 어, 크로아티아 어, 세르비아 어

문해율: 98%

정부형태: 연방제 민주공화국

수도: 사라예보(Sarajevo)

건국: 1992년 3월 1일(유고슬라비아로부터의 독립을 묻는 국민투표가 종료된 날로, 이를 토대로 동년 3월 3일에 독립 선언이 이루어짐)

1인당 GDP: $8,300(세계 130위)

고용: 상세불명

통화: 보스니아마르카(BAM)

보츠와나(Botswana)

정식 명칭: 보츠와나공화국(Republic of Botswana)

위치: 남아프리카에 위치하며 남아프리카공화국에 북쪽으로 인접함.

면적: 581,730km²

기후: 반건조기후로 겨울은 온난하며 여름은 무더움.

지형: 대체로 평탄하거나 기복이 완만한 고원지대이며, 남서부에는 칼리하리사막이 분포함.
인구: 2,155,784명(세계 145위)
인구증가율: 1.26%(세계 92위)
출산율(인구 1,000명당): 21.34(세계 77위)
사망률(인구 1,000명당): 13.32(세계 17위)
기대수명: 54.06세(세계 210위)
민족구성: 츠와나 족(세츠와나 족) 79%, 칼랑가 족 11%, 바사와라 족 3%, 기타(칼라가디 족 및 백인) 7%
종교: 그리스도교 71.6%, 바디모(일종의 정령숭배) 6%, 기타 1.4%, 미분류 0.4%, 무교 20.6%
언어: 세츠와나 어 78.2%, 칼랑가 족 7.9%, 세크갈라가디 어 2.8%, 영어 2.1%(공용어), 기타 8.6%, 미분류 0.4%
문해율: 85.1%
정부형태: 내각제 공화국
수도: 가보로네(Gaborone)
건국: 1966년 9월 30일(영국으로부터 독립)
1인당 GDP: $16,400(세계 82위)
고용: 상세불명
통화: 풀라(BWP)

브라질(Brazil)

정식 명칭: 브라질연방공화국(Federative Republic of Brazil)
위치: 남아메리카 동부, 대서양에 연함.
면적: 8,514,877km^2(세계 5위)
기후: 대부분 열대기후이나, 남부지방에는 온대기후도 나타남.
지형: 북부지방은 대체로 평탄하거나 완만한 기복이 있는 저지대이며, 해안지대에는 평원, 구릉, 산지가 분포하기도 함.
인구: 202,656,788명(세계 6위)
인구증가율: 0.8%(세계 137위)
출산율(인구 1,000명당): 14.72(세계 134위)
사망률(인구 1,000명당): 6.54(세계 149위)
기대수명: 73.28세(세계 126위)
민족구성: 백인 47.7%, 물라토(백인과 흑인의 혼혈) 43.1%, 흑인 7.6%, 아시아계 1.1%, 토착민족 0.4%
종교: 가톨릭 65%, 개신교 22.2%, 기타 그리스도교 0.7%, 심령신앙 2.2%, 기타 1.8%, 미확인 0.4%, 무교 8%
언어: 포르투갈 어(공용어로 가장 널리 사용됨), 에스파냐어(접경지대 및 학교에서 널리 사용됨), 독일어, 이탈리아 어, 일본어 영어, 기타 다수의 아메리카 원주민 언어
문해율: 88.6%
정부형태: 연방공화국
수도: 브라질리아(Brasilia)
건국: 1822년 9월 7일(포르투갈로부터 독립)
1인당 GDP: $12,100(세계 105위)
고용: 농업 15.7%, 제조업 13.3%, 서비스업 71%
통화: 레알(BRL)

브루나이(Brunei)

정식 명칭: 브루나이왕국(Brunei Darussalam)
위치: 동남아시아에 위치. 남중국해 및 말레이시아에 인접함.
면적: 5,765km^2(세계 173위)
기후: 고온다습하고 강수량이 많은 열대기후
지형: 해안평야와 동부 산악지형, 서부의 구릉성 저지대로 구성
인구: 422,675명
인구증가율: 1.65%(세계 74위)
출산율(인구 1,000명당): 17.49(세계 107위)
사망률(인구 1,000명당): 3.47(세계 217위)
기대수명: 76.77세(세계 74위)
민족구성: 말레이계 65.7%, 중국계 10.3%, 토착민 3.4%, 기타 20.6%
종교: 이슬람교(공식 종교) 78.8%, 불교 7.8%, 그리스도교 8.7%, 기타(토착신앙 포함) 4.7%
언어: 말레이 어(공용어), 영어, 중국어
문해율: 95.4%
정부형태: 입헌군주제
수도: 반다르스리브가완(Bandar Seri Begawan)
건국: 1984년 1월 1일(영국으로부터 독립)
1인당 GDP: $54,800(세계 11위)

고용: 농업 4.2%, 제조업 62.8%, 서비스업 33%

통화: 브루나이달러(BND)

불가리아(Bulgaria)

정식 명칭: 불가리아공화국(Republic of Bulgaria)

위치: 동유럽 남부의 국가로 루마니아와 터키 사이에 위치하며, 흑해에 연함.

면적: 110,879km^2(세계 105위)

기후: 온대기후로 겨울은 한랭다습하며 여름은 고온건조함.

지형: 산악지형이 현저하며, 북부와 남동부에는 저지대가 분포함.

인구: 6,924,716명(세계 103위)

인구증가율: −0.83%(세계 229위)

출산율(인구 1,000명당): 8.92(세계 210위)

사망률(인구 1,000명당): 14.3(세계 6위)

기대수명: 74.33세(세계 112위)

민족구성: 불가리아 인 76.9%, 터키계 8%, 집시 4.4%, 기타 0.7%(러시아계, 아르메니아계, 타타르계 등), 기타 10%

종교: 정교회 59.4%, 이슬람교 7.8%, 기타(가톨릭, 개신교, 아르메니아정교 등) 1.7%, 무교 3.7%, 미확인 27.4%

언어: 불가리아 어 76.8%, 터키 어 8.2%, 집시 어 3.8%, 기타 및 미분류 11.5%

문해율: 98.2%

정부형태: 의회민주제

수도: 소피아(Sofia)

건국: 1878년 3월 3일(오스만제국의 자치령으로 지정), 1908년 9월 22일(오스만제국으로부터 완전 독립)

1인당 GDP: $14,400(세계 93위)

고용: 농업 7.1%, 제조업 35.2%, 서비스업 57.7%

통화: 레바(BGN)

부르키나파소(Burkina Faso)

정식 명칭: 부르키나파소(Burkina Faso)

위치: 서아프리카국가로 가나 북쪽에 위치함.

면적: 274,200km^2(세계 75위)

기후: 열대 기후. 여름은 고온건조하며, 여름은 고온습윤함.

지형: 평탄하거나 완만한 기복을 이루는 불연속적으로 분포하는 평야지형이 현저하게 나타나며, 서부와 남동부에는 구릉지가 분포함.

인구: 18,365,123명(세계 60위)

인구증가율: 3.05%(세계 11위)

출산율(인구 1,000명당): 42.42(세계 5위)

사망률(인구 1,000명당): 11.96(세계 27위)

기대수명: 54.78세(세계 207위)

민족구성: 모시 족 40% 이상, 기타 약 60%(구룬시 족, 세누포 족, 로비 족, 보보 족, 만데 족, 풀라니 족 등)

종교: 이슬람교 60.5%, 가톨릭 19%, 애니미즘 15.3%, 개신교 4.2%, 기타 0.6%, 무교 0.4%

언어: 프랑스 어(공용어), 아프리카계 토착어(수단 어족에 속하며 인구의 90%가 사용함)

문해율: 28.7%

정부형태: 내각제 공화국

수도: 와가두구(Ouagadougou)

건국: 1960년 8월 5일(프랑스로부터 독립)

1인당 GDP: $1,500(세계 203위)

고용: 농업 90%, 제조업 및 서비스업 10%

통화: CFA프랑(XOF)

부룬디(Burundi)

정식 명칭: 부룬디공화국(Republic of Burundi)

위치: 중앙아프리카 국가로, 콩고민주공화국 동쪽에 인접함.

면적: 27,830km^2(세계 147위)

기후: 적도기후의 특성이 우세하며, 고도의 편차가 심한 고원지형(해발 772~2,670m)의 영향도 받음. 연평균 기온은 고도에 따라 17~23℃ 정도이나, 국토의 평균고도가 1,700m인 만큼 대체로 온화한 편임. 연평균 강수량은 1,500mm 정도이며, 2~5월 및 9~11월은 우기, 6~8월 및 12월~이듬해 1월은 건기임.

지형: 구릉 및 산지가 발달하였으며, 동부에는 고원 및 일

부 평지 발달

인구: 10,395,931명(세계 86위)

인구증가율: 3.28%(세계 8위)

출산율(인구 1,000명당): 42.33(세계 6위)

사망률(인구 1,000명당): 9.54(세계 56위)

기대수명: 59.55세(세계 196위)

민족구성: 후투 족(반투계) 85%, 투치 족(함계) 14%, 트와 족(피그미) 1%, 유럽계 3,000명, 남아시아계 2,000명

종교: 가톨릭 62.1%, 개신교 23.9%, 이슬람교 2.5%, 기타 3.6%, 미분류 7.9%

언어: 키룬디 어(공용어), 프랑스 어(공용어), 스와힐리 어(탕가니카 호 연안 및 부줌부라 지역에서 주로 사용됨)

문해율: 67.2%

정부형태: 공화국

수도: 부줌부라(Bujumbura)

건국: 1962년 7월 1일(벨기에 주관의 UN 신탁통치 후 독립)

1인당 GDP: $600(세계 225위)

고용: 농업 93.6%, 제조업 2.3%, 서비스업 4.1%

통화: 부룬디프랑(BIF)

캄보디아(Cambodia)

정식 명칭: 캄보디아왕국(Kingdom of Cambodia)

위치: 타일랜드만에 연하고 타일랜드, 베트남, 라오스에 둘러싸인 동남아시아국가

면적: 181,035km²(세계 90위)

기후: 열대기후로 강수량이 많으며, 우기(5~10월)와 건기(11월~이듬해 4월)로 구분됨. 계절에 따른 기온차는 미미함.

지형: 대부분 낮고 평탄한 평야지대로, 남서부와 북부에는 산악지대가 분포함.

인구: 15,458,332명(세계 69위)

인구증가율: 1.63%(세계 75위)

출산율(인구 1,000명당): 24.4(세계 75위)

사망률(인구 1,000명당): 7.78(세계 60위)

기대수명: 63.78세(세계 179위)

민족구성: 크메르 인 90%, 베트남계 5%, 중국계 1%, 기타 4%

종교: 불교 95%, 이슬람교 1.9%, 그리스도교 0.4%, 기타 0.8%

언어: 크메르 어(공용어) 95%, 프랑스 어, 영어

문해율: 73.9%

정부형태: 입헌군주제하 다당제민주정

수도: 프놈펜(Phnom Penh)

건국: 1953년 11월 9일(프랑스로부터 독립)

1인당 GDP: $2,600(세계 183위)

고용: 농업 55%, 제조업 16.9%, 서비스업 27.3%

통화: 리엘(KHR)

카메룬(Cameroon)

정식 명칭: 카메룬공화국(Republic of Cameroon)

위치: 적도기니, 비아프라, 나이지리아에 인접한 서아프리카국가

면적: 475,440km²(세계 54위)

기후: 해안지대의 열대기후에서 북부의 반건조기후까지 지형에 따라 다양한 양상이 나타남.

지형: 남서부의 해안평야, 중부의 불연속적 고원지대, 서부의 산악지대, 북부의 평야 등 다양한 지형이 나타남.

인구: 23,130,708명(세계 54위)

인구증가율: 2.6%(세계 26위)

출산율(인구 1,000명당): 36.58(세계 19위)

사망률(인구 1,000명당): 10.4(세계 41위)

기대수명: 57.35세(세계 202위)

민족구성: 카메룬 인 31%, 적도반투 족 19%, 키르디 족 11%, 풀라니 족 10%, 북서반투 족 8%, 동부니그리틱 족 7%, 기타 아프리카계 13%, 비아프리카계 1% 미만

종교: 토착신앙 40%, 그리스도교 40%, 이슬람교 20%

언어: 24개의 주요 아프리카 어군, 영어(공용어), 프랑스 어(공용어)

문해율: 71.3%

정부형태: 다당제 및 대통령제에 토대한 공화국

수도: 야운데(Yaounde)

건국: 1960년 1월 1일(프랑스 주관의 UN 신탁통치후 독립)

1인당 GDP: $2,400(세계 188위)
고용: 농업 70%, 제조업 13%, 서비스업 17%
통화: CFA프랑(XAF)

캐나다(Canada)

정식 명칭: 캐나다(Canada)
위치: 북아메리카 북부. 동안 지역은 북대서양에, 서안 지역은 북태평양에 연하며, 미국 본토의 북부에 인접함.
면적: 9,984,670km²(세계 2위)
기후: 남부의 온대기후에서 북부의 아극기후 및 극기후에 이르는 다양한 기후패턴이 나타남.
지형: 대부분 평야지대로, 서부에는 산악지형, 남동부에는 저지대 분포
인구: 34,834,841명(세계 38위)
인구증가율: 0.76%(세계 144위)
출산율(인구 1,000명당): 10.29(세계 188위)
사망률(인구 1,000명당): 8.31(세계 90위)
기대수명: 81.67세(세계 14위)
민족구성: 캐나다 인(본인이 유럽계의 후손이 아닌 캐나다인으로서의 정체성을 가진 백인계 캐나다 인) 32.2%, 영국계 19.8%, 프랑스계 15.5%, 스코틀랜드계 14.4%, 아일랜드계 13.8%, 독일계 9.8%, 이탈리아계 4.5%, 중국계 4.5%, 북아메리카 원주민 4.2%
종교: 가톨릭 38.9%%, 정교회 1.6%, 개신교 20.3%(캐나다연합교회 6.1%,성공회 5%, 침례교 2.4%, 루터파 개신교 2%), 기타 그리스도교 6.3%, 이슬람교 3.2%, 힌두교 1.5%, 시크교 1.4%, 불교 1.1%, 유대교 1%, 기타 0.6%, 무교 23.9%
언어: 영어(공용어) 58.7%, 프랑스 어(공용어) 22%, 펀자브어 1.4%, 이탈리아 어 1.3%, 에스파냐 어 1.3%, 독일어 1.3%, 광둥 어 1.2%, 타갈로그 어 1.2%, 아랍 어 1.1%, 기타 10.5%
문해율: 99%
정부형태: 입헌군주제, 의회민주제, 연방제
수도: 오타와(Ottawa)
건국: 1867년 7월 1일(영국령 북아메리카식민지 연합). 1931년 11월 11일(영국으로부터 독립 승인)
1인당 GDP: $43,100(세계 18위)
고용: 농업 2%, 제조업 13%, 건설업 6%, 서비스업 76%, 기타 3%
통화: 캐나다달러(CAD)

카보베르데(Cape Verde)

정식 명칭: 카보베르데공화국(Republic of Cape Verde)
위치: 세네갈 서쪽에 위치한, 북대서양상의 여러 섬들로 구성된 서아프리카국가
면적: 4,033km²(세계 176위)
기후: 온대기후. 여름은 고온건조하며, 강수량은 적고 매우 불규칙함.
지형: 경사가 가파르고 험준하며, 암석 및 화산지형이 우세함.
인구: 538,535명(세계 173위)
인구증가율: 1.39%(세계 87위)
출산율(인구 1,000명당): 20.72(세계 82위)
사망률(인구 1,000명당): 6.17(세계 160위)
기대수명: 71.57세(세계 145위)
민족구성: 크레올(물라토) 71%, 아프리카계 28%, 유럽계 1%
종교: 가톨릭(토착신앙과 융합), 개신교(대부분 나사렛교회)
언어: 포르투갈 어, 크리울로 어(포르투갈 어와 서아프리카 토착어가 혼합되어 형성된 언어)
문해율: 84.9%
정부형태: 공화국
수도: 프라이아(Praia)
건국: 1975년 7월 5일(포르투갈에서 독립)
1인당 GDP: $4,400(세계 167위)
고용: 상세불명
통화: 키보베르데에스쿠도(CVE)

중앙아프리카공화국(Central African Republic)

정식 명칭: 중앙아프리카공화국(Central African Republic)
위치: 콩고민주공화국 북쪽에 인접한 중앙아프리카국가

면적: 622,984km²(세계 45위)
기후: 열대기후. 겨울은 고온건조하며, 여름은 고온다습함.
지형: 단조롭고 일부 기복이 있는 광대한 고원지형으로, 북동부와 남서부에는 구릉지대가 산재함.
인구: 5,277,959명(세계 118위)
인구증가율: 2.13%(세계 46위)
출산율(인구 1,000명당): 35.45(세계 23위)
사망률(인구 1,000명당): 14.11(세계 8위)
기대수명: 51.35세(세계 218위)
민족구성: 바야 족 33%, 반다 족 27%, 만디야 족 13%, 사라 족 10%, 음붐 족 7%, 음바카 족 4%, 야코마 족 4%, 기타 2%
종교: 토착신앙 35%, 개신교 25%, 가톨릭 25%, 이슬람교 15%
언어: 프랑스 어(공용어), 상호어(링구아프랑카, 국어), 부족언어
문해율: 56.6%
정부형태: 공화국
수도: 방기(Bangui)
건국: 1960년 8월 13일(프랑스로부터 독립)
1인당 GDP: $700(세계 224위)
고용: 상세불명
통화: CFA프랑(XAF)

차드(Chad)

정식 명칭: 차드공화국(Republic of Chad)
위치: 리비아에 남쪽으로 인접한 중부 아프리카 국가
면적: 1,284,000km²(세계 21위)
기후: 남부는 열대기후가, 북부에는 사막기후가 나타남.
지형: 중부는 넓고 건조한 평원, 북부는 사막, 북서부는 산지, 남부는 저지대임.
인구: 11,412,107명(세계 77위)
인구증가율: 1.92%(세계 59위)
출산율(인구 1,000명당): 37.29(세계 16위)
사망률(인구 1,000명당): 14.56(세계 4위)
기대수명: 49.44세(세계 223위)
민족구성: 사라 족 27.7%, 아랍계 12.3%, 마요케비 족 11.5%, 카넴보르누 족 9%, 우와다이 족 8.7%, 하댜라이 족 6.7%, 탄드질레 족 6.5%, 고라네 족 6.3%, 피트리바타 족 4.7%, 기타 6.4%, 미확인 0.3%
종교: 이슬람교 53.1%, 가톨릭 20.1%, 개신교 14.2%, 애니미즘 7.3%, 기타 0.5%, 미확인 1.7%, 무신론 3.1%
언어: 프랑스 어(공용어), 아랍 어(공용어), 사라 어(남부), 기타 120개 이상의 소수언어와 방언
문해율: 35.4%
정부형태: 공화국
수도: 은자메나(N'Djamena)
건국: 1960년 8월 11일(프랑스로부터 독립)
1인당 GDP: $2,500(세계 184위)
고용: 농업 80%,제조업 및 서비스업 20%
통화: CFA프랑(XAF)

칠레(Chile)

정식 명칭: 칠레공화국(Republic of Chile)
위치: 남태평양에 연하고 아르헨티나와 페루 사이에 위치한 남아메리카 남부의 국가
면적: 756,102km²(세계 38위)
기후: 온대기후. 북부에는 사막이 분포하고, 중부에는 지중해성 기후가 나타나며, 남부는 냉량하고 습함.
지형: 해안지대에는 고도가 낮은 산지가, 중부에는 비옥한 분지가 분포하며, 동부는 험준한 안데스 산지임,
인구: 17,363,894명(세계 65위)
인구증가율: 0.84%(세계 131위)
출산율(인구 1,000명당): 13.97(세계 140위)
사망률(인구 1,000명당): 5.93(세계 170위)
기대수명: 78.44세(세계 52위)
민족구성: 백인 및 비토착계 88.9%, 마푸체 인 9.1%, 아이마라 인 0.7%, 기타 토착민 1%, 미분류 0.3%%
종교: 가톨릭 66.7%, 복음주의 개신교 16.4%, 여호와의 증인 1%, 기타 3.4%, 무교 11.5%, 미분류 1.1%
언어: 에스파냐 어(공용어), 마푸체 어, 독일어, 영어
문해율: 98.6%
정부형태: 공화국

수도: 산티아고(Santiago)
건국: 1810년 9월 18일(에스파냐로부터 독립)
1인당 GDP: $19,100(세계 74위)
고용: 농업 13.2%, 제조업 23%, 서비스업 63.9%
통화: 칠레페소(CLP)

중국

정식명칭: 중화인민공화국
위치: 황해, 서한만, 동중국해, 남중국해에 연하며, 북한과 베트남 사이에 위치한 동아시아국가
면적: 9,596,961km²(세계 4위)
기후: 남부 지방에서는 열대 기후가 나타나고 북부 지방에서는 아극 기후가 관찰되는 등, 지역적 편차가 대단히 큼.
지형: 서부 지역은 대부분 산지, 고원, 사막 지형인 반면, 동부에는 평야와 삼각주, 구릉이 발달함.
인구: 1,355,692,576명(세계 1위)
인구증가율: 0.44%(세계 159위)
출산율(인구 1,000명당): 12.17(세계 163위)
사망률(인구 1,000명당): 7.44(세계 163위)
기대수명: 75.15세(세계 100위)
민족구성: 한 족 91.6%, 좡 족 1.3%, 기타(위구르계, 몽골계, 티베트계, 한국계, 만주 족, 후이 족, 먀오 족, 투지아 족, 이 족, 몽골계, 티베트계, 부이 족, 동 족, 야오 족 및 외국계) 7.1%
종교: 도교, 불교, 그리스도교 3~4%, 이슬람교 1~2%
언어: 보통화, 광둥 어, 우어(상하이 일대), 민베이 어(푸저우성), 민난 어(후젠성 및 타이완계), 샹어, 하카 방언, 기타 소수민족 언어
문해율: 95.1%
정부형태: 공산국가
수도: 베이징
건국: 기원전 221년(진시황에 의한 춘추전국시대 통일), 1912년 1월 1일(청왕조의 멸망과 중화민국 건국), 1949년 10월 1일(중화인민공화국 건국)
1인당 GDP: $9,800(세계 120위)
고용: 농업 34.8%, 제조업 29.5%, 서비스업 35.7%
통화: 위안[CNY. '인민폐(RMB)'로도 표기함]

콜롬비아(Colombia)

정식 명칭: 콜롬비아공화국(Republic of Colombia)
위치: 파나마, 베네수엘라, 에콰도르 사이에 위치하며 카리브해와 북태평양에 연한 남아메리카 북부의 국가
면적: 1,138,910km²(세계 26위)
기후: 해안지대 및 동부 평야지대는 열대기후가 나타나며, 고지대는 서늘함.
지형: 해안 지역에는 저지대 발달, 중부지방에는 안데스산맥의 고지대 발달, 동부지역에는 저지대 발달
인구: 46,245,297명(세계 30위)
인구증가율: 1.07%(세계 114위)
출산율(인구 1,000명당): 16.73(세계 117위)
사망률(인구 1,000명당): 5.36(세계 179위)
기대수명: 75.25세
민족구성: 메스티소 58%, 백인 20%, 물라토 14%, 흑인 4%, 흑인계 혼혈 3%, 아메리카 원주민 1%
종교: 가톨릭 90%, 기타 10%
언어: 에스파냐 어
문해율: 93.6%
정부형태: 공화국. 행정부의 권한 및 지배력이 강함.
수도: 보고타(Bogota)
건국: 1810년 7월 20일(에스파냐로부터 독립)
1인당 GDP: $11,100(세계 112위)
고용: 농업 17%, 제조업 21%, 서비스업 62%
통화: 콜롬비아페소(COP)

코모로(Comoros)

정식 명칭: 코모로연방(Union of the Comoros)
위치: 아프리카 남부 모잠비크해협의 북쪽 출구 해상의 제도로, 마다가스카르 북부와 모잠비크 북부 사이의 3분의 2 지점에 위치함.
면적: 2,235km²(세계 180위)
기후: 열대 해양성 기후로, 5~11월은 우기임.
지형: 화산섬으로 내륙지방은 경사가 심한 산지 및 완만한 구릉지 등 다양한 지형이 나타남.

인구: 766,865명(세계 164위)
인구증가율: 1.87%(세계 62위)
출산율(인구 1,000명당): 29.05(세계 44위)
사망률(인구 1,000명당): 7.76(세계 109위)
기대수명: 63.48세(세계 184위)
민족구성: 안탈로테 족, 카프레 족, 마코아 족, 오이마차하 족, 사칼라바 족
종교: 수니파 이슬람교 98%, 가톨릭 2%
언어: 아랍 어(공용어), 프랑스 어(공용어), 시코모로 어(스와힐리 어와 아랍 어가 융합된 언어)
문해율: 75.5%
정부형태: 공화국
수도: 모로니(Moroni)
건국: 1975년 6월 6일(프랑스로부터 독립)
1인당 GDP: $1,300(세계 209위)
고용: 농업 80%, 제조업 및 서비스업 20%
통화: 코모로프랑(KMF)

콩고민주공화국(Democratic Republic of the Congo)

정식 명칭: 콩고민주공화국(Democratic Republic of the Congo)
위치: 앙골라 북동쪽에 인접한 중부 아프리카에 위치
면적: 2,344,858km²(세계 11위)
기후: 열대기후로 적도 인근의 분지는 고온다습하며, 남부의 고원지대는 냉량건조하고 동부 고원지대는 냉량다습함. 적도 이북은 4~10월까지가 우기, 11월~이듬해 2월까지 건기이며, 적도 이남은 11월~이듬해 3월이 우기, 4~10월이 건기임.
지형: 국토 중심부의 거대한 분지는 고도가 낮은 고원상에 형성되어 있으며, 동부에는 산악지형이 분포함.
인구: 77,433,744(세계 20위)
인구증가율: 2.5%(세계 30위)
출산율(인구 1,000명당): 35.62(세계 22위)
사망률(인구 1,000명당): 10.3(세계 44위)
기대수명: 56.54세(세계 203위)
민족구성: 200개 이상의 아프리카 토착민족으로 구성되며, 이 중에서도 반투계가 주류임. 몽고 족, 루바 족, 콩고 족(이상 반투계), 망베투-아잔데 족(함계)가 전 인구의 45% 정도를 차지함.
종교: 가톨릭 50%, 개신교 20%, 킴방구주의(1921년 등장한, 서구 문명과 그리스도교 선교사들을 배척하는 예언적 종교운동-역주) 10%, 이슬람교 10%, 기타(싱크레티즘(이질적인 종교나 문화 등이 혼합된 형태-역주) 및 토착신앙) 10%
언어: 프랑스 어(공용어), 링갈라 어(링구아 프랑카, 비즈니스언어), 킹완 어(스와힐리 어 방언), 키콩고 어, 칠루바 어
문해율: 66.8%
정부형태: 공화국
수도: 킨샤샤(Kinshasa)
건국: 1960년 6월 30일(벨기에로부터 독립)
1인당 GDP: $400(세계 228위)
고용: 상세불명
통화: 콩고프랑(CDF)

콩고공화국(Republic of the Congo)

정식 명칭: 콩고공화국(Republic of the Congo)
위치: 남대서양에 연하며 앙골라, 가봉과 인접한 서아프리카국가
면적: 342,000km²(세계 64위)
기후: 연중 고온다습한 열대기후로, 3~6월은 우기, 7~10월은 건기임. 적도 부근은 대단히 무덥고 불쾌지수가 높음.
지형: 해안평야, 남부 분지, 중부 고원지대, 북부 분지로 구성.
인구: 4,662,446명(세계 125위)
인구증가율: 1.94%(세계 55위)
출산율(인구 1,000명당): 36.59(세계 18위)
사망률(인구 1,000명당): 10.17(세계 47위)
기대수명: 58.52세(세계 198위)
민족구성: 콩고 인 48%, 상하 족 20%, 음보치 족 12%, 테케 족 17%, 유럽계 및 기타 3%
종교: 그리스도교 50%, 애니미즘 48%, 이슬람교 2%

언어: 프랑스 어(공용어), 링갈라 어 및 모노쿠투바 어(링구아 프랑카, 비즈니스언어), 다수의 토착언어 및 지역방언(이 중에서 키콩고 어가 가장 널리 쓰임)
문해율: 83.8%
정부형태: 공화국
수도: 브라자빌(Brazzaville)
건국: 1960년 8월 15일(프랑스로부터 독립)
1인당 GDP: $4,800(세계 162위)
고용: 상세불명
통화: CFA프랑(XAF)

코스타리카(Costa Rica)

정식 명칭: 코스타리카공화국(Republic of Costa Rica)
위치: 카리브해와 북대서양에 연하며 니카라과와 파나마 사이에 위치하는 중앙아메리카국가
면적: 51,100km²(세계 130위)
기후: 열대 및 아열대기후로 12월~이듬해 4월은 건기, 5~11월은 우기이며, 고지대는 상대적으로 냉량함.
지형: 해안평야가 기복이 심한 산지에 의해 단절되는 패턴을 보임. 이러한 산지에는 100개 이상의 분화구가 존재하며 이 중에는 대규모 활화산들도 여럿 분포함.
인구: 4,755,234명(세계 124위)
인구증가율: 1.24%(세계 96위)
출산율(인구 1,000명당): 16.08(세계 123위)
사망률(인구 1,000명당): 4.49(세계 205위)
기대수명: 78.23세(세계 58위)
민족구성: 백인 및 메스티소 83.6%, 물라토 6.7%, 흑인 1.1%, 토착민 2.4%, 기타 1.1%, 미확인 5.1%
종교: 가톨릭 76.3%, 복음주의개신교 13.7%, 여호와의 증인 1.3%, 기타 개신교 0.7%, 기타 4.8%, 무교 3.2%
언어: 에스파냐 어(공용어), 영어
문해율: 96.3%
정부형태: 민주공화제
수도: 산호세(San Jose)
건국: 1821년 9월 15일(에스파냐로부터 독립)
1인당 GDP: $12,900(세계 102위)
고용: 농업 14%, 제조업 22%, 서비스업 64%
통화: 코스타리카콜론(CRC)

코트디부아르(Cote d'Ivoire)

정식 명칭: 코트디부아르공화국(Republic of Cote d'Ivoire)
위치: 가나와 라이베리아 사이에 위치하고 북대서양에 연한 서아프리카국가
면적: 322,463km²(세계 69위)
기후: 해안지대는 열대기후, 최북단 지역에는 반건조기후가 나타남. 세 개의 계절으로 구분되며, 11월~이듬해 3월까지는 온난건조한 계절, 3~5월은 고온건조한 계절, 6~10월은 고온습윤한 계절임.
지형: 평탄하고 경사가 완만한 평야지형이 현저하며, 북서부에는 산악지형이 분포함.
인구: 22,848,945명(세계 55위)
인구증가율: 1.96%(세계 53위)
출산율(인구 1,000명당): 29.25(세계 43위)
사망률(인구 1,000명당): 9.67(세계 54위)
기대수명: 58.01세(세계 200위)
민족구성: 아칸 족 42.1%, 볼타 족(구르 족) 17.6%, 북부만데 족 16.5%, 크루 족 11%, 남부만데 족 10%, 기타 2.8%(레바논계 130,000명 및 프랑스계 14,000명 등)
종교: 이슬람교 38.6%, 그리스도교 32.8%, 토착신앙 11.9%, 무교 16.7%
언어: 프랑스 어(공용어), 60여 개의 지역방언(디울라 어가 가장 널리 사용됨)
문해율: 56.9%
정부형태: 공화국. 1960년에 다당제 대통령제 정부가 수립됨.
수도: 야무수쿠로(Yamoussoukro)
건국: 1960년 8월 7일(프랑스로부터 독립)
1인당 GDP: $1,800(세계 196위)
고용: 농업 68%, 기타 분야 상세불명
통화: CFA프랑(XOF)

크로아티아(Croatia)

정식 명칭: 크로아티아공화국(Republic of Croatia)

위치: 아드리아해에 연하며 보스니아-헤르체고비나 슬로베니아 사이에 위치한 남동유럽국가.

면적: 56,542km^2

기후: 지중해성 및 대륙성기후. 무더운 여름과 추운 겨울을 특징으로 하는 대륙성기후는 내륙지방에서, 온화한 겨울과 건조한 여름을 특징으로 하는 지중해성기후는 해안지역에서 주로 나타남.

지형: 헝가리 접경지대에는 평야지대가 분포하고 아드리아해에 연한 해안지대 및 도서지역에서는 고원 및 고도가 낮은 산지가 분포하는 등 지리적으로 다양한 패턴을 보임.

인구: 4,491,543

인구증가율: -0.043%

출산율(인구 1,000명당): 9.64

사망률(인구 1,000명당): 11.66

기대수명: 75.13세

민족구성: 크로아티아 인 89.6%, 세르비아계 4.5%, 기타 5.9%(보스니아계, 헝가리계, 슬로베니아계, 체코계, 집시 등)

종교: 가톨릭 87.8%, 정교회 4.4%, 기타 그리스도교 0.4%, 이슬람교 1.3%, 기타 미분류 0.9%, 무교 5.2%

언어: 크로아티아 어 96.1%, 세르비아 어 1%, 기타 2.9%(이탈리아 어, 헝가리 어, 체코 어, 슬로바키아 어, 독일어)

문해율: 98.1%

정부형태: 대통령제/의회민주제

수도: 자그레브(Zagreb)

건국일: 1991년 6월 25일(유고슬라비아로부터 분리독립)

1인당 GDP: $15,500

고용: 농업 2.7%, 제조업 32.8%, 서비스업 64.5%

통화: 쿠나(HRK)

쿠바(Cuba)

정식 명칭: 쿠바공화국(Republic of Cuba)

위치: 카리브해에 위치하며 서쪽으로는 북대서양과 인접하고, 미국 플로리다주의 키웨스트(Key West) 남쪽으로 150km 떨어져 있음.

면적: 110,860km^2(세계 106위)

기후: 열대기후로 무역풍의 영향을 강하게 받으며, 11월~이듬해 4월은 건기, 5~10월은 우기.

지형: 대부분 평탄하거나 기복이 작은 평야지대로, 남동부에는 험준한 구릉 및 산악지대가 분포함.

인구: 11,047,251명(세계 78위)

인구증가율: -0.14%(세계 211위)

출산율(인구 1,000명당): 9.9(세계 195위)

사망률(인구 1,000명당): 7.64(세계 113위)

기대수명: 78.22세(세계 59위)

민족구성: 백인 64.1%, 메스티소 26.6%, 흑인 9.1%

종교: 카스트로 정권 수립 이전에는 명목상 가톨릭 신자의 비율이 85%에 달했음. 개신교, 여호와의 증인, 유대교, 주술신앙 등도 존재함.

언어: 에스파냐 어

문해율: 99.8%

정부형태: 공산국가

수도: 아바나(Havana)

건국: 1902년 5월 20일(1898년 12월 10일 에스파냐로부터 독립하였으나, 1898년부터 1902년까지 미국의 신탁통치를 받음)

1인당 GDP: $10,200(세계 117위)

고용: 농업 19.7%, 제조업 17.1%, 서비스업 63.2%

통화: 쿠바페소(CUP), 컨버터블페소(CUC)

키프로스(Cyprus)

정식 명칭: 키프로스공화국(Republic of Cyprus)

위치: 터키 남쪽의 지중해상에 위치한 섬나라

면적: 9,251km^2(세계 171위)

기후: 온대, 지중해성기후(고온건조한 여름과 서늘한 겨울)

지형: 중부에는 평원, 남부와 북부에는 산지가 발달해 있으며, 남부 해안 지역에 산개한 평야들은 국토 이용에서 차지하는 중요성이 높음.

인구: 1,172,458명(세계 161위)

인구증가율: 1.48%(세계 82위)

출산율(인구 1,000명당): 11.44(세계 172위)

사망률(인구 1,000명당): 6.57(세계 148위)
기대수명: 78.34세(세계 54위)
민족구성: 그리스계 77%, 터키계 18%, 기타 5%
종교: 그리스정교 78%, 이슬람교 18%, 기타(아르메니아 정교, 마론파 그리스도교 등) 4%
언어: 그리스 어, 터키 어, 영어
문해율: 98.7%
정부형태: 공화국
수도: 니코시아(Nicosia)
건국: 1960년 8월 16일(영국으로부터 독립). 터키계 키프로스인들은 1975년 2월 13일 자치권을 선언하고 1983년 건국을 선포했지만, 이들의 주장은 오직 터키에 의해서만 승인받았음.
1인당 GDP: $24,500(세계 62위)
고용: 농업 8.5%, 제조업 20.5%, 서비스업 71%
통화: 키프로스파운드(CYP). 2008년 1월 1일 이후 유로(EUR) 통용.

체코공화국(Czech Republic)

정식 명칭:(Czech Republic)
위치: 중부유럽, 독일 남동쪽에 위치
면적: 78,867km²(세계 116위)
기후: 온대기후로 여름은 서늘하며 겨울은 한랭습윤하고 흐린 날이 많음.
지형: 서부의 보헤미아 지역은 완만한 구릉과 평야 및 저산지에 둘러싸인 고원이 분포하며, 동부의 모라비아 지역은 구릉성 지형이 발달함.
인구: 10,627,448명(세계 83위)
인구증가율: 0.17%(세계 182위)
출산율(인구 1,000명당): 9.79(세계 199위)
사망률(인구 1,000명당): 10.29(세계 45위)
기대수명: 78.31세(세계 55위)
민족구성: 체코 인 64.3%, 모라비아 인 5%, 슬로바키아계 1.4%, 기타 및 미확인 27.5%
종교: 가톨릭 10.4%, 개신교 1.1%, 기타 및 미분류 54%, 무교 34.5%
언어: 체코 어 95.4%, 슬로바키아 어 1.6%, 기타 3%
문해율: 99%
정부형태: 의회민주제
수도: 프라하(Prague)
건국: 1993년 1월 1일(체코슬로비키아가 체코공화국과 슬로바키아로 각각 분리독립함)
1인당 GDP: $26,300
고용: 농업 2.6%, 제조업 37.4%, 서비스업 60%
통화: 코루나(CZK)

덴마크(Denmark)

정식 명칭: 덴마크왕국(Kingdom of Denmark)
위치: 발트해와 북해에 둘러싸인 북유럽국가로, 독일에 북쪽으로 인접한 유틀란트반도 및 셸린섬과 퓐섬의 2개 주요 도서로 구성됨.
면적: 43,094km²(세계 134위)
기후: 온대기후로 겨울은 온난습윤하고 바람이 많이 부는 한편 흐린 날이 이어지며, 여름은 서늘함.
지형: 평지 및 완만한 구릉지가 발달함.
인구: 5,569,077명(세계 115위)
인구증가율: 0.22%(세계 178위)
출산율(인구 1,000명당): 10.22(세계 190위)
사망률(인구 1,000명당): 10.23(세계 46위)
기대수명: 79.09세(세계 48위)
민족구성: 스칸디나비아 인, 이누이트 인, 페로스 인, 독일계, 터키계, 이란계, 소말리아계
종교: 루터복음교 80%, 이슬람교 4%, 기타(개신교, 가톨릭 등) 16%,
언어: 덴마크 어, 페로스 어, 그린랜드 어(이누이트 어), 독일어(소수), 영어(제2언어)
문해율: 99%
정부형태: 입헌군주국
수도: 코펜하겐(Copenhagen)
건국: 10세기 연합국가 형태로 최초 건국. 1849년 입헌군주제 선포.
1인당 GDP: $37,800(세계 31위)
고용: 농업 2.6%, 제조업 20.3%, 서비스업 77.1%
통화: 크로네(DKK)

지부티(Djibouti)

정식 명칭: 지부티공화국(Republic of Djibouti)

위치: 아덴만, 홍해에 연하며 소말리아, 에리트리아 사이에 위치한 동아프리카국가

면적: 23,200km²(세계 151위)

기후: 고온건조한 사막기후

지형: 해안에는 평야가 형성되어 있으며, 중부의 산맥에 의해 분절된 고원지형 발달.

인구: 810,179명(세계 163위)

인구증가율: 2.23%(세계 41위)

출산율(인구 1,000명당): 24.08(세계 62위)

사망률(인구 1,000명당): 7.04(세계 106위)

기대수명: 62.4세(세계 187위)

민족구성: 소말리아 인 60%, 아파르 족(Afar) 35%, 기타 5%(프랑스계, 아랍계, 에티오피아계, 이탈리아계 등)

종교: 이슬람교 94%, 그리스도교 6%

언어: 프랑스 어(공용어), 아랍 어(공용어), 소말리아 어, Afar

문해율: 67.9%

정부형태: 공화국

수도: 지부티(Djibouti)

건국: 1977년 6월 22일(프랑스로부터 독립)

1인당 GDP: $2,700(세계 181위)

고용: 상세불명

통화: 지부티프랑(DJF)

도미니카(Dominica)

정식 명칭: 도미니카연방(Commonwealth of Dominica)

위치: 카리브해 및 북대서양에 연한 섬나라로 푸에르토리코와 트리니다드토바고 사이의 중간지점에 위치함.

면적: 751km²(세계 189위)

기후: 열대기후로 북동무역풍의 영향을 받으며, 강수량이 많음.

지형: 기복이 많은 화산지형

인구: 73,449명(세계 202위)

인구증가율: 0.22%(세계 179위)

출산율(인구 1,000명당): 15.53(세계 130위)

사망률(인구 1,000명당): 7.94(세계 102위)

기대수명: 76.59세(세계 77위)

민족구성: 흑인 86.8%, 혼혈 8.9%, 카리브계 아메리카 원주민 2.9%, 백인 0.8%, 기타 0.7%

종교: 가톨릭 61.4%, 제칠일안식교 6%, 오순절교회 5.6%, 장로교 4.1%, 감리교 3.7%, 처치오브갓 1.2%, 여호와의 증인 1.2%, 기타 그리스도교 7.7%, 래스터패리언 1.3%, 미분류 및 기타 1.6%, 무교 6.1%

언어: 영어(공용어), 프랑스계 방언

문해율: 94%

정부형태: 의회민주제

수도: 로조(Roseau)

건국: 1978년 11월 3일(영국으로부터 독립)

1인당 GDP: $14,300(세계 94위)

고용: 농업 40%, 제조업 32%, 서비스업 28%

통화: 동카리브달러(XCD)

도미니카공화국(Dominican Republic)

정식 명칭: 도미니카공화국(Dominican Republic)

위치: 카리브해상의 히스파놀라섬에서도 면적의 3분의 2를 차지하는 동부에 위치하며, 아이티 동쪽에 인접하고 카리브해 및 북대서양에 연함.

면적: 48,670km²(세계 132위)

기후: 열대 해양성기후로, 계절에 따른 기온차는 미미하나 강수량이 상이함.

지형: 고지대와 산악지형 사이로 비옥한 협곡분지가 산재하는 패턴을 보임.

인구: 10,349,741명(세계 87위)

인구증가율: 1.25%(세계 93위)

출산율(인구 1,000명당): 18.97(세계 92위)

사망률(인구 1,000명당): 4.5(세계 204위)

기대수명: 77.8세(세계 62위)

민족구성: 혼혈 73%, 백인 16%, 흑인 11%

종교: 가톨릭 95%, 기타 5%

언어: 에스파냐 어

문해율: 90.1%

정부형태: 민주공화국
수도: 산토도밍고(Santo Domingo)
건국: 1844년 2월 27일(아이티로부터 독립)
1인당 GDP: $9,700(세계 121위)
고용: 농업 14.6%, 제조업 22.3%, 서비스업 63.1%
통화: 도미니카페소(DOP)

에콰도르(Ecuador)

정식 명칭: 에콰도르공화국(Republic of Ecuador)
위치: 서남아메리카. 콜롬비아와 페루 사이에 위치하며, 적도를 따라 태평양과 접함.
면적: 283,561km²(세계 74위)
기후: 해안지대에는 열대기후가 나타나며, 내륙 고원지대는 해발고도의 상승과 더불어 기온이 낮아짐. 내륙 저지대의 아마존 열대우림지역에서도 열대기후가 나타남.
지형: 해안 평야지대(코스타), 중부의 안데스 고원지대(시에라), 아마존 분지의 완만한 저지대(오리엔테)로 크게 구분됨.
인구: 15,654,441명(세계 68위)
인구증가율: 1.37%(세계 88위)
출산율(인구 1,000명당): 18.87(세계 95위)
사망률(인구 1,000명당): 5.04(세계 186위)
기대수명: 76.36세(세계 81위)
민족구성: 메스티소(아메리카 원주민과 백인 혼혈) 71.9%, 몬투비오(Montubio: 에콰도르의 연안이나 산악지대에 거주하는 메스티소를 일컫는 말-역주) 7.4%, 흑인 7.2%, 아메리카 원주민 7%, 백인 6.1%, 기타 0.6%
종교: 가톨릭 95%, 기타 5%
언어: 에스파냐 어(공용어), 아메리카 원주민 언어(주로 케추아 어)
문해율: 91.6%
정부형태: 공화국
수도: 키토(Quito)
건국: 1822년 5월 24일(에스파냐로부터 독립)
1인당 GDP: $10,600(세계 115위)
고용: 농업 27%, 제조업 17.8%, 서비스업 54.4%
통화: 미국달러(USD)

이집트(Egypt)

정식 명칭: 이집트아랍공화국(Arab Republic of Egypt)
위치: 지중해에 연하며 리비아, 가자지구, 홍해 북안의 수단에 인접하고, 아시아측 시나이반도를 포함함.
면적: 1,001,450km²(세계 30위)
기후: 사막기후로 여름은 고온건조하며 겨울은 온난함.
지형: 방대한 사막 및 고원지형으로, 나일강 및 삼각주가 그 중간 부분을 관통함.
인구: 86,895,099명(세계 16위)
인구증가율: 1.84%(세계 64위)
출산율(인구 1,000명당): 23.35(세계 68위)
사망률(인구 1,000명당): 4.77(세계 197위)
기대수명: 73.45세(세계 122위)
민족구성: 이집트 인 99.6%, 기타 0.4%(2006년 인구조사)
종교: 이슬람교(대부분 수니파) 90%, 콥트교 9%, 기타 그리스도교 1%
언어: 아랍 어(공용어), 교육수준이 높은 계층에서는 영어와 프랑스 어도 널리 쓰임
문해율: 73.9%
정부형태: 공화국
수도: 카이로(Cairo)
건국: 1922년 2월 28일(영국으로부터 독립)
1인당 GDP: $6,600(세계 144위)
고용: 농업 29%, 제조업 24%, 서비스업 47%
통화: 이집트파운드(EGP)

엘살바도르(El Salvador)

정식 명칭: 엘살바도르공화국(Republic of El Salvador)
위치: 북태평양에 연하고 과테말라, 온두라스 사이에 위치한 중앙아메리카국가
면적: 21,041km²(세계 153위)
기후: 열대기후로 5~10월은 우기, 11월~이듬해 4월은 건기임. 해안지역은 열대기후의 특성이 강한 반면, 고지

대에서는 온대기후가 나타나기도 함.
지형: 대부분 산악지형으로, 해안에는 좁은 해안평야가, 중부에는 고원지대가 나타남.
인구: 6,125,512명(세계 109위)
인구증가율: 0.27%(세계 174위)
출산율(인구 1,000명당): 16.79(세계 115위)
사망률(인구 1,000명당): 5.67(세계 174위)
기대수명: 74.18세(세계 114위)
민족구성: 메스티소 86.3%, 백인 12.7%, 아메리카 원주민 1%
종교: 가톨릭 57.1%, 개신교 21.2%, 여호와의 증인 1.9%, 모르몬교 0.7%, 기타 2.3%, 무교 16.8%
언어: 에스파냐 어, 나후아 어(일부 아메리카 원주민 집단이 사용)
문해율: 84.5%
정부형태: 공화국
수도: 산살바도르(San Salvador)
건국: 1821년 9월 15일(에스파냐로부터 독립)
1인당 GDP: $7,500(세계 138위)
고용: 농업 21%, 제조업 20%, 서비스업 58%
통화: 미국달러(USD)

적도기니(Equatorial Guinea)

정식 명칭: 적도기니공화국(Republic of Equatorial Guinea)
위치: 비아프라만에 연하며 카메룬과 가봉 사이에 위치한 서아프리카국가
면적: 28,051km²(세계 146위)
기후: 열대기후로 연중 고온다습함.
지형: 해안지대는 평야지형, 내륙지방에는 구릉지대가 발달하였으며, 부속도서는 화산섬임.
인구: 722,254명(세계 167위)
인구증가율: 2.54%(세계 28위)
출산율(인구 1,000명당): 33.83(세계 32위)
사망률(인구 1,000명당): 8.39(세계 85위)
기대수명: 63.49세(세계 183위)
민족구성: 팡 족 85.7%, 부비 족 6.5%, 음도웨 족 3.6%, 안노봉 족 1.6%, 부제바 족 1.1%, 기타 1.4%
종교: 명목상 그리스도교(가톨릭이 주류), 토착신앙
언어: 에스파냐 어 67.6%(공용어), 기타 32.4%[프랑스 어(공용어), 팡 어, 부비 어]
문해율: 94.2%
정부형태: 공화국
수도: 말라보(Malabo)
건국: 1968년 10월 12일(에스파냐로부터 독립)
1인당 GDP: $25,700(세계 58위)
고용: 상세불명
통화: CFA프랑(XAF)

에리트레아(Eritrea)

정식 명칭: 에리트레아국(State of Eritrea)
위치: 지부티와 수단 사이에 위치하며 홍해에 연한 동아프리카국가
면적: 117,600km²(세계 101위)
기후: 홍해 연안에는 고온건조한 사막이 발달함. 내륙지방의 고원지대로 가면서 상대적으로 기온이 떨어지고 습윤한 기후(연강수량 610mm 정도로, 6~9월에 강수량이 가장 많음. 서부 구릉지대 및 저지대에는 반건조 기후가 나타남.
지형: 남북으로 뻗은 에티오피아의 고원지대가 이어진 양상을 보이며, 동부 해안지대로 가면서 지대가 낮아져 해안평야가 형성됨. 북서부는 구릉성 지형, 남서부에는 기복이 작은 평야지형이 분포함.
인구: 6,380,803명(세계 107위)
인구증가율: 2.3%(세계 38위)
출산율(인구 1,000명당): 30.69(세계 41위)
사망률(인구 1,000명당): 7.65(세계 112위)
기대수명: 63.51세(세계 181위)
민족구성: 티크리냐 족 55%, 티그레 족 30%, 쿠나마 족 2%, 라샤이다 족 2%, 사호 족(홍해 연안 거주민족) 4%, 기타 5%
종교: 이슬람교, 콥트교, 가톨릭, 개신교
언어: 아파르 어, 아랍 어, 티그레 어 및 쿠나마 어, 티그리냐 어, 기타 토착어

문해율: 68.9%
정부형태: 과도정부
수도: 아스마라(Asmara)
건국: 1993년 5월 24일(에티오피아로부터 독립)
1인당 GDP: $1,200(세계 212위)
고용: 농업 80%, 제조업 및 서비스업 20%
통화: 낙파(ERN)

에스토니아(Estonia)

정식 명칭: 에스토니아공화국(Republic of Estonia)
위치: 동유럽 국가로 라트비아와 러시아 사이에 위치하며, 발트해와 핀란드만을 연함.
면적: 45,228km^2(세계 133위)
기후: 해양성 기후로 겨울은 온난습윤하며 여름은 서늘함.
지형: 호소가 많은 저지대로, 북부는 평야 지형, 남부는 구릉성 지형이 발달함
인구: 1,257,921명(세계 158위)
인구증가율: −0.68%(세계 228위)
출산율(인구 1,000명당): 10.29(세계 187위)
사망률(인구 1,000명당): 13.69(세계 13위)
기대수명: 74.07세(세계 118위)
민족구성: 에스토니아 인 68.7%, 러시아계 24.8%, 우크라이나계 1.7%, 벨라루스계 1%, 핀란드계 0.6%, 기타 1.6%, 미분류 1.6%
종교: 복음주의 루터교 9.9%, 동방정교회 16.2%, 기타 그리스도교(감리교, 제7일안식일교회, 가톨릭, 오순절교회 등) 2.2%, 미분류 16.7%, 기타 0.9%, 무교 54.1%
언어: 에스토니아 어(공용어) 68.5%, 러시아 어 29.6%, 우크라이나 어 0.6%, 기타 1.2%, 미확인 0.1%
문해율: 99.8%
정부형태: 의회민주제 공화국
수도: 탈린(Tallinn)
건국: 1991년 8월 20일(구소련에서 독립)
1인당 GDP: $22,400(세계 66위)
고용: 농업 4.2%, 제조업 20.2%, 서비스업 75.6%
통화: 크룬(EEK)

에티오피아(Ethiopia)

정식 명칭: 에티오피아연방민주공화국(Federal Democratic Republic of Ethiopia)
위치: 동아프리카, 소말리아 서쪽에 위치.
면적: 1,104,300km^2(세계 27위)
기후: 열대 몬순기후로 지형에 따른 편차가 큼.
지형: 고원 및 국토 중앙부의 산맥이 그레이트리프트밸리에 의해 분단되는 형태
인구: 96,635,458명(세계 14위)
인구증가율: 2.89%(세계 14위)
출산율(인구 1,000명당): 37.66(세계 14위)
사망률(인구 1,000명당): 8.52(세계 78위)
기대수명: 60.75세(세계 193위)
민족구성: 오로모 족 34.5%, 아마라 족 26.9%, 티그라웨이 족 6.1%, 소말리 족 6.2%, 구라지에 족 2.5%, 하디야 족 1.7%, 웰라이타 족 2.3%, 아파르 족 1.7%, 게데오 족 1.3%, 가모 족 1.5%, 기타 11.3%
종교: 에티오피아정교 43.5%, 개신교 18.6%, 이슬람교 33.9%, 토착종교 2.6%, 가톨릭 0.7%, 기타 0.7%
언어: 아마라 어 29.3%, 오로모 어 33.8%, 티그리나 어 5.9%, 소말리 어 6.2%, 울라이트 어 2.2%, 구라지아 어 2%, 시다마 어 4%, 아파르 어 1.7%, 하디그나 어 1.7%, 가모 어 1.5%, 기타 11.78%, 영어(정식 교과목으로 분류된 중요 외국어), 아랍 어
문해율: 39%
정부형태: 연방공화국
수도: 아디스아바바(Addis Ababa)
건국: 아프리카에서 가장 역사가 오랜 독립국으로, 2,000년 이상의 역사를 자랑하는 세계에서 가장 오랫동안 지속된 국가이기도 함.
1인당 GDP: $1,300(세계 211위)
고용: 농업 85%, 제조업 5%, 서비스업 10%
통화: 비르(ETB)

피지(Fiji)

정식 명칭: 피지제도공화국(Republic of the Fiji Islands)
위치: 남태평양에 위치한 오세이니아의 섬나라로, 하와이

와 뉴질랜드 사이의 3분의 2 지점에 위치함.
면적: 18,274km²(세계 157위)
기후: 열대 해양성기후로, 계절에 따른 기후차는 매우 적음
지형: 대부분 화산성 산악지형
인구: 903,207명(세계 162명)
인구증가율: 0.7%(세계 145위)
출산율(인구 1,000명당): 19.86(세계 87위)
사망률(인구 1,000명당): 6(세계 165위)
기대수명: 72.15세(세계 139위)
민족구성: 피지 인 56.8%(멜라네시아계 및 폴리네시아계 선주민들의 혼혈), 인도계 37.5%, 로투만 족 1.2%, 기타 4.5%(유럽계, 기타 태평양 제도 출신, 중국계)
종교: 개신교 45%(감리교 34.6%, 하나님의 성회 5.7%, 제7일안식일교회 3.9%, 성공회 0.8%), 힌두교 27.9%, 기타 그리스도교 10.4%, 가톨릭 9.1%, 이슬람교 6.3% 시크교 0.3%. 기타 0.3%, 무교 0.8%
언어: 영어(공용어), 피지 어(공용어), 힌두스탄 어
문해율: 93.7%
정부형태: 공화국
수도: 수바(Suva)
건국: 1970년 10월 10일(영국으로부터 독립)
1인당 GDP: $4,900(세계 161위)
고용: 농업 70%, 제조업 및 서비스업 30%
통화: 피지달러(FJD)

핀란드(Finland)

정식 명칭: 핀란드공화국(Republic of Finland)
위치: 발트해, 보스니아만, 핀란드만에 연하며 스웨덴과 러시아 사이에 위치한 북유럽국가
면적: 338,145km²(세계 65위)
기후: 냉대 및 온대기후. 위도상 아극기후가 나타날 정도이나, 북대서양 해류와 발트해 및 6만 개 이상의 호수로 인해 위도에 비해 기후는 온난한 편임.
지형: 대부분 평탄한 저지대 및 평야지대로, 고도가 낮은 구릉과 호소들이 곳곳에 분포함.
인구: 5,268,799명(세계 119위)
인구증가율: 0.05%(세계 187위)
출산율(인구 1,000명당): 10.35(세계 186위)
사망률(인구 1,000명당): 10.51(세계 40위)
기대수명: 76.24세(세계 41위)
민족구성: 핀란드 인 93.4%, 스웨덴계 5.6%, 러시아계 0.5%, 에스토니아계 0.3%, 집시 0.1%, 라프 족 0.1%
종교: 루터파 개신교 78.4%, 정교회 1.1%, 기타 그리스도교 1.1%, 기타 0.1%, 무교 15.1%
언어: 핀란드 어 94.2%(공용어), 스웨덴 어 5.5%(공용어), 기타 0.2%(소수의 라프 족 및 러시아 어 사용자)
문해율: 100%
정부형태: 공화국
수도: 헬싱키(Helsinki)
건국: 1917년 12월 6일(러시아로부터 독립)
1인당 GDP: $35,900(세계 37위)
고용: 농업 2.9%, 제조업 25.1%, 서비스업 71.9%
통화: 유로(EUR)

프랑스(France)

정식 명칭: 프랑스공화국(French Republic)
위치: 비스케이만과 영국해협, 지중해에 연하며, 벨기에와 에스파냐, 이탈리아에 인접하고 영국의 남서쪽에 위치한 서유럽국가
면적: 551,500km²(세계 43위)
기후: 일반적으로 겨울은 냉량하고 여름은 온난하나, 지중해 연안 지방은 겨울은 온화하고 여름은 더움. 저온 건조한 북서풍인 미스트랄이 주기적으로 불어옴.
지형: 북부와 서부에는 대체로 평야 및 완경사의 구릉지대 발달. 이 외의 지역, 특히 남부의 피레네산맥과 동부의 알프스산맥 일대는 산악지대임.
인구: 66,259,012명(세계 22위)
인구증가율: 0.45%(세계 158위)
출산율(인구 1,000명당): 12.49(세계 159위)
사망률(인구 1,000명당): 9.06(세계 66위)
기대수명: 81.66세(세계 15위)
민족구성: 켈트계, 라틴계, 튜튼계, 슬라브계, 북아프리카계, 인도차이나계, 소수 바스크계

종교: 가톨릭 83~88%, 개신교 2%, 유대교 1%, 이슬람교 5~10%, 미분류 4%
언어: 프랑스 어 100%, 지역방언(프로방스 어, 브레튼 어, 알사스 어, 코르시카 어, 카탈루냐 어, 바스크 어, 플레밍 어 등)의 색채는 급속히 약화되고 있음
문해율: 99%
정부형태: 공화국
수도: 파리(Paris)
건국: 서기 486년(프랑크 부족들의 연맹 결성), 서기 843년(카롤링거 왕조 프랑크제국에서 서프랑크왕국이 분리독립함)
1인당 GDP: $35,700(세계 38위)
고용: 농업 3.8%, 제조업 24.3%, 서비스업 71.8%
통화: 유로(EUR)

가봉(Gabon)

정식 명칭: 가봉공화국(Gabonese Republic)
위치: 적도를 지나며 대서양에 연하고 콩고와 적도기니 사이에 위치한 서아프리카국가
면적: 267,667km^2(세계 77위)
기후: 열대기후로 연중 고온다습함
지형: 해안지역에는 협소한 평야가 분포하며 내륙지방은 구릉성 지형. 남부와 동부에는 사바나 지형이 분포함.
인구: 1,672,597명(세계 154위)
인구증가율: 1.94%(세계 54위)
출산율(인구 1,000명당): 34.64(세계 27위)
사망률(인구 1,000명당): 13.13(세계 20위)
기대수명: 52.06세(세계 214위)
민족구성: 4개의 주요 부족으로 구성되는 반투계 부족집단(팡 족, 바푸누 족, 은제비 족, 오밤바 족), 기타 아프리카계 및 유럽계 154,000(프랑스계 10,700명 및 이중국적자 11,000명)
종교: 그리스도교 55~75%, 애니미즘, 이슬람교 1% 미만
언어: 프랑스 어(공용어), 팡 어, 미에느 어, 은제비 어, 반자비 어, 바푸누 어 등
문해율: 89%
정부형태: 다당제 및 대통령제에 입각한 공화국
수도: 리브르빌(Libreville)
건국: 1960년 8월 17일(프랑스로부터 독립)
1인당 GDP: $19,200
고용: 농업 60%, 제조업 15%, 서비스업 25%
통화: CFA프랑(XAF)

감비아(The Gambia)

정식 명칭: 감비아공화국(Republic of The Gambia)
위치: 북대서양과 세네갈에 인접한 서아프리카국가
면적: 11,295km^2(세계 167위)
기후: 열대기후로 6~11월은 우기, 11월~이듬해 5월은 건기임.
지형: 감비아강 및 고도가 낮은 구릉으로 형성된 충적평야
인구: 1,925,527명(세계 150위)
인구증가율: 2.724%
출산율(인구 1,000명당): 31.75(세계 37위)
사망률(인구 1,000명당): 7.26(세계 125위)
기대수명: 64.36세(세계 176위)
민족구성: 아프리카 인 99%(만딩카 족 42%, 풀라 족 18%, 월루프 족 16%, 졸라어 10%, 세라훌리어 9%, 기타 4%), 비아프리카계 1%
종교: 이슬람교 90%, 그리스도교 8%, 토착신앙 2%
언어: 영어(공용어), 만딩카 어, 월루프 어, 풀라 어, 기타 토착방언
문해율: 51.1%
정부형태: 공화국
수도: 반줄(Banjul)
건국: 1965년 2월 18일(영국으로부터 독립)
1인당 GDP: $2,000(세계 195위)
고용: 농업 75%, 제조업 19%, 서비스업 6%
통화: 달라시(GMD)

조지아(Georgia)

정식 명칭: 조지아(Georgia)
위치: 터키와 러시아 사이에 위치한 서남아시아 국가로 흑해에 연함.

면적: 69,700km²(세계 121위)

기후: 온난하고 온화하며, 흑해 연안에는 지중해성 기후와 유사한 기후형태가 관찰됨.

지형: 북부지역에는 대카프카스산맥에, 남부에는 소카프카스산맥에 연원하는 산지가 대규모로 발달해 있으며, 서부의 콜히다저지대는 흑해를 향해 개방된 지형으로, 이 저지대의 충적평야는 토양이 비옥함. 동부에는 므츠바리강이 흐름.

인구: 4,935,880명(세계 122위)

인구증가율: −0.11%(세계 206위)

출산율(인구 1,000명당): 12.93(세계 155위)

사망률(인구 1,000명당): 10.77(세계 37위)

기대수명: 75.72세(세계 90위)

민족구성: 조지아 인 83.8%, 아제르바이잔계 6.5%, 아르메니아계 5.7%, 러시아계 1.5%, 기타 2.5%

종교: 정교회 83.9%, 이슬람교 9.9%, 아르메니아/조지아 정교 3.9%, 가톨릭 0.8%, 기타 0.8%, 무교 0.7%

언어: 조지아 어 71%(공용어), 러시아 어 9%, 아르메니아 어 7%, 아제르바이잔 어 6%, 기타 7%

문해율: 100%

정부형태: 공화국

수도: 트빌리시(T'bilisi)

건국: 1991년 4월 9일(구소련에서 독립)

1인당 GDP: $6,100(세계 151위)

고용: 농업 55.6%, 제조업 8.9%, 서비스업 35.5%

통화: 라리(GEL)

독일(Germany)

정식 명칭: 독일연방공화국(Federal Republic of Germany)

위치: 중부 유럽에 위치. 발트해와 북해에 연하며, 네덜란드와 폴란드의 북쪽, 덴마크의 남쪽에 인접함.

면적: 357,022km²(세계 63위)

기후: 온대 해양성기후. 서늘하고 습도가 높으며 흐린 날이 많음. 때때로 산악지대로부터 열풍이 불어오기도 함(푄 현상).

지형: 북부 저지대, 중부 고지대, 남부 바이에른주 일대에는 알프스 산지 분포

인구: 80,996,685명(세계 18위)

인구증가율: −0.18%(세계 212위)

출산율(인구 1,000명당): 8.42(세계 219위)

사망률(인구 1,000명당): 11.29(세계 31위)

기대수명: 80.44세(세계 28위)

민족구성: 독일인 91.5%, 터키계 2.4%, 기타 6.1%(주로 그리스계, 이탈리아계, 폴란드계, 세르비아-크로아티아계, 에스파냐계로 구성됨)

종교: 개신교 34%, 가톨릭 34%, 이슬람교 3.7%, 무교 및 기타 28.3%

언어: 독일어

문해율: 99%

정부형태: 연방공화국

수도: 베를린

건국: 1871년 1월 18일(독일 제2제국에 의한 통일), 1945년 2차대전 종전 직후 4개국(영국, 미국, 소련, 프랑스)에 의해 분할 점령, 1949년 5월 23일 영국, 미국, 프랑스 점령지역이 독일연방공화국(서독)으로 개국, 1949년 10월 7일 소련 점령지역이 독일민주공화국(동독)으로 출범, 1990년 10월 3일 동서독 통일, 1991년 3월 15일 기존 4개국의 권리 공식 포기

1인당 GDP: $39,500(세계 29위)

고용: 농업 1.6%, 제조업 24.6%, 서비스업 73.8%

통화: 유로(EUR)

가나(Ghana)

정식 명칭: 가나공화국(Republic of Ghana)

위치: 코트디부아르와 토고 사이에 위치한 서아프리카 국가로, 기니만에 연함

면적: 238,533km²(세계 82위)

기후: 열대기후. 남동부 해안지대는 온난하며 상대적으로 건조한 편. 남서부 지역은 고온건조한 기후. 북부지대는 고온건조함.

지형: 대부분 고도가 낮은 평야지대로, 중남부 지방의 고원에 의해 단절된 양상을 보임.

인구: 25,758,108명(세계 49위)

인구증가율: 2.19%(세계 44위)
출산율(인구 1,000명당): 31.4(세계 38위)
사망률(인구 1,000명당): 7.37(세계 118위)
기대수명: 65.75세(세계 172위)
민족구성: 아칸 족 47.5%, 몰다그바니 족 16.6%, 에웨 족 13.9%, 가아단베 족 7.4%, 구안 족 3.7%, 구르마 족 5.7%, 그루시 족 2.5%, 만데부상가 족 1.1%, 기타 1.6%
종교: 그리스도교 71.2%(오순절교회 28.3%, 개신교 18.4%, 가톨릭 13.1%, 기타 11%), 이슬람교 17.6%, 전통신앙 5.2%, 기타 0.8%, 무교 5.2%
언어: 아산테 어 14.8%, 에웨 어 12.7%, 판테 어 9.9%, 보론 어(브롱 어) 4.6%, 다곰바 어 4.3%, 당메 어 4.3%, 다가르테 어(다가바 어) 3.7%, 아켐 어 3.4%, 가 어 3.4%, 아쿠아펨 어 2.9%, 기타 36.1%(공용어인 영어 포함)
문해율: 71.5%
정부형태: 입헌민주제
수도: 아크라(Accra)
건국: 1957년 3월 6일(영국으로부터 독립)
1인당 GDP: $3,500(세계 174위)
고용: 농업 56%, 제조업 15%, 서비스업 29%
통화: 세디(GHC)

그리스(Greece)

정식 명칭: 그리스공화국(Hellenic Republic)
위치: 이오니아해, 아드리아해, 지중해에 연하며 알바니아와 터키 사이에 위치한 남유럽국가
면적: 131,957km²(세계 97위)
기후: 온대; 온난습윤한 겨울과 고온건조한 여름
지형: 대부분 산악지형으로 산맥이 바다로 뻗어가는 패턴을 이루며, 이러한 산맥들이 반도나 도서를 형성함.
인구: 10,775,557명(세계 81위)
인구증가율: 0.01%(세계 192위)
출산율(인구 1,000명당): 8.8(세계 213위)
사망률(인구 1,000명당): 11(세계 34위)
기대수명: 80.3세(세계 30위)
민족구성: 그리스 인 93%, 기타 외국계 7%
종교: 그리스정교 98%, 이슬람교 1.3%, 기타 0.7%
언어: 그리스 어 99%(공용어), 기타 1%(영어, 프랑스 어 등)
문해율: 96%
정부형태: 내각제 공화국
수도: 아테네(Athens)
건국: 1829년(오스만제국으로부터 독립)
1인당 GDP: $23,600(세계 63위)
고용: 농업 12.4%, 제조업 22.4%, 서비스업 65.1%
통화: 유로(EUR)

그레나다(Grenada)

정식 명칭: 그레나다(Grenada)
위치: 카리브해 도서지역으로 북대서양과도 연하며 트리니다드토바고 북쪽에 위치함.
면적: 344km²(세계 207위)
기후: 북동무역풍의 영향을 강하게 받는 열대기후
지형: 화산지형으로 국토 중부에 산지 분포
인구: 110,152명(세계 191위)
인구증가율: 0.5%(세계 155위)
출산율(인구 1,000명당): 16.3(세계 120위)
사망률(인구 1,000명당): 8.04(세계 99위)
기대수명: 73.8세(세계 120위)
민족구성: 흑인 82%, 흑인-유럽 인 혼혈 13%, 유럽 인-인도 인 혼혈 5%, 아라왁 족 및 카리브계 아메리카 원주민
종교: 가톨릭 53%, 성공회 13.8%, 기타 개신교 33.2%
언어: 영어(공용어), 프랑스 어 방언
문해율: 96%
정부형태: 의회민주제
수도: 세인트조지스(Saint George's)
건국: 1974년 2월 7일(영국으로부터 독립)
1인당 GDP: $13,800(세계 96위)
고용: 농업 11%, 제조업 20%, 서비스업 69%
통화: 동카리브달러(XCD)

과테말라(Guatemala)

정식 명칭: 과테말라공화국(Republic of Guatemala)

위치: 북대서양 및 온두라스만(카리브해)에 연하고 엘살바도르, 멕시코, 온두라스, 벨리즈 사이에 위치한 중앙아메리카국가
면적: 108,889km²(세계 107위)
기후: 저지대는 고온다습한 열대기후로, 고도가 높은 지역은 상대적으로 서늘함.
지형: 산악지형이 현저하며, 좁은 해안평야 및 기복이 있는 석회암 고원지대도 분포함.
인구: 14,647,083명(세계 70위)
인구증가율: 1.86%(세계 63위)
출산율(인구 1,000명당): 25.46(세계 52위)
사망률(인구 1,000명당): 4.82(세계 195위)
기대수명: 71.74세
민족구성: 메스티소[아메리카 원주민과 에스파냐 인의 혼혈인으로, 라디노(Ladino)라고도 불림] 및 유럽계 59.4%, 키체 족 9.1%, 카치켈 족 8.4%, 맘 족 7.9%, 케치 족 6.3%, 기타 마야계 8.6%, 비마야계 토착민 0.2%, 기타 0.1%
종교: 가톨릭, 개신교, 마야계 토착신앙
언어: 에스파냐 어 60%, 아메리카 원주민 언어 40%(카치켈 어, 키체 어, 켁치 어, 맘어, 가리푸나 어, 싱카 어 등 23개의 공인된 아메리카 원주민 언어)
문해율: 75.9%
정부형태: 입헌민주공화국
수도: 과테말라(Guatemala)
건국: 1821년 9월 15일(에스파냐로부터 독립)
1인당 GDP: $5,300(세계 157위)
고용: 농업 38%, 제조업 14%, 서비스업 48%
통화: 케찰(GTQ), 미국달러(USD), 여타 통화들도 통용됨.

기니(Guinea)

정식 명칭: 기니공화국(Republic of Guinea)
위치: 북대서양에 연하며 기니비사우와 시에라리온 사이에 위치한 서아프리카국가
면적: 245,857km²(세계 79위)
기후: 대체로 고온다습함. 우기인 6~11월에는 남서풍의 영향을, 건기인 12월~이듬해 5월까지의 기간 동안에는 북서풍인 하마탄의 영향을 받음.
지형: 평탄한 해안평야 지형이 현저하며, 내륙지방에는 구릉지 및 산악지형도 분포함.
인구: 11,474,383명(세계 76위)
인구증가율: 2.63%(세계 24위)
출산율(인구 1,000명당): 36.02(세계 21위)
사망률(인구 1,000명당):9.69(세계 53위)
기대수명: 59.6세(세계 195위)
민족구성: 풀 족 40%, 말린케 족 30%, 수수 족 20%, 소수민족집단 10%
종교: 이슬람교 85%, 그리스도교 8%, 토착신앙 7%
언어: 프랑스 어(공용어). 부족별 고유의 언어를 구사함.
문해율: 42%
정부형태: 공화국
수도: 코나크리(Conakry)
건국: 1958년 10월 2일(프랑스로부터 독립)
1인당 GDP: $1,100(세계 215위)
고용: 농업 76%, 제조업 및 서비스업 24%
통화: 기니프랑(GNF)

기니비사우(Guinea-Bissau)

정식 명칭: 기니비사우공화국(Republic of Guinea-Bissau)
위치: 북대서양에 연하며 기니와 세네갈 사이에 위치한 서아프리카국가
면적: 36,125km²(세계 138위)
기후: 대체로 고온다습한 열대기후. 6~11월의 우기는 남서풍의 영향을, 12월~이듬해 5월의 건기는 북동풍인 하마탄의 영향을 받음.
지형: 대부분 해안평야 및 동부의 사바나로 이루어짐.
인구: 1,693,398명(세계 153위)
인구증가율: 1.93%(세계 56위)
출산율(인구 1,000명당): 33.83(세계 31위)
사망률(인구 1,000명당): 14.54(세계 5위)
기대수명: 49.87세(세계 221위)
민족구성: 아프리카계 99%(발란타 족 30%, 풀라 족

20%, 마냐카 족 14%, 만딩가 족 13%, 파펠 족 7%), 유럽계 및 물라토 1% 미만

종교: 이슬람교 50%, 토착신앙 40%, 그리스도교 10%

언어: 포르투갈 어(공용어), 크리울로 어(Crioulo: 아프리카 언어와 혼합되어 변형된 포르투갈 어-역주), 아프리카계 언어

문해율: 55.3%

정부형태: 공화국

수도: 비사우(Bissau)

건국: 1973년 9월 24일(선포), 1974년 9월 10일(포르투갈로부터 완전 독립)

1인당 GDP: $1,200(세계 213위)

고용: 농업 82%, 제조업 및 서비스업 18%

통화: CFA프랑(XOF)

가이아나(Guyana)

정식 명칭: 가이아나협동공화국(Cooperative Republic of Guyana)

위치: 남아메리카 북부의 수리남과 베네수엘라 사이에 위치하며, 북대서양과 접함

면적: 214,969km²(세계 85위)

기후: 고온다습한 열대기후로 북부지방은 무역풍의 영향을 받음. 5~8월 및 11월~이듬해 1월의 두 기간은 우기임.

지형: 고원지형이 현저하며, 해안지대에는 고도가 낮은 평야가, 남부지방에는 사바나 지형이 분포함.

인구: 735,554명(세계 165위)

인구증가율: -0.11%(세계 204위)

출산율(인구 1,000명당): 15.9(세계 125위)

사망률(인구 1,000명당): 7.3(세계 123위)

기대수명: 67.81세(세계 162위)

민족구성: 인도계 43.5%, 흑인(아프리카계) 30.2%, 혼혈 16.7%, 아메리카계 9.1%, 기타 0.5%

종교: 그리스도교 30.5%(오순절교회 16.9%, 가톨릭 8.1%, 성공회 6.9%, 제7일안식일교회 5%, 감리교 1.7%, 여호와의 증인 1.1%, 기타 그리스도교 17.7%), 힌두교 28.4%, 이슬람교 7.2%, 기타 4.3%, 무교 4.3%

언어: 영어, 아메리카 원주민 방언, 크레올 어, 카리브계 힌두 어(힌두 어), 우르두 어

문해율: 91.8%

정부형태: 공화국

수도: 조지타운(Georgetown)

건국: 1966년 5월 26일(영국으로부터 독립)

1인당 GDP: $8,500(세계 129위)

고용: 상세불명

통화: 가이아나달러(GYD)

아이티(Haiti)

정식 명칭: 아이티공화국(Republic of Haiti)

위치: 카리브해와 북대서양 사이에 떠 있는 히스파니올라 섬의 서쪽 3분의 1을 차지하고 있는 국가로, 동쪽으로는 도미니카공화국을 접하고 있음.

면적: 27,750km²(세계 148위)

기후: 열대기후. 무역풍이 차단되는 동부 산지에는 반건조기후가 나타남.

지형: 대체로 험준하며 산악지형이 현저함.

인구: 9,996,731명(세계 89위)

인구증가율: 1.08%(세계 113위)

출산율(인구 1,000명당): 22.83(세계 73위)

사망률(인구 1,000명당): 7.91(세계 104위)

기대수명: 63.18세(세계 186위)

민족구성: 흑인 95%, 물라토 및 백인 5%

종교: 가톨릭 80%, 개신교 16%(침례교 10%, 오순절교회 4%, 제7일안식일교회 1%, 기타 1%), 무교 1%, 기타 3%(인구의 약 절반 가량이 부두교 신앙을 갖고 있음)

언어: 프랑스 어(공용어), 크레올 어(공용어)

문해율: 48.7%

정부형태: 공화국

수도: 포르토프랭스(Port-au-Prince)

건국: 1804년 1월 1일(프랑스로부터 독립)

1인당 GDP: $1,300(세계 210위)

고용: 농업 38.1%, 제조업 11.5%, 서비스업 50.4%

통화: 구르드(HTG)

온두라스(Honduras)

정식 명칭: 온두라스공화국(Republic of Honduras)

위치: 카리브해 및 폰세카만(북대서양)에 연하며 과테말라, 엘살바도르, 니카라과와 인접한 중앙아메리카국가.

면적: 112,090km²(세계 103위)

기후: 저지대는 아열대기후, 산악지방은 온대기후

지형: 내륙지방은 산악지대이며, 해안지방에 협소한 평야가 분포함.

인구: 8,598,561명(세계 94위)

인구증가율: 1.74%(세계 71위)

출산율(인구 1,000명당): 23.66(세계 65위)

사망률(인구 1,000명당): 5.13(세계 65위)

기대수명: 70.91세(세계 147위)

민족구성: 메스티소(아메리카 원주민과 유럽 인 혼혈) 90%, 아메리카 원주민 7%, 흑인 2%, 백인 1%

종교: 가톨릭 97%, 개신교 3%

언어: 에스파냐 어, 아메리카 원주민 토착방언

문해율: 85.1%

정부형태: 입헌민주공화국

수도: 테구시갈파(Tegucigalpa)

건국: 1821년 9월 15일(에스파냐로부터 독립)

1인당 GDP: $4,800(세계 163위)

고용: 농업 39.2%, 제조업 20.9%, 서비스업 39.8%

통화: 렘피라(HNL)

헝가리(Hungary)

정식 명칭: 헝가리공화국(Republic of Hungary)

위치: 루마니아 북서쪽에 위치한 중부유럽국가

면적: 93,028km²(세계 110위)

기후: 온대기후로 겨울은 일조량이 적고 한랭다습하며 여름은 온난함.

지형: 대부분 평탄한 지형으로, 슬로바키아 접경지대에는 구릉지 및 저산성 산지가 분포함.

인구: 9,919,128명(세계 90위)

인구증가율: −0.21%(세계 214위)

출산율(인구 1,000명당): 9.26(세계 207위)

사망률(인구 1,000명당): 12.72(세계 23위)

기대수명: 75.46세(세계 93위)

민족구성: 헝가리 인 92.3%, 집시 1.9%, 미확인 및 기타 5.8%

종교: 가톨릭 37.2%, 칼뱅파 11.6%, 루터파 개신교 2.2%, 그리스정교 1.8%, 기타 1.9%, 미분류 27.3%, 무교 18.2%

언어: 헝가리 어 84.6%, 미분류 및 기타 15.4%

문해율: 99.4%

정부형태: 의회민주제

수도: 부다페스트(Budapest)

건국: 1000년 11월 25일(스테판 1세의 즉위식이 이루어진 날로, 헝가리는 전통적으로 이 날을 건국일로 간주함)

1인당 GDP: $19,800(세계 71위)

고용: 농업 7.1%, 제조업 29.7%, 서비스업 63.2%

통화: 포린트(HUF)

아이슬란드(Iceland)

정식 명칭: 아이슬란드공화국(Republic of Iceland)

위치: 그린란드해와 북대서양, 영국 북서부 사이에 위치한 북유럽의 섬나라

면적: 103,000km²

기후: 북대서양해류의 영향을 받아 온대기후가 나타남. 겨울은 온화하고 바람이 많이 불며, 여름은 서늘하고 습도가 높음.

지형: 국토 대부분은 고원 및 산악지대, 빙설지대임. 해안지대는 만과 피오르에 의해 깊이 파인 형태를 보임.

인구: 317,351명(세계 180위)

인구증가율: 0.65%(세계 149위)

출산율(인구 1,000명당): 13.09(세계 153위)

사망률(인구 1,000명당): 7.13(세계 127위)

기대수명: 81.22세(세계 20위)

민족구성: 노르만 족 및 켈트 족 정착민들의 후손으로 이루어진 동질적인 주민 94%, 외국계 6%

종교: 아이슬란드 복음주의루터교(공식) 76.2%, 가톨릭 3.4%, 레이캬바크자유교회 2.9%, 하프나르피외르뒤르 자유교회 1.9%, 독립성회 1%, 기타 종교 3.6%, 무교

5.2%, 미분류 및 기타 5.9%
언어: 아이슬란드 어, 영어, 노르딕계 언어, 독일어(통용 언어)
문해율: 99%
정부형태: 입헌공화국
수도: 레이캬비크(Reykjavik)
건국: 1918년 12월 1일(덴마크의 자치령 승격), 1944년 6월 17일(덴마크로부터 독립)
1인당 GDP: 40,700(세계 27위)
고용: 농업 4.8%, 제조업 22.2%, 서비스업 73%
통화: 아이슬란드크로나(ISK)

인도(India)

정식 명칭: 인도공화국(Republic of India)
위치: 아라비아해와 벵골만에 연하며 버마와 파키스탄 사이에 위치한 남아시아국가
면적: 3,287,263km²(세계 7위)
기후: 남부의 열대몬순기후에서 북부의 온대기후까지 다양한 기후패턴이 나타남.
지형: 남부의 고원성 평야(데칸고원), 갠지스강 유역의 평야, 서부의 사막, 북부의 히말라야 산지로 크게 구성됨.
인구: 1,236,344,631명(세계 2위)
인구증가율: 1.25%(세계 94위)
출산율(인구 1,000명당): 19.89(세계 86위)
사망률(인구 1,000명당): 7.35(세계 119위)
기대수명: 67.8세(세계 163위)
민족구성: 인도-아리아 인 72%, 드라비다 인 25%, 아시아계 및 기타 3%
종교: 힌두교 80.5%, 이슬람교 13.4%, 그리스도교 2.3%, 시크교 1.9%, 기타 1.8%, 미분류 0.1%
언어: 힌두어 41%, 벵갈 어 8.1%, 텔루구 어 7.2%, 마라타어 7%, 타밀 어 5.9%, 우르두 어 5%, 구자라트 어 4.5%, 칸나다 어 3.7%, 말라얄람 어 3.2%, 오리야 어 3.2%, 펀자브 어 .8%, 아삼 어 1.3%, 마이틸리 어 1.2%, 기타 5.9%(고급 교육을 받은 계층에서는 영어가 널리 통용됨)
문해율: 62.8%
정부형태: 연방공화국
수도: 뉴델리(New Delhi)
건국: 1947년 8월 15일(영국으로부터 독립)
1인당 GDP: $4,000(세계 168위)
고용: 농업 49%, 제조업 20%, 서비스업 31%
통화: 루피(INR)

인도네시아(Indonesia)

정식 명칭: 인도네시아공화국(Republic of Indonesia)
위치: 인도양과 태평양 사이에 위치한 인도네시아의 제도
면적: 1,904,569km²(세계 15위)
기후: 고온다습한 열대기후이며, 고지대에서는 보다 쾌적한 기후가 나타남.
지형: 대부분 해안저지대 지형이며, 면적이 큰 도서에는 내륙산지도 분포함.
인구: 253,609,643명(세계 5위)
인구증가율: 0.95%(세계 124위)
출산율(인구 1,000명당): 17.04(세계 108위)
사망률(인구 1,000명당): 6.34(세계 157위)
기대수명: 72.17세(세계 137위)
민족구성: 자바 인 40.1%, 순다 인 15.5%, 말레이 인 3.7%, 바타크 족 3.6%, 마두라 인 3%, 미낭카바우 인 2.7%, 브따위 인 2.9%, 부기 인 2.7%, 반텐 인 2%, 반자르 인 1.7%, 아체 인 1.5%, 다야크 인 1.4%, 사사크 인 1.3%, 중국계 1.2%, 기타 15%
종교: 이슬람교 87.2%, 개신교 7%, 가톨릭 2.9%, 힌두교 1.7%, 기타(유교, 불교 등) 0.9%, 미분류 0.4%
언어: 인도네시아 어(공용어, 말레이 어가 변형된 형태의 언어), 영어, 네덜란드 어, 지역방언(주로 자바인에 의해 통용됨)
문해율: 92.8%
정부형태: 공화국
수도: 자카르타(Jakarta)
건국: 1945년 8월 17일
1인당 GDP: $5,200(세계 158위)
고용: 농업 38.9%, 제조업 22.2%, 서비스업 47.9%
통화: 인도네시아루피아(IDR)

이란(Iran)

정식 명칭: 이란이슬람공화국(Islamic Republic of Iran)
위치: 오만만, 페르시아만, 카스피해에 연하며 이라크와 파키스탄 사이에 위치한 중동국가
면적: 1,648,195km²(세계 18위)
기후: 대체로 건조기후 및 반건조기후가 우세하며, 카스피해 연안에는 아열대기후가 나타남.
지형: 사막과 산지가 산재하는 중부 평야지대를 험준한 산악지대가 환상으로 둘러싼 패턴을 보임. 해안지대를 따라 소규모의 불연속적인 평야가 분포함.
인구: 80,840,713(세계 19위)
인구증가율: 1.22%(세계 97위)
출산율(인구 1,000명당): 18.23
사망률(인구 1,000명당): 5.94
기대수명: 70.89세(세계 148위)
민족구성: 페르시아계 61%, 아제르바이잔계 16%, 쿠르드계 10%, 아랍계 3%, 루르 족 6%, 발로치 족 2%, 투르크메니스탄계 2%, 기타 1%
종교: 이슬람교 99.4%(시아파 90~95%, 수니파 5~10%), 기타(조로아스터교, 유대교, 그리스도교, 바하교 등) 0.4%
언어: 페르시아 어(공용어) 53%, 튀르크 어군 및 튀르크어계 방언 18%, 쿠르드 어 10%, 마잔다란 어 7%, 루르 어 6%, 발로치 어 2%, 아랍 어 2%, 기타 2%
문해율: 85%
정부형태: 신정공화국
수도: 테헤란(Tehran)
건국: 1979년 4월 1일(이슬람공화국 선포)
1인당 GDP: $12,800(세계 103위)
고용: 농업 16.9%, 제조업 34.4%, 서비스업 48.7%
통화: 이란리얄(IRR)

이라크(Iraq)

정식 명칭: 이라크공화국(Republic of Iraq)
위치: 페르시아만에 연하며 이란과 쿠웨이트 사이에 위치한 중동국가
면적: 438,317km²(세계 59위)
기후: 대부분 사막기후. 겨울은 건조하며 대체로 서늘하거나 온난한 편이고, 여름에는 일조량이 대단히 많음. 터키 및 이란 접경지대에 해당하는 북부 산악지역은 겨울 추위가 심한 다설 지역으로, 이 지역에 쌓인 눈이 봄에 녹으면서 이라크 중부 및 남부에 홍수가 발생하는 원인으로 작용하기도 함.
지형: 대부분 평원지형으로, 이란과의 접경지대인 남부에는 호소가 발달한 대규모의 충적평야가 발달해 있음. 터키 및 이란과의 접경지대는 산악지형임.
인구: 32,585,692명(세계 40위)
인구증가율: 2.23%(세계 42위)
출산율(인구 1,000명당): 26.85(세계 46위)
사망률(인구 1,000명당): 4.57(세계 201위)
기대수명: 71.42세(세계 146위)
민족구성: 아랍 인 75~80%, 쿠르드 인 15~20%, 투르크만 인, 아시리아 인, 기타 5%
종교: 이슬람교 99%(시아파 60~65%, 수니파 32~37%), 그리스도교 0.8%, 힌두교
언어: 아랍 어(공용어), 쿠르드 어(공용어), 투르코만 어(터키계 방언), 아시리아 어(신아람 어), 아르메니아 어
문해율: 78.5%
정부형태: 의회민주제
수도: 바그다드(Baghdad)
건국: 1932년 10월 3일(영국이 주도한 국제연맹 결의에 의해 독립)
1인당 GDP: $7,100(세계 141위)
고용: 상세불명
통화: 이라크디나르(NID)

아일랜드(Ireland)

정식 명칭: 아일랜드공화국(Republic of Ireland)
위치: 북대서양의 그레이트브리튼섬 서쪽 위치한 아일랜드 섬 면적의 6분의 5를 점유하고 있는 서유럽국가
면적: 70,273km²(세계 120위)
기후: 온대 해양성기후로 북대서양 해류의 영향을 받음. 겨울 기온은 온화하고 여름은 서늘함. 연중 다습하며, 흐린 날이 절반에 달함.

지형: 산지에 둘러싸인 평탄한 평야지형이 현저하며, 서부 해안지역에는 해안절벽이 분포함.
인구: 4,832,765명(세계 123위)
인구증가율: 1.2%(세계 99위)
출산율(인구 1,000명당): 15.18(세계 132위)
사망률(인구 1,000명당): 6.45(세계 155위)
기대수명: 80.56세(세계 27위)
민족구성: 아일랜드계 84.5%, 기타 백인 9.8%, 아시아계 1.9%, 흑인 1.4%, 혼혈인 0.9%, 미분류 1.6%
종교: 가톨릭 84.7%, 아일랜드국교회 2.7%, 기타 그리스도교 2.7%, 이슬람교 1.1%, 기타 1.7%, 미분류 1.5%, 무교 5.7%
언어: 영어(공용어, 가장 일반적으로 통용됨), 아일랜드어(공용어. 게일 어로도 분류됨. 주로 서부지역에서 널리 사용됨)
문해율: 99%
정부형태: 의회민주제 공화국
수도: 더블린(Dublin)
건국: 1921년 12월 6일(영국과의 조약을 통해 독립)
1인당 GDP: $41,300(세계 25위)
고용: 농업 5%, 제조업 19%, 서비스업 76%
통화: 유로(EUR)

이스라엘(Israel)

정식 명칭: 이스라엘국(State of Israel)
위치: 이집트와 레바논 사이에 위치하며 지중해에 연한 중동국가
면적: 20,770km²(세계 154위)
기후: 온대기후로, 남부와 동부의 사막지대는 고온건조함.
지형: 남부에는 네게브사막이 분포하며 해안 저지대에는 평야가 발달해 있고, 중부에는 산악지형과 요르단협곡이 위치함.
인구: 7,821,850명(세계 99위)
인구증가율: 1.46%(세계 84위)
출산율(인구 1,000명당): 18.44(세계 101위)
사망률(인구 1,000명당): 5.54(세계 176위)
기대수명: 81.28세(세계 19위)
민족구성: 유대 인 75.1%(이스라엘 출신 73.6%, 유럽/아메리카/오세아니아 출신 17.9%, 아프리카 출신 5.2%, 아시아 출신 3.2%), 비유대 인 24.9%(대부분 아랍 인)
종교: 유대교 75.1%, 이슬람교 17.4%, 그리스도교 2%, 드루즈교 1.6%, 기타 3.9%
언어: 히브리 어(공용어), 아랍 어(아랍계 소수집단에서 통용), 영어(가장 널리 통용되는 외국어)
문해율: 97.1%
정부형태: 의회민주제
수도: 예루살렘(Jerusalem)
건국: 1948년 5월 14일(영국 주관의 국제연맹 신탁통치후 건국)
1인당 GDP: $34,900(세계 40위)
고용: 농업 2%, 제조업 16%, 서비스업 82%
통화: 셰켈(ILS)

이탈리아(Italy)

정식 명칭: 이탈리아공화국(Italian Republic)
위치: 튀니지 북쪽 대안에 위치하며 지중해로 돌출한 형태의 남유럽의 반도국.
면적: 301,340km²(세계 72위)
기후: 대체로 지중해성기후, 북부 고산기후, 남부는 고온건조한 기후특성
지형: 대체로 험준한 산악지대, 해안저지대 등 일부 지역에 평야지대 형성
인구: 61,680,122명(세계 24위)
인구증가율: 0.3%(세계 171위)
출산율(인구 1,000명당): 8.84(세계 212위)
사망률(인구 1,000명당): 10.1(세계 49위)
기대수명: 82.03세(세계 11위)
민족집단: 이탈리아 인(북부에는 독일계, 프랑스계, 슬로베니아계 이탈리아 인 집단들이, 남부에는 알바니아계 및 그리스계 이탈리아 인 집단들이 소수 분포함)
종교: 그리스도교 80%(이 가운데 가톨릭 신도의 비율이 압도적임), 이슬람교(80만~100만 정도 추산), 무신론 및 무교 20%

언어: 이탈리아 어(공용어), 독일어(트리엔토-알토 아디게 지역은 독일어 사용인구가 주류인 지역임), 프랑스 어(발레다오스타 지역에는 소수의 프랑스 어 사용 인구가 거주함), 슬로베니아 어(트리에스타-고리지아 지역에는 소수의 슬로베니아 어 사용인구가 거주함)
문해율: 99%
정부형태: 공화국
수도: 로마(Rome)
건국: 1861년 3월 17일(이탈리아왕국 건국 선포일. 이탈리아는 1870년에야 완전히 통일됨)
1인당 GDP: $29,600(세계 51위)
고용: 농업 3.9%, 제조업 28.3%, 서비스업 67.8%
통화: 유로(EUR)

자메이카(Jamaica)

정식 명칭: 자메이카(Jamaica)
위치: 쿠바 남쪽에 위치한 카리브해의 섬
면적: 10,991km²(세계 168위)
기후: 고온다습한 열대기후로, 내륙지역에서는 온대기후도 나타남.
지형: 대부분 산악지형으로, 해안지대에는 좁고 불연속적인 해안평야가 발달함.
인구: 2,930,050명(세계 140위)
인구증가율: 0.69%(세계 146위)
출산율(인구 1,000명당): 18.41(세계 102위)
사망률(인구 1,000명당): 6.67(세계 143위)
기대수명: 73.48세(세계 121위)
민족구성: 흑인 92.1%, 혼혈 6.1%, 인도계 0.8%, 미확인 및 기타 1.1%
종교: 개신교 64.8%(제7일안식일교회 12%, 오순절교회 11%, 처치오브갓 계열 9.2%, 침례교 6.7%, 뉴테스타먼트처치오브갓 7.2%, 자메이카처치오브갓 4.8%, 처치오브갓오브프로퍼시 4.5%, 성공회 2.8%, 연합교회 2.1%, 장로교 1.6%, 부흥교회 1.6%, 형제단교회 9%, 모라비아교회 7%), 가톨릭 2.2%, 여호와의 증인 1.9%, 래스터패리언 1.1%, 기타 6.5%, 무교 21.3%, 미분류 2.3%
언어: 영어, 영어 방언
문해율: 87%
정부형태: 입헌의회민주제
수도: 킹스턴(Kingston)
건국: 1962년 8월 6일(영국으로부터 독립)
1인당 GDP: $9,000(세계 125위)
고용: 농업 17%, 제조업 19%, 서비스업 64%
통화: 자메이카달러(JMD)

일본

정식 명칭: 일본국(Japan)
위치: 한반도 동쪽의 동해와 북태평양 사이에 위치한 동아시아의 열도
면적: 377,915km²(세계 62위)
기후: 남부의 열대기후에서 북부의 냉대기후까지 다양한 기후가 나타남
지형: 대부분 산악지형
인구: 127,103,388명(세계 11위)
인구증가율: -0.13%(세계 210위)
출산율(인구 1,000명당): 8.07(세계 222위)
사망률(인구 1,000명당): 9.38(세계 59위)
기대수명: 84.46세(세계 3위)
민족집단: 일본인 98.5%, 한국계 0.5%, 중국계 0.4%, 기타 0.6%
종교: 신도 83.9%, 불교 71.4%(일본인들은 신도 신앙과 불교 신앙을 공유하는 경우가 많음), 그리스도교 2%, 기타 7.8%
언어: 일본어
문해율: 99%
정부형태: 입헌군주제/의원내각제
수도: 도쿄
건국: 기원전 660년(고대 진무천황에 의한 건국이 이루어졌다고 알려진 시기
1인당 GDP: $37,100(세계 36위)
고용: 농업 3.9%, 제조업 26.2%, 서비스업 69.8%
통화: 엔(JPY)

요르단(Jordan)

정식 명칭: 요르단하삼왕국(Hashemite Kingdom of Jordan)
위치: 사우디아라비아 북서쪽에 위치한 중동국가
면적: 89,342km²(세계 112위)
기후: 대부분 사막 및 건조기후로, 서부에는 12월~이듬해 4월까지 우기가 나타남.
지형: 동부는 사막 고원지형이, 서부는 고원지형이 현저함. 그레이트리프트밸리가 요르단강 동안과 서안을 분리함.
인구: 7,390,491명(세계 98위)
인구증가율: 3.86%(세계 4위)
출산율(인구 1,000명당): 25.23(세계 53위)
사망률(인구 1,000명당): 3.8(세계 213위)
기대수명: 74.1세(세계 117위)
민족구성: 아랍 인 98%, 체르케스 인 1%, 아르메니아계 1%
종교: 이슬람교 97.2%(국교, 대부분 수니파), 그리스도교 2.2%(대부분 그리스정교. 일부 가톨릭, 시리아정교, 콥트정교, 아르메니아정교, 개신교 분파 신자도 존재), 불교 0.4%, 힌두교 0.1%, 유대교
언어: 아랍 어(공용어), 영어(중상류층에서 널리 사용됨)
문해율: 95.9%
정부형태: 입헌군주제
수도: 암만(Amman)
건국: 1946년 5월 25일(영국 주관하의 국제연맹 위임통치 후 독립)
1인당 GDP: $6,100(세계 150위)
고용: 농업 2.7%, 제조업 20%, 서비스업 77.4%
통화: 요르단디나르(JOD)

카자흐스탄(Kazakhstan)

정식 명칭: 카자흐스탄공화국(Republic of Kazakhstan)
위치: 중국 북서쪽에 위치한 중앙아시아국가로, 우랄산맥 서쪽의 일부 영토는 유럽 최동단에 속함.
면적: 2,724,900km²(세계 9위)
기후: 겨울은 춥고 여름은 무더운 대륙성기후, 건조 및 반건조기후
지형: 볼가강에서 알타이산맥까지, 그리고 시베리아 서부의 평원에서 중앙아시아의 사막과 오아시스까지를 포괄하는 범위에 위치함.
인구: 17,948,816명(세계 62위)
인구증가율: 1.17%(세계 103위)
출산율(인구 1,000명당): 19.61(세계 88위)
사망률(인구 1,000명당): 8.31(세계 89위)
기대수명: 70.24세(세계 150위)
민족구성: 카자흐 인 63.1%, 러시아계 23.7%, 우크라이나계 2.1%, 우즈베크계 2.8%, 독일계 1.1%, 타타르계 1.3%, 위구르계 1.4%, 기타 4.5%
종교: 이슬람교 70.2%, 러시아정교 23.9%, 기타 그리스도교 2.3%, 기타 0.2%, 무신론자 2.8%, 미분류 0.5%
언어: 카자흐 어(국어) 64.4%, 러시아 어(공용어, 비즈니스언어로 널리 사용되며, '민족 간 소통'에도 활용됨) 95%
문해율: 99.7%
정부형태: 공화국. 권위주의적 대통령제이나, 대통령의 권력 및 권한은 행정부에 국한되어 있음.
수도: 아스타나(Astana)
건국: 1991년 12월 16일(구소련으로부터 독립)
1인당 GDP: $14,100(세계 95위)
고용: 농업 25.8%, 제조업 11.9%, 서비스업 62.3%
통화: 텡게(KZT)

케냐(Kenya)

정식 명칭: 케냐공화국(Republic of Kenya)
위치: 인도양에 연하며 소말리아, 탄자니아 사이에 위치한 동아프리카국가
면적: 580,367km²(세계 49위)
기후: 해안지대의 열대기후로부터 내륙의 건조기후까지 다양한 기후가 나타남.
지형: 저지대 평야지형이 그레이트리프트밸리에 의해 이등분되는 중부 고원지대로 이어지는 형태를 보임. 서부에는 비옥한 고원지대개 분포함.
인구: 45,010,056명(세계 31위)

인구증가율: 2.11%(세계 47위)

출산율(인구 1,000명당): 28.27(세계 45위)

사망률(인구 1,000명당): 7(세계 133위)

기대수명: 63.52세(세계 180위)

민족구성: 키유쿠 족 22%, 루히아 족 14%, 루오 족 13%, 칼렌진 족 12%, 캄바 족 11%, 키시 족 6%, 메루 족 6%, 기타 아프리카계 15%, 비아프리카계(아시아계, 유럽계, 아랍계) 1%

종교: 개신교 47.4%, 가톨릭 23.3%, 이슬람교 11.1%, 토착신앙 1.6%, 기타 1.7%, 무교 2.4%, 미분류 0.7%

언어: 영어(공용어), 키스와힐리 어(공용어), 기타 다수의 토착어

문해율: 87.4%

정부형태: 공화국(republic)

수도: 나이로비(Nairobi)

건국: 1963년 12월 12일(영국으로부터 독립)

1인당 GDP: $1,800(세계 198위)

고용: 농업 75%, 제조업 및 서비스업 25%

통화: 케냐실링(KES)

키리바시(Kiribati)

정식 명칭: 키리바시공화국(Republic of Kiribati)

위치: 오세아니아 태평양 해상의 33개 환초로 구성되며, 적도를 지남. 수도 타라와는 하와이와 오스트레일리아를 잇는 선의 한가운데에 위치함. 1995년 1월 1일 키리바시는 날짜변경선상 상이한 영역에 속하는 피닉스제도 및 라인제도를 포함한 자국 영토 전역이 길버트제도와 동일한 시간대인 UTC+12에 속한다고 공표함.

면적: 811km²(세계 187위)

기후: 고온다습한 열대 해양성기후로 무역풍의 영향을 받음.

지형: 대부분 해발고도가 낮은 산호초 및 환초 지형임.

인구: 104,488명(세계 194위)

인구증가율: 1.18%(세계 102위)

출산율(인구 1,000명당): 21.85(세계 75위)

사망률(인구 1,000명당): 7.18(세계 126위)

기대수명: 65.47세(세계 173위)

민족구성: 키리바시 인 89.5, 혼혈 키리바시 인 9.7%, 투발루계 0.1%, 기타 0.8%

종교: 가톨릭 55.8%, 켐스빌장로교회 33.5%, 몰몬교 4.7%, 바하이교(19세기 이란에서 창시된 이슬람교 계통의 신흥 종교-역주) 2.3%, 제7일안식일교회 2%, 기타 1.5%, 무교 0.2%, 미분류 0.05%

언어: 키리바시 어, 영어(공용어)

문해율: 상세불명

정부형태: 공화국

수도: 타라와(Tarawa)

건국: 1979년 7월 12일(영국으로부터 독립)

1인당 GDP: $6,400(세계 146위)

고용: 농업 2.7%, 제조업 32%, 서비스업 65.3%

통화: 호주달러(AUD)

코소보(Kosovo)

정식 명칭: 코소보공화국(Republic of Kosovo)

위치: 세르비아와 마케도니아 사이에 위치한 남동유럽국가

면적: 10,887km²(세계 169위)

기후: 대륙성 기단의 영향으로 겨울은 비교적 춥고 강설량이 많으며, 여름과 가을은 고온건조함. 지중해와 알프스 산지는 기후의 지역차를 유발함. 강수량은 10~12월에 가장 많음.

지형: 해발고도 400~700m의 평탄한 하천분지를 해발 2,000~2,500m의 산맥들이 둘러싸고 있는 형태

인구: 1,859,203명(세계 151위)

인구증가율: 상세불명

출산율(인구 1,000명당): 상세불명

사망률(인구 1,000명당): 상세불명

기대수명: 상세불명

민족구성: 알바니아 인 92%, 기타 8%

종교: 이슬람교, 세르비아정교, 가톨릭

언어: 알바니아 어(공용어), 세르비아 어(공용어), 보스니아 어, 터키 어, 집시 어

문해율: 91%

정부형태: 공화국

수도: 프리스티나(Pristina)
건국: 2008년 2월 17일
1인당 GDP: $7,600(세계 136위)
고용: 농업 23%, 제조업 및 서비스업(상세 비율은 불명)
통화: 유로(EUR). 세르비아디나르(RSD)도 유통됨.

쿠웨이트(Kuwait)

정식 명칭: 쿠웨이트국(State of Kuwait)
위치: 페르시아만에 연하며 이라크, 사우디아라비아 사이에 위치한 중동국가
면적: 17,818km²(세계 158위)
기후: 사막기후로 여름은 매우 무더우며 겨울은 짧고 서늘함.
지형: 대체로 평탄한 사막지형
인구: 2,742,711명(세계 141위)
인구증가율: 1.7%(세계 73위)
출산율(인구 1,000명당): 20.26(세계 84위)
사망률(인구 1,000명당): 2.16(세계 224위)
기대수명: 77.64세(세계 64위)
민족구성:쿠웨이트 인 31.3%, 기타 아랍 인 27.9%, 아시아계 37.8%, 아프리카계 1.9%, 기타 0.6%
종교: 이슬람교 76.7%, 그리스도교 17.3%, 미분류 및 기타 5.9%
언어: 아랍 어(공용어), 영어
문해율: 93.9%
정부형태: 입헌토후국
수도: 쿠웨이트(Kuwait)
건국: 1961년 6월 19일(영국으로부터 독립)
1인당 GDP: $42,100(세계 23위)
고용: 상세불명
통화: 쿠웨이트디나르(KD)

키르기스스탄(Kyrgyzstan)

정식 명칭: 키르기스스탄공화국(Kyrgyz Republic)
위치: 중국 서쪽에 위치한 중앙아시아국가
면적: 199,951km²(세계 87위)
기후: 톈산산맥 일대는 고도에 따라 대륙성 건조기후에서 극기후까지의 패턴이 나타남. 남서부(페르가나협곡)는 아열대기후, 북부는 온대기후임.
지형: 톈산 산맥의 고봉 및 계곡과 분지로 구성됨.
인구: 5,604,212명(세계 114위)
인구증가율: 1.04%(세계 115위)
출산율(인구 1,000명당): 23.33(세계 69위)
사망률(인구 1,000명당): 6.74(세계 142위)
기대수명: 70.06세(세계 153위)
민족구성: 키르기스 인 64.9%, 우즈베크계 13.8%, 러시아계 12.5%, 둔간 족 1.1%, 우크라이나계 1%, 위구르계 1%, 기타 5.7%
종교: 이슬람교 75%, 러시아정교 20%, 기타 5%
언어: 키르기스 어 64.7%(공용어), 우즈베크 어 13.6%, 러시아 어 12.5%(공용어), 둔간 어 1%, 기타 8.2%
문해율: 99.2%
정부형태: 공화국
수도: 비슈케크(Bishkek)
건국: 1991년 8월 31일(구소련으로부터 독립)
1인당 GDP: $2,500(세계 185위)
고용: 농업 48%, 제조업 12.5%, 서비스업 39.5%
통화: 솜(KGS)

라오스(Laos)

정식 명칭: 라오인민공화국(Lao People's Democratic Republic)
위치: 타일랜드 북동쪽, 베트남 서쪽에 위치한 동남아시아국가
면적: 236,800km²(세계 84위)
기후: 열대몬순기후로, 5~11월은 우기, 12월~이듬해 4월은 건기임.
지형: 대부분 산악지대로 평원 및 고원지대도 일부 분포함.
인구: 6,803,699명(세계 104위)
인구증가율: 1.59%(세계 78위)
출산율(인구 1,000명당): 24.76(세계 58위)
사망률(인구 1,000명당): 7.74(세계 110위)
기대수명: 63.51세(세계 182위)

민족구성: 라오 인 55%, 크모 족 11%, 몽 족 8%, 기타(100개 이상의 소수민족) 26%

종교: 불교 67%, 그리스도교 1.5%, 미분류 및 기타 31.5%

언어: 라오 어(공용어), 프랑스 어, 영어, 기타 다수의 소수민족 언어

문해율: 72.7%

정부형태: 공산국가

수도: 비엔티안(Vientiane)

건국: 1949년 7월 19일(프랑스로부터 독립)

1인당 GDP: $3,100(세계 177위)

고용: 농업 75.1%, 제조업 및 서비스업(상세불명)

통화: 킵(LAK)

라트비아(Latvia)

정식 명칭: 라트비아공화국(Republic of Latvia)

위치: 발트해에 연하며 에스토니아와 리투아니아 사이에 위치한 동유럽국가

면적: 64,589km²(세계 124위)

기후: 해양성기후로 겨울은 온난습윤함

지형: 저지대 평야지형

인구: 2,165,165명(세계 144위)

인구증가율: −0.62%(세계 225위)

출산율(인구 1,000명당): 9.79(세계 198위)

사망률(인구 1,000명당): 13.6(세계 14위)

기대수명: 73.44(세계 123위)

민족구성: 라트비아 인 61.1%, 러시아계 26.2%, 벨라루스계 3.5%, 우크라이나계 2.3%, 폴란드계 2.2%, 리투아니아계 1.3%, 기타 3.4%

종교: 루터파 개신교 19.6%, 정교회 15.3%, 기타 그리스도교 1%, 기타 0.4%, 미분류 63.7%

언어: 라트비아 어(공용어) 56.3%, 러시아 어 33.8%, 기타 0.6%, 미분류 9.4%

문해율: 99.7%

정부형태: 의회민주제

수도: 리가(Riga)

건국: 1918년 11월 18일(러시아 혁명 직후 러시아로부터 독립 선언), 1990년 5월 4일(라트비아 재독립 선언), 1991년 8월 21일(구소련으로부터 완전독립)

1인당 GDP: $19,100(세계 73위)

고용: 농업 8.8%, 제조업 24%, 서비스업 67.2%

통화: 라트(LVL)

레바논(Lebanon)

정식 명칭: 레바논공화국(Lebanese Republic)

위치: 지중해에 연하며 이스라엘, 시리아와 인접한 중동국가

면적: 10,400km²(세계 170위)

기후: 지중해성기후. 레바논산맥은 다설지역임.

지형: 해안지역에 협소한 평야지대가 분포함. 베카협곡에 의해 레바논산맥과 안티레바논산맥이 분리됨.

인구: 5,882,562명(세계 110위)

인구증가율: 9.37%(세계 1위)

출산율(인구 1,000명당): 14.8(세계 133위)

사망률(인구 1,000명당): 4.95(세계 190위)

기대수명: 77.22세(세계 69위)

민족구성: 아랍 인 95%, 아르메니아계 4%, 기타 1%

종교: 이슬람교 54%(시아파 27%, 수니파 27%), 그리스도교 40.5%(마론파 21%, 그리스정교 13%, 기타 그리스도교 6.5%), 드루즈교 5.6%, 그 외 극소수의 유대교, 바하이교, 불교, 힌두교, 모르몬교

언어: 아랍 어(공용어), 프랑스 어, 영어, 아르메니아 어

문해율: 89.6%

정부형태: 공화국

수도: 베이루트(Beirut)

건국: 1943년 11월 22일(프랑스 주관의 국제연맹 신탁통치후 독립)

1인당 GDP: $15,800(세계 87위)

고용: 상세불명

통화: 레바논파운드(LBP)

레소토(Lesotho)

정식 명칭: 레소토왕국(Kingdom of Lesotho)

위치: 남아프리카공화국 영토 내부에 위치

면적: 30,355km²(세계 142위)

기후: 온대기후로 겨울은 냉량건조하며 여름은 고온다습함.

지형: 고원, 구릉, 산악지형이 현저함.

인구: 1,942,008명(세계 149위)

인구증가율: 0.34%(세계 167위)

출산율(인구 1,000명당): 25.92(세계 49위)

사망률(인구 1,000명당): 14.91(세계 3위)

기대수명: 52.65세(세계 211위)

민족구성: 소토 인 99.7%, 유럽계, 아시아계 및 기타 0.3%,

종교: 그리스도교 80%, 토착신앙 20%

언어: 세소토 어(남부소토 어), 영어(공용어), 줄루 어, 호사 어

문해율: 89.6%

정부형태: 내각제 입헌군주국

수도: 마세루(Maseru)

건국: 1966년 10월 4일(영국으로부터 독립)

1인당 GDP: $2,200(세계 192위)

고용: 인구의 86%가 농업에 종사하며, 농업에 의해 경제활동에 종사하는 남성들이 벌어들이는 수익이 약 35%를 차지함. 제조업과 서비스업의 비율은 14%임.

통화: 로티(LSL); 란드(ZAR)

라이베리아(Liberia)

정식 명칭: 라이베리아공화국(Republic of Liberia)

위치: 북대서양에 접하며 코트디부아르와 시에라리온 사이에 위치한 서아프리카국가

면적: 111,369km²(세계 104위)

기후: 온난습윤한 열대기후. 건조한 겨울철에는 낮 기온이 높은 반면 밤 기온은 낮으며, 여름철에는 구름이 많고 강한 소나기가 내림.

지형: 평탄하거나 경사가 완만한 해안평야가 현저하며, 국토의 북동부에는 고원 및 저산성 산지가 분포함.

인구: 4,092,310명(세계 128위)

인구증가율: 2.52%(세계 29위)

출산율(인구 1,000명당): 35.07(세계 26위)

사망률(인구 1,000명당): 9.9(세계 51위)

기대수명: 58.21세(세계 199위)

민족구성: 크펠레 족 20.3%, 바사 족 13.4%, 그레보 족 10%, 지오 족 8%, 마노 족 7.9%, 크루 족 6%, 로마 족 5.1%, 키시 족 4.8%, 골라 족 4.4%, 기타 20.1%

종교: 그리스도교 85.6%, 이슬람교 12.2%, 토착신앙 0.6%, 기타 0.2%, 무교 1.4%

언어: 영어 20%(공용어), 20여 개의 토착언어

문해율: 60.8%

정부형태: 공화국

수도: 몬로비아(Monrovia)

건국: 1847년 7월 26일

1인당 GDP: 700(세계 223위)

고용: 농업 70%, 제조업 8%, 서비스업 22%

통화: 라이베리아달러(LRD)

리비아(Libya)

정식 명칭: 리비아국(State of Libya)

위치: 이집트와 튀니지 사이에 위치하며 지중해에 연한 북아프리카국가

면적: 1,759,540km²(세계 17위)

기후: 해안지대에는 지중해성기후가 나타나며, 내륙지방의 기후는 극도로 건조한 사막기후임.

지형: 황량한 평원, 고원, 저지대가 현저함.

인구: 6,244,174명(세계 108위)

인구증가율: 3.0%(세계 10위)

출산율(인구 1,000명당): 25.62

사망률(인구 1,000명당): 3.46

기대수명: 76.04세(세계 86위)

민족구성: 베르베르 인 및 아랍 인 97%, 기타 3%(그리스계, 몰타계, 이탈리아계, 이집트계, 파키스탄계, 튀르크계, 인도계, 튀니지계 등)

종교: 수니파 이슬람교 97%, 기타 3%

언어: 아랍 어, 이탈리아 어, 영어(세 가지 언어 모두 주요도시에서 통용됨)

문해율: 89.5%

정부형태: 공화국

수도: 트리폴리(Tripoli)

건국: 1951년 12월 24일(UN 승인에 의해 독립)
1인당 GDP: $11,300(세계 109위)
고용: 농업 17%, 제조업 23%, 서비스업 59%
통화: 디나르(LYD)

리히텐슈타인(Liechtenstein)

정식 명칭: 리히텐슈타인공국(Principality of Liechtenstein)
위치: 오스트리아와 스위스 사이에 위치한 중부유럽국가
면적: 160km²(세계 219위)
기후: 대륙성기후. 겨울은 춥고 구름이 많으며 강설 및 강우가 잦고, 여름에는 구름이 많고 다습하며 기온은 대체로 온난하거나 냉량함.
지형: 산악지형(알프스)이 현저하며, 서부에는 라인강 협곡지대가 분포함.
인구: 37,313명(세계 214위)
인구증가율: 0.82%(세계 134위)
출산율(인구 1,000명당): 10.53(세계 183위)
사망률(인구 1,000명당): 7.02(세계 132위)
기대수명: 81.68세(세계 13위)
민족구성: 리히텐슈타인 인 65.6%, 기타 34.4%
종교: 가톨릭 75.9%, 개신교 7.8%, 이슬람교 5.4% 무교 5.4%, 미확인 2.6%, 기타 1.8%
언어: 독일어(공용어, 알라망계 방언) 75.9%, 이탈리아 어 1.1%, 기타 4.3%
문해율: 100%
정부형태: 입헌군주제
수도: 파두츠(Vaduz)
건국: 1719년 1월 23일(리히텐슈타인공국 설립), 1806년 7월 12일(신성로마제국으로부터 독립)
1인당 GDP: $89,400(세계 2위)
고용: 농업 8%, 제조업 37%, 서비스업 55%
통화: 스위스프랑(CHF)

리투아니아(Lithuania)

정식 명칭: 리투아니아공화국(Republic of Lithuania)
위치: 발트해에 연하며 라트비아와 러시아 사이에 위치한 동유럽국가
면적: 65,300km²(세계 123위)
기후: 대륙성기후와 해양성기후가 혼재하며, 여름, 겨울 모두 온난습윤함.
지형: 저지대로 소규모의 호소가 산재해 있으며, 토양은 비옥함.
인구: 3,505,738명(세계 134위)
인구증가율: −0.29%(세계 218위)
출산율(인구 1,000명당): 9.36(세계 205위)
사망률(인구 1,000명당): 11.55(세계 30위)
기대수명: 75.98세(세계 87위)
민족구성: 리투아니아 인 84.1%, 폴란드계 6.6%, 러시아계 5.8%, 벨라루스계 1.2%, 기타 1.1%
종교: 가톨릭 77.2%, 러시아정교 4.1%, 개신교(루터복음교, 침례교 등) 1.6%, 미분류 및 기타 10.9%, 무교 6.1%
언어: 리투아니아 어(공용어) 82%, 러시아계 8%, 폴란드계 5.6%, 미분류 및 기타 4.4%
문해율: 99.6%
정부형태: 의회민주제
수도: 빌뉴스(Vilnius)
건국: 1990년 3월 11일(독립 선포); 6 September 1991년 9월 6일(구소련에 의해 승인)
1인당 GDP: $22,600(세계 65위)
고용: 농업 7.9%, 제조업 19.6%, 서비스업 72.5%
통화: 리타스(LTL)

룩셈부르크(Luxembourg)

정식 명칭: 룩셈부르크대공국(Grand Duchy of Luxembourg)
위치: 프랑스와 독일 사이에 위치한 서유럽국가
면적: 2,586km²(세계 179위)
기후: 대륙성 기후이나 겨울은 온난하고 여름은 서늘한, 대륙성 기후로는 특이한 양상을 보임.
지형: 경사가 완만하며 넓고 깊은 협곡이 발달한 고원지형이 현저하며, 북부에는 고지대 및 약간의 산지가 분포함. 남동부로 가면 경사가 급격히 낮아지면서 모젤평야로 이어짐.

인구: 570,672명(세계 174위)

인구증가율: 1.12%(세계 109위)

출산율(인구 1,000명당): 11.75(세계 169위)

사망률(인구 1,000명당): 8.53(세계 77위)

기대수명: 80.01세(세계 35위)

민족구성: 룩셈부르크 인 63.1%, 포르투갈계 13.3%, 프랑스계 4.5%, 이탈리아계 4.3%, 독일계 2.3%, 이외의 EU 국가 출신 7.3%, 기타 5.2%

종교: 가톨릭 87%, 기타(개신교, 유대교, 이슬람교 등) 13%

언어: 룩셈부르크 어(국어), 독일어(공용어), 프랑스 어(공용어)

문해율: 100%

정부형태: 입헌군주제

수도: 룩셈부르크(Luxembourg)

건국: 1839(네덜란드에서 독립)

1인당 GDP: $77,900(세계 5위)

고용: 농업 2.2%, industry 17.2%, 서비스업 80.6%

통화: 유로(EUR)

마케도니아(Macedonia)

정식 명칭: 마케도니아공화국(Republic of Macedonia)

위치: 그리스 북부에 인접한 남동유럽국가

면적: 25,713km²(세계 150위)

기후: 여름과 가을은 고온건조하며, 겨울은 비교적 춥고 강설량이 많음.

지형: 깊이가 깊은 분지와 협곡이 분포하는 산악지형임. 3개의 거대한 호수는 각각 국경선으로 분리됨. 바다르강은 국토를 양분함.

인구: 2,091,719명(세계 147위)

인구증가율: 0.21%(세계 180위)

출산율(인구 1,000명당): 11.64(세계 171위)

사망률(인구 1,000명당): 9.04(세계 67위)

기대수명: 75.8세(세계 89위)

민족구성: 마케도니아 인 64.2%, 알바니아계 25.2%, 터키계 3.9%, 집시 2.7%, 세르비아계 1.8%, 기타 2.2%

종교: 마케도니아정교 64.7%, 이슬람교 33.3%, 기타 그리스도교 0.37%, 미분류 및 기타 1.63%

언어: 마케도니아 어 66.5%, 알바니아 어 25.1%, 터키 어 3.5%, 집시 어 1.9%, 세르비아 어 1.2%, 기타 1.8%

문해율: 97.4%

정부형태: 의회민주제

수도: 스코페(Skopje)

건국: 1991년 9월 8일(주민투표에 의해 구유고슬라비아 연방에서 분리독립)

1인당 GDP: $10,800(세계 113위)

고용: 농업 18.8%, 제조업 27.5%, 서비스업 53.7%

통화: 마케도니아디나르(MKD)

마다가스카르(Madagascar)

정식 명칭: 마다가스카르공화국(Republic of Madagascar)

위치: 모잠비크 동쪽 인도양 해상에 위치한 아프리카 남부의 섬나라

면적: 587,041km²(세계 47위)

기후: 해안지대는 열대기후, 내륙지방은 온대기후, 남부지방은 건조기후가 나타남.

지형: 해안지대에는 협소한 해안평야가 분포하며, 국토 중부는 고원 및 산악지형임.

인구: 23,201,926명(세계 53위)

인구증가율: 2.62%(세계 25위)

출산율(인구 1,000명당): 33.12(세계 33위)

사망률(인구 1,000명당): 6.95(세계 136위)

기대수명: 62.2세(세계 174위)

민족구성: 말레이-인도네시아계(메리나 족 및 베칠레오 족), 코티에르(아프리카계, 말레이-인도네시아계, 아랍계 이주민들의 혼혈인으로, 베티미사라카 족, 투미헤타 족, 안타이사카 족, 사칼라바 족 등으로 구분됨), 프랑스계, 인도계, 크레올, 코모로계

종교: 토착신앙 52%, 그리스도교 41%, 이슬람교 7%

언어: 영어(공용어), 프랑스 어(공용어), 말라가시 어(공용어)

문해율: 64.5%

정부형태: 공화국

수도: 안타나나리보(Antananarivo)
건국: 1960년 6월 26일(from France)
1인당 GDP: $1,000(세계 219위)
고용: 상세불명
통화: 아리아리(MGA)

말라위(Malawi)

정식 명칭: 말라위공화국(Republic of Malawi)
위치: 잠비아 동쪽에 위치한 아프리카 남부의 국가
면적: 118,484km²(세계 100위)
기후: 아열대기후로 11월~이듬해 5월은 우기, 5~11월은 건기임.
지형: 폭이 좁은 고원지대 및 약간의 기복이 있는 평야지형, 구릉지대, 산악지형 등이 분포함.
인구: 17,377,468명(세계 64위)
인구증가율: 3.33%(세계 6위)
출산율(인구 1,000명당): 41.8(세계 7위)
사망률(인구 1,000명당): 8.74(세계 72위)
기대수명: 59.99세(세계 194위)
민족구성: 체와 족, 냔자 족, 툼부카 족, 야오 족, 롬웨 족, 세나 족, 통가 족, 응고니 족, 응곤데 족, 아시아계, 유럽계
종교: 그리스도교 82.6%, 이슬람교 13%, 기타 1.9%, 무교 2.5%
언어: 영어(공용어), 치체와 어, 친얀자 어, 치야오 어, 치툼부카 어, 치세나 어, 칠롬웨 어, 치통가 어
문해율: 74.8%
정부형태: 다당제 민주주의
수도: 릴롱궤(Lilongwe)
건국: 1964년 7월 6일(영국으로부터 독립)
1인당 GDP: $900(세계 221위)
고용: 농업 90%, 제조업 및 서비스업 10%
통화: 말라위콰차(MWK)

말레이시아(Malaysia)

정식 명칭: 말레이시아(Malaysia)
위치: 타일랜드, 인도네시아와 인접한 반도로 브루나이 북부와 마주보며 남중국해 및 베트남 남해에 연한 동남아시아국가
면적: 329,847km²(세계 67위)
기후: 열대기후. 남서부는 매년 4~10월, 북동부는 매년 10월~이듬해 2월이 우기임.
지형: 해안지대는 평야지형이며, 내륙으로 가면서 구릉지 및 산악지형이 나타남.
인구: 30,073,353명(세계 44위)
인구증가율: 1.47%(세계 83위)
출산율(인구 1,000명당): 20.06(세계 85위)
사망률(인구 1,000명당): 5(세계 188위)
기대수명: 73.52세(세계 110위)
민족구성: 말레이 인 50.1%, 중국계 22.6%, 토착민 11.8%, 인도계 6.7%, 기타 0.7%, 비시민권자 8.2%
종교: 이슬람교 61.3%, 불교 19.8%, 그리스도교 9.2%, 힌두교 6.3%, 유교, 도교, 기타 중국계 전통종교 1.3%, 미확인 및 기타 1.4%, 무교 0.8%
언어: 말레이 어(공용어), 영어, 중국어(광둥 어, 보통화, 하카 방언, 하이난 어, 푸저우 어 등), 타밀 어, 텔루구어, 말라얄람 어, 펀자브 어, 타이 어, 토착언어(동부에서 다수의 토착어가 사용되며, 이 중에서도 이반 어와 카단자 어가 가장 널리 쓰임)
문해율: 93.1%
정부형태: 입헌군주제
수도: 쿠알라룸푸르(Kuala Lumpur)
건국: 1957년 8월 31일(영국으로부터 독립)
1인당 GDP: $17,500(세계 79위)
고용: 농업 11.1%, 제조업 36%, 서비스업 53.5%
통화: 링깃(MYR)

몰디브(Maldives)

정식 명칭: 몰디브공화국(Republic of Maldives)
위치: 인도의 남쪽-남서쪽 해상에 위치한 인도양상의 산호초들로 구성된 남아시아국가
면적: 298km²(세계 210위)
기후: 고온다습한 열대기후로 11월~이듬해 3월까지는 북동몬순의 영향으로 건조하며, 6~8월은 남서몬순의 영

향으로 강수량이 많음.
지형: 백사장이 발달한 평지 지형
인구: 393,595명(세계 177위)
인구증가율: -0.09%(세계 202위)
출산율(인구 1,000명당): 15.59(세계 127위)
사망률(인구 1,000명당): 3.84(세계 212위)
기대수명: 75.15세(세계 99위)
민족구성: 인도계, 신할라 족, 아랍계
종교: 수니파 이슬람교
언어: 몰디브 어(신할라어 방언으로 아랍 어 어휘의 영향을 받음), 영어(공용어로 공공기관에서 널리 쓰임)
문해율: 98.4%
정부형태: 공화국
수도: 말레(Male)
건국: 1965년 7월 26일(영국으로부터 독립)
1인당 GDP: $9,100(세계 124위)
고용: 농업 15%, 제조업 15%, 서비스업 70%
통화: 루피(MVR)

말리(Mali)

정식 명칭: 말리공화국(Republic of Mali)
위치: 알제리 남서쪽에 위치한 서아프리카국가
면적: 1,240,192km²(세계 24위)
기후: 아열대기후 및 건조기후가 나타남. 1년 기후는 크게 세 개의 계절로 구분되는데, 2~6월은 고온건조한 기후가, 7~11월은 강수가 잦고 온난다습한 기후가, 12월~이듬해 2월에는 서늘하고 건조한 기후가 나타남.
지형: 북부지방은 모래로 뒤덮인 평탄하고 기복이 작은 평야지대이며, 남쪽에는 사바나, 북동부에는 굴곡이 있는 구릉지대가 분포함.
인구: 16,455,903명(세계 67위)
인구증가율: 3%(세계 12위)
출산율(인구 1,000명당): 45.53(세계 2위)
사망률(인구 1,000명당): 13.22(세계 18위)
기대수명: 54.95세(세계 206위)
민족구성: 만데 족 50%(밤바라 족, 말린케 족, 소닌케 족), 풀라니 족 17%, 볼타 족 12%, 송하이 족 6%, 투아레그 족 및 무어인 10%, 기타 5%
종교: 이슬람교 94.8%, 그리스도교 2.4%, 애니미즘 2%, 무교 0.5%, 미분류 0.3%
언어: 프랑스 어(공용어), 밤바라 어 80%, 다양한 아프리카 토착어
문해율: 33.4%
정부형태: 공화국
수도: 바마코
건국: 1960년 9월 22일(프랑스로부터 독립)
1인당 GDP: $1,100(세계 217위)
고용: 농업 80%, 제조업 및 서비스업 20%
통화: CFA프랑(XOF)

몰타(Malta)

정식 명칭: 몰타공화국(Republic of Malta)
위치: 지중해의 시칠리아(이탈리아) 남쪽에 위치한 남유럽의 섬나라
면적: 316km²(세계 208위)
기후: 지중해성기후
지형: 대체로 고도가 낮고 바위가 많은 평야지대이며, 해안절벽이 발달함.
인구: 412,655명(세계 176위)
인구증가율: 0.33%(세계 170위)
출산율(인구 1,000명당): 10.24(세계 189위)
사망률(인구 1,000명당): 8.96(세계 70위)
기대수명: 80.11세(세계 33위)
민족구성:몰타 인(고대 카르타고 및 페니키아 인의 후손으로, 이탈리아계 및 지중해 주민들과의 공통분모가 강함)
종교: 가톨릭 98%, 기타 2%
언어: 몰타 어(공용어) 90.1%, 영어(공용어) 6%, 다국어 3%, 기타 0.9%
문해율: 92.4%
정부형태: 공화국
수도: 발레타(Valletta)
건국: 1964년 9월 21일(영국으로부터 독립)
1인당 GDP: $27,500(세계 54위)

고용: 농업 1%, 제조업 23%, 서비스업 76%

통화: 유로(EUR)

마셜제도(Marshall Islands)

정식 명칭: 마셜제도공화국(Republic of the Marshall Islands)

위치: 오세아니아의 북태평양 해상에 위치한 두 개의 산호초 제도 및 5개의 독립된 도서들로 구성된 지역으로, 위치상으로는 하와이와 오스트레일리아의 중간 지점임.

면적: 181km²

기후: 고온다습한 열대기후로 5~11월은 우기이며, 태풍의 진로상에 위치함.

지형: 석회질 산호초 및 모래로 구성된 섬

인구: 63,174

인구증가율: 2.142%

출산율(인구 1,000명당): 31.52

사망률(인구 1,000명당): 4.57

기대수명: 70.9세

민족구성: 마셜제도 인 92.1%, 마셜제도계 혼혈인 5.9%, 기타 2%

종교: 개신교 54.8%, 하나님의 성회 25.8%, 가톨릭 8.4%, 예수그리스도의 성회 2.8%, 모르몬교 2.1%, 기타 그리스도교 3.6%, 기타 1%, none 1.5%

언어: 마셜제도 어(공용어) 98.2%, 기타 언어 1.8%, 영어가 제2언어로 광범위하게 사용됨.

문해율: 93.7%

정부형태: 입헌정부로 미국과의 자유연합협정이 체결되어 있음. 1986년 10월 21일 체결된 이 협정은 2004년 5월 개정되었음.

수도: 마주로(Majuro)

건국: 1986년 10월 21일(미국 주도의 UN 신탁통치후 독립)

1인당 GDP: $2,900

고용: 농업 21.4%, 제조업 20.9%, 서비스업 57.7%

통화: 미국달러(USD)

모리타니아(Mauritania)

정식 명칭: 모리타니아이슬람공화국(Islamic Republic of Mauritania)

위치: 북대서양에 연하며 세네갈과 서사하라 사이에 위치한 북아프리카국가

면적: 1,030,700km²(세계 29위)

기후: 연중 고온건조하며 모래바람이 잦은 사막기후

지형: 사하라사막의 황량하고 평탄한 평야지형이 현저하며, 국토 중부에는 일부 구릉지가 분포함.

인구: 3,516,806명(세계 133위)

인구증가율: 2.26%(세계 40위)

출산율(인구 1,000명당): 31.83(세계 36위)

사망률(인구 1,000명당): 8.35(세계 87위)

기대수명: 62.28세(세계 188위)

민족구성: 무어 혼혈인/흑인 40%, 무어 인 30%, 흑인 30%

종교: 이슬람교(국교) 100%

언어: 아랍 어(국어), 풀라니 어, 소닝케 어, 월로프 어(이상 모두 국어), 프랑스 어, 하사니야 어

문해율: 58.6%

정부형태: 군사정권

수도: 누악쇼트(Nouakchott)

건국: 1960년 11월 28일(프랑스로부터 독립)

1인당 GDP: $2,200(세계 191위)

고용: 농업 50%, 제조업 10%, 서비스업 40%

통화: 우기야(MRO)

모리셔스(Mauritius)

정식 명칭: 모리셔스공화국(Republic of Mauritius)

위치: 아프리카 남부 마다가스카르 동쪽에 위치한 인도양의 섬나라

면적: 2,040km²(세계 181위)

기후: 열대기후로 남동무역풍의 영향을 받음. 겨울(5~11월)은 온난건조하고 여름(11월~이듬해 5월)은 고온다습함.

지형: 해안의 저지대가 내륙으로 가면서 불연속적인 산지로 이어지며, 이 산지들의 국토 중심부의 고원을 둘러

싸고 있는 형태임.
인구: 1,331,155명(세계 156위)
인구증가율: 0.66%(세계 148위)
출산율(인구 1,000명당): 13.46(세계 149위)
사망률(인구 1,000명당): 6.85(세계 139위)
기대수명: 75.17세(세계 98위)
민족구성: 인도계 모리셔스 인 68%, 크레올 27%, 중국계 모리셔스 인 3%, 프랑스계 모리셔스 인 2%
종교: 힌두교 48.5%, 가톨릭 26.3%, 이슬람교 17.3%, 기타 그리스도교 6.4%, 기타 0.6%, 미분류 0.1%, 무교 0.7%
언어: 크레올 어 86.5%, 보즈푸리 어 5.3%, 프랑스 어 4.1%, 기타 2.6%(영어는 공용어이기는 하나 사용인구는 전체 1% 미만임), 미분류 0.1%
문해율: 88.8%
정부형태: 의회민주제
수도: 포트루이스(Port Louis)
건국: 1968년 3월 12일(영국으로부터 독립)
1인당 GDP: $16,100(세계 86위)
고용: 농업 및 어업 9%, 건설업 및 제조업 30%, 교통통신 7%, 무역 및 접객업 22%, 금융 6%, 기타 서비스업 25%
통화: 모리셔스루피(MUR)

멕시코(Mexico)

정식 명칭: 멕시코연방(United Mexican States)
위치: 카리브해, 멕시코만, 북태평양에 연하며 미국, 벨리즈, 과테말라에 인접한 아메리카대륙 중부의 국가
면적: 1,964,375km²(세계 14위)
기후: 열대기후에서 사막기후까지 다양한 기후패턴이 나타남
지형: 고산성 산지, 해안 평야, 고원, 사막 등의 지형이 현저함.
인구: 120,286,655명(세계 12위)
인구증가율: 1.21%(세계 98위)
출산율(인구 1,000명당): 19.02(세계 91위)
사망률(인구 1,000명당): 5.24(세계 183위)
기대수명: 75.43세(세계 94위)
민족구성: 메스티소(아메리카 원주민과 에스파냐 인 혼혈) 60%, 아메리카 원주민 30%, 백인 9%, 기타 1%
종교: 가톨릭 82.7%, 오순절교회 1.6%, 여호와의 증인 1.4%, 복음주의교회 5%, 기타 1.9%, 미분류 2.7%, 무교 4.7%
언어: 에스파냐 어 전용 92.7%, 에스파냐 어 및 토착언어 병용 5.7%, 토착언어 전용 0.8%, 미분류 0.8%(참조: 토착언어란 마야 어, 나후탈 어 등 다양한 지역 고유의 언어를 지칭함)
문해율: 93.5%
정부형태: 연방공화국
수도: 멕시코시티[Mexico City, 연방구(Distrito Federal)임]
건국: 1810년 9월 16일(독립 선언), 1821년 9월 27일(에스파냐로부터 승인)
1인당 GDP: $15,600(세계 88위)
고용: 농업 13.4%, 제조업 24.1%, 서비스업 61.9%
통화: 멕시코페소(MXN)

미크로네시아(Micronesia)

정식 명칭: 미크로네시아연방(Federated States of Micronesia)
위치: 오세아니아 남태평양 해상의 제도로, 하와이와 인도네시아를 잇는 기선의 4분의 3 지점에 위치함.
면적: 702km²
기후: 열대기후로 연중 강수량이 많으며, 특히 동부 도서지역에 많은 비가 내림. 태풍 진로의 남단에 위치하여 주기적으로 태풍으로 인한 심한 피해를 입음.
지형: 산악지형으로 이루어진 도서, 환초 등 지질학적으로 다양한 지형이 나타남. 폰페이섬, 코스라에섬, 추크섬에는 화산성 노두가 분포함.
인구: 107,665
인구증가율: −0.191%
출산율(인구 1,000명당): 23.66
사망률(인구 1,000명당): 4.53
기대수명: 70.65세

민족구성: 추크 인 48.8%, 폰페이 인 24.2%, 코스라에 인 6.2%, 야프 인 5.2%, 야프 섬 외부에 거주하는 야프 인 4.5%, 아시아계 1.8%, 폴리네시아계 1.5%, 기타 6.4%, 미확인 1.4%

종교: 가톨릭 50%, 개신교 47%, 기타 3%

언어: 영어(공용어로 가장 널리 사용), 추크 어, 코스라에 어, 폰페이 어, 야프 어, 울리시 어, 울레아이 어, 누쿠오로 어, 카핑가마랑기 어

문해율: 89%

정부형태: 입헌정부로 미국과 자유연합협정을 체결함. 1986년 11월 3일 발효된 협정은 2004년 5월 수정됨.

수도: 팔리키르(Palikir)

건국: 1986년 11월 3일(미국 주도의 UN 신탁통치후 독립)

1인당 GDP: $2,300

고용: 농업 0.9%, 제조업 34.4%, 서비스업 64.7%

통화: 미국달러(USD)

몰도바(Moldova)

정식 명칭: 몰도바공화국(Republic of Moldova)

위치: 동유럽, 루마니아 북동쪽.

면적: 33,851km²(세계 140위)

기후: 온화한 겨울과 온난한 여름

지형: 완경사의 스텝지대로, 남부에서 흑해 연안으로 갈수록 고도가 높아지는 특성을 가짐.

인구: 3,853,288명(세계 132위)

인구증가율: −1.02%(세계 231위)

출산율(인구 1,000명당): 12.21(세계 161위)

사망률(인구 1,000명당): 12.6(세계 24위)

기대수명: 70.12세(세계 152위)

민족구성: 몰도바/루마니아 인 78.2%, 우크라이나계 8.4%, 러시아계 5.8%, 가가우즈계 4.4%, 불가리아계 1.9%, 기타 1.3%

종교: 정교회 98%, 유대교 1.5%, 침례교 및 기타 0.5%

언어: 몰도바 어(공용어, 사실상 루마니아 어와 차이가 없음), 러시아 어, 가가우즈 어(터키계 방언)

문해율: 99%

정부형태: 공화국

수도: 키시너우(Chisinau)

건국: 1991년 8월 27일(구소련에서 독립)

1인당 GDP: $3,800(세계 171위)

고용: 농업 26.4%, 제조업 13.2%, 서비스업 60.4%

통화: 레우(MDL)

모나코(Monaco)

정식 명칭: 모나코공국(Principality of Monaco)

위치: 프랑스 남부 해안지역에 위치하며 지중해에 연한 서유럽국가로, 프랑스–이탈리아 접경지대와 근거리에 위치함.

면적: 2km²(세계 250위)

기후: 지중해성기후

지형: 구릉성 지형으로 바위가 많고 험준함

인구: 30,508명(세계 218위)

인구증가율: 0.06%(세계 186위)

출산율(인구 1,000명당): 6.72(세계 224위)

사망률(인구 1,000명당): 9.01(세계 68위)

기대수명: 89.51세(세계 1위)

민족구성: 프랑스계 47%, 모나코 인 16%, 이탈리아계 16%, 기타 21%

종교: 가톨릭 90%, 기타 10%

언어: 프랑스 어(공용어), 영어, 이탈리아 어, 모나코 어

문해율: 99%

정부형태: 입헌군주제

수도: 모나코(Monaco)

건국: 1419년(그리말디왕가에 의해 건국)

1인당 GDP: $65,500(세계 6위)

고용: 대부분 서비스업

통화: 유로(EUR)

몽골(Mongolia)

정식 명칭: 몽골(Mongolia)

위치: 중국과 러시아 사이에 위치한 북부 아시아의 국가

면적: 1,564,116km²(세계 19위)

기후: 대륙성기후 및 사막기후로,기온의 연교차 및 일교차가 큼.

지형: 광대한 사막 및 반건조지대와 스텝지형. 서부 및 남서부에는 산맥이 분포하며, 중남부에는 고비사막이 위치함.
인구: 2,953,190명(세계 139위)
인구증가율: 1.37%(세계 89위)
출산율(인구 1,000명당): 20.88(세계 81위)
사망률(인구 1,000명당): 6.38(세계 156위)
기대수명: 67.32세
민족구성: 할하 몽골 인 91.7%, 카자크 3.8%, 도르보드 몽골 인 2.7%, 바야드 몽골 인 2.1%, 부리야트 몽골 인 1.7%, 자흐친 몽골 인 1.2%, 다리강가 몽골 인 1%, 우리안하이 몽골 인 1%, 기타 4.6%
종교: 불교 53%, 그리스도교 2.2%, 이슬람교 3%, 샤머니즘 2.9%, 기타 0.4%, 무교 38.6%
언어: 할하 몽골 어 90%(공용어), 튀르크 어, 러시아 어
문해율: 97.4%
정부형태: 내각제 및 대통령제 혼재
수도: 울란바토르(Ulaanbaatar)
건국: 1921년 7월 11일(중국에서 독립)
1인당 GDP: $5,900
고용: 농업 33%, 제조업 10.6%, 서비스업 56.4%
통화: 투그릭(MNT)

몬테네그로(Montenegro)

정식 명칭: 몬테네그로(Montenegro)
위치: 아드리아해 및 세르비아와 인접한 남동유럽국가
면적: 13,812km²(세계 162위)
기후: 지중해성기후로 내륙지방은 다설지대임.
지형: 내륙쪽으로 크게 후퇴한 해안선에는 좁은 해안평야가 분포하고, 그 뒤로 굴곡이 있는 석회암질 산지와 고원이 분포함.
인구: 650,036명(세계 168위)
인구증가율: −0.49%(세계 168위)
출산율(인구 1,000명당): 10.59(세계 182위)
사망률(인구 1,000명당): 9.3(세계 61위)
기대수명: 상세불명
민족구성: 몬테네그로 인 45%, 세르비아계 28.7%, 보스니아계 5.3%, 알바니아계 5.3%, 세르보크로아티아계 2%, 기타 3.5%, 이분류 4%
종교: 정교회 72.1%, 이슬람교 19.1%, 가톨릭 3.4%, 기타 1.5%, 미분류 2.6%, 무신론 1.2%
언어: 세르비아 어 42.9%, 몬테네그로 어(공용어) 37%, 보스니아 어 5.3%, 알바니아 어 5.3%, 세르보크로아티아 어 2%, 기타 3.5%, 미분류 2.6%
문해율: 98.5%
정부형태: 공화국
수도: 포드고리차(Podgorica)
건국: 2006년 6월 3일(세르비아–몬테네그로로부터 분리독립)
1인당 GDP: $11,900(세계 107위)
고용: 농업 6.3%, 제조업 20.9%, 서비스업 72.8%
통화: 유로(EUR)

모로코(Morocco)

정식 명칭: 모로코왕국(Kingdom of Morocco)
위치: 북대서양 및 지중해에 연하며 알제리와 서사하라 사이에 위치하는 북아프리카 국가
면적: 446,550km²(세계 58위)
기후: 지중해성기후이나 내륙지방으로 갈수록 일교차 및 연교차가 커짐
지형: 북부 해안지역 및 내륙지방은 산지 및 고원이 발달했으며, 산간분지 및 비옥한 해안평야가 분포함.
인구: 32,987,206명(세계 39위)
인구증가율: 1.02%(세계 117위)
출산율(인구 1,000명당): 18.47(세계 100위)
사망률(인구 1,000명당): 4.79(세계 196위)
기대수명: 76.51세(세계 78위)
민족구성: 아랍/베르베르 인 99%, 기타 1%
종교: 이슬람교 99%(국교, 사실상 전원 수니파)
언어: 아랍 어(공용어), 베르베르 방언, 프랑스 어(비즈니스, 공무, 외교 등에 널리 사용됨)
문해율: 67.1%
정부형태: 입헌군주제
수도: 라바트

건국: 1956년 3월 2일(프랑스로부터 독립)
1인당 GDP: $5,500(세계 155위)
고용: 농업 44.6%, 제조업 19.8%, 서비스업 35.5%
통화: 디람(MAD)

모잠비크(Mozambique)

정식 명칭: 모잠비크공화국(Republic of Mozambique)
위치: 모잠비크해협에 연하며 남아프리카공화국과 탄자니아 사이에 위치한 아프리카 남동부의 국가
면적: 799,380km²(세계 35위)
기후: 열대 및 아열대기후
지형: 국토의 대부분은 해안 저지대로, 중부 및 북서부에는 고원, 서부에는 산지가 분포함.
인구: 24,692,144명(세계 51위)
인구증가율: 2.45%(세계 54위)
출산율(인구 1,000명당): 38.83(세계 11위)
사망률(인구 1,000명당): 12.34(세계 25위)
기대수명: 52.6세(세계 213위)
민족구성: 아프리카계 99.66%(마쿠와 족, 총가 족, 롬웨 족, 세나 족, 기타), 유럽계 0.06%, 유럽계 아프리카 인 0.2%, 인도계 0.08%
종교: 가톨릭 28.4%, 이슬람교 17.9%, 시오니즘 그리스도교 15.5%, 개신교 12.2%, 기타 6.7%, 무교 18.7%, 미분류 0.7%
언어: 에마쿠와 어 25.3%, 포르투갈 어(공용어) 10.7%, 총가어 10.3%, 엘롬웨 어 7%, 치세나 어 7.5%, 에추와보 어 7%, 기타 모잠비크계 언어 30.1%, 기타 4%
문해율: 56.1%
정부형태: 공화국
수도: 마푸토(Maputo)
건국: 1975년 6월 25일(포르투갈로부터 독립)
1인당 GDP: $1,200(세계 214위)
고용: 농업 81% , 제조업 6%, 서비스업 13%
통화: 메티칼(MZM)

미얀마(Myanmar)

정식 명칭: 미얀마연방(Union of Myanmar)
위치: 안다만해와 벵골만에 연하며 방글라데시와 타일랜드 사이에 위치한 동남아시아국가
면적: 676,578km²(세계 40위)
기후: 열대몬순기후로 고온다습한 여름(6~9월, 남서몬순의 영향) 흐리고 비가 내리는 날이 잦으며, 겨울(북동몬순의 영향, 11월~이듬해 4월)은 온난하고 습도가 상대적으로 낮으며 흐린 날수 및 강수량 또한 비교적 적음.
지형: 경사가 가파르고 험준한 고지대가 국토 중앙의 저지대를 둘러싸고 있는 형태
인구: 55,746,253명(세계 25위)
인구증가율: 1.03%(세계 116위)
출산율(인구 1,000명당): 18.65(세계 97위)
사망률(인구 1,000명당): 8.01(세계 100위)
기대수명: 65.94세(세계 170위)
민족구성: 미얀마 인 68%, 샨 족 9%, 카렌 족 7%, 라킨어 4%, 중국계 3%, 인도계 2%, 몽 족 2%, 기타 5%
종교: 불교 89%, 그리스도교 4%(침례교 3%, 가톨릭 1%), 이슬람교 4%, 애니미즘 1%, 기타 2%
언어: 버마 어, 기타 소수민족 언어
문해율: 92.7%
정부형태: 2011년 3월 의회 수립
수도: 네피도(Naypyidaw)
건국: 1948년 1월 4일(영국으로부터 독립)
1인당 GDP: $1,700(세계 201위)
고용: 농업 70%, 제조업 7%, 서비스업 23%
통화: 챠트(MMK)

나미비아(Namibia)

정식 명칭: 나미비아공화국(Republic of Namibia)
위치: 남대서양, 앙골라, 남아프리카공화국에 인접한 아프리카 남부의 국가
면적: 824,292km²(세계 34위)
기후: 고온건조한 사막기후로, 강수는 드물고 불규칙하게 일어남.
지형: 대부분 고원지대로 해안지역에는 나미브사막, 동부에는 칼리하리사막이 위치함.
인구: 2,198,406명(세계 143위)

인구증가율: 0.67%(세계 147위)

출산율(인구 1,000명당): 20.28(세계 83위)

사망률(인구 1,000명당): 13.6(세계 15위)

기대수명: 51.85세(세계 215위)

민족구성: 흑인 87.5%, 백인 6%, 혼혈 6.5%(인구의 약 50%는 오밤보 족에 속하며, 9%는 카반고 족에 속함. 이 외에 헤레로 족(7%), 다마라 족(7%), 나마 족(5%), 카프리비 족(4%), 부시맨(3%), 바스터 족(2%), 츠와나 족(0.5%) 등의 소수계 부족도 존재함)

종교: 그리스도교 80~90%(이 중 루터교의 비율이 50% 이상), 토착신앙 10~20%

언어: 영어 7%(공용어), 아프리칸스 어(인구 대부분, 그리고 백인 인구의 60%가 사용하는, 남아프리카공화국에서 가장 널리 사용되는 언어), 독일어 32%, 토착언어 1%(오밤보 어, 헤레로 어, 나마 어 등)

문해율: 88.8%

정부형태: 공화국

수도: 빈트후크(Windhoek)

건국: 1990년 3월 21일(남아프리카공화국의 조율로 분리 독립)

1인당 GDP: $8,200(세계 132위)

고용: 농업 16.3%, 제조업 22.4%, 서비스업 61.3%

통화: 나미비아달러(NAD); 란드(ZAR)

나우루(Nauru)

정식 명칭: 나우루공화국(Republic of Nauru)

위치: 남태평양의 마셜제도 남쪽 해상에 위치한 오세아니아의 섬나라

면적: 21km²(세계 240위)

기후: 우기가 존재하는 열대기후(우기: 11월~이듬해 2월)

지형: 해안의 백사장이 국토의 인산염 고원 및 산호초를 둘러싼 환상의 비옥한 토지로 이어지는 형태를 보이고 있음.

인구: 9,488명(세계 227위)

인구증가율: 0.56%(세계 151위)

출산율(인구 1,000명당): 25.61(세계 51위)

사망률(인구 1,000명당): 5.9(세계 172위)

기대수명: 66.4세(세계 169위)

민족구성: 나우루 인 58%, 기타 태평양계 26%, 중국계 8%, 유럽계 8%

종교: 개신교 60.4%(나우루연합교회 33.7%, 하나님의 성회 13%, 나우루독립교회 9.5%, 침례교 1.5%, 제7일안식일교회 0.7%), 가톨릭 35% 기타 2.8%, 무교 1.8%, 미분류 1.1%

언어: 나우루 어(공용어. 태평양 제도 언어의 한 갈래), 영어(널리 통용되며 특히 행정 및 비즈니스언어로서의 위상이 높음)

문해율: 상세불명

정부형태: 공화국

수도: 공식 수도는 없으며, 야렌지구(Yaren District)에 정부청사가 위치함.

건국: 1968년 1월 31일(오스트레일리아, 뉴질랜드, 영국 주도의 UN 협약에 의거 독립)

1인당 GDP: $5,000(세계 160위)

고용: 초석채굴, 공직, 교육, 교통

통화: 호주달러(AUD)

네팔(Nepal)

정식 명칭: 네팔연방민주공화국(Federal Democratic Republic of Nepal)

위치: 중국과 인도 사이에 위치한 남아시아 국가

면적: 147,181km²(세계 94위)

기후: 북부는 여름은 냉량하고 겨울은 매우 추우며, 남부는 여름에 아열대기후가 나타나고 겨울은 온난한 등 기후의 지역적 편차가 큼.

지형: 남부에는 타라이(Tarai)라 불리는 갠지스강의 충적평야가 발달해 있으며, 중부는 구릉지대, 북부에는 히말라야산맥의 험준한 산지가 발달함.

인구: 30,986,975명(세계 42위)

인구증가율: 1.82%(세계 66위)

출산율(인구 1,000명당): 21.07(세계 79위)

사망률(인구 1,000명당): 6.62(세계 145위)

기대수명: 67.19세(세계 165위)

민족구성: 체트리 족 16.6%, 브라만 족 12.2%, 마가르 족

7.1%, 타루 족 6.6%, 타망 족 5.8%, 네와르 족 5%, 무슬림 4.4%, 카미 족 4.8%, 야다브 족 4%, 라이 족 2.3%, 구룽 족 2%, 다마이 족 1.8%, 타쿠리 족 1.6%, 림부 족 1.5%, 사크리 족 1.4%, 텔리 족 1.4%, 람 족 1.3%, 코이리 족 1.2%, 기타 23%

종교: 힌두교 81.3%, 불교 9%, 이슬람교 4.4%, 키란트(Kirant: 네팔 전통 신앙–역주) 3%, 그리스도교 1.4%, 기타 0.5%, 미분류 0.2%

언어: 네팔 어 44.6%, 마이탈리 어 11.7%, 보즈푸리 어 6%, 타루 어 5.8%, 타망 어 5.1%, 네와르 어 3.2%, 마가르 어 3%, 바이카 어 3%, 우르두 어 2.6%, 아와디 어 1.9%, 림부 어 1.3%, 구룽 어 1.2%, 기타 10.4%, 미분류 0.2%

문해율: 57.4%

정부형태: 민주공화국

수도: 카트만두(Kathmandu)

건국: 1768년(프리트비 나라얀 샤에 의해 통일)

1인당 GDP: $1,500(세계 205위)

고용: 농업 75%, 제조업 7%, 서비스업 18%

통화: 네팔루피(NPR)

네덜란드(The Netherlands)

정식 명칭: 네덜란드왕국(Kingdom of the Netherlands)

위치: 북해와 벨기에, 독일에 인접한 서유럽국가

면적: 41,543km^2(세계 135위)

기후: 온대 해양성기후

지형: 대부분 해안저지대 및 간척지(폴더)로, 남동부 지방에 일부 구릉 존재

인구: 16,877,351명(세계 66위)

인구증가율: 0.42%(세계 161위)

출산율(인구 1,000명당): 10.83(세계 181위)

사망률(인구 1,000명당): 8.57(세계 76위)

기대수명: 81.12세(세계 22위)

민족구성: 네덜란드 인 80.7%, 유럽계 5%, 인도네시아계 2.4%, 터키계 2.2%, 수리남계 2%, 모로코계 2%, 네덜란드령 안틸레스 제도 출신 0.8%, 기타 4.8%

종교: 가톨릭 30%, 네덜란드개혁교회 11%, 칼뱅파 6%, 기타 개신교 3%, 이슬람교 5.8%, 기타 2.2%, 무교 42%

언어: 네덜란드 어(공용어), 프리지아 어(공용어)

문해율: 99%

정부형태: 입헌군주제

수도: 암스테르담(Amsterdam)

건국: 1579년 1월 23일(북해 연안의 저지국 주들이 위트레흐트동맹을 결성하여 에스파냐에 대한 분리독립운동 및 저항운동을 개시함), 1581년 7월 26일(위트레흐트동맹 회원주들은 포기조약의 공표를 통해 공식적인 독립을 선언하나, 실질적인 독립으로 이어지지는 못함), 1648년 1월 30일(베스트팔렌조약의 체결로 에스파냐로부터 완전 독립 달성)

1인당 GDP: $41,400(세계 24위)

고용: 농업 2%, 제조업 18%, 서비스업 80%

통화: 유로(EUR)

뉴질랜드(New Zealand)

정식 명칭: 뉴질랜드(New Zealand)

위치: 오세아니아의 오스트레일리아 남동쪽에 위치한 남태평양의 섬나라

면적: 267,710km^2(세계 76위)

기후: 기후의 계절차가 큰 온대기후

지형: 산악지형이 주된 지형으로, 일부 지역에 대규모 해안평야 발달

인구: 4,401,916명(세계 127위)

인구증가율: 0.83%(세계 132위)

출산율(인구 1,000명당): 13.4(세계 151위)

사망률(인구 1,000명당): 7.3(세계 124위)

기대수명: 80.93세(세계 26위)

민족구성: 유럽계 71.2%, 마오리 족 14.1%, 아시아계 11.3%, 남태평양계 7.6%, 중동/라틴아메리카/아프리카계 1.1%, 기타 1.6%, 미분류 5.4%

종교: 성공회 10.8%, 가톨릭 11.6%, 장로교 7.8%, 감리교 2.4%, 오순절교회 1.8%, 기타 그리스도교 9.9%, 힌두교 2.1%, 불교 1.4%, 이슬람교 1.1%, 마오리 그리스도교 1.3%, 기타 1.4%, 무교 38.5%, 미분류 8.2%, 무응답 4.1%

언어: 영어(공용어), 마오리 어(공용어), 수화(공용어)
문해율: 99%
정부형태: 의회민주제
수도: 웰링턴(Wellington)
건국: 1907년 9월 26일(영국으로부터 독립)
1인당 GDP: $30,400(세계 46위)
고용: 농업 7%, 제조업 19%, 서비스업 74%
통화: 뉴질랜드달러(NZD)

니카라과(Nicaragua)

정식 명칭: 니카라과공화국(Republic of Nicaragua)
위치: 코스타리카와 온두라스 사이에 위치하며 카리브해와 북태평양에 동시에 연한 중앙아메리카국가
면적: 130,370km²(세계 98위)
기후: 저지대에는 열대기후가 나타나며, 고지대는 저지대에 비해 서늘함
지형: 대서양 연안의 넓은 해안평야가 내륙지방의 산지로 이어지는 형태를 나타내며, 태평양 연안의 협소한 해안평야 사이로 화산이 분포함.
인구: 5,848,641명(세계 111위)
인구증가율: 1.02%(세계 118위)
출산율(인구 1,000명당): 18.41(세계 103위)
사망률(인구 1,000명당): 5.07(세계 185위)
기대수명: 72.72세(세계 130위)
민족구성: 메스티소(아메리카 원주민과 백인 혼혈) 69%, 백인 17%, 흑인 9%, 아메리카 원주민 5%
종교: 가톨릭 58.5%, 복음파 21.6%, 모라비아교 1.6%, 여호와의 증인 0.9%, 기타 1.7%
언어: 에스파냐 어 97.5%(공용어), 미스키토 어 1.7%, 기타 0.8%
문해율: 78%
정부형태: 공화국
수도: 마나과(Managua)
건국: 1821년 9월 15일(에스파냐로부터 독립)
1인당 GDP: $4,500(세계 166위)
고용: 농업 28%, 제조업 19%, 서비스업 53%
통화: 코르도바 오로(NIO)

니제르(Niger)

정식 명칭: 니제르공화국(Republic of Niger)
위치: 알제리 남동쪽에 위치한 서아프리카국가
면적: 1,267,000km²(세계 22위)
기후: 고온건조한 사막기후가 현저하며, 국토 남단에는 열대기후가 나타남.
지형: 대체로 모래사막으로 이루어져 있으며, 남부에는 평탄한 평지 및 완만한 구릉지, 북부에는 구릉지가 분포함.
인구: 17,466,172명(세계 63위)
인구증가율: 3.28%(세계 7위)
출산율(인구 1,000명당): 46.12(세계 1위)
사망률(인구 1,000명당): 12.73(세계 22위)
기대수명: 54.74세(세계 208위)
민족구성: 하우사 족 55.4%, 제르마 손라이 족 21%, 투아레그 족 9.3%, 퓔 족 8.5%, 카노리 망가 족 4.7%, 기타 1.2%
종교: 이슬람교 80%, 기타(토착신앙, 그리스도교 등) 20%
언어: 프랑스 어(공용어), 하우사 어, 제르마 어
문해율: 28.7%
정부형태: 공화국
수도: 니아메(Niamey)
건국: 1960년 8월 3일(프랑스로부터 독립)
1인당 GDP: $800(세계 222위)
고용: 농업 90%, 제조업 6%, 서비스업 4%
통화: CFA프랑(XOF)

나이지리아(Nigeria)

정식 명칭: 나이지리아연방공화국(Federal Republic of Nigeria)
위치: 베냉과 카메룬 사이에 위치하며 기니만에 연한 서아프리카국가
면적: 923,768km²(세계 32위)
기후: 남부지방은 적도기후, 중부지방은 열대기후, 북부지방은 건조기후가 나타나는 등 지역적 편차가 큼.
지형: 남부의 저지대가 중부의 구릉지 및 고원지대와 이

어지는 형태를 보이며, 남동부에는 산지가, 북부에는 평야가 분포함.

인구: 177,155,754명(세계 8위)

인구증가율: 2.47%(세계 33위)

출산율(인구 1,000명당): 38.03(세계 12위)

사망률(인구 1,000명당): 13.16(세계 19위)

기대수명: 52.62세(세계 212위)

민족구성: 아프리카 최대의 인구대국인 나이지리아는 250개 이상의 민족집단으로 구성된 나라임. 그중에서도 특히 인구구성에서 차지하는 비율이 높고 정치적 영향력이 강한 민족집단은 다음과 같음. 하우사 족 및 풀라니 족 29%, 요루바 족 21%, 이보 족 18%, 이조 족 10%, 카누리 족 4%, 이비비오 족 3.5%, 티브 족 2.5%

종교: 이슬람교 50%, 그리스도교 40%, 토착신앙 10%

언어: 영어(공용어), 하우사 어, 요루바 어, 이보 어, 풀라니 어

문해율: 61.3%

정부형태: 연방공화국

수도: 아부자(Abuja)

건국: 1960년 10월 1일(영국으로부터 독립)

1인당 GDP: $2,800(세계 180위)

고용: 농업 70%, 제조업 10%, 서비스업: 20%

통화: 나이라(NGN)

북한

정식 명칭: 조선민주주의인민공화국(Democratic People's Republic of Korea)

위치: 동아시아의 대한민국 및 중국 사이에 놓인 한반도 북부를 차지하고 있으며, 동해 및 서한만에 연함.

면적: 120,538km²(세계 99위)

기후: 온대기후로 여름에 강수가 집중됨.

지형: 대부분 산악지대 및 구릉지대로, 깊고 좁은 협곡분지에 의해 단절되는 형태를 보임. 서부에는 넓은 해안 평야가 분포하며, 동부 해안에는 불연속적이고 좁은 저지대가 분포함.

인구: 24,851,652명(세계 50위)

인구증가율: 0.53%(세계 153위)

출산율(인구 1,000명당): 14.61(세계 138위)

사망률(인구 1,000명당): 9.18(세계 65위)

기대수명: 69.81세(세계 154위)

민족구성: 단일민족국가로 소규모 중국계 공동체 및 일본계 주민 존재

종교: 불교 및 유교, 일부 그리스도교 및 천도교

언어: 한국어

문해율: 100%

정부형태: 1인독재 공산국가

수도: 평양

건국: 1945년 8월 15일(일본으로부터 독립)

1인당 GDP: $1,800(세계 197위)

고용: 농업 35%, 제조업 및 서비스업 65%

통화: 원(KPW)

노르웨이(Norway)

정식 명칭: 노르웨이왕국(Kingdom of Norway)

위치: 북해 및 북태평양에 연하며 스웨덴 서쪽에 위치한 북유럽국가

면적: 323,802km²(세계 68위)

기후: 해안지대에서는 온대기후가 나타나며 북대서양해류의 영향을 받음. 내륙지방은 기온이 낮고 강수량이 많음. 서부 해안지방은 연중 강수량이 많음.

지형: 빙하지형이 현저하며 고원 및 험준한 산지가 비옥한 협곡분지에 의해 분단되는 패턴이 관찰됨. 소규모의 평야가 산재하며, 해안선은 피요르드에 의해 깊이 파여 있음. 북부지방에서는 툰드라기후가 나타남.

인구: 5,147,792명(세계 121위)

인구증가율: 1.19%(세계 101위)

출산율(인구 1,000명당): 12.09(세계 165위)

사망률(인구 1,000명당): 8.19(세계 94위)

기대수명: 79.81세

민족구성: 노르웨이 인 94.4%(약 60,000명의 라프 족 포함), 기타 유럽계 3.6%, 기타 2%

종교 루터복음교 82.1%, 기타 그리스도교 3.9%, 이슬람교 2.3%, 가톨릭 1.8%. 기타 2.4%, 미분류 7.5

언어: 부크몰 노르웨이 어(공용어), 뉘노르스크 노르웨이

어(공용어), 소수 라프 어 및 핀란드 어 구사 소수민족(라프 어는 6개 시의 공용어임)
문해율: 100%
정부형태: 입헌군주제
수도: 오슬로(Oslo)
건국: 1905년 6월 7일(스웨덴과의 동군연합 해체 선언), 1905년 10월 26일(스웨덴측의 노르웨이 분리독립 동의)
1인당 GDP: $55,400(세계 10위)
고용: 농업 2.2%, 제조업 20.2%, 서비스업 77.6%
통화: 크로네(NOK)

오만(Oman)

정식 명칭: 오만술탄국(Sultanate of Oman)
위치: 아라비아해, 오만만, 페르시아만에 연하며 예멘과 아랍에미리트연방 사이에 위치한 중동국가
면적: 309,500km²(세계 71위)
기후: 건조한 사막기후로, 해안지대에서는 고온다습한 기후가 나타남. 내륙지방은 고온건조하며, 남부지방은 5~9월에 남서몬순의 영향을 강하게 받음.
지형: 중부는 평탄한 사막, 남부와 북부는 험준한 산지
인구: 3,219,755명(세계 136위)
인구증가율: 2.06%(세계 49위)
출산율(인구 1,000명당): 24.47(세계 59위)
사망률(인구 1,000명당): 3.38(세계 218위)
기대수명: 74.97세(세계 104위)
민족구성: 아랍 인, 발루치 족, 남아시아계(인도계, 파키스탄계, 스리랑카계, 방글라데시계), 아프리카계
종교: 이슬람교 85.9%, 그리스도교 6.5%, 힌두교 5.5%, 불교 0.8%, 유대교 0.1%, 기타 1%, 무교 0.2%
언어: 아랍 어(공용어), 영어, 발루치 어, 우르두 어, 인도계 방언
문해율: 91.1%
정부형태: 군주정
수도: 무스카트(Muscat)
건국: 1650(포르투갈에 할양)
1인당 GDP: $44,100(세계 31위)
고용: 상세불명
통화: 오만리알(OMR)

파키스탄(Pakistan)

정식 명칭: 파키스탄이슬람공화국(Islamic Republic of Pakistan)
위치: 아라비아해에 연하고 동부는 인도, 서부는 이란 및 아프가니스탄, 북부는 중국과 인접한 남아시아국가
면적: 796,095km²(세계 36위)
기후: 고온건조한 사막기후가 현저하며, 북서부는 온대기후가 나타나고 북부지방에서는 극기후도 관찰됨.
지형: 동부 지형은 평탄한 인더스 평야, 북부와 북서부는 산지, 서부에는 발로치스탄고원이 분포함.
인구: 196,714,380(세계 7위)
인구증가율: 1.49%(세계 80위)
출산율(인구 1,000명당): 23.19(세계 71위)
사망률(인구 1,000명당): 6.58(세계 147위)
기대수명: 67.05세(세계 167위)
민족구성: 펀자브 인 44.68%, 파슈툰 족 15.42%, 신디 족 14.1%, 사리아키 족 8.38%, 무하기르 족 7.57%, 발로치 족 3.57%, 기타 6.28%
종교: 이슬람교 96.4%(수니파 85~90%, 시아파 10~15%), 기타(그리스도교, 힌두교 등) 3.6%
언어: 펀자브 어 48%, 신디 어 12%, 시라이키 어(펀자브 방언) 10%, 파슈투 어 8%, 우르두 어(공용어) 8%, 발로치 어 3%, 힌드코 어 2%, 브라후이 어 1%, 영어(공용어. 상류층의 링구아 프랑카로 대부분의 정부기관에서 널리 사용됨), 부루샤스키 어 및 기타 8%
문해율: 54.9%
정부형태: 연방공화국
수도: 이슬라마바드(Islamabad)
건국: 1947년 8월 14일(영국령 인도로부터 독립)
1인당 GDP: $3,100(세계 176위)
고용: 농업 45.1%, 제조업 20.7%, 서비스업 34.2%
통화: 파키스탄루피(PKR)

팔라우(Palau)

정식 명칭: 팔라우공화국(Republic of Palau)

위치: 북태평양 해상 오세아니아의 군도로, 필리핀 남동부에 위치함.

면적: 459km²(세계 198위)

기후: 고온다습한 열대기후로, 5~11월은 우기임.

지형: 팔라우 최대규모인 바벨투아프섬은 고산지형이 현저한 한편 해발고도가 낮고 보초에 둘러싸인 산호섬들도 다수 산재하는 등 자질학적 편차가 큼.

인구: 21,186명(세계 220위)

인구증가율: 0.37%(세계 163위)

출산율(인구 1,000명당): 10.95(세계 177위)

사망률(인구 1,000명당): 7.93(세계 103위)

기대수명: 72.6세(세계 132위)

민족구성: 팔라우 인(미크로네시아 인, 말레이 인, 멜라네시아 인 혼혈) 72.5%, 필리핀계 10.8%, 중국계 1.6%, 기타 아시아계 3.4%, 백인 0.9%, 캐롤리니아 인 1%, 베트남계 1.6%, 기타 미크로네시아계 1.1%, 기타 0.3%

종교: 가톨릭 49.4%, 개신교 30.9%, 모데크게이 8.7%(팔라우 토착신앙), 여호와의 증인 1.1%, 기타 8.8%, 미분류 및 무교 1.1%

언어: 팔라우 어 66.6%(손소랄 어 및 영어가 공용어인 손소랄 섬, 토비 어와 영어를 공용어로 하는 토비 섬, 안가우르 어, 일본어, 영어를 공용어로 하는 안가우르 섬을 제외한 국토 전역에서 공용어로 쓰임), 캐롤리니아 어 0.7%, 기타 미크로네시아계 언어 0.7%, 영어(15.5%), 필리핀 어 10.8%, 중국어 1.8%, 기타 아시아계 언어 2.6%, 기타 1.3%

문해율: 92%

정부형태: 입헌정부로 미국과 자유연합협정 체결(1994년 10월 1일 발효)`

수도: 멜레케오크(Melekeok)

건국: 1994년 10월 1일(미국 주도의 UN 신탁통치후 독립)

1인당 GDP: $10,500(세계 116위)

고용: 농업 20%, 기타 80%

통화: 미국달러(USD)

파나마(Panama)

정식 명칭: 파나마공화국(Republic of Panama)

위치: 카리브해 및 북대서양에 연하며 콜롬비아와 코스타리카 사이에 위치한 중앙아메리카국가

면적: 75,420km²(세계 118위)

기후: 열대해양성기후로 고온다습하며 흐린 날이 많음. 우기(5월~이듬해 1월)가 길고 건기(1~5월)는 짧음.

지형: 내륙지방은 경사가 가파르고 험준한 산지 및 분절된 고위평탄면이 현저하게 나타남. 해안지역은 대체로 평야 및 구릉지임.

인구: 3,608,431명(세계 131위)

인구증가율: 1.35%(세계 91위)

출산율(인구 1,000명당): 18.61(세계 98위)

사망률(인구 1,000명당): 4.77(세계 198위)

기대수명: 78.3세(세계 56위)

민족구성: 메스티소(아메리카 원주민과 백인 혼혈) 70%, 아메리카 원주민 및 혼혈인(서인도계) 14%, 백인 10%, 아메리카 원주민 6%

종교: 가톨릭 85%, 개신교 15%

언어: 에스파냐 어(공용어), 영어 14%. 상당수의 파나마인들은 에스파냐 어와 영어를 모두 구사함.

문해율: 94.1%

정부형태: 입헌민주정

수도: 파나마(Panama)

건국: 1903년 11월 3일(콜롬비아로부터 분리독립. 에스파냐로부터는 1821년 11월 21일에 독립)

1인당 GDP: $16,500(세계 81위)

고용: 농업 17%, 제조업 18.6%, 서비스업 64.4%

통화: 발보아(PAB), 미국달러(USD)

파푸아뉴기니(Papua New Guinea)

정식 명칭: 파푸아뉴기니독립국(Independent State of Papua New Guinea)

위치: 산호해와 남태평양 사이에 위치한 뉴기니섬의 동반부를 포함하는 오세아니아의 제도로, 인도네시아 동쪽에 위치함.

면적: 462,840km²(세계 55위)

기후: 열대기후로 12월~이듬해 3월은 북서몬순, 5~10월에는 남동몬순의 영향을 받음. 계절에 따른 기온차는 미미함.
지형: 산지가 현저하며, 해안지방에는 저지대와 완만한 구릉지대가 분포함.
인구: 6,552,730명(세계 106위)
인구증가율: 1.84%(세계 65위)
출산율(인구 1,000명당): 24.89(세계 57위)
사망률(인구 1,000명당): 6.53(세계 150위)
기대수명: 66.85세(세계 168위)
민족구성: 멜라네시아계, 파푸아계, 니그리토, 미크로네시아계, 폴리네시아계
종교: 가톨릭 27%, 루터복음교 19.5%, 연합교회 11.5%, 제7일안식일교회 10%, 오순절교회 8.6%, 연합복음교 5.2%, 성공회 3.2%, 침례교 2.5%, 기타 개신교 8.9%, 바하이 0.3%, 토착신앙 및 기타 3.3%
언어: 멜라네시아 어 계열 언어(링구아 프랑카), 영어(사용인구 1~2%), 모투스포켄 어(파푸아 지방), 기타 820개의 토착어
문해율: 62.4%
정부형태: 입헌의회민주제
수도: 포트모르즈비(Port Moresby)
건국: 1975년 9월 16일(오스트레일리아 주도의 UN 협약에 의해 독립)
1인당 GDP: $2,900(세계 178위)
고용: 농업 85%, 기타 15%
통화: 키나(PGK)

파라과이(Paraguay)

정식 명칭: 파라과이공화국(Republic of Paraguay)
위치: 아르헨티나 북동쪽에 위치한 남아메리카 중부의 국가
면적: 406,752km²(세계 60위)
기후: 아열대 및 온대기후. 동부에는 강수량이 매우 많으며, 서부 접경지대에는 반건조기후가 나타남.
지형: 파라과이강 동쪽에는 평야지대로 초원 및 삼림이 형성된 구릉지가 분포함. 파라과이강 서쪽의 그란차코 지방의 경우에는 강 유역의 고도가 낮고 습지가 많은 평야지형이 현저하며, 건조한 환경에서도 잘 자라는 관목림 등도 다수 분포함.
인구: 6,703,860명(세계 105위)
인구증가율: 1.19%(세계 100위)
출산율(인구 1,000명당): 16.66(세계 118위)
사망률(인구 1,000명당): 4.64(세계 200위)
기대수명: 76.8세(세계 72위)
민족구성: 메스티소(에스파냐 인과 아메리카 원주민 혼혈) 95%, 기타 5%
종교: 가톨릭 89.6%, 개신교 6.2%, 기타 그리스도교 1.1%, 기타 및 미분류 1.9%, 무교 1.1%
언어: 에스파냐 어(공용어), 과라니 어(공용어)
문해율: 93.9%
정부형태: 입헌공화국
수도: 아순시온(Asuncion)
건국: 1811년 5월 14일(에스파냐로부터 독립)
1인당 GDP: $6,800(세계 143위)
고용: 농업 26.5%, 제조업 18.5%, 서비스업 55%
통화: 과라니(PYG)

페루(Peru)

정식 명칭: 페루공화국(Republic of Peru)
위치: 남태평양에 연하며 칠레와 에콰도르 사이의 남아메리카 서부에 위치.
면적: 1,285,216km²(세계 20위)
기후: 동부의 열대기후, 서부의 사막 및 건조기후, 안데스 지방의 온대 및 한대기후 등 다양한 기후패턴이 나타남.
지형: 서부 해안평야(코스타costa), 중부의 안데스 고산지대(시에라sierra), 동부는 아마존 분지의 저지대 열대우림(셀바selva)
인구: 30,147,935명
인구증가율: 0.99%(세계 120위)
출산율(인구 1,000명당): 18.57(세계 99위)
사망률(인구 1,000명당): 5.99(세계 166위)
기대수명: 73.23세(세계 127위)

민족구성: 아메리카 원주민 45%, 메스티소(아메리카 원주민과 백인 혼혈) 37%, 백인 15%, 흑인, 일본계, 중국계 및 기타 3%
종교: 가톨릭 81%, 제7일안식일교회 1.4%, 기타 그리스도교 0.7%, 기타 0.6%, 미분류 및 무교 16.3%
언어: 에스파냐 어(공용어) 84.1%, 케추아 어(공용어) 13%, 아이마라 어(공용어) 1.7%, 기타 아마존계 소수 언어 1.2%
문해율: 89.6%
정부형태: 입헌공화국
수도: 리마(Lima)
건국: 1821년 7월 28일(에스파냐로부터 독립)
1인당 GDP: $11,100(세계 110위)
고용: 농업 25.8%, 제조업 17.4%, 서비스업 56.8%
통화: 누에보솔(PEN)

필리핀(The Philippines)

정식 명칭: 필리핀공화국(Republic of the Philippines)
위치: 베트남 동쪽에 위치하며 남중국해와 필리핀해 사이의 제도 형태를 취하고 있는 동남아시아국가
면적: 300,000km²(세계 73위)
기후: 열대 해양성기후. 북동부(11월~이듬해 4월) 및 남서부(5월~10월)에는 몬순기후가 나타남.
지형: 대부분 산악지형 및 다양한 규모의 해안 저지대로 구성
인구: 107,668,231명(세계 13위)
인구증가율: 1.81%(세계 67위)
출산율(인구 1,000명당): 24.24(세계 61위)
사망률(인구 1,000명당): 4.92(세계 193위)
기대수명: 72.48세(세계 134위)
민족구성: 타갈로그 인 28.1%, 세부 인 13.1%, 일로코 인 9%, 비사야 인 7.6%, 일리가논 인(일롱고 인) 7.5%, 비콜 인 6%, 와라이 인 3.4%, 기타 25.3%
종교: 가톨릭 82.9%, 이슬람교 5%, 복음주의 개신교 2.8%, 이글레시아 니 그리스도(Iglesia ni Cristo) 2.3%, 기타 그리스도교 4.5%, 기타 1.8%, 미분류 0.6%, 무교 0.1%
언어: 필리핀 어(타갈로그 어에 기반을 둔 공용어) 및 영어(공용어), 8개의 주요 토착어(타갈로그 어, 세부아노어, 일로코 어, 일리가이논 어(일롱고 어), 비콜 어, 와라이 어, 팜팡고 어, 팡가시난 어)
문해율: 95.4%
정부형태: 공화국
수도: 마닐라(Manila)
건국: 1898년 6월 12일(에스파냐로부터 독립 선포), 1946년 7월 4일(미국으로부터 독립)
1인당 GDP: $4,700(세계 165위)
고용: 농업 32%, 제조업 15%, 서비스업 53%
통화: 필리핀페소(PHP)

폴란드(Poland)

정식 명칭: 폴란드공화국(Republic of Poland)
위치: 독일 동쪽에 위치한 중부유럽 국가
면적: 312,685km²(세계 70위)
기후: 온대기후로 겨울은 춥고 구름이 많으며 강수가 잦음. 여름은 온화하며 소나기와 뇌우가 잦음.
지형: 대부분 평야지형으로 남부 국경지대에는 산지 분포
인구: 38,346,279명(세계 35위)
인구증가율: −0.11%(세계 203위)
출산율(인구 1,000명당): 9.77(세계 200위)
사망률(인구 1,000명당): 10.37(세계 43위)
기대수명: 76.65세(세계 76위)
민족구성: 폴란드 인 96.9%, 슐레지엔계 1.1%, 독일계 0.2%, 우크라이나계 0.1%, 미분류 및 기타 1.7%
종교: 가톨릭 87.2%, 정교회 1.3%, 개신교 0.4%, 기타 0.4%, 미분류 10.8%
언어: 폴란드 어(공용어) 96.2%, 폴란드 어 및 외국어 병용 2%, 기타 외국어 0.5%, 미분류 1.3%
문해율: 99.7%
정부형태: 공화국
수도: 바르샤바(Warsaw)
건국: 1918년 11월 11일(공화국 선포)
1인당 GDP: $21,000(세계 69위)
고용: 농업 12.9%, 제조업 30.2%, 서비스업 57%

통화: 즐로티(PLN)

포르투갈(Portugal)

정식 명칭: 포르투갈공화국(Portuguese Republic)
위치: 에스파냐 서쪽에 위치하며 북대서양에 연한 남서유럽 국가
면적: 92,090km²(세계 111위)
기후: 온대 해양성기후. 북부는 서늘하고 비가 많이 내리며, 남부는 온난건조함.
지형: 타구스강 북쪽은 산악 지형이며, 남부지방은 경사가 완만한 평야지대임.
인구: 10,813,834명(세계 80위)
인구증가율: 0.12%(세계 184위)
출산율(인구 1,000명당): 9.42(세계 202위)
사망률(인구 1,000명당): 10.97(세계 36위)
기대수명: 79.01세(세계 49위)
민족구성: 라틴계 단일민족. 식민지 해방 과정에서 포르투갈로 이주한 아프리카계 주민은 10만 명 미만임. 1990년대 이후 동유럽계 이민자들의 유입이 이루어지고 있음.
종교: 가톨릭 81%, 기타 그리스도교 3.3%, 기타 0.6%, 미분류 8.3%, 무교 6.8%
언어: 포르투갈 어(공용어), 미란다 어(공용어이나 국지적으로만 사용됨)
문해율: 95.4%
정부형태: 의회민주제 공화국
수도: 리스본(Lisbon)
건국: 1143년(포르투갈왕국 탄생), 1910년 10월 5일(포르투갈공화국 선포)
1인당 GDP: $22,900(세계 64위)
고용: 농업 11.7%, 제조업 28.5%, 서비스업 59.8%
통화: 유로(EUR)

카타르(Qatar)

정식 명칭: 카타르국(State of Qatar)
위치: 페르시아만과 사우디아라비아에 인접한 중동의 반도상에 위치
면적: 11,586km²(세계 166위)
기후: 건조기후로 겨울은 온난하며 여름은 고온다습함.
지형: 모래와 자갈로 뒤덮인 사막지형이 현저함.
인구: 2,123,160명(세계 146위)
인구증가율: 3.58%(세계 5위)
출산율(인구 1,000명당): 9.95(세계 194위)
사망률(인구 1,000명당): 1.53(세계 226위)
기대수명: 78.38세(세계 53위)
민족구성: 아랍 인 40%, 인도계 18%, 파키스탄계 18%, 이란계 10%, 기타 14%
종교: 이슬람교 77.5%, 그리스도교 8.5%, 기타 14%
언어: 아랍 어(공용어), 제2언어로 영어가 널리 사용됨
문해율: 96.3%
정부형태: 토후국
수도: 도하(Doha)
건국: 1971년 9월 3일(영국으로부터 독립)
1인당 GDP: $100,900(세계 1위)
고용: 대부분 2, 3차산업 종사
통화: 카타르리얄(QAR)

루마니아(Romania)

정식 명칭: 루마니아(Romania)
위치: 흑해에 연하며 불가리아와 우크라이나 사이에 위치한 남동유럽 국가
면적: 238,391km²
기후: 온대기후로 겨울은 춥고 흐리거나 안개 낀 날이 잦으며 눈이 자주 내림. 여름은 일조량이 많고 소나기와 뇌우도 잦음.
지형: 국토 중부의 트란실바니아분지가 동부의 카르파티아산맥에 의해 몰다비아평원으로부터, 그리고 남부의 트란실바니아-알프스산맥에 의해 왈라키아평원으로부터 분리되는 형태를 보임.
인구: 21,729,871명(세계 58위)
인구증가율: −0.29%(세계 216위)
출산율(인구 1,000명당): 9.27(세계 206위)
사망률(인구 1,000명당): 11.88(세계 28위)
기대수명: 74.69세(세계 108위)

민족구성: 루마니아 인 83.4%, 헝가리 인 6.1%, 집시 1.2%, 독일계 0.2%, 기타 6.1%

종교: 정교회(정교회 전 분파 망라) 81.9%, 개신교(오순절 교회, 개혁고회 등 다양한 분파) 6.4%, 가톨릭 4.3%, 기타(대부분 이슬람교) 0.9%, 미분류 6.3%, 무교 0.2%

언어: 루마니아 어 85.4%(공용어), 헝가리 어 6.3%, 집시어 1.2%, 기타 1%, 미분류 6.1%

문해율: 97.7%

정부형태: 공화국

수도: 부쿠레슈티(Bucharest)

건국: 1877년 5월 9일(오스만제국으로부터 독립 선포. 건국은 1878년 7월 13일 베를린에서 체결된 조약에 의해 이루어짐), 1881년 3월 26일(루마니아왕국 선포), 1947년 12월 30일(루마니아공화국 선포)

1인당 GDP: $13,200(세계 99위)

고용: 농업 31.6%, 제조업 21.1%, 서비스업 47.3%

통화: 레이(RON). 현행 레이는 2005년에 도입되었고, 과거에 쓰이던 레이화는 2006년에 사용중단됨.

러시아(Russia)

정식 명칭: 러시아연방(Russian Federation)

위치: 북극해에 연하며 유럽과 북태평양 사이에 놓인 북부 아시아에 위치(우랄산맥 서쪽 영토는 유럽으로 간주)

면적: 17,098,242km²(세계 1위)

기후: 유럽 러시아의 대부분 지역에서는 대륙성습윤기후가 나타나며, 남부에서는 스텝기후도 나타남. 시베리아에서 북극에 이르는 지역에서는 아극기후와 툰드라기후가 나타남. 겨울 기후는 흑해 연안과 같이 서늘한 정도에서 극도로 추운 시베리아에 이르기까지 다양하며, 여름 기후 또한 온난한 스텝기후에서부터 냉량한 극지방에 이르기까지 다양한 패턴을 보임.

지형: 우랄산맥 서쪽에는 평야지대 및 완만한 구릉지대가 넓게 분포하며, 시베리아에는 광대한 침엽수림과 툰드라가 분포함. 남부 국경지대에는 고지대 및 산악지대가 형성됨.

인구: 142,470,272명(세계 10위)

인구증가율: −0.03%(세계 200위)

출산율(인구 1,000명당): 11.87(세계 168위)

사망률(인구 1,000명당): 13.83(세계 10위)

기대수명: 70.16세(세계 151위)

민족구성: 러시아 인 77.7%, 타타르계 3.7%, 우크라이나계 1.4%, 바시키르 인 1.1%, 추바시 인 1%, 체첸 인 1%, 기타 10.2%, 미확인 3.9%, 기타 10.2%

종교: 러시아정교 15~20%, 이슬람교 10~15%, 기타 그리스도교 2%(2006년 통계), 장기간에 걸친 소련 통치의 영향으로 인구 전체에서 무교가 차지하는 비율이 높음.

언어: 러시아 어, 기타 다수의 소수언어

문해율: 99.7%

정부형태: 연방제

수도: 모스크바(Moscow)

건국: 1991년 8월 24일(구소련으로부터 독립)

1인당 GDP: $18,100(세계 77위)

고용: 농업 9.7%, 제조업 27.8%, 서비스업 62.5%

통화: 루블(RUB)

르완다(Rwanda)

정식 명칭: 르완다공화국(Republic of Rwanda)

위치: 콩고민주공화국 동쪽에 위치한 중부 아프리카 국가

면적: 26,338km²(세계 149위)

기후: 온대기후로 2~4월과 11월~이듬해 1월은 각각 우기임. 산악지역은 기후가 온화한 편이나, 서리나 눈이 내리기도 함.

지형: 대부분 초원이 발달한 고원 및 구릉지임. 서부에 비해 동부 지역의 고도는 완만한 편임.

인구: 12,337,138명(세계 74위)

인구증가율: 2.63%(세계 23위)

출산율(인구 1,000명당): 34.61(세계 28위)

사망률(인구 1,000명당): 9.18(세계 64위)

기대수명: 59.26세(세계 197위)

민족구성: 후투 족(반투계) 84%, 투치 족(하미트계) 15%, 트와 족(피그미 족) 1%

종교: 가톨릭 49.5%, 개신교 39.4%, 기타 그리스도교

4.5%, 이슬람교 1.8%, 토착신앙 0.1%, 무교 3.6%, 기타 0.6%, 미분류 0.5%
언어: 킨야르완다 어(공용어, 반투계 토착어), 프랑스 어(공용어), 영어(공용어), 스와힐리 어(상업중심지에서 주로 사용됨)
문해율: 71.1%
정부형태: 다당제, 대통령제 공화국
수도: 키갈리(Kigali)
건국: 1962년 7월 1일(벨기에 주도의 UN 신탁통치후 독립)
1인당 GDP: $1,500(세계 204위)
고용: 농업 90%, 제조업 및 서비스업 10%
통화: 르완다프랑(RWF)

세인트키츠 네비스(Saint Kitts and Nevis)

정식 명칭: 세인트키츠 네비스 연방(Federation of Saint Kitts and Nevis)
위치: 카리브해의 도서국가로 푸에르토리코와 트리니다드토바고를 잇는 기선의 3분의 1 지점에 위치함.
면적: 261km²(세계 212위)
기후: 열대기후로 지속적인 해풍의 영향을 받음. 계절에 따른 기온차는 미미하며, 5~11월은 우기임.
지형: 화산지형으로 내륙지방에는 산지 발달
인구: 51,538명(세계 209위)
인구증가율: 0.78%(세계 142위)
출산율(인구 1,000명당): 13.64(세계 146위)
사망률(인구 1,000명당): 7.08(세계 130위)
기대수명: 75.29세(세계 96위)
민족구성: 대부분 흑인. 영국계, 포르투갈계, 레바논계 일부 분포.
종교: 성공회, 기타 개신교, 가톨릭
언어: 영어
문해율: 97.8%
정부형태: 의회민주제
수도: 바스테르(Basseterre)
건국: 1983년 9월 19일(영국으로부터 독립)
1인당 GDP: $16,300(세계 83위)
고용: 서비스업 및 제조업 위주
통화: 동카리브달러(XCD)

세인트루시아(Saint Lucia)

정식 명칭: 세인트루시아(Saint Lucia)
위치: 카리브해의 도서국가로 북대서양과도 인접하며, 트리니다드토바고 북쪽에 위치함.
면적: 616km²(세계 193위)
기후: 열대기후로 북동무역풍의 영향을 받음. 1~4월은 건기, 5~8월은 우기임.
지형: 화산성 산지 지형으로, 넓고 윤택한 협곡지형도 일부 존재함.
인구: 163,362명(세계 187위)
인구증가율: 0.35%(세계 166위)
출산율(인구 1,000명당): 13.94(세계 141위)
사망률(인구 1,000명당): 7.32(세계 122위)
기대수명: 77.41세(세계 67위)
민족구성: 흑인 85.3%, 혼혈인 10.9%, 인도계 2.2%, 기타 1.6, 미분류 0.1%
종교: 가톨릭 61.5%, 개신교 25.5%(제7일안식교 10.4%, 오순절교회 8.9%, 침례교 2.2%, 성공회 1.6, 처치오브갓 1.5%, 기타 개신교 0.9%), 기타 그리스도교 3.4%, 래스터패리언 1.9%, 기타 0.4%, 무교 5.9%, 미분류 1.4%
언어: 영어(공용어), 프랑스 어 방언
문해율: 90.1%
정부형태: 의회민주제
수도: 캐스트리스(Castries)
건국: 1979년 2월 22일(영국으로부터 독립)
1인당 GDP: $13,100(세계 100위)
고용: 농업 21.7%, 제조업 24.7%, 서비스업 53.6%
통화: 동카리브달러(XCD)

세인트빈센트 그레나딘(Saint Vincent and the Grenadines)

정식 명칭: 세인트빈센트 그레나딘(Saint Vincent and

the Grenadines)
위치: 카리브해와 북대서양에 연한 섬나라로 트리니다드 토바고 북쪽에 위치함.
면적: 389km²(세계 204위)
기후: 열대기후로 계절에 따른 기온차는 미미하며, 5~11월은 우기임.
지형: 화산지형 및 산악지형
인구: 102,918명(세계 196위)
인구증가율: −0.29%(세계 217위)
출산율(인구 1,000명당): 13.85(세계 144위)
사망률(인구 1,000명당): 7.12(세계 128위)
기대수명: 74.86세(세계 106위)
민족구성: 흑인 66%, 혼혈 19%, 인도계 6%, 유럽계 4%, 카리브계 아메리카 원주민 2%, 기타 3%
종교: 성공회 47%, 감리교 28%, 가톨릭 13%, 기타(힌두교, 제7일안식교회, 기타 개신교) 12%
언어: 영어, 프랑스 어 방언
문해율: 96%
정부형태: 의회민주제
수도: 킹스타운(Kingstown)
건국: 1979년 10월 27일(영국으로부터 독립)
1인당 GDP: $12,100(세계 106위)
고용: 농업 26%, 제조업 17%, 서비스업 57%
통화: 동카리브달러(XCD)

사모아(Samoa)

정식 명칭: 사모아독립국(Independent State of Samoa)
위치: 오세아니아 남태평양 해상의 군도로, 하와이와 뉴질랜드의 중간 지점에 위치함.
면적: 2,831km²(세계 178위)
기후: 열대기후로 11월~이듬해 4월은 우기, 5~10월은 건기임.
지형: 사바이, 우폴루 두 개의 주도와 다수의 부속도서 및 무인도로 구성됨. 좁은 해안 평야 및 내륙지방의 험준한 화성암질의 화산지형으로 구성됨.
인구: 196,628명(세계 185위)
인구증가율: 0.59%(세계 150위)
출산율(인구 1,000명당): 21.29(세계 78위)
사망률(인구 1,000명당): 5.32(세계 180위)
기대수명: 73.21세(세계 128위)
민족구성: 사모아 인 92.6%, 유로네시안(유럽 인과 폴리네시아계 혼혈) 7%, 유럽 인 0.4%
종교: 연합교회 31.8%, 가톨릭 19.4%, 감리교 13.7%, 말일성도예수그리스도교회 15.2%, 하나님의 성회 8%, 제7일안식교회 3.9%, 워십센터 1.7%, 기타 그리스도교 5.5%, 기타 0.7%, 무교 01%, 미분류 0.1%
언어: 사모아 어(폴리네시아 어), 영어
문해율: 99.7%
정부형태: 의회민주제
수도: 아피아(Apia)
건국: 1962년 1월 1일(뉴질랜드 주관의 UN 신탁통치후 독립)
1인당 GDP: $6,200(세계 149위)
고용: 상세불명
통화: 탈라(SAT)

산마리노(San Marino)

정식 명칭: 가장 고귀한 산마리노공화국(Most Serene Republic of San Marino)
위치: 남유럽국가로 이탈리아 중부에 둘러싸인 형태를 취하고 있음,
면적: 61km²(세계 229위)
기후: 지중해성기후로 겨울은 온난 또는 냉량하며, 여름에는 일조량이 많음.
지형: 산악지형
인구: 32,742명(세계 215위)
인구증가율: 0.87%(세계 127위)
출산율(인구 1,000명당): 8.8(세계 215위)
사망률(인구 1,000명당): 8.31(세계 91위)
기대수명: 83.18세(세계 5위)
민족구성: 산마리노 인, 이탈리아 인
종교: 가톨릭
언어: 이탈리아 어
문해율: 96%

정부형태: 공화국
수도: 산마리노(San Marino)
건국: 서기 301년 9월 3일
1인당 GDP: $55,000(세계 18위)
고용: 농업 0.2%, 제조업 33.5%, 서비스업 66.3%
통화: 유로(EUR)

상투메 프린시페(Sao Tome and Principe)

정식 명칭: 상투메 프린시페 민주공화국(Democratic Republic of Sao Tome and Principe)
위치: 아프리카 서부 기니만 해상의 섬나라로 적도를 지나며 가봉 서쪽에 위치함.
면적: 964km²(세계 185위)
기후: 고온다습한 열대기후로, 10월~이듬해 5월까지는 우기임.
지형: 화산지형 및 산악지형
인구: 190,428명(세계 186위)
인구증가율: 1.89%(세계 60위)
출산율(인구 1,000명당): 35.12(세계 24위)
사망률(인구 1,000명당): 7.45(세계 115위)
기대수명: 64.22세(세계 177위)
민족구성: 메스티소, 앙골라레(앙골라 노예의 후손), 포로인(해방 노예의 후손), 서비셔스(앙골라, 모잠비크, 키보베르데 출신 계약노동자), 통가(상투메프린시페에서 출생한 서비셔스의 자녀들), 유럽계(주로 포르투갈계)
종교: 가톨릭 55.7%, 제7일안식일교회 4.1%, 하나님의 성회 3.4%, 신사도교회 2%, 신비주의 2.3%, 하나님나라교회 2%, 여호와의 증인 1.2%, 기타 0.2%, 무교 21.2%, 미분류 1%
언어: 포르투갈 어(공용어)
문해율: 69.5%
정부형태: 공화국
수도: 상투메(Sao Tome)
건국: 1975년 7월 12일(포르투갈로부터 독립)
1인당 GDP: $2,200(세계 190위)
고용: 인구의 대부분이 농업과 어업에 종사하며, 숙련노동자나 전문인력은 부족함.
통화: 도브라(STD)

사우디아라비아(Saudi Arabia)

정식 명칭: 사우디아라비아왕국(Kingdom of Saudi Arabia)
위치: 페르시아만과 홍해에 연하며 예멘 북쪽에 위치한 중동국가
면적: 2,149,690km²(세계 13위)
기후: 황량하고 건조하며 일교차가 대단히 큰 사막기후
지형: 대부분 사람이 거주하지 않는 모래사막
인구: 27,345,986(세계 47위)
인구증가율: 1.49%(세계 81위)
출산율(인구 1,000명당): 18.78(세계 96위)
사망률(인구 1,000명당): 3.32(세계 220위)
기대수명: 74.82세(세계 107위)
민족구성: 아랍 인 90%, 아프리카계 및 아시아계 10%
종교: 이슬람교 100%
언어: 아랍 어
문해율: 87.2%
정부형태: 군주정
수도: 리야드(Riyadh)
건국: 1932년 9월 23일(연합왕국 결성)
1인당 GDP: $31,300(세계 44위)
고용: 농업 6.7%, 제조업 21.4%, 서비스업 71.9%
통화: 사우디리얄(SAR)

세네갈(Senegal)

정식 명칭: 세네갈공화국(Republic of Senegal)
위치: 기니비사우와 모리타니아 사이에 위치하며 북대서양에 연한 서아프리카국가
면적: 196,722km²(세계 88위)
기후: 고온다습한 열대기후로 5~11월에는 우기의 특성이 뚜렷하며, 12월~이듬해 4월은 고온건조하며 바람이 강한 건기임.
지형: 대체로 평탄하며 경사가 완만한 평야지형으로, 남동부에는 구릉이 발달함.
인구: 13,635,927명(세계 73위)

인구증가율: 2.48%(세계 32위)
출산율(인구 1,000명당): 35.09(세계 25위)
사망률(인구 1,000명당): 8.65(세계 75위)
기대수명: 60.95세(세계 192위)
민족구성: 울르프 족 43.3%, 풀라니 족 23.8%, 세레르 족 14.7%, 홀라 족 3.7%, 만딩카 족 3%, 소닌케 족 1.1%, 유럽계 및 레바논계 1%, 기타 9.4%
종교: 이슬람교 94%, 그리스도교 5%(대부분 가톨릭), 토착신앙 1%
언어: 프랑스 어(공용어), 월로프 어, 풀라니 어, 홀라 어, 만딩카 어
문해율: 49.7%
정부형태: 공화국
수도: 다카르(Dakar)
건국: 1960년 4월 4일(프랑스로부터 독립). 완전독립(말리와의 분리)은 동년 8월 20일에 이루어짐.
1인당 GDP: $2,100(세계 193위)
고용: 농업 77.5%, 제조업 및 서비스업 22.5%
통화: CFA프랑(XOF)

세르비아(Serbia)

정식 명칭: 세르비아공화국(Republic of Serbia)
위치: 마케도니아와 헝가리 사이에 위치한 남동유럽국가
면적: 77,474km²(세계 117위)
기후: 북부는 대륙성기후 나타나며 추운 겨울과 고온다습한 여름 및 연중 고른 강수량을 특징으로 함. 기타 지역은 대륙성기후 및 지중해성기후가 혼재하여 나타남(상대적으로 춥고 강설량이 많은 겨울 및 고온건조한 여름과 가을)
지형: 북부에는 비옥한 평야가 분포하며 동부는 석회암질 산맥과 분지가 분포하고, 남동부에는 고기 산지와 구릉지대가 분포하는 등 지역적 편차가 매우 큼.
인구: 7,209,764명(세계 101위)
인구증가율: −0.46(세계 221위)
출산율(인구 1,000명당): 9.13(세계 208위)
사망률(인구 1,000명당): 13.71(세계 12위)
기대수명: 75.02세(세계 102위)
민족구성: 세르비아 인 83.3%, 헝가리계 3.5%, 집시 2.1%, 보스니아계 2%, 기타 5.7%, 상세불명 3.4%
종교: 세르비아정교 84.6%, 가톨릭 5%, 개신교 1%, 이슬람교 3.1%, 무신론자 1.1%, 기타 0.8%, 상세불명 4.5%
언어: 세르비아 어 88.3%(공용어), 헝가리 어 3.8%, 보스니아 어 1.8%, 집시 1.1%, 기타 4.1%, 불명 0.9%. 보이보디나(Vojvodina)자치주에서는 루마니아 어, 헝가리어, 슬로바키아 어, 우크라이나 어, 크로아티아 어가 모두 공용어임.
문해율: 98.1%
정부형태: 공화국
수도: 베오그라드(Belgrade)
건국: 2006년 6월 5일(세르비아-몬테네그로로부터 독립)
1인당 GDP: $12,500(세계 116위)
고용: 농업 23.9%, 제조업 16.5%, 서비스업 59.6%
통화: 세르비아디나르(RSD)

세이셸(Seychelles)

정식 명칭: 세이셸공화국(Republic of Seychelles)
위치: 마다가스카르 북동쪽에 위치한 인도양의 제도
면적: 455km²(세계 199위)
기후: 열대 해양성기후로 남동부는 5~9월에 냉량다습한 기후를 특징으로 하는 우기에 해당하며, 북서부의 우기인 3~5월은 온난함.
지형: 마에섬은 화강암질의 폭이 좁은 구릉성 해안지대임. 이외의 도서지역은 평탄하고 해발고도가 낮은 산호초 지형임.
인구: 91,650명(세계 198위)
인구증가율: 0.87%(세계 129위)
출산율(인구 1,000명당): 14.54(세계 136위)
사망률(인구 1,000명당): 6.9(세계 138위)
기대수명: 74.25세(세계 113위)
민족구성: 혼혈, 프랑스계, 아프리카계, 인도계, 중국계, 중동계
종교: 가톨릭 76.2%, 개신교 10.6%(성공회 6.1%, 오순절교회 1.5%, 제7일안식일교회 1.2%, 기타 개신교 1.6%),

기타 그리스도교 2.4%, 힌두교 2.4%, 이슬람교 1.6%, 기타 비그리스도교 종교 1.1%, 미분류 4.8%, 무교 0.9%
언어: 크레올 어 89.1%, 영어 5.1%(공용어), 프랑스 어(공용어) 0.7%, 기타 3.8%, 미분류 1.4%
문해율: 91.8%
정부형태: 공화국
수도: 빅토리아(Victoria)
건국: 1976년 6월 26일(영국으로부터 독립)
1인당 GDP: $25,900(세계 57위)
고용: 농업 3%, 제조업 23%, 서비스업 74%
통화: 세이셸루피(SCR)

시에라리온(Sierra Leone)

정식 명칭: 시에라리온공화국(Republic of Sierra Leone)
위치: 북대서양에 연하며 기니, 라이베리아 사이에 위치한 서아프리카 국가
면적: 71,740km²(세계 119위)
기후: 고온다습한 열대기후. 여름에 해당하는 5~11월은 우기, 겨울 기간인 12월~이듬해 4월은 건기임.
지형: 해안지대는 맹그로브가 우거진 늪지대이며, 동부는 삼림이 형성된 구릉지 및 고원, 산악지형이 나타남.
인구: 5,743,725명(세계 112위)
인구증가율: 2.33%(세계 37위)
출산율(인구 1,000명당): 37.4(세계 15위)
사망률(인구 1,000명당): 11.03(세계 33위)
기대수명: 57.39세(세계 201위)
민족구성: 템네 족 35%, 멘데 족 31%, 림바 족 8%, 코노 족 5%, 크레올 2%(18세기 후반 프리타운에 정착한 해방 자메이카 노예들의 후손), 만딩고 족 2%, 로코 족 2%, 기타 15%(라이베리아내전으로 인해 이주한 난민 집단, 소수의 유럽계, 레바논계, 파키스탄계, 인도계 등)
종교: 이슬람교 60%, 그리스도교 10%, 토착신앙 30%
언어: 영어(공용어, 문해가능한 소수계층만이 상용함), 멘데 어(남부지방의 실질적인 주요 언어), 템네 어(북부지방의 주된 방언), 크리오 어(영어에 기반한 크레올어로 프리타운 일대에 정착한 해방 자메이카 노예들의 후손들이 사용함. 링구아 프랑카로 인구의 10%만이 제1언어로 사용하지만 95%가 이해함)
문해율: 43.3%
정부형태: 입헌민주제
수도: 프리타운(Freetown)
건국: 1961년 4월 27일(영국으로부터 독립)
1인당 GDP: $1,400(세계 208위)
고용: 상세불명
통화: 리온(SLL)

싱가포르(Singapore)

정식 명칭: 싱가포르공화국(Republic of Singapore)
위치: 말레이시아와 인도네시아 사이에 위치한 동남아시아의 섬나라
면적: 697km²(세계 192위)
기후: 고온다습하고 강수량이 많은 열대기후. 북동부는 12월~이듬해 3월까지가 우기, 남서부는 6~9월이 우기임. 오후 및 초저녁에는 강수 및 소나기가 잦음.
지형: 저지대로 국토 중부에는 수원지 및 자연보호구역이 위치한 고원지대가 분포함.
인구: 5,567,301명(세계 116위)
인구증가율: 1.92%(세계 57위)
출산율(인구 1,000명당): 8.1(세계 221위)
사망률(인구 1,000명당): 3.42(세계 218위)
기대수명: 84.38세(세계 4위)
민족구성: 중국계 74.2%, 말레이계 13.3%, 인도계 9.2%, 기타 3.3%
종교: 불교 33.9%, 이슬람교 14.3%, 도교 11.3%, 힌두교 5.2%, 가톨릭 7.1%, 기타 그리스도교 11%, 기타 0.7%, 무교 16.4%
언어: 베이징 어(공용어) 36.3%, 영어(공용어) 29.8%, 말레이 어(공용어) 1.2%, 푸젠 어 8.1%, 광둥 어 4.1%, 티어츄 어 3.2%, 타밀 어(공용어) 4.4%, 기타 중국계 방언 1.1%, 기타 0.7%
문해율: 95.9%
정부형태: 내각제 공화국

수도: 싱가포르(Singapore)
건국: 1965년 8월 9일(말레이시아연방으로부터 독립)
1인당 GDP: $62,400(세계 7위)
고용: 농업 0.1%, 제조업 19.6%, 서비스업 80.3%
통화: 싱가포르달러(SGD)

슬로바키아(Slovakia)

정식 명칭: 슬로바키아공화국
위치: 폴란드 남쪽에 위치한 중부유럽국가
면적: 49,035km²(세계 131위)
기후: 온대기후로 여름은 서늘하며 겨울은 한랭다습하고 구름이 많음.
지형: 북부와 중부는 산악지형이 발달하였고, 남부는 저지대임.
인구: 5,443,583명(세계 117위)
인구증가율: 0.03%(세계 189위)
출산율(인구 1,000명당): 10.01(세계 192위)
사망률(인구 1,000명당): 9.7(세계 51위)
기대수명: 76.69세(세계 76위)
민족구성: 슬로바키아계 78.6%, 헝가리계 9.4%, 집시 2.3%, 루테니아계 1%, 미확인 및 기타 8.8%
종교: 가톨릭 62%, 개신교 8.2%, 그리스정교 3.8%, 미확인 및 기타 12.5%, 무교 13.4%
언어: 슬로바키아 어(공용어) 78.6%, 헝가리 어 9.4%, 집시어 2%, 미확인 및 기타 8.8%
문해율: 99.6%
정부형태: 의회민주정
수도: 브라티슬라바(Bratislava)
건국: 1993년 1월 1일(체코슬로바키아가 체코공화국과 슬로바키아로 분리됨)
1인당 GDP: $27,700(세계 61위)
고용: 농업 3.5%, 제조업 27%, 서비스업 69.4%
통화: 코루나(SKK)

슬로베니아(Slovenia)

정식 명칭: 슬로베니아공화국(Republic of Slovenia)
위치: 오스트리아와 크로아티아 사이에 위치하며 알프스 산맥 동부 및 아드리아해에 연한 중부유럽국가
면적: 20,273km²(세계 155위)
기후: 해안지대는 지중해성기후이며, 동부의 고원 및 협곡지대는 더운 여름과 추운 겨울을 특징으로 하는 대륙성기후임.
지형: 아드리아해 연안에는 소규모 해안지형이 분포하며, 이탈리아 및 오스트리아 접경지대는 산악지형임. 산과 계곡 사이로 동쪽으로 흐르는 다수의 하천들이 분포함.
인구: 1,988,292명(세계 148위)
인구증가율: −0.23%(세계 215위)
출산율(인구 1,000명당): 8.54(세계 217위)
사망률(인구 1,000명당): 11.25(세계 32위)
기대수명: 77.83세(세계 61위)
민족구성: 슬로베니아 인 83.1%, 세르비아계 2%, 크로아티아계 1.8%, 보스니아계 1.1%, 미분류 및 기타 12%
종교: 가톨릭 57.8%, 이슬람교 2.4%, 정교회 2.3%, 기타 그리스도교 0.9%, 소속 종파 없음 3.5%, 미분류 및 기타 23%, 무교 10.1%
언어: 슬로베니아 어(공용어) 91.1%, 세르보크로아티아어 4.5%, 미분류 및 기타 4.4%
문해율: 99.7%
정부형태: 내각제 공화국
수도: 류블랴나(Ljubljana)
건국: 1991년 6월 25일(유고슬라비아로부터 독립)
1인당 GDP: $27,400(세계 55위)
고용: 농업 2.2%, 제조업 35%, 서비스업 62.8%
통화: 유로(EUR)

솔로몬제도(Solomon Islands)

정식 명칭: 솔로몬제도(Solomon Islands)
위치: 오세아니아에 속한 남태평양상의 제도로, 파푸아뉴기니 동쪽에 위치함.
면적: 28,8964(세계 144위)
기후: 열대몬순기후로 기온 및 날씨의 변동폭은 작음.
지형: 산악지형이 현저하며, 일부 고도가 낮은 산호초 지형도 분포함.
인구: 609,883명(세계 169위)

인구증가율: 2.07%(세계 48위)
출산율(인구 1,000명당): 26.33(세계 48위)
사망률(인구 1,000명당): 3.86(세계 210위)
기대수명: 74.89세(세계 106위)
민족구성: 멜라네시아 인 95.3%, 폴리네시아 인 3.1%, 미크로네시아 인 1.2%, 기타 0.3%
종교: 개신교 73.4%, 가톨릭 19.6%, 기타 그리스도교 2.9%, 기타 4%, 미분류 0.1%, 무교 0.03%
언어: 멜라네시아계 방언이 국토 대부분의 영역에서 링구아 프랑카로 사용됨. 영어는 공용어이나 사용인구는 전체 인구의 12%에 불과함. 이외에 120여 개의 토착어가 사용됨.
문해율: 상세불명
정부형태: 의회민주제
수도: 호니아라(Honiara)
건국: 1978년 7월 7일(영국으로부터 독립)
1인당 GDP: $1,800(세계 166위)
고용: 농업 75%, 제조업 5%, 서비스업 20%
통화: 솔로몬제도달러(SBD)

소말리아(Somalia)

정식 명칭: 소말리아(Somalia)
위치: 아덴만과 인도양에 연한 아프리카 동부의 국가로, 에티오피아의 동쪽에 위치함.
면적: 637,657km^2(세계 44위)
기후: 사막기후가 현저함. 12월~이듬해 3월은 북동몬순의 영향으로 북부는 온화하고 남부는 더움. 5~10월은 남서몬순의 영향으로 북부에는 폭염이 이어지고 남부도 무더움. 이 두 시기 사이의 시기(탕감빌리)는 고온다습한 날씨와 불규칙한 강수를 특징으로 함.
지형: 평탄한 고원지대가 현저하며, 북부는 구릉지형이 분포함.
인구: 10,428,043명(세계 85위)
인구증가율: 1.75%(세계 70위)
출산율(인구 1,000명당): 40.87(세계 8위)
사망률(인구 1,000명당): 13.91(세계 9위)
기대수명: 51.58세(세계 217위)
민족구성: 소말리아 인 85%, 반투계 및 기타 비소말리아계 15%(30,000명의 아랍계 포함)
종교: 수니파 이슬람교
언어: 소말리아 어(공용어), 아랍 어, 이탈리아 어, 영어
문해율: 37.8%
정부형태: 정부가 안정적인 지배력을 행사하지 못하고 과도정부 수준에 머물러 있음. 형식상 의회제 연방국가.
수도: 모가디슈(Mogadishu)
건국: 1960년 7월 1일(1960년 6월 26일 독립한 영국령 소말리랜드와 1960년 7월 1일 이탈리아 주관의 UN 협약으로 독립한 이탈리아령 소말리랜드가 통합하여 소말리아공화국 결성)
1인당 GDP: $600(세계 227위)
고용: 농업 71%, 제조업 및 서비스업 29%
통화: 소말리아실링(SOS)

남아프리카공화국(South Africa)

정식 명칭: 남아프리카공화국(Republic of South Africa)
위치: 아프리카대륙 최남단에 위치
면적: 1,219,090km^2(세계 25위)
기후: 국토의 대부분은 반건조기후 지역으로, 동부 해안지대에서는 일조량이 많고 밤 기온은 서늘한 아열대기후가 나타남.
지형: 내륙의 광대한 고원과 이를 둘러싼 험준한 구릉지대, 그리고 협소한 해안평야로 구성
인구: 48,375,645(세계 28위)
인구증가율: −0.48%(세계 222위)
출산율(인구 1,000명당): 18.94(세계 93위)
사망률(인구 1,000명당): 17.49(세계 1위)
기대수명: 49.56세(세계 222위)
민족구성: 아프리카계 흑인 79.2%, 백인 8.9%, 유색인종 8.9%, 인도/아시아계 2.5%, 기타 0.5%
종교: 개신교 36.6%(시온파 그리스도교 11.1%, 오순절교회/카리스마파 기독교 8.2%, 감리교 6.8%, 네덜란드 개혁교회 6.7%, 성공회 3.8%), 가톨릭 7.1%, 이슬람교 1.5%, 기타 그리스도교 36%, 기타 2.3%, 미분류 1.4%, 무교 15.1%

언어: 줄루 어(공용어) 22.7%, 호사 어(공용어) 16%, 아프리칸스 어(공용어) 13.5%, 세페디 어(공용어) 9.1%, 영어(공용어) 9.6%, 세츠와나 어(공용어) 8%, 소토 어(공용어) 7.6%, 총가 어(공용어) 4.5%, 스와티 어(공용어) 2.5%, 치벤다 어(공용어) 2.4%, 은데벨레 어(공용어) 2.1%, 기타 2.1%

문해율: 93%

정부형태: 공화국

수도: 프리토리아(Pretoria)

건국: 1910년 3월 31일[케이프식민지, 나탈자유국, 트랜스발자유국, 오렌지자유국의 4개 구 영국령 식민지가 남아프리카연합(Union of South Africa) 결성], 1961년 5월 31일(공화국 선포), 1994년 4월 27일(최초의 흑백동참 자유총선)

1인당 GDP: $11,500(세계 108위)

고용: 농업 9%, 제조업 26%, 서비스업 65%

통화: 란드(ZAR)

한국(South Korea)

정식 명칭: 대한민국(Republic of Korea)

위치: 한반도의 남반부를 점유하며 황해, 동해에 연한 동아시아국가

면적: 99,720km²(세계 109위)

기후: 온대기후로 강수량이 대부분 여름에 집중됨

지형: 대부분 구릉지 및 산지, 서부 및 남부에는 넓은 해안평야 발달

인구: 49,039,986(세계 27위)

인구증가율: 0.16%(세계 183위)

출산율(인구 1,000명당): 8.26(세계 220위)

사망률(인구 1,000명당): 6.63(세계 144위)

기대수명: 79.8세(세계 39위)

민족구성: 단일민족(약 20,000명의 중국계 제외)

종교: 그리스도교 31.6%(개신교 24%, 가톨릭 7.6%), 불교 24.2%, 미확인 및 기타 0.9%, 무교 43.3%

언어: 한국어, 중고등학교에서 영어가 중요과목으로 널리 쓰임

문해율: 97.9%

정부형태: 공화국

수도: 서울

건국: 1945년 8월 15일(일본으로부터 독립)

1인당 GDP: $33,200

고용: 농업 6.9%, 제조업 23.6%, 서비스업 69.4%

통화: 원(KRW)

에스파냐(스페인, Spain)

정식 명칭: 에스파냐왕국(Kingdom of Spain)

위치: 비스케이만, 북대서양에 연하고 프랑스 남서부의 피레네산맥에 인접한 남서유럽국가

면적: 505,370km²(세계 52위)

기후: 온대기후로 여름은 내륙지방은 무더우며, 해안지방은 구름이 많고 내륙에 비해 온화함. 겨울에는 내륙지방은 춥고, 해안지방은 냉량하며 이따금 흐린 날이 이어짐.

지형: 대규모의 단절된 고위평탄면이 구릉지에 둘러싸인 형태를 취하며, 북부에는 피레네산맥이 분포함.

인구: 47,737,941명(세계 29위)

인구증가율: 0.81%(세계 135위)

출산율(인구 1,000명당): 9.88(세계 197위)

사망률(인구 1,000명당): 9(세계 69위)

기대수명: 81.47세(세계 18위)

민족구성: 지중해계 및 북유럽계 주민들로 구성

종교: 가톨릭 94%, 기타 6%

언어: 카스티야에스파냐 어(공용어) 74%, 카탈루냐 어 17%, 갈리치아 어 7%, 바스크 어 2%(이 세 언어는 각각 지역별 공용어임)

문해율: 97.7%

정부형태: 입헌군주제

수도: 마드리드(Madrid)

건국: 이베리아반도에는 8세기초 이슬람제국에 의해 정복되기 이전에 다수의 왕국들이 존재하였으며, 이슬람제국의 점령은 7세기 가까이 지속되었음. 반도 북부의 소규모 그리스도교도 잔존세력은 이슬람 세력에 반도가 점령된 직후부터 영토수복운동을 진행해 갔으며, 마침내 1492년에는 그라나다를 함락시켰음. 이 사건으로

인해 에스파냐의 통일이 완성되었으며, 이는 오늘날 에스파냐의 기틀을 잡은 사건으로 분류됨.
1인당 GDP: $30,100(세계 47위)
고용: 농업 4.2%, 제조업 24%, 서비스업 71.7%
통화: 유로(EUR)

스리랑카(Sri Lanka)

정식 명칭: 스리랑카민주사회주의공화국(Democratic Socialist Republic of Sri Lanka)
위치: 남아시아 인도양 해상의 섬나라로 인도 남쪽에 위치함.
면적: 65,610km²(세계 122위)
기후: 열대 몬순기후로 12월~이듬해 3월에는 북동몬순, 6~10월에는 남서몬순의 영향을 받음.
지형: 해발고도가 낮고 기복이 작은 평야지대가 현저함. 남부 및 중부 내륙지대에는 산악지형이 분포함.
인구: 21,866,445명(세계 57위)
인구증가율: 0.86%(세계 130위)
출산율(인구 1,000명당): 16.24(세계 122위)
사망률(인구 1,000명당): 6.06(세계 163위)
기대수명: 76.35세(세계 84위)
민족구성: 신할라 족 74.9%, 스리랑카계 무어 인 9.2%, 인도계 타밀 족 4.2%, 스리랑카계 타밀 족 11.2%, 기타 0.5%
종교: 불교 70.2%, 이슬람교 9.7%, 힌두교 12.6%, 가톨릭 6.1%, 기타 그리스도교 1.3%, 기타 0.05%
언어: 신할라 어(공용어 및 국어) 74%, 타밀 어(국어) 18%, 기타 8%, 영어(인구의 약 10%가 능숙하게 구사하며 정부기관에서 널리 사용됨)
문해율: 92.6%
정부형태: 공화국
수도: 콜롬보(Colombo)
건국: 1948년 2월 4일(영국으로부터 독립)
1인당 GDP: $10,400(세계 130위)
고용: 농업 31.8%, 제조업 25.8%, 서비스업 42.4%
통화: 스리랑카루피(LKR)

수단(Sudan)

정식 명칭: 수단공화국(Republic of the Sudan)
위치: 홍해에 연하며 이집트와 에리트리아 사이에 위치한 북아프리카국가
면적: 1,861,484km²(세계 16위)
기후: 남부는 열대기후, 북부는 사막기후임. 우기는 지역에 따라 편차가 있음(4~11월 사이의 기간에 해당)
지형: 대체로 평탄한 평야지형이 우세함. 남단지방 및 서부, 북동부지방에는 산지가 분포하며, 북부에는 사막지형이 분포함.
인구: 35,482,233명(세계 37위)
인구증가율: 1.78%(세계 68위)
출산율(인구 1,000명당): 30.01(세계 42위)
사망률(인구 1,000명당): 7.87(세계 105위)
기대수명: 63.32세(세계 185위)
민족구성: 수단 인 약 70%, 푸르 족, 베하 족, 누바 족, 팔라타 족
종교: 수니파 이슬람교, 소수의 그리스도교
언어: 아랍 어(공용어), 누비아 어, 베두윈 어, 나일계 방언, 나일-함계 언어, 수단 토착 언어, 영어
문해율: 71.9%
정부형태: 1989년 군사쿠데타로 집권한 국민회의당(National Congress Party, NCP)이 통치하는 연방공화국. 2005년 국민회의당(NCP)과 수단인민해방운동(SPLM) 간의 평화협정 수립후 2011년까지 연립정부가 들어섰으나, 수단인민해방운동(Sudan People's Liberation Movement) 주도로 남수단이 분리독립하면서 연립정부는 붕괴함.
수도: 하르툼(Khartoum)
건국: 1956년 1월 1일(이집트, 영국으로부터 독립)
1인당 GDP: $2,600(세계 182위)
고용: 농업 80%, 제조업 7%, 서비스업 13%
통화: 수단파운드(SDG)

수리남(Suriname)

정식 명칭: 수리남공화국(Republic of Suriname)
위치: 북대서양에 연하고 프랑스령 기아나 및 가이아나

사이에 위치한 남아메리카 북부의 국가
면적: 163,820km^2(세계 92위)
기후: 무역풍의 영향을 받는 열대기후
지형: 기복이 있는 구릉지형이 현저하며, 협소한 해안평야지대에는 호소가 산재함.
인구: 573,311명(세계 171위)
인구증가율: 1.12%(세계 110위)
출산율(인구 1,000명당): 16.73(세계 117위)
사망률(인구 1,000명당): 6.13(세계 161위)
기대수명: 71.69세(세계 145위)
민족구성: 힌두계('동인도계'라고도 불리는 이들은, 19세기 후반 인도 북부에서 이주해 온 이민자들의 후손임) 37%, 크레올계(흑백혼혈) 31%, 자바계 15%, 머룬 인(17~18세기 노예로 끌려왔다가 내륙지방으로 탈출한 아프리카계 노예들의 후손) 10%, 아메리카 원주민 2%, Chinese 2%, 백인 1%, 기타 2%
종교: 힌두교 27.4%, 개신교 25.2%(대부분 모라비아교회), 가톨릭 22.8%, 이슬람교 19.6%, 토착신앙 5%
언어: 네덜란드 어(공용어), 영어(통용됨), 스랑가통고(타키타키 어로도 불리는 수리남 토착어로 크레올인 및 청년층에서 널리 사용되며 링구아 프랑카이기도 함), 카리브힌두 어(힌두 어 방언), 자바어
문해율: 95.6%
정부형태: 입헌민주정
수도: 파라마리보(Paramaribo)
건국: 1975년 11월 25일(네덜란드로부터 독립)
1인당 GDP: $16,700(세계 94위)
고용: 농업 8%, 제조업 14%, 서비스업 78%
통화: 수리남달러(SRD)

스와질란드(Swaziland)

정식 명칭: 스와질란드왕국(Kingdom of Swaziland)
위치: 모잠비크와 남아프리카공화국 사이에 위치한 아프리카 남부의 국가
면적: 17,364km^2(세계 159위)
기후: 열대기후에서 온대기후까지 다양함.
지형: 산악 및 구릉지형이 우세하며, 경사가 완만한 평야지대도 일부 존재함.
인구: 1,419,623명(세계 155위)
인구증가율: 1.14%(세계 105위)
출산율(인구 1,000명당): 25.18(세계 54위)
사망률(인구 1,000명당): 13.75(세계 11위)
기대수명: 50.54세(세계 219위)
민족구성: 아프리카계 97%, 유럽계 3%
종교: 시오니스트 40%(그리스도교와 토착신앙이 혼합된 종교), 가톨릭 20%, 이슬람교 10%, 기타(성공회, 바하이, 감리교, 모르몬교, 유대교 등) 30%
언어: 영어(공용어. 비즈니스언어이며 관공서에서도 널리 쓰임), 스와티 어(공용어)
문해율: 87.8%
정부형태: 군주제
수도: 음바바네(Mbabane)
건국: 1968년 9월 6일(영국으로부터 독립)
1인당 GDP: $5,700(세계 154위)
고용: 상세불명
통화: 릴랑게니(SZL)

스웨덴(Sweden)

정식 명칭: 스웨덴왕국(Kingdom of Sweden)
위치: 핀란드와 노르웨이 사이에 위치하며 발트해, 보스니아만, 카테가트해협, 스카게라크해협에 연한 북유럽 국가
면적: 450,295km^2(세계 56위)
기후: 남부지역은 온대기후로 겨울은 냉량하고 일조량이 적으며 여름에는 구름낀 날이 많음. 북부지역은 아한대기후가 나타남.
지형: 평탄하거나 경사가 완만한 저지대가 현저하며, 서부에는 산악지형이 분포함.
인구: 9,723,809명(세계 91위)
인구증가율: 0.79%(세계 140위)
출산율(인구 1,000명당): 11.92(세계 167위)
사망률(인구 1,000명당): 9.45(세계 58위)
기대수명: 81.89세(세계 12위)
민족구성: 토착 스웨덴 인, 핀란드 인, 소수민족인 라프

족으로 구성됨. 이외에 유고슬라비아계, 덴마크계, 노르웨이계, 그리스계, 터키계 등 외국계 이주자 및 그 후손들도 거주함.

종교: 루터파 개신교 87%, 기타(가톨릭, 정교회, 침례교, 이슬람교, 유대교, 불교 등) 13%

언어: 스웨덴 어, 라프 어 및 핀란드 어(소수)

문해율: 99%

정부형태: 입헌군주제

수도: 스톡홀름(Stockholm)

건국: 1523년 6월 6일(구스타부스 바사가 스웨덴 국왕으로 선출)

1인당 GDP: $40,900(세계 26위)

고용: 농업 1.1%, 제조업 28.2%, 서비스업 70.7%

통화: 크로나(SEK)

스위스(Switzerland)

정식 명칭: 스위스연방(Swiss Confederation)

위치: 중부유럽, 스위스의 동쪽, 이탈리아의 북쪽에 인접함.

면적: 41,277km^2(세계 136위)

기후: 온대기후로 고도에 따른 편차가 큼. 겨울은 춥고 흐린 날이 많으며 강수 및 강설량이 많음. 여름은 온난하거나 서늘한 편이며, 구름이 많고 습윤하며 소나기가 주기적으로 내림.

지형: 국토의 대부분은 산지(남부의 알프스산맥, 북서부의 쥐라산맥)이며, 중부에는 평탄한 고원과 대규모 호수가 분포함.

인구: 8,061,516명(세계 96위)

인구증가율: 0.78%(세계 141위)

출산율(인구 1,000명당): 10.48(세계 185위)

사망률(인구 1,000명당): 8.1(세계 96위)

기대수명: 82.39세(세계 8위)

민족구성: 독일계 65%, 프랑스계 18%, 이탈리아계 10%, 로망쉬계 1%, 기타 6%

종교: 가톨릭 38.2%, 개신교 26.9%, 이슬람교 4.9%, 기타 그리스도교 5.7%, 기타 1.6%, 무교 21.4%, 미분류 1.3%

언어: 독일어(공용어) 64.9%, 프랑스 어(공용어) 22.6%, 이탈리아 어(공용어l) 8.3%, 세르보크로아티아 어 2.5%, 알바니아 어 2.6%, 포르투갈 어 3.4%, 에스파냐 어 2.2%, 영어 4.6%, 로망슈 어(공용어) 0.5%, 기타 5.1%

문해율: 99%

정부형태: 국가연합체를 표방하고 있으나 실질적으로는 연방공화국에 가까움.

수도: 베른(Bern)

건국: 1291년 8월 1일(스위스연방 건국일)

1인당 GDP: $46,000(세계 15위)

고용: 농업 3.4%, 제조업 23.4%, 서비스업 73.2%

통화: 스위스프랑(CHF)

시리아(Syria)

정식 명칭: 시리아아랍공화국(Syrian Arab Republic)

위치: 지중해에 연하며 레바논과 터키 사이에 위치한 중동국가

면적: 185,180km^2(세계 89위)

기후: 사막기후가 현저하며, 해안지역의 경우 여름(6~8월)은 고온건조하고 일조량이 많으며 겨울(11월~이듬해 2월)은 온난하고 강수량이 많음. 다마스쿠스 일대의 경우 겨울에 눈이 내리는 추운 날씨가 이어지기도 함.

지형: 반건조 및 사막고원이 현저하며, 해안에는 협소한 해안평야가 분포함. 서부에는 산지가 분포함.

인구: 197,951,639명(세계 61위)

인구증가율: −9.73%(세계 233위)

출산율(인구 1,000명당): 22.76(세계 74위)

사망률(인구 1,000명당): 6.51(세계 152위)

기대수명: 68.41세(세계 161위)

민족구성: 아랍 인 90.3%, 쿠르드 인, 아르메니아계 및 기타 9.7%

종교: 수니파 이슬람교 74%, 기타 이슬람교(알라위파, 드루즈교 포함) 16%, 그리스도교(다양한 종파) 10%, 유대교(다마스쿠스, 알카미실리, 알레포 지구에 소규모 공동체 분포)

언어: 아랍 어(공용어), 쿠르드 어, 아람 어, 체르케스 어

(이상 통용되는 언어). 프랑스 어 및 영어(경우에 따라 사용되는 경우도 적지 않음)
문해율: 84.1%
정부형태: 권위주의적 군사정부에 의해 통치되는 공화국
수도: 다마스쿠스(Damascus)
건국: 1946년 4월 17일(프랑스 주관의 국제연맹 위임통치 후 독립)
1인당 GDP: $5,100(세계 159위)
고용: 농업 17%, 제조업 16%, 서비스업 67%
통화: 시리아파운드(SYP)

타이완(Taiwan)

정식 명칭: 타이완(Taiwan)
위치: 동중국해, 필리핀해, 남중국해, 타이완해협에 연하며 중국 남동쪽 및 필리핀 북쪽 해상에 위치한 동아시아의 도서지역.
면적: 35,980km²(세계 139위)
기후: 열대 해양성기후; 남서부는 6~8월이 우기이며, 연중 구름이 많음.
지형: 국토의 3분의 2를 차지하는 동부지역은 산악지형이 현저하며, 서부로 가면 대체로 평탄한 지형이 나타남.
인구: 23,359,928명(세계 52위)
인구증가율: 0.25%(세계 177위)
출산율(인구 1,000명당): 8.55(세계 216위)
사망률(인구 1,000명당): 6.97(세계 135위)
기대수명: 79.84세(세계 38위)
민족구성: 본성인(타이완 토착 중국계, 하카인 포함) 84%, 외성인(타이완 정부 수립 후 이주한 중국 본토인 및 그 후손) 14%, 토착민 2%
종교: 불교 및 도교 93%, 그리스도교 4.5%, 기타 2.5%
언어: 북경어(공용어), 타이완 어(민어), 하카 방언
문해율: 96.1%
정부형태: 다당제 민주정
수도: 타이베이(Taipei)
건국: 1949년 중국 본토에서 공산당이 승리를 거둠에 따라, 타이완섬으로 퇴각한 2백만 명의 국민당 지지자들은 1946년 제정된 헌법을 기초로 정부를 수립하였음. 이후 50여 년에 걸쳐 타이완 정부는 점진적으로 민주화되었고, 원주민들 또한 주류사회로 포용하였음. 타이완은 사실상 중국으로부터 독립해 있으며 적지않은 수의 국가들과 외교관계를 맺고 있지만, 중국은 여전히 타이완이 중화인민공화국 영토임을 공식적으로 천명하고 있음.
1인당 GDP: $39,600(세계 28위)
고용: 농업 5%, 제조업 36.2%, 서비스업 58.8%
통화: 신타이완달러(TWD)

타지키스탄(Tajikistan)

정식 명칭: 타지키스탄공화국(Republic of Tajikistan)
위치: 중국 서쪽에 위치한 중앙아시아국가
면적: 143,100km²(세계 96위)
기후: 중위도 대륙성기후로 여름은 무덥고 겨울은 온화함. 파미르고원지대에서는 반건조기후에서 극기후까지 다양한 기후가 나타남.
지형: 파미르고원 및 알레이산맥의 경관이 현저함. 서부에 위치한 도시 코파르니혼 북쪽에는 페르가나협곡이, 국토 남서부에는 바흐쉬협곡이 분포함.
인구: 8,051,512명(세계 97위)
인구증가율: 1.75%(세계 69위)
출산율(인구 1,000명당): 274.99(세계 56위)
사망률(인구 1,000명당): 6.28(세계 158위)
기대수명: 67.06세(세계 166위)
민족구성: 타지크 인 79.9%, 우즈베크계 15.3%, 러시아계 1.1%, 키르기스계 1.1%, 기타 2.6%
종교: 수니파 이슬람교 85%, 시아파 이슬람교 5%, 기타 10%
언어: 타지크 어(공용어), 러시아 어가 공무 및 비즈니스 언어로 널리 사용됨.
문해율: 99.7%
정부형태: 공화국
수도: 두샨베(Dushanbe)
건국: 1991년 9월 9일(구소련으로부터 독립)
1인당 GDP: $2,300(세계 189위)

고용: 농업 46.5%, 제조업 10.7%, 서비스업 42.8%
통화: 소모니(TJS)

탄자니아(Tanzania)

정식 명칭: 탄자니아연방공화국(United Republic of Tanzania)
위치: 인도양에 연하며 케냐와 모잠비크 사이에 위치한 동아프리카국가
면적: 947,300km²(세계 31위)
기후: 해안지대의 열대기후로부터 고지대의 온대기후까지 다양한 기후가 나타남.
지형: 해안지대에는 평야, 국토 중부에는 고원지형이 나타나며 국토의 북부와 남부에는 고지대가 분포함.
인구: 49,639,138명(세계 26위)
인구증가율: 2.8%(세계 18위)
출산율(인구 1,000명당): 36.82(세계 17위)
사망률(인구 1,000명당): 8.2(세계 93위)
기대수명: 61.24세(세계 190위)
민족구성: 본토: 아프리카 인 99%(이 중 95%가 130개 이상의 부족들로 구성된 반투계임), 기타 1%(아시아계, 유럽계, 아랍계). 잔지바르: 아랍계, 아프리카계, 아프리카-아랍 혼혈.
종교: 본토: 그리스도교 30%, 이슬람교 35%, 토착신앙 35%. 잔지바르: 이슬람교 99%.
언어: 스와힐리 어(공용어), 키웅구자 어(잔지바르지방에서 사용되는 스와힐리 어), 영어(공용어로 교육수준이 높은 계층 및 비즈니스, 정부행정 계통에서 널리 사용됨), 아랍 어(잔지바르지방에서 널리 사용됨), 다수의 지역방언
문해율: 67.8%
정부형태: 공화국
수도: 도도마(Dodoma)
건국: 1964년 4월 26일. 탕카니카 지방은 1961년 12월 9일 독립(영국 주도의 UN 신탁통치 후 독립). 잔지바르 지방은 1963년 12월 19일 독립(영국으로부터 독립). 탕가니카와 잔지바르는 1964년 4월 26일 탕카니카-잔지바르연방공화국 결성. 동년 10월 29일 현재의 탄자니아연방공화국으로 개칭.
1인당 GDP: $1,700(세계 200위)
고용: 농업 80%, 제조업 및 서비스업 20%
통화: 탄자니아실링(TZS)

타일랜드(Thailand)

정식 명칭: 타일랜드왕국(Kingdom of Thailand)
위치: 안다만해와 타일랜드만에 연하며 미얀마 남동쪽에 위치한 동남아시아국가.
면적: 513,120km²(세계 51위)
기후: 열대기후로 남서몬순의 영향을 받는 5월 중순~9월은 온난다습하고 구름이 많으며, 북동몬순의 영향을 받는 11월~3월 중순은 냉량건조함. 곶 지형인 남부지방은 연중 고온다습함.
지형: 중부는 평야지대이며, 동부에는 코랏고원이 분포함. 국토 각지에 산지가 분포함.
인구: 67,741,401명(세계 21위)
인구증가율: 0.35%(세계 165위)
출산율(인구 1,000명당): 11.26(세계 175위)
사망률(인구 1,000명당): 7.72(세계 111위)
기대수명: 74.18세(세계 115위)
민족구성: 타일랜드 인 95.9%, 미얀마계 2%, 기타 1.3%
종교: 불교 93.6%, 이슬람교 4.9%, 그리스도교 1.2%, 기타 0.2%, 무교 0.1%
언어: 타일랜드 어, 영어(상류층에서 널리 쓰이는 제2언어), 토착어 및 지역방언
문해율: 93.5%
정부형태: 입헌군주제
수도: 방콕(Bangkok)
건국: 1238년(전통적으로 인정받는 건국연도로, 외국의 식민지가 된 적은 없음)
1인당 GDP: $9,900(세계 118위)
고용: 농업 38.2%, 제조업 13.6%, 서비스업 48.2%
통화: 바트(THB)

동티모르(Timor-Leste)

정식 명칭: 동티모르민주공화국(Democratic Republic

of Timor-Leste)

위치: 동순다제도에 속하며 인도네시아 제도의 최동단, 오스트레일리아 북서쪽에 위치한 동남아시아국가. 동티모르는 티모르섬의 동반부 및 티모르섬 북서부의 오에쿠시지방, 팔라우아타우로 및 팔라우자코 섬을 영유함.

면적: 14,874km²(세계 160위)

기후: 고온다습한 열대기후로, 우기와 건기가 뚜렷이 구분됨

지형: 산지

인구: 1,201,542명(세계 160위)

인구증가율: 2.44%(세계 35위)

출산율(인구 1,000명당): 34.48(세계 30위)

사망률(인구 1,000명당): 6.18(세계 159위)

기대수명: 67.39세(세계 164위)

민족구성: 오스트로네시아 인(말레이-폴리네시아계), 파푸아 인, 소수의 화교

종교: 가톨릭 96.9%, 개신교 2.2%, 이슬람교 0.3%, 기타 0.6%

언어: 테툼 어(공용어), 포르투갈 어(공용어), 인도네시아 어, 영어. 동티모르에는 약 16개의 토착어가 존재함(이 중에서도 특히 테툼 어, 갈롤레 어, 맘바에 어, 케마크 어가 널리 쓰임)

문해율: 58.3%

정부형태: 공화국

수도: 딜리(Dili)

건국: 1975년 11월 28일(포르투갈로부터의 독립 선언), 2002년 5월 20일(인도네시아로부터 독립한 국가 동티모르가 국제적으로 공식 승인받은 날)

1인당 GDP: $6,800(세계 155위)

고용: 상세불명

통화: 미국달러(USD)

토고(Togo)

정식 명칭: 토고공화국(Togolese Republic)

위치: 베냉 및 가나 사이에 위치하며 베냉만에 연한 서아프리카국가

면적: 56,785km²(세계 126위)

기후: 열대기후로 남부는 고온다습하며, 북부는 반건조기후임.

지형: 북부는 경사가 완만한 사바나 지형이며, 중부는 구릉지이고 남부는 고원 지대임. 해안저지대에는 호소가 발달함.

인구: 7,351,374명(세계 100위)

인구증가율: 2.71%(세계 22위)

출산율(인구 1,000명당): 34.52(세계 29위)

사망률(인구 1,000명당): 7.43(세계 117위)

기대수명: 64.06세(세계 178위)

민족구성: 아프리카계(37개 부족으로 구성되며, 이 중에서 에웨 족, 미나 족, 카브레 족이 가장 큰 비중을 차지함) 99%, 유럽계 및 시리아/레바논계 1% 미만

종교: 그리스도교 29%, 이슬람교 20%, 토착신앙 51%

언어: 프랑스 어(공용어 및 비즈니스언어), 에워 어 및 미나 어(남부지방에서 주로 사용되는 양대 아프리카계 언어), 카비예 어 및 다곰바 어(북부에서 주로 사용되는 양대 아프리카계 언어

문해율: 60.4%

정부형태: 공화국. 다당제 민주주의 체제로 전환중.

수도: 로메(Lome)

건국: 1960년 4월 27일(프랑스 주관의 UN 신탁통치후 독립)

1인당 GDP: $1,100(세계 218위)

고용: 농업 65%, 제조업 5%, 서비스업 30%

통화: CFA프랑(XOF)

통가(Tonga)

정식 명칭: 통가왕국(Kingdom of Tonga)

위치: 남태평양상에 위치한 오세아니아의 제도로, 하와이와 뉴질랜드 사이의 3분의 2 정도 되는 지점에 위치함.

면적: 747km²(세계 190위)

기후: 열대기후로 무역풍의 영향을 받으며, 12월~이듬해 5월까지는 기온이 높고 5~12월은 기온이 낮음.

지형: 대부분의 섬들은 산호초가 융기하여 형성된 석회암질 지형에 기반함. 이외에 화산섬에 석회암이 덮인 형

태의 섬들도 있음.
인구: 106,440명(세계 192위)
인구증가율: 0.09%(세계 185위)
출산율(인구 1,000명당): 23.55(세계 66위)
사망률(인구 1,000명당): 4.86(세계 194위)
기대수명: 75.82세(세계 88위)
민족구성: 폴리네시아계, 유럽계
종교: 그리스도교(웨슬리파 기독교측에 따르면 신도수가 3만 명 이상임)
언어: 통가 어, 영어
문해율: 99%
정부형태: 입헌군주제
수도: 누쿠알로파(Nukmu'alofa)
건국: 1970년 6월 4일(영국 보호령이었다가 독립)
1인당 GDP: $8,200(세계 133위)
고용: 농업 65%, 제조업 및 서비스업 35%
통화: 팡가(TOP)

트리니다드토바고(Trinidad and Tobago)

정식 명칭: 트리니다드토바고공화국(Republic of Trinidad and Tobago)
위치: 베네수엘라 북동쪽 해상의 카리브해와 북대서양 사이에 위치한 섬나라
면적: 5,128km²(세계 174위)
기후: 열대기후로 6~11월은 우기임.
지형: 대부분 평야지형으로 일부 구릉지대 및 고도가 낮은 산지 분포
인구: 1,223,916명(세계 159위)
인구증가율: −0.11%(세계 205위)
출산율(인구 1,000명당): 13.8(세계 145위)
사망률(인구 1,000명당): 8.48(세계 81위)
기대수명: 67세
민족구성: 인도계 35.4%, 아프리카계 34.2%, 혼혈인 7.7%, 기타 1.3%, 미분류 6.2%
종교: 가톨릭 21.6%, 힌두교 18.2%, 개신교 32.1%, 이슬람교 5%, 여호와의 증인 1.5%, 기타 8.4%, 무교 2.2%, 미분류 11.1%
언어: 영어(공용어), 카리브힌두 어(힌두어 방언), 프랑스어, 에스파냐 어, 중국어
문해율: 98.8%
정부형태: 의회민주제
수도: 포트오브스페인(Port-of-Spain)
건국: 1962년 8월 31일(영국으로부터 독립)
1인당 GDP: $20,300(세계 70위)
고용: 농업 3.8%, 제조업 및 광업 12.8%, 건설업 및 자재 20.4%, 서비스업 62.9%
통화: 트리니다드토바고달러(TTD)

튀니지(Tunisia)

정식 명칭: 튀니지공화국(Tunisian Republic)
위치: 북아프리카, 지중해에 연하며 알제리, 리비아의 사이에 위치함.
면적: 163,610km²(세계 93위)
기후: 북부는 겨울은 온화하고 강수량이 많으며 여름은 고온건조한 온대기후, 남부는 여름이 고온건조한 사막기후의 특성을 보임.
지형: 북부지역은 산지, 중부는 고온건조한 평야지대, 남부는 반건조지대가 사하라사막으로 이어지는 패턴을 보임.
인구: 10,937,521명(세계 79위)
인구증가율: 0.92%(세계 126위)
출산율(인구 1,000명당): 16.9(세계 112위)
사망률(인구 1,000명당): 5.94(세계 168위)
기대수명: 75.68세(세계 92위)
민족구성: 아랍 인 98%, 유럽계 1%, 유대계 및 기타 1%
종교: 이슬람교 99%, 기타 1%
언어: 아랍 어(공용어 및 비즈니스언어), 프랑스 어(비즈니스언어)
문해율: 79.1%
정부형태: 공화국
수도: 튀니스(Tunis)
건국: 1956년 3월 20일(프랑스로부터 독립)
1인당 GDP: $9,900(세계 119위)
고용: 농업 18.3%, 제조업 31.9%, 서비스업 49.8%

통화: 튀니지디나르(TND)

터키(Turkey)

정식 명칭: 터키공화국(Republic of Turkey)

위치: 남동유럽 및 서남아시아(보스포러스해협 서쪽의 영토는 지리학적으로 유럽에 속함)에 걸쳐 있는 국가로, 흑해와 에게해, 지중해에 연하며 불가리아, 그리스, 조지아, 시리아에 연함.

면적: 780,562km²(세계 37위)

기후: 온대기후. 여름은 고온건조하고 겨울은 온난습윤함. 내륙지방으로 가면 겨울 날씨가 추워짐.

지형: 중부는 아나톨리아고원지대이고, 해안지역에 소규모 해안평야가 분포함. 다수의 산맥이 분포함.

인구: 81,619,392명(세계 17위)

인구증가율: 1.12%(세계 108위)

출산율(인구 1,000명당): 16.86(세계 163위)

사망률(인구 1,000명당): 6.12(세계 163위)

기대수명: 73.29세(세계 124위)

민족구성: 터키 인 70~75%, 쿠르드 인 18%, 기타 소수민족 7~12%

종교: 이슬람교 99.8%(대부분 수니파), 기타 0.2%

언어: 터키 어(공용어), 쿠르드 어, 기타 소수민족 언어

문해율: 94.1%

정부형태: 의회민주제 공화국

수도: 앙카라(Ankara)

건국: 1923년 10월 29일

1인당 GDP: $15,300

고용: 농업 25.5%, 제조업 26.2%, 서비스업 48.4%

통화: 리라(TRY)

투르크메니스탄(Turkmenistan)

정식 명칭: 투르크메니스탄(Turkmenistan)

위치: 카스피해에 연하며 이란과 카자흐스탄 사이에 위치한 중앙아시아국가

면적: 488,100km²(세계 53위)

기후: 아열대 사막기후

지형: 평탄하거나 기복이 있는 모래사막 및 사구 지형이 남부로 가면서 고도가 높아지는 패턴을 보임. 이란 접경지대에는 저산성 산지지형이 분포함. 국토 서부는 카스피해에 연함.

인구: 5,171,943명(세계 120위)

인구증가율: 1.14%(세계 104위)

출산율(인구 1,000명당): 19.46(세계 89위)

사망률(인구 1,000명당): 6.16(세계 161위)

기대수명: 69.47세(세계 155위)

민족구성: 투르크멘 인 85%, 우즈베크계 5%, 러시아계 4%, 기타 6%

종교: 이슬람교 89%, 정교회 9%, 미확인 2%

언어: 투르크멘 어(공용어) 72%, 러시아 어 12%, 우즈베크 어 9%, 기타 7%

문해율: 99.6%

정부형태: 대통령제 공화국으로, 권위주의적인 성향이 강하나 대통령의 권한은 행정부에 집중되는 경향을 보임.

수도: 아슈하바트(Ashgabat)

건국: 1991년 10월 27일(구소련으로부터 독립)

1인당 GDP: $9,700(세계 122위)

고용: 농업 48.2%, 제조업 14%, 서비스업 37.8%

통화: 마나트(TMM)

투발루(Tuvalu)

정식 명칭: 투발루(Tuvalu)

위치: 오세아니아 남태평양에 위치한 9개의 환초로 이루어진 나라로, 하와이와 오스트레일리아의 중간 정도 지점에 위치함.

면적: 26km²(세계 238위)

기후: 열대기후로 3~11월에는 동쪽으로 부는 무역풍의 영향을 받으며, 11월~이듬해 3월에는 강한 서풍이 불고 강수량이 많음.

지형: 해발고도가 매우 낮고 폭이 좁은 산호초지형

인구: 10,782명(세계 225위)

인구증가율: 0.8%(세계 139위)

출산율(인구 1,000명당): 23.74(세계 64위)

사망률(인구 1,000명당): 8.9(세계 71위)

기대수명: 65.81세(세계 171위)

민족구성: 폴리네시아계 96%, 미크로네시아계 4%

종교: 투발루교회(조합교회) 97%, 제7일안식일교회 1.4%, 바하이교 1%, 기타 0.6%

언어: 투발루 어, 영어, 사모아 어, 키리바시 어(누이섬)

문해율: 상세불명

정부형태: 입헌군주제 및 의회민주제

수도: 푸나푸티(Funafuti)

건국: 1978년 10월 1일(영국으로부터 독립)

1인당 GDP: $3,500(세계 173위)

고용: 주민들은 주로 해양, 산호, 환초 개발에 종사하며, 해외 송금 또한 경제에서 중요한 부분을 차지함(주로 인산염 가공업 및 선원으로 종사하는 해외노동자들의 송금).

통화: 호주달러(AUD)

우간다(Uganda)

정식 명칭: 우간다공화국(Republic of Uganda)

위치: 케냐에 서쪽으로 인접한 동아프리카국가

면적: 241,038km²(세계 81위)

기후: 열대기후로 11월~이듬해 2월 및 6~8월의 두 기간은 건기, 나머지 기간은 우기이며, 북동부에는 반건조 기후가 나타남.

지형: 고원 및 환상산맥이 우세함

인구: 35,918,915명(세계 36위)

인구증가율: 3.24%(세계 9위)

출산율(인구 1,000명당): 44.17(세계 3위)

사망률(인구 1,000명당): 10.97(세계 35위)

기대수명: 54.46세(세계 209위)

민족구성: 바간다 족 16.9%, 바냐콜레 족 9.5%, 바소가 족 8.4%, 바키가 족 6.9%, 이테소어 6.4%, 랑기 족 6.1%, 아촐리어 4.7%, 바기수 족 4.6%, 루그바라 족 4.2%, 분요로 족 2.7%, 기타 29.6%

종교: 가톨릭 41.9%, 개신교 42%(성공회 35.9%, 오순절교회 4.6%, 제7일안식일교회 1.5%), 이슬람교 12.1%, 기타 3.1%, 무교 0.9%

언어: 영어(공용어이자 국어로 학교 교육과정에 포함되며, 법정, 대부분의 신문, 일부 라디오 방송에 사용됨), 간다어(가장 널리 사용되는 니제르-콩고계 언어로, 토착언어 중에서 출판에 선호되는 언어이며 학교 교육에도 포함됨), 기타 니제르-콩고계 언어, 나일-사하라계 언어, 스와힐리 어, 아랍 어

문해율: 73.2%

정부형태: 공화국

수도: 캄팔라(Kampala)

건국: 1962년 10월 9일(영국으로부터 독립)

1인당 GDP: $1,500(세계 206위)

고용: 농업 82%, 제조업 5%, 서비스업 13%

통화: 우간다실링(UGX)

우크라이나(Ukraine)

정식 명칭: 우크라이나(Ukraine)

위치: 흑해에 연하며 동쪽으로는 러시아, 서쪽으로는 루마니아, 몰도바, 폴란드와 인접한 동유럽국가

면적: 603,550km²(세계 46위)

기후: 온대 대륙성기후로, 남부 크림반도 지역에는 지중해성기후가 나타남. 북부에는 강수량이 많은 한편 남부는 적은 등 강수량의 지역적 편차가 큼. 겨울 기온도 흑해 연안지역에 비해 내륙지방이 낮은 등 지역적 편차가 큼. 여름은 대체로 온난하며, 남부는 더움.

지형: 국토 대부분은 비옥한 평야지대(스텝) 및 고원지대로, 산악지형은 서부(카르파티아산맥) 및 국토 최남단의 크림반도에서만 관찰됨.

인구: 44,291,413명(세계 32위)

인구증가율: −0.64%(세계 226위)

출산율(인구 1,000명당): 9.41(세계 203위)

사망률(인구 1,000명당): 15.72(세계 2위)

기대수명: 69.14세

민족구성: 우크라이나 인 77.8%, 러시아계 17.3%, 벨라루스계 0.6%, 몰도바계 0.5%, 크림타타르계 0.5%, 불가리아계 0.4%, 헝가리계 0.3%, 루마니아계 0.3%, 폴란드계 0.3%, 유대계 0.2%, 기타 1.8%

종교: 우크라이나정교(키예프 총대주교구) 50.4%, 우크라이나정교(모스크바 총대주교구) 26.1%, 우크라이나 그리스정교 8%, 우크라이나자치정교회 7.2%, 가톨릭

2.2%, 개신교 2.2%, 유대교 0.6%, 기타 3.2%
언어: 우크라이나 어(공용어) 67%, 러시아 어 24%, 기타 9%(루마니아계, 폴란드계, 헝가리계 등)
문해율: 99.4%
정부형태: 공화국
수도: 키예프
건국: 1991년 8월 24일(구소련으로부터 독립)
1인당 GDP: $7,400(세계 139위)
고용: 농업 5.6%, 제조업 26%, 서비스업 68.4%
통화: 그리브나(UAH)

아랍에미리트 연방(United Arab Emirates)

정식 명칭: 아랍에미리트 연방(United Arab Emirates)
위치: 오만과 사우디아라비아 사이에 위치하며 오만만, 페르시아만에 연한 중동국가
면적: 83,600km^2(세계 115위)
기후: 사막기후로 동부 산악지대는 기온이 낮음.
지형: 척박하고 평탄한 해안평야가 광대한 사막의 모래언덕으로 이어지는 형태를 보임. 동부에는 산지가 분포함.
인구: 5,628,805명(세계 115위)
인구증가율: 2.71%(세계 21위)
출산율(인구 1,000명당): 15.54(세계 129위)
사망률(인구 1,000명당): 1.99(세계 225위)
기대수명: 77.09세(세계 70위)
민족구성: 아랍에미리트 인 19%, 기타 아랍계 및 이란계 23%, 남아시아계 50%, 기타 외국계(서유럽계 및 동아시아계 등) 8%
종교: 이슬람교 76%, 그리스도교 9%, 기타 15%
언어: 아랍 어(공용어), 페르시아 어, 영어, 힌두 어, 우르두 어
문해율: 90%
정부형태: 연방정부에 국가주권 및 대표권이 부여되며, 지방자치권 등 여타 통치권은 각 토후국에 위임된 형태임.
수도: 아부다비(Abu Dhabi)
건국: 1971년 12월 2일(영국으로부터 독립)
1인당 GDP: $29,900(세계 48위)
고용: 농업 7%, 제조업 15%, 서비스업 78%
통화: 아랍에미리트디르함(AED)

영국(United Kingdom)

정식 명칭: 그레이트브리튼-북아일랜드연합왕국(United Kingdom of Great Britain and Northern Ireland)
위치: 북대서양과 북해에 연하고 프랑스 북서쪽에 위치하며, 아일랜드의 6분의 1에 해당하는 지역 등을 거느리는 서유럽의 섬나라
면적: 243,610km^2(세계 80위)
기후: 온대기후로 북대서양해류에 의해 발생하는 남서풍의 영향을 받음. 연중 절반 이상이 흐린 날임.
지형: 대부분 구릉지와 저산성 산지로, 동부 및 남동부에는 경사가 완만한 평야가 분포함.
인구: 63,742,977명(세계 23위)
인구증가율: 0.54%(세계 152위)
출산율(인구 1,000명당): 12.22(세계 160위)
사망률(인구 1,000명당): 9.34(세계 60위)
기대수명: 80.2세(세계 29위)
민족구성: 백인 87.2%, 흑인 3%, 인도계 2.3%, 파키스탄계 1.9%, 혼혈인 2%, 기타 3.7%
종교: 그리스도교(성공회, 가톨릭, 장로교, 감리교) 59.5%, 이슬람교 4.4%, 힌두교 1.3%, 기타 2%, 무교 25.7%, 미분류 7.2%%
언어: 영어, 웨일즈 어(웨일즈계 인구의 26%가 사용), 스코틀랜드계 게일 어(스코틀랜드 주민 가운데 약 60,000명이 사용)
문해율: 99%
정부형태: 입헌군주제
수도: 런던(London)
건국: 잉글랜드는 10세기 이후 통일국가를 이루어 왔음. 잉글랜드와 웨일즈는 1284년 공포된 러들랜법에 의해 연맹을 이루었으나, 양자의 공식적인 합병은 1536년 연합법이 공포되면서 비로소 이루어짐. 1707년의 또다른 연합법에 의해 잉글랜드와 스코틀랜드는 영국으로

영구 합병됨. 1801년에는 그레이트브리튼-아일랜드 연합왕국(the United Kingdom of Great Britain and Ireland)이라는 국호 아래 아일랜드가 병합됨. 1921년 영국-아일랜드조약이 체결되면서 아일랜드의 분리가 공식화되었고, 아일랜드 북부의 6개주는 북아일랜드라는 이름으로 영국에 잔류하면서 영국의 정식 명칭은 1927년 오늘날과 같은 그레이트브리튼-북아일랜드연합왕국(the United Kingdom of Great Britain and Northern Ireland)으로 개칭되었음.

1인당 GDP: $37,300(세계 34위)

고용: 농업 1.4%, 제조업 18.2%, 서비스업 80.4%

통화: 파운드(GBP)

미국(United States)

정식 명칭: 아메리카합중국(United States of America)

위치: 태평양과 대서양에 연하며 캐나다와 멕시코 사이에 위치한 북아메리카국가

면적: 9,826,675km²(세계 3위)

기후: 대체로 온대기후이나, 하와이와 플로리다에서는 열대기후, 알래스카에서는 극기후, 미시시피강 서쪽의 대평원에서는 반건조기후, 남서부의 그레이트베이슨(Great Basin. 미국 네바다주, 유타주, 캘리포니아주, 아이다호주, 와이오밍주, 오리건주 등 6개 주에 걸쳐 있는 광대한 분지-역주) 일대는 건조기후임. 북동부는 겨울 기온이 낮으나, 1~2월에 록키산맥의 동쪽 사면을 따라 불어오는 온난한 바람인 치누크에 영향을 받기도 함.

지형: 중부에는 광대한 평야지대, 서부에는 산악지형, 동부에는 저산성 산지와 구릉지대가 분포함. 알래스카에는 험준한 산지와 넓은 협곡이 분포함. 하와이는 화산지형이 분포함.

인구: 318,892,103(세계 4위)

인구증가율: 0.77%(세계 143위)

출산율(인구 1,000명당): 13.42(세계 150위)

사망률(인구 1,000명당): 8.15(세계 95위)

기대수명: 79.56세(세계 42위)

민족구성: 백인 79.96%, 흑인 12.85%, 아시아계 4.43%, 아메리카 원주민 및 알래스카 원주민 0.97%, 하와이원주민 및 기타 남태평양계 0.18%, 혼혈 1.61%

종교: 개신교 51.3%, 가톨릭 23.9%, 모르몬교 1.7%, 기타 그리스도교 1.6%, 유대교 1.7%, 불교 0.7%, 이슬람교 0.6%, 미분류 및 기타 2.5%, 소속 종파 없음 12.1%, 무교 4%

언어: 영어 82.1%, 에스파냐 어 10.7%, 기타 인도유럽 어족 언어 3.8%, 아시아계 및 남태평양계 언어 2.7%, 기타 0.7%

문해율: 99%

정부형태: 입헌주의 연방공화국으로, 민주주의적 전통이 강함.

수도: 워싱턴D.C.(Washington, D.C.)

건국: 1776년 7월 4일(영국으로부터 독립)

1인당 GDP: $52,800(세계 13위)

고용: 농림수산업 0.7%, 제조업, 광업, 교통, 수공업 20.3%, 관리직, 전문직, 기술직 37.3%, 판매직 및 사무직 24.2%, 기타 서비스업 17.6%

통화: 달러(USD)

우루과이(Uruguay)

정식 명칭: 우루과이동방공화국(Oriental Republic of Uruguay)

위치: 남대서양에 연하며 아르헨티나와 브라질 사이에 위치한 남아메리카국가

면적: 176,215km²(세계 91위)

기후: 온대기후로 연중 영상의 기온이 이어짐.

지형: 기복이 적은 평야와 구릉지가 현저하며, 해안지대에는 비옥한 저지대가 나타남.

인구: 3,332,972명(세계 135위)

인구증가율: 0.26%(세계 175위)

출산율(인구 1,000명당): 13.18(세계 152위)

사망률(인구 1,000명당): 9.48(세계 57위)

기대수명: 76.81세(세계 71위)

민족구성: 백인 88%, 메스티소 8%, 흑인 4%, 아메리카 원주민(사실상 절멸)

종교: 가톨릭 47.1%, 비가톨릭계 그리스도교 11.1%, 다양

한 종파 신봉 23.2%, 유대교 0.3%, 무신론 17.2%, 기타 1.1%

언어: 에스파냐 어, 포르투갈 어, 브라질레로(포르투갈 어와 에스파냐 어가 혼재된 언어로 프라질 접경지역에서 주로 사용됨)

문해율: 98.1%

정부형태: 입헌공화국

수도: 몬테비데오(Montevideo)

건국: 1825년 8월 25일

1인당 GDP: $16,600(세계 80위)

고용: 농업 13%, 제조업 14%, 서비스업 73%

통화: 우루과이페소(UYU)

우즈베키스탄(Uzbekistan)

정식 명칭: 우즈베키스탄공화국(Republic of Uzbeki-stan)

위치: 아프가니스탄에 북쪽으로 인접한 중앙아시아국가

면적: 447,400km²(세계 57위)

기후: 대체로 중위도 사막기후로 더운 여름이 장기간 지속되며, 겨울은 온난함. 동부의 초원지대는 반건조기후가 나타남.

지형: 평탄한 모래사막 및 사구 지형이 현저함. 아무다랴강, 시르다랴강, 자라프숀강 유역에는 대규모 관개가 이루어짐. 동부의 페르가나협곡은 타지키스탄과 키르기스스탄의 산지로 둘러싸여 있음. 서부의 아랄해는 규모가 줄어들고 있음.

인구: 28,929,716명(세계 45위)

인구증가율: 0.93%(세계 125위)

출산율(인구 1,000명당): 17.02(세계 109위)

사망률(인구 1,000명당): 5.29(세계 181위)

기대수명: 73.29세(세계 125위)

민족구성: 우즈베크 인 80%, 러시아계 5.5%, 타지크계 5%, 카자흐계 3%, 카라팔카크인 2.5%, 타타르계 1.5%, 기타 2.5%

종교: 이슬람교 88%(대부분 수니파), 정교회 9%, 기타 3%

언어: 우즈베크 인 74.3%, 러시아계 14.2%, 타지크계 4.4%, 기타 7.1%

문해율: 99.3%

정부형태: 공화국. 권위적인 대통령제 국가이나 대통령의 권한은 행정부에 한정되는 경향을 보임.

수도: 타슈켄트(Tashkent)

건국: 1991년 9월 1일(구소련으로부터 독립)

1인당 GDP: $3,800(세계 170위)

고용: 농업 25.9%, 제조업 13.2%, 서비스업 60.9%

통화: 숨(UZS)

바누아투(Vanuatu)

정식 명칭: 바누아투공화국(Republic of Vanuatu)

위치: 오세아니아에 속한 남태평양의 제도로, 오스트레일리아와 하와이를 잇는 기선의 3분의 2 지점에 위치함.

면적: 12,189km²(세계 164위)

기후: 열대기후로 5~10월에는 남동무역풍의 영향을 받음. 11월~이듬해 4월의 강수량은 보통 수준임. 12월~이듬해 4월에는 사이클론의 영향을 받기도 함.

지형: 화산활동으로 형성된 산지가 많은 도서 지형이 현저하며, 협소한 해안평야가 분포함.

인구: 266,937명(세계 184위)

인구증가율: 2.01%(세계 51위)

출산율(인구 1,000명당): 25.69(세계 50위)

사망률(인구 1,000명당): 4.14(세계 209위)

기대수명: 72.72세(세계 131위)

민족구성: 바누아투 인 97.6%, 혼혈 바누아투 인 1.1% 기타 1.3%

종교: 개신교 70%(장로교 27.9%, 성공회 15.1%, 제7일안식일교회 12.5%, 하나님의 성회 4.7%, 처치오브크라이스트 4.5%, 닐 토머스 목사 교회(Neil Thomas Ministry) 3.1%, 사도교회(Apostolic Church) 2.2%), 가톨릭 12.4%, 토착신앙 3.7%(존프룸컬트신앙 포함), 기타 12.6%, 무교 1.1%, 미분류 0.2%

언어: 지방언어(100개 이상) 63.2%, 피진 어(비슬라마 어 또는 비첼라마 어로 불림. 공용어) 33.7%, 영어(공용어) 2%, 프랑스 어(공용어) 0.6%, 기타 0.5%

문해율: 83.2%

정부형태: 내각제 공화국
수도: 포트빌라(Port-Vila)
건국: 1980년 7월 30일(프랑스 및 영국으로부터 독립)
1인당 GDP: $4,800(세계 164위)
고용: 농업 65%, 제조업 5%, 서비스업 30%
통화: 바투(VUV)

바티칸시국(Vatican City)

정식 명칭: State of the Vatican City, The Holy See
위치: 남유럽국가로 이탈리아 로마시내에 둘러싸여 있음.
면적: 0.44km²(세계 252위)
기후: 온대기후로 9월~이듬해 5월까지의 겨울은 온화하고 강수량이 많으며 5~9월까지의 여름은 고온건조함.
지형: 낮은 구릉지에 위치한 도시국가
인구: 842명(세계 238위)
인구증가율: 0%
출산율(인구 1,000명당): 상세불명
사망률(인구 1,000명당): 상세불명
기대수명: 상세불명
민족구성: 이탈리아계, 스위스계, 기타
종교: 가톨릭
언어: 이탈리아 어, 라틴 어, 프랑스, 기타 다양한 언어
문해율: 100%
정부형태: 교황청
수도: 바티칸시티(Vatican City)
건국: 1929년 2월 11일(이탈리아와의 협정을 통해 건국)
1인당 GDP: 상세불명
고용: 서비스업 위주이며 소규모의 제조업도 이루어짐. 국민의 절대다수는 교황청 관료, 성직자, 수녀, 근위대이며, 약 3,000명의 노동자들은 바티칸의 외부에 거주함.
통화: 유로(EUR)

베네수엘라(Venezuela)

정식 명칭: 베네수엘라볼리바르공화국(Bolivarian Republic of Venezuela)
위치: 카리브해, 북대서양에 연하며 콜롬비아, 가이아나 사이에 위치한 남아메리카 북부의 국가
면적: 912,050km²(세계 33위)
기후: 고온다습한 열대기후로, 고지대는 보다 쾌적함.
지형: 북서부의 안데스산맥 및 마라카이보 저지대, 중앙평야(일라노스), 남동부의 가이아나고원으로 크게 구분됨.
인구: 28,868,486명(세계 46위)
인구증가율: 1.42%(세계 86위)
출산율(인구 1,000명당): 19.42(세계 90위)
사망률(인구 1,000명당): 5.27(세계 182위)
기대수명: 74.39세(세계 111위)
민족구성: 에스파냐계, 이탈리아계, 포르투갈계, 중동계, 독일계, 아프리카계, 토착민
종교: 명목상 가톨릭 96%, 개신교 2%, 기타 2%
언어: 에스파냐 어(공용어), 다수의 토착방언
문해율: 95.5%
정부형태: 연방공화국
수도: 카라카스(Caracas)
건국: 1811년 7월 5일(에스파냐로부터 독립)
1인당 GDP: $13,600(세계 97위)
고용: 농업 7.3%, 제조업 21.8%, 서비스업 70.9%
통화: 볼리바르(VEB)

베트남(Vietnam)

정식 명칭: 베트남사회주의공화국(Socialist Republic of Vietnam)
위치: 타일랜드만, 통킹만, 남중국해 및 중국, 라오스, 캄보디아와 인접한 동남아시아국가
면적: 331,210km²(세계 66위)
기후: 남부지방은 열대기후, 북부지방은 더운 우기(5~9월)과 온난한 건기(10월~이듬해 3월)로 구분되는 몬순기후
지형: 남부와 북부는 삼각주 평야지대, 중부는 고원지대, 북서부 및 북부 접경지대는 구릉 및 산악지형 발달
인구: 93,421,835명(세계 15위)
인구증가율: 1%(세계 119위)
출산율(인구 1,000명당): 16.26(세계 121위)

사망률(인구 1,000명당): 5.93(세계 171위)
기대수명: 72.91세(세계 129위)
민족구성: 킨 족(비엣 족) 85.7%, 타이 족 1.9%, 타일랜드계 1.8%, 무옹 족 1.5%, 크메르 족 1.5%, 눈 족 1.1%, 몽 족 1.2%, 기타 5.3%
종교: 불교 9.3%, 가톨릭 6.7%, 호아하오교(베트남 남부에 기원하는, 불교에 기반한 신흥종교-역주) 1.5%, 카오다이교(20세기 초반 등장한 베트남의 신흥종교-역주) 1.1%, 개신교 0.5%, 이슬람교 0.1%, 무교 80.8%
언어: 베트남 어(공용어), 영어(제2외국어로 선호도가 증가하고 있음), 프랑스 어, 중국어, 크메르 어, 산악지역 언어(몬크메르 어 및 말레이-폴리네시아계 언어)
문해율: 90.3%
정부형태: 공산국가
수도: 하노이(Hanoi)
건국: 1945년 9월 2일(프랑스로부터 독립)
1인당 GDP: $4,000(세계 169위)
고용: 농업 48%, 제조업 21%, 서비스업: 31%
통화: 동(VND)

예멘(Yemen)

정식 명칭: 예멘공화국(Republic of Yemen)
위치: 아라비아해, 아덴만, 홍해에 연하며 오만과 사우디아라비아 사이에 위치한 중동국가
면적: 527,968km²(세계 50위)
기후: 사막기후가 현저하게 나타나며, 서부 해안지대는 고온다습함. 서부 산악지역에서는 계절에 따른 몬순의 영향을 받는 온대기후가 나타남. 동부 사막지대는 대단히 고온건조한 기후특색을 보임.
지형: 해안지대에는 좁은 평야가 분포하며, 그 뒤로 기복이 크고 정상부가 평탄한 산지가 분포함. 국토 중부의 사막성 고원은 아라비아반도에 위치한 내륙지방의 사막으로 이어짐.
인구: 26,052,966명(세계 48위)
인구증가율: 2.72%(세계 20위)
출산율(인구 1,000명당): 31.02(세계 39위)
사망률(인구 1,000명당): 6.45(세계 154위)
기대수명: 64.83세(세계 175위)
민족구성: 대부분 아랍 인이며, 일부 아프리카계 아랍 인, 남아시아계, 유럽계 주민도 존재함.
종교: 이슬람교(수니파 및 시아파), 소수의 유대교, 그리스도교, 힌두교
언어: 아랍 어
문해율: 65.3%
정부형태: 공화국
수도: 사나(Sanaa)
건국: 1990년 5월 22일(예멘아랍공화국(북예멘)과 공산국가였던 예멘인민민주공화국(남예멘)의 통일에 의한 건국)
1인당 GDP: $2,500(세계 186위)
고용: 대부분의 주민들은 농업 및 목축업에 종사함. 서비스업, 건설업, 제조업, 상업에 종사하는 인구는 전체 노동인구의 4분의 1 이하임.
통화: 예멘리알(YER)

잠비아(Zambia)

정식 명칭: 잠비아공화국(Republic of Zambia)
위치: 앙골라 동쪽에 위치한 남아프리카국가
면적: 752,618km²(세계 39위)
기후: 열대기후로 고도에 따른 편차가 존재함. 10월~이듬해 4월은 우기임.
지형: 고원지형이 현저하며, 일부 구릉 및 산악지형도 분포함.
인구: 14,638,505명(세계 71위)
인구증가율: 2.88%(세계 16위)
출산율(인구 1,000명당): 42.46(세계 4위)
사망률(인구 1,000명당): 12.95(세계 21위)
기대수명: 51.83세(세계 216위)
민족구성: 벰베 족 21%, 니안자 족 14.7%, 통가 족 11.4%, 체와 족 4.5%, 로지 족 5.5%, 은셍가 족 2.9%, 툼부카 족 2.5%, 룬다 족(북서부) 1.9%, 카온데 족 1.8%, 랄라 족 1.8%, 람바 족 2.1%, 우시 족 1.9%, 렌제 족 1.6%, 비사 족 1.6%, 음분다 족 1.2%, 기타 13.4%, 미분류 0.4%
종교: 개신교 75.3%, 가톨릭 20.2%, 기타 2.7%, 무교

1.8%

언어: 영어(공용어), 토착언어(주요 토착어로는 벰바 어, 카온다 어, 로지 어, 룬다 어, 루발레 어, 니안자 어, 통가 어가 있으며, 이 외에도 70여 개의 기타 토착언어가 존재함)

문해율: 61.4%

정부형태: 공화국

수도: 루사카(Lusaka)

건국: 1964년 10월 24일(영국으로부터 독립)

1인당 GDP: $1,800(세계 199위)

고용: 농업 85%, 제조업 6%, 서비스업 9%

통화: 카와차(ZMK)

짐바브웨(Zimbabwe)

정식 명칭: 짐바브웨공화국(Republic of Zimbabwe)

위치: 남아프리카공화국가 잠비아 사이에 위치한 아프리카 남부의 국가

면적: 390,757km²(세계 61위)

기후: 열대기후로 고도에 따른 기온차가 존재하며, 11월~이듬해 3월은 우기임.

지형: 고원 지형이 현저하며, 국토 중부는 해발고도가 더 높은 고원임. 동부에는 산악지형이 분포함.

인구: 13,771,721명(세계 72위)

인구증가율: 4.36%(세계 2위)

출산율(인구 1,000명당): 32.47(세계 34위)

사망률(인구 1,000명당): 10.62(세계 39위)

기대수명: 55.68세(세계 204위)

민족구성: 아프리카계 98%(쇼나 족 82%, 은데벨레 족 14%, 기타 2%), 혼혈 및 아시아계 1%, 백인 1% 미만

종교: 혼합종교(그리스도교와 토착신앙의 혼합) 50%, 그리스도교 25%, 토착신앙 24%, 이슬람교 및 기타 1%

언어: 영어(공용어), 쇼나 어, 신데벨레 어(은데벨레 족 언어로 은데벨레 어로 불리기도 함), 다수의 소수부 족 방언

문해율: 83.6%

정부형태: 의회민주제

수도: 하라레(Harare)

건국: 1980년 4월 18일(영국으로부터 독립)

1인당 GDP: $600(세계 226위)

고용: 농업 66%, 제조업 10%, 서비스업 24%

통화: 짐바브웨달러(ZWD)

색인

그레고리우스 13세 165, 166

ㅂ

ㅅ

ㅇ

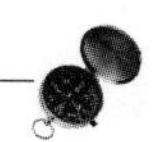

ㅈ

THE HANDY GEOGRAPHY ANSWER BOOK